Hans Heinrich Gloistehn

Lehr- und Übungsbuch der Technischen Mechanik

Band 1: Statik

W0261448

Literatur
für das Grundstudium

Mathematik für Ingenieure, Band 1 und 2
von L. Papula

Übungsbuch zur Mathematik für Ingenieure
von L. Papula

Mathematische Formelsammlung
von L. Papula

Technische Mechanik für Ingenieure
Band 1: Statik
von J. Berger

Lehr- und Übungsbuch der Technischen Mechanik
Band 1: Statik
von H. H. Gloistehn

Lehr- und Übungsbuch der Technischen Mechanik
Band 2: Festigkeitslehre
von H. H. Gloistehn

Regelungstechnik für Ingenieure
von M. Reuter

Werkstoffkunde und Werkstoffprüfung
von W. Weißbach

Aufgabensammlung
Werkstoffkunde und Werkstoffprüfung
von W. Weißbach

Vieweg

Hans Heinrich Gloistehn

Lehr- und Übungsbuch der Technischen Mechanik

Band 1: Statik

Mit 250 Abbildungen, 122 Beispielen
und 117 Übungsaufgaben

Springer Fachmedien Wiesbaden GmbH

ISBN 978-3-528-03042-1   ISBN 978-3-322-99190-4 (eBook)
DOI 10.1007/978-3-322-99190-4

Das Buch erschien 1990 unter dem Titel: Lehr- und Übungsbuch der Technischen Mechanik,
Band 1: Stereostatik

Alle Rechte vorbehalten
© Springer Fachmedien Wiesbaden 1992
Originally published by Friedr. Vieweg & Sohn Verlagsgesellschaft mbH, Braunschweig / Wiesbaden, 1992

Das Werk einschließlich aller seiner Teile ist urheberrechtlich geschützt.
Jede Verwertung außerhalb der engen Grenzen des Urheberrechtsgeset-
zes ist ohne Zustimmung des Verlags unzulässig und strafbar. Das gilt
insbesondere für Vervielfältigungen, Übersetzungen, Mikroverfilmungen
und die Einspeicherung und Verarbeitung in elektronischen Systemen.

Satz: Vieweg, Braunschweig

Gedruckt auf säurefreiem Papier

Vorwort

Das *Lehr- und Übungsbuch der Technischen Mechanik* wird aus den drei Bänden Stereostatik, Elastostatik (Festigkeitslehre) und Kinematik/Kinetik bestehen. In diesen Bänden wird etwa der Stoff behandelt, der heute im allgemeinen zum Lehrinhalt der Grundvorlesungen an Fachhochschulen oder Technischen Universitäten gehört. Für die Studenten dieser Grundkurse wurden die Bücher geschrieben. Sie sind entstanden aus meiner Lehrtätigkeit an der früheren Ingenieurschule und jetzigen Fachhochschule Hamburg. Dabei werden selbstverständlich einige Themen, die während des Unterrichts aus Zeitgründen nur kurz oder gar nicht behandelt werden können, in diesen Büchern ausführlicher dargestellt.

Die Technische Mechanik gehört zu einem wichtigen Grundlagenfach in der Ingenieurausbildung. Der Student empfindet dieses Fach oftmals als nicht leicht. Das liegt unter anderem (aber sicherlich nicht nur) daran, daß ihm das Umsetzen der erlernten oder vorgetragenen Theorie in die Praxis große Schwierigkeiten bereitet. Immer wieder kann man beobachten, wie Studenten geradezu hilflos vor Mechanikaufgaben sitzen, obgleich sie glauben, die − oft einfachen − Gesetzmäßigkeiten der Mechanik vollkommen verstanden zu haben. Ich habe daher in meinen Büchern den Schwerpunkt in die Beispiele gelegt und die Theorie nur so ausführlich dargestellt, wie sie für das Lösen von Aufgaben erforderlich ist. In den Beispielen wird gezeigt, wie man mit dem vorher erläuterten theoretischen Wissen ein gestelltes Problem der Mechanik lösen kann. Alle Beispiele werden daher vollständig durchgerechnet. Dabei werden manche Fragen geklärt, die in den allgemeinen Darstellungen noch offen blieben. Der Leser sollte diese Beispiele mit einem Blatt Papier, einem Bleistift in der Hand und einem Taschenrechner zur Seite durcharbeiten. Nur so wird er einen optimalen Lernerfolg erreichen. Ein nur zeilenweises Überfliegen der Beispiele wird im allgemeinen wenig bringen. In den Übungsaufgaben kann der Leser dann testen, ob er in der Lage ist, mechanische Probleme selbständig zu lösen. Erst wenn es ihm gelingt, einen nicht geringen Prozentsatz der sicherlich nicht immer leichten Aufgaben erfolgreich zu bewältigen, wird er von sich behaupten können, die Mechanik verstanden zu haben.

In der Theorie und noch mehr in der Anwendung der Mechanik sind gewisse mathematische Kenntnisse erforderlich. Algebraische Termumformungen, Trigonometrie und Grundbegriffe der Vektorrechnung und Differential- und Integralrechnung werden dazugehören. Ich werde mich aber bemühen, nicht mehr Mathematik zu benutzen, als für das jeweilige Problem erforderlich ist und einem Studenten in den ersten Semestern zugemutet werden kann. Läßt sich allerdings ein mechanisches Problem mit höheren mathematischen Methoden bequemer, übersichtlicher oder allgemeiner lösen, so werde ich diesen Weg wählen.

Der vorliegende Band 1 behandelt das Gleichgewicht von Kräften am Punkt, in der Ebene und im Raum, das ebene Fachwerk, Schwerpunktaufgaben, Reibungsprobleme und den Arbeitssatz der Stereostatik. Auch die Schnittgrößen am Balken behandle ich bereits in diesem Band, obgleich ihre zwingende Einführung erst durch das Spannungsproblem in der Elastostatik zu erkennen ist. Die Bestimmung der Quer- und Längskraft und des Biegemoments ist allerdings eine Aufgabe der Stereostatik. – Die graphischen Methoden haben in letzter Zeit sehr an Bedeutung verloren. Ich habe sie nur dort besprochen, wo sie in einfacher Weise unmittelbar einen Einblick in den Kräfteverlauf ergeben (s. hierzu insbesondere Abschn. 2). Das Seileckverfahren, mit dem sich viele Aufgaben der Stereo- und vor allem der Elastostatik bequem lösen lassen, hat im Computerzeitalter immer mehr seine Bedeutung verloren. Ich habe es daher nicht mit in das Buch aufgenommen. Der Cremona-Plan dagegen wird sich wohl noch einige Zeit zur graphischen Bestimmung aller Stabkräfte in einem Fachwerk behaupten können. Er wird daher in diesem Buch besprochen.

Dem Vieweg Verlag danke ich für die sorgfältige Ausstattung dieses Buches und für seine Bereitwilligkeit, auf meine Sonderwünsche einzugehen.

Hamburg, im September 1989   H. H. Gloistehn

Inhaltsverzeichnis

0 Einleitung

0.1 Einteilung der Mechanik

Die Mechanik ist ein Teilgebiet der Physik, das sich mit den Bewegungen (einschließlich des Grenzfalles der Ruhe) von Körpern und den durch Kräfte hervorgerufenen Formänderungen beschäftigt. Wir können die Mechanik grob nach folgendem Schema einteilen:

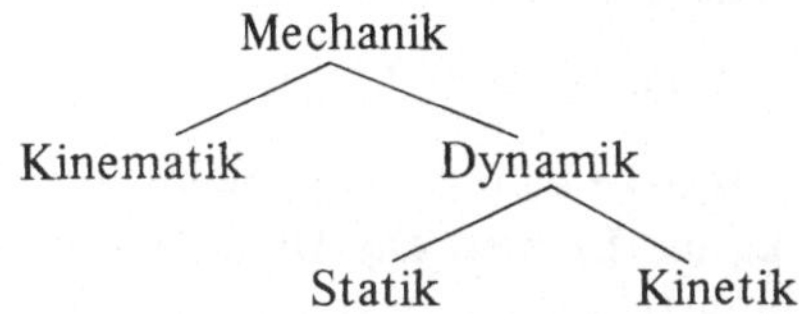

In der *Kinematik* werden Bewegungen ohne Berücksichtigung der Kräfte, die die Bewegungen hervorrufen, untersucht. In der *Kinetik* werden die Bewegungsabläufe aus den bekannten Kräften oder umgekehrt aus den Bewegungsabläufen die Kräfte bestimmt. In der *Statik* wird nach den Bedingungen gefragt, unter denen sich ein Körper im Zustand der Ruhe oder der gleichförmigen Bewegung befindet. Dieses Gebiet der Mechanik könnte weiter unterteilt werden:

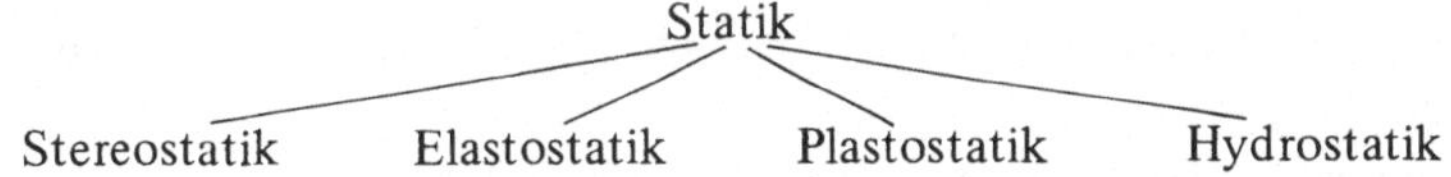

Die *Stereostatik*[1] ist die Statik am starren Körper. Hierunter verstehen wir einen Körper, der sich unter dem Einfluß von Kräften nicht verformt, sich also starr verhält. Der starre Körper ist eine Idealisierung, die es streng genommen in der Natur nicht gibt. Derartige Abstraktionen sind jedoch in der Physik für das Erkennen und Formulieren von Gesetzmäßigkeiten unentbehrlich. In der *Elastostatik* werden am Körper durch Kräfte Verformungen hervorgerufen. Nach der Entlastung soll der Körper jedoch wieder seine ursprüngliche Form annehmen. In der *Plastostatik* rufen Kräfte am Körper bleibende Formänderungen hervor. Die *Hydrostatik* beschäftigt sich mit dem Ruhezustand von Flüssigkeiten und Gasen.

---

[1] In der Praxis wird oft die Stereostatik kurz als Statik und die Elasto- und Plastostatik als Festigkeitslehre (im Bauwesen alles zusammen als Baustatik) bezeichnet.

0.2 Größen der Mechanik

In der Mechanik sind im internationalen Einheitensystem (SI-System, Système International d'Unités) als *Basisgrößen* festgelegt:

Länge l mit der Basiseinheit Meter (m),
Zeit t mit der Basiseinheit Sekunde (s),
Masse m mit der Basiseinheit Kilogramm (kg).

Von diesen Basiseinheiten können dezimale Vielfache oder Teile gebildet werden. Zum Beispiel bedeuten

$$10^6 = \text{Mega (M)}, \quad 10^3 = \text{Kilo (k)}, \quad 10^{-3} = \text{Milli (m)}, \quad 10^{-6} = \text{Mikro } (\mu).$$

Als Masseneinheit wird in der Praxis noch die Tonne benutzt:

1000 kg = 1 Mg = 1 Tonne = 1 t (oder auch: 1 to).

In der Darstellung $m = 16{,}4\,\text{kg} = 16{,}4 \cdot 1\,\text{kg}$ nennt man m die physikalische Größe, 16,4 die Maßzahl und kg die Einheit. Die Dimension von m (geschrieben: $[m]$) ist die Masse, die Einheit von m (geschrieben: (m)) das Kilogramm. Wir benutzen für die Dimension der Basisgrößen die Bezeichnung

L für Länge, T für Zeit, M für Masse.

Allgemein schreiben wir

Physikalische Größe = Maßzahl · Einheit, kurz: $G = Z\,E$.

Aus den obigen Basisgrößen können alle anderen mechanischen Größen abgeleitet werden, z.B.

Dichte ρ mit der Dimension Masse/Volumen $= M/L^3 = M\,L^{-3}$ und z.B. der Einheit $kg/m^3 = kg\,m^{-3}$
oder Geschwindigkeit v mit $[v] = L/T = L\,T^{-1}$ und z.B. $(v) = m/s = m\,s^{-1}$ oder $(v) = km/h = km\,h^{-1}$.

Für zwei physikalische Größen $G_1 = Z_1\,E_1$ und $G_2 = Z_2\,E_2$ gilt

$$[G_1 G_2] = [G_1] \cdot [G_2] \quad \text{und} \quad \left[\frac{G_1}{G_2}\right] = \frac{[G_1]}{[G_2]}.$$

Dagegen darf die Summe oder Differenz von G_1 und G_2 nur dann gebildet werden, wenn beide Größen dieselbe Dimension besitzen:

$$[G_1] = [G_2] = [G_1 + G_2].$$

$$v_1 = 4\,\frac{m}{s} \quad \text{und} \quad v_2 = 7{,}2\,\frac{km}{h} \quad \text{z.B. ergibt}$$

$$v_1 + v_2 = 4\,\frac{m}{s} + 7{,}2\,\frac{km}{h} = 4\,\frac{m}{s} + 2\,\frac{m}{s} = 6\,\frac{m}{s} = 21{,}6\,\frac{km}{h}.$$

0.3 Kräfte

Eine Kraft F (*force*) erkennen wir als Ursache von Bewegungsände-
rungen oder Formänderungen eines Körpers. Sie ist bestimmt durch
ihre Größe (Maßzahl · Einheit), Richtung und Angriffspunkt.
Physikalische Größen dieser Art nennt man Vektoren[1]), die wir
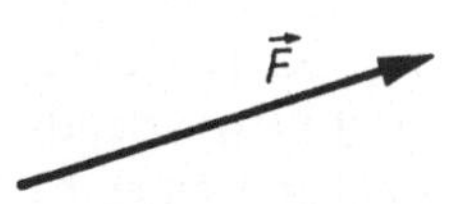
geometrisch durch einen Pfeil veranschaulichen. Wollen wir den vektoriellen Charakter
der Kraft besonders hervorheben, so schreiben wir $\vec{F}$ (gelesen: Vektor F). Die Gerade,
die durch den (ortsgebundenen) Kraftvektor $\vec{F}$ gelegt werden kann, bezeichnet man in
der Mechanik als *Wirkungslinie*. Die Größe der Kraft bezeichnen wir mit

$$F = |\vec{F}| = \text{Betrag von } F = \text{Maßzahl} \cdot \text{Einheit}.$$

Wir werden in diesem Buch die vektorielle Schreibweise $\vec{F}$ nur dann verwenden, wenn sie
für uns Vorteile oder Vereinfachungen bringt oder dazu beiträgt, einen Sachverhalt klarer
darzustellen. Im späteren Lageplan der Kräfte oder im Krafteck wird der Vektorcharakter
der Kraft durch den gezeichneten Pfeil erkannt, hier wird die Bezeichnung F statt $\vec{F}$
ausreichen. Wir werden dann die Größe einer Kraft F (im Gegensatz zur obigen Festsetzung) positiv oder auch negativ rechnen.

Physikalische Größen, die bereits durch Maßzahl und Einheit eindeutig festgelegt sind,
nennt man *Skalare*. Hierzu gehören z.B. Zeit, Volumen, Temperatur, Masse, Arbeit.

Als Einheit der Kraft wird im SI-System das *Newton*[2]) benutzt:

$$1 \text{ Newton} = 1 \text{ N} = 1 \text{ kg} \cdot 1 \text{ m/s}^2 = 1 \text{ kg m s}^{-2}.$$

Dimension der Kraft: $[F] = K = M\,L\,T^{-2}$.

Unter der *Gewichtskraft* F_g einer Masse m versteht man die Kraft, mit der die Masse m
von der Erde angezogen wird, also

$$F_g = mg \qquad \text{mit } g = 9{,}81 \text{ m/s}^2 \text{ in unserer geographischen Breite.}$$

Das Gewicht eines Körpers werden wir in diesem Buch als gleichbedeutend mit der Masse
des Körpers verwenden. Zum Beispiel besitzt eine Kugel das Gewicht $G = 14\,\text{kg}$ und
die Gewichtskraft $F_g = 14 \text{ kg} \cdot 9{,}81\,\text{m/s}^2 = 137{,}3 \text{ N}$.

Für Kräfte, die auf einen Körper wirken, geben wir die folgende

> *Definition:* Kräfte sind im Gleichgewicht oder bilden ein Gleichgewichts-
> system, wenn der Körper unter dem Einfluß dieser Kräfte in Ruhe bleibt
> oder seine Geschwindigkeit nicht ändert.

---

[1]) In der mathematischen Vektorrechnung darf ein Vektor frei im Raum parallel verschoben werden.
Die Kraft ist kein freier Vektor, sondern ein ortsgebundener Vektor, in der Stereostatik ein linien-
flüchtiger Vektor (s. 2.1).

[2]) Isaac Newton (1643–1727), englischer Physiker und Mathematiker.

0.4 Wechselwirkungsgesetz

Hängt eine Kugel mit der Gewichtskraft F_g an einem Seil (Bild 0-1a)), so ruft sie im Seil eine Kraft F_S hervor. Ebenso übt das Seil eine Kraft auf die Kugel aus. Diese Kraft machen wir sichtbar, indem wir uns das Seil geschnitten denken (Bild 0-1b)). Die Kugel zieht mit einer Kraft $F_S = F_g$ am Seil. Genauso groß und entgegengesetzt gerichtet ist die Kraft F_S, mit der das Seil die Kugel hält.

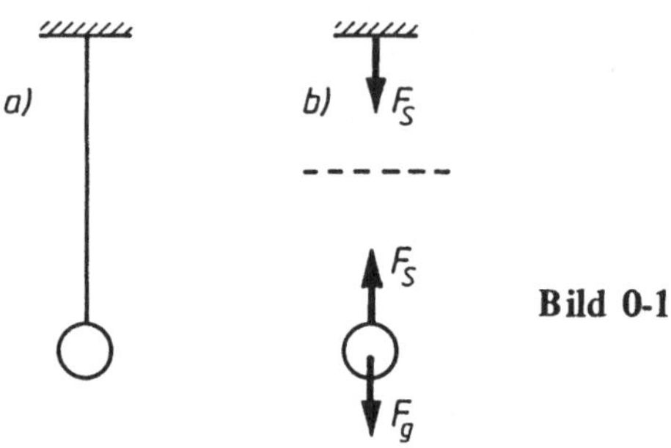

Bild 0-1

Wir sagen, die Wirkung F_g ruft die Gegenwirkung F_S hervor. Newton formulierte in seiner Mechanik diese Eigenschaft allgemein als Axiom III:

> *Wechselwirkungsgesetz:* Kräfte, die zwei Körper aufeinander ausüben, liegen in derselben Wirkungslinie und sind gleich groß und entgegengesetzt gerichtet. (Man sagt kurz: actio = reactio.)

Betrachten wir hierzu den nach Bild 0-2a) gelagerten Körper. In den Punkten P_1 und P_2 übt der Körper Kräfte auf die Unterlage aus. Umgekehrt wird der Körper in diesen Punkten durch gleichgroße und entgegengesetzt gerichtete Kräfte gestützt. Um diese Reaktionskräfte sichtbar zu machen, denken wir uns den Körper von der stützenden Unterlage befreit (Bild 0-2b)). Durch dieses Freimachen (Freischneiden) werden die Stützkräfte F_1 und F_2 zu äußeren Kräften am Körper und damit erst (wie wir später sehen werden) der Berechnung zugänglich. Wir nennen Bild 0-2a) den geometrischen Lageplan (oder die Systemskizze) und Bild 0-2b) den Lageplan der Kräfte. In diesem kommt es nicht mehr auf die Geometrie des Körpers an, sondern nur noch auf die Lage der Kräfte zueinander. Es wird stets die erste Aufgabe der Statik sein, aus der Systemskizze den Lageplan der Kräfte zu gewinnen. Auf diesen Übersetzungsprozeß sollte der Lernende große Sorgfalt legen, denn erfahrungsgemäß werden hierbei sehr häufig Fehler gemacht, die sich dann später auch durch eine noch so schöne Rechnung nicht mehr ausgleichen lassen.

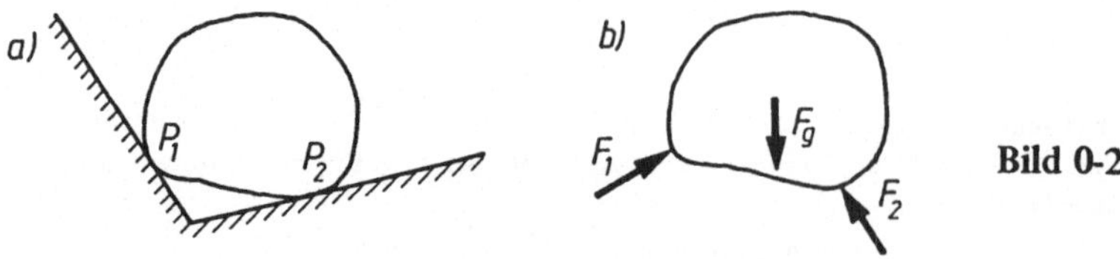

Bild 0-2

1 Kräfte in der Ebene am Punkt

1.1 Gleichgewichtsbedingung

Wirken auf einen Körper zwei Kräfte F_1 und F_2 (Bild 1-1), so ist es selbstverständlich, daß der Körper nur dann in Ruhe bleibt, wenn die beiden Kräfte gleich groß und entgegengesetzt gerichtet sind. Beweisen kann man dieses nicht, aber keiner wird daran zweifeln. Die Kräfte sind also im Gleichgewicht für $\vec{F}_1 = -\vec{F}_2$ oder $\vec{F}_1 + \vec{F}_2 = \vec{0}$.

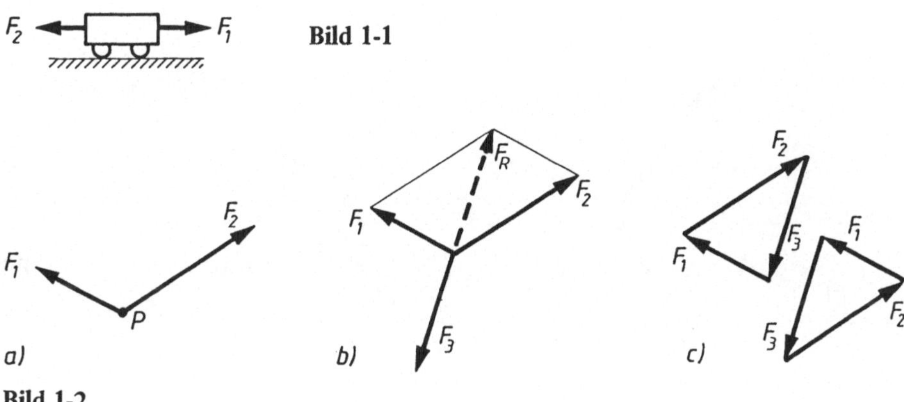

Bild 1-1

Bild 1-2

Auf den Punkt P wirken zwei Kräfte F_1 und F_2 (Bild 1-2), die keine gemeinsame Wirkungslinie besitzen. Wir fragen nach der Kraft F_3, die mit diesen beiden Kräften im Gleichgewicht ist.

Von der Experimentalphysik ist bekannt, daß zwei Kräfte nach der Parallelogrammkonstruktion zu einer resultierenden Kraft F_R zusammengesetzt werden können (Bild 1-2b)). Die Kraft F_R ersetzt die beiden Kräfte F_1 und F_2, sie ist den beiden Kräften *äquivalent* (auch dieses kann man wieder nicht streng beweisen, sondern nur an einzelnen Versuchen plausibel machen). Wir schreiben für die Resultierende

$$\vec{F}_R = \vec{F}_1 + \vec{F}_2$$

und nennen dieses die Vektorsumme (oder die geometrische Addition) der Kräfte $\vec{F}_1$ und $\vec{F}_2$.

Soll nun der Punkt P unter dem Einfluß der drei Kräfte in Ruhe bleiben, so muß $\vec{F}_3 = -\vec{F}_R = -(\vec{F}_1 + \vec{F}_2)$ sein oder

$$\boxed{\vec{F}_1 + \vec{F}_2 + \vec{F}_3 = \vec{0}\,.} \tag{1.1}$$

Diese Gleichgewichtsbedingung führt auf die Konstruktion im *Krafteck* oder im *Kräfteplan* (Bild 1-2c)):

> *Satz:* Kräfte, die in der Ebene an einem Punkt angreifen, sind im Gleichgewicht, wenn das aus den Kräften gebildete Krafteck geschlossen ist.

Die Reihenfolge der Kräfte im Krafteck ist beliebig, wie aus den Konstruktionen im Bild 1-2c) zu erkennen ist.

Bild 1-3a) und Bild 1-3b) zeigen nicht-geschlossene Kraftecke. Zwar liegt in Bild 1-3b) ein geometrisch geschlossenes Dreieck vor, aber die Kräfte wurden nicht richtig aneinandergesetzt. In einem geschlossenen Krafteck dürfen nicht zwei Pfeilspitzen aufeinandertreffen. Ein geschlossenes Krafteck muß in Richtung der Kräfte umlaufen werden können. Das richtige Aneinanderreihen der Kräfte in Bild 1-3b) führt wieder auf Bild 1-3a).

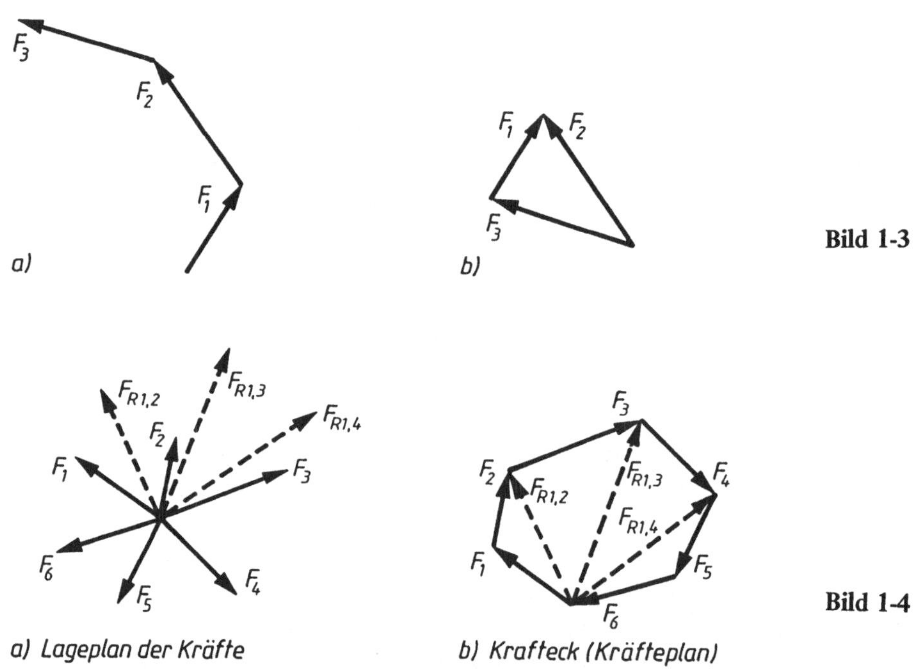

Bild 1-3

a) Lageplan der Kräfte   b) Krafteck (Kräfteplan)

Bild 1-4

Der obige Satz wurde zunächst für drei Kräfte erläutert, aber sofort für beliebige Kräfte formuliert. Um die Richtigkeit auch hierfür einzusehen, brauchen wir bei mehr als drei Kräften nur der Reihe nach je zwei Kräfte nach der Parallelogrammkonstruktion zu einer Resultierenden zusammenzusetzen. In Bild 1-4 gilt (für n = 6 Kräfte)

$$\vec{F}_{R1,2} = \vec{F}_1 + \vec{F}_2; \quad \vec{F}_{R1,3} = \vec{F}_{R1,2} + \vec{F}_3; \quad \vec{F}_{R1,4} = \vec{F}_{R1,3} + \vec{F}_4;$$

und schließlich

$$\vec{F}_{R1,4} + \vec{F}_5 + \vec{F}_6 = \vec{0}.$$

Allgemein lautet für n Kräfte $\vec{F}_k$ (k $\in \mathbb{N}_n$), die an einem Punkt angreifen, die Gleichgewichtsbedingung

$$\sum_{k=1}^{n} \vec{F}_k = \vec{0}\,. \tag{1.2}$$

Für die zeichnerische Darstellung von Kräften treffen wir noch die folgende

> *Vereinbarung:* Alle auf einen Punkt wirkenden Kräfte werden ausgezogen in den Lageplan der Kräfte gezeichnet. Dagegen werden Ersatzkräfte, die wir z.B. als Resultierende aus gegebenen Kräften erhalten, stets gestrichelt gezeichnet.

Hierdurch sollen Fehler vermieden werden, die der Lernende häufig begeht, indem er das Krafteck aus den tatsächlich wirkenden Kräften und den zusätzlichen Ersatzkräften zeichnet.

1.2 Komponenten einer Kraft

In Abschnitt 1.1 haben wir zwei Kräfte F_1 und F_2 zu einer Resultierenden F_R zusammengesetzt. Umgekehrt können wir eine gegebene Kraft F eindeutig in zwei Kräfte nach vorgegebener x- und y-Richtung zerlegen (Bild 1-5a)): $\vec{F} = \vec{F}_x + \vec{F}_y$ (selbstverständlich muß F in der x, y-Ebene liegen, und die x- und y-Richtung dürfen nicht zusammenfallen). Die Kräfte $\vec{F}_x$ und $\vec{F}_y$, die $\vec{F}$ ersetzen und daher nach unserer Vereinbarung gestrichelt gezeichnet werden, heißen die *Komponenten* der Kraft $\vec{F}$ nach den beiden Richtungen x und y. (In der feineren Unterscheidung heißen die skalaren Größen F_x und F_y die *Koordinaten* und die vektoriellen Größen $\vec{F}_x$ und $\vec{F}_y$ die Komponenten der Kraft $\vec{F}$. Wir werden in diesem Buch in beiden Fällen von den Komponenten sprechen.)

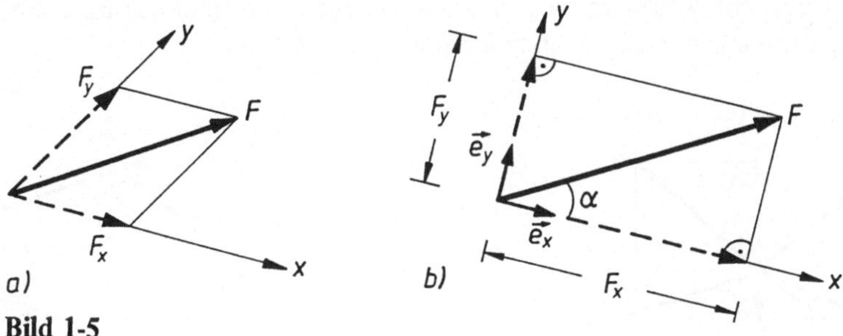

Bild 1-5

Stehen insbesondere die x- und y-Achsen senkrecht aufeinander und schließt F mit der x-Richtung den Winkel α (z.B. mit der Festsetzung $-180° < \alpha \leq 180°$ oder $-\pi < \alpha \leq \pi$) ein, so gilt nach Bild 1-5b)

$$F_x = F \cos \alpha; \quad F_y = F \sin \alpha;$$
$$F = |\vec{F}| = \sqrt{F_x^2 + F_y^2}; \quad \tan \alpha = \frac{F_y}{F_x}.$$

(1.3)

Für ein orthogonales x, y-Koordinatensystem mit den Einheitsvektoren $\vec{e}_x$ und $\vec{e}_y$ schreiben wir den Kraftvektor $\vec{F}$ in der Form

$$\vec{F} = F_x \vec{e}_x + F_y \vec{e}_y = \begin{pmatrix} F_x \\ F_y \end{pmatrix}.$$

(1.4)

Eine Zerlegung einer Kraft nach drei (in einer Ebene liegenden) Richtungen ist nicht mehr eindeutig möglich. Es gibt unendlich viele Zerlegungen, wie die Beispiele in Bild 1-6 zeigen.

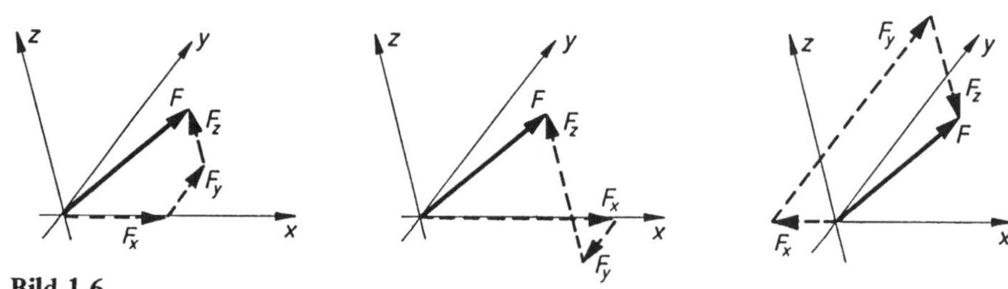

Bild 1-6

1.3 Rechnerische Gleichgewichtsbedingungen

In einem Punkt P mögen n Kräfte (Bild 1-7a) mit n = 5) angreifen, die im Gleichgewicht sein sollen. Nach dem Satz in Abschnitt 1.1 muß das aus den Kräften gezeichnete Krafteck geschlossen sein (Bild 1-7b)). Wir zerlegen alle Kräfte (in Bild 1-7a) wurden der zeichnerischen Übersicht wegen nur F_2 und F_5 zerlegt) in Komponenten nach der x- und y-Richtung, die wir senkrecht zueinander annehmen wollen.

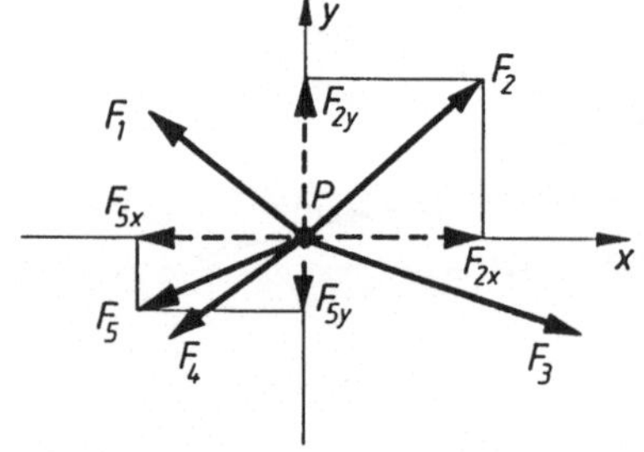

a) Lageplan der Kräfte

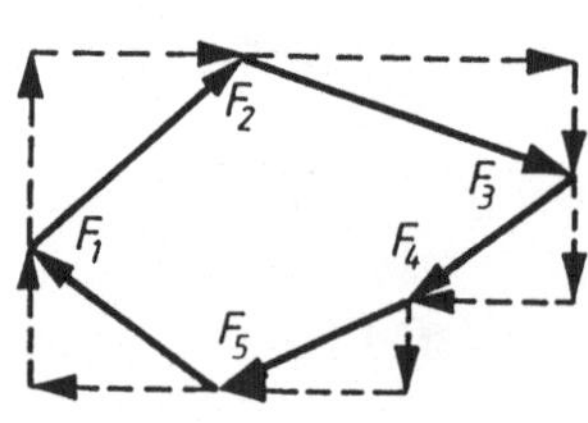

b) Krafteck

Bild 1-7

Vereinbaren wir, daß alle Komponenten nach rechts und oben (in Richtung der positiven Koordinatenachsen) positiv und nach links und unten negativ gerechnet werden, so erkennen wir aus dem geschlossenen Krafteck sofort die rechnerischen Gleichgewichtsbedingungen. Diese sind natürlich nichts anderes als die Komponentenform der Vektorgleichung (1.2):

$$\sum_{k=1}^{n} F_{kx} = 0; \qquad \sum_{k=1}^{n} F_{ky} = 0 \, . \qquad\qquad (1.5)$$

Wir werden diese Gleichungen meistens kurz in der Form

$$\Sigma\, F_x = 0; \qquad \Sigma\, F_y = 0 \qquad\qquad (1.5')$$

schreiben (gelesen: Summe aller F_x gleich Null).

Bei einfachen Aufgaben der Statik ist es oftmals etwas umständlich, mit vorzeichenfestgelegten Richtungen oder Komponenten zu rechnen. In solchen Fällen werden wir anschaulicher (1.5) so formulieren:

$$\Sigma\, (F_x)_{\text{rechts}} = \Sigma\, (F_x)_{\text{links}}; \quad \Sigma\, (F_y)_{\text{oben}} = \Sigma\, (F_y)_{\text{unten}} \, . \qquad\qquad (1.5'')$$

In Worten: Die Summe aller Kraftkomponenten nach rechts (bzw. oben) ist gleich der Summe aller Kraftkomponenten nach links (bzw. unten). Statt rechts/links bzw. oben/unten können natürlich beliebige andere Richtungen gewählt werden.

Wir nennen die Gleichungen (1.5) das Komponenten- oder Verschiebegleichgewicht, weil eine Komponente F_x z.B. die Tendenz hat, den Punkt in x-Richtung zu verschieben.

1.4 Rolle, Feder

Um eine im Mittelpunkt reibungsfrei gelagerte Rolle (Bild 1-8) legen wir ein Seil, an dessen einem Ende eine Masse m mit der Gewichtskraft F_g hängt. Es wird ohne weiteres einleuchten, daß am anderen Ende des Seiles eine Kraft F von der Größe F_g wirken muß, damit eine Drehung der Rolle oder Bewegung des Gewichtes verhindert wird. Später (s. Abschnitt 2.2) werden wir dieses Axiom durch ein anderes (allgemeineres) ersetzen. Wir nehmen das Beispiel der Rolle, in dem die Kräfte nicht an einem Punkt angreifen, nur deshalb in diesen 1. Abschnitt hinein, damit wir Aufgaben, in denen Rollen vorkommen, bereits hier behandeln können.

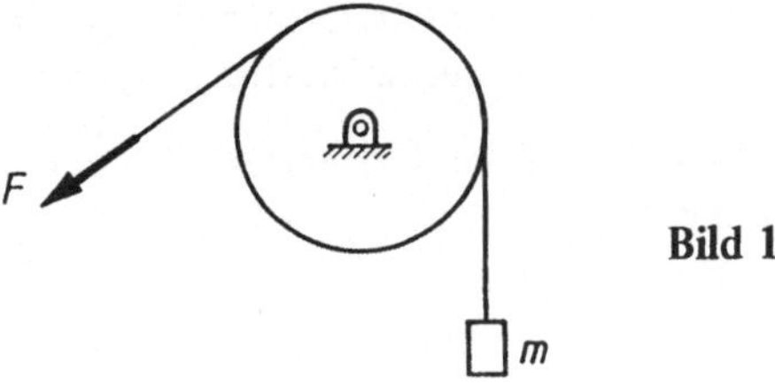

Bild 1-8

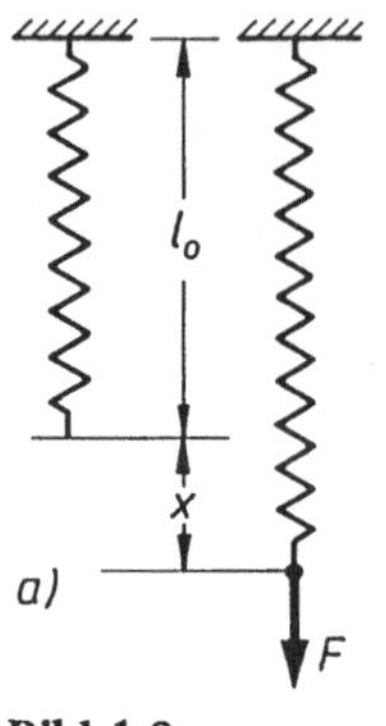

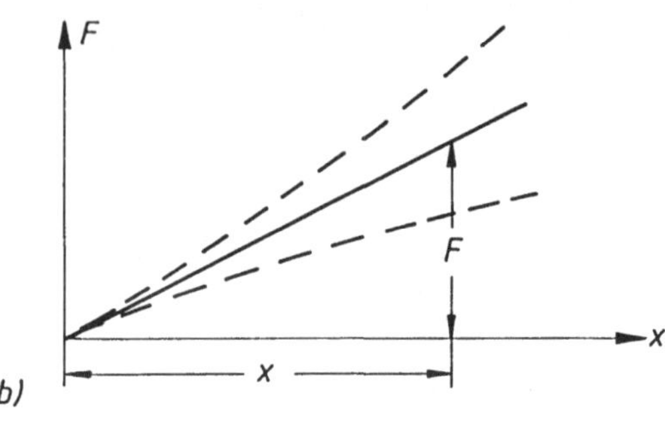

Bild 1-9

Ebenso wollen wir einen einfachen Fall der Verformung bereits hier in der Stereostatik besprechen, obgleich er eigentlich in das Gebiet der Elastostatik gehört. Eine Kraft F verlängert eine Feder aus ihrem spannungslosen Zustand um die Länge x (Bild 1-9a)). Der Zusammenhang zwischen F und x wird durch Versuche ermittelt. Die zeichnerische Darstellung in einem x, F-Koordinatensystem bezeichnen wir als *Charakteristik* oder *Kennlinie* der Feder (Bild 1-9b)). Eine besondere Bedeutung besitzt in der Praxis die geradlinige Charakteristik. Für sie gilt

$$\boxed{F = c\,x\,.}\qquad\qquad\qquad(1.6)$$

c (angegeben z.B. in N/mm) heißt die *Federkonstante*. Wir wollen in diesem Buch stets eine Feder mit geradliniger Charakteristik voraussetzen. Eine Feder mit progressiver (nach oben gekrümmter) Charakteristik nennt man hart, eine mit degressiver (nach unten gekrümmter) Charakteristik weich.

1.5 Beispiele

Beispiel 1-1:   Ein Gewicht m hängt in P an zwei Seilen (Bild 1-10a)). Die in den Seilen auftretenden Kräfte sollen ermittelt werden.

Gegeben: $m = 76$ kg, $\alpha_1 = 48°$, $\alpha_2 = 64°$.

Wir zeichnen zunächst im Lageplan der Kräfte (Bild 1-10b)) die auf den Punkt P wirkenden Kräfte: $F_g = mg$ und die beiden Seilkräfte F_{S1} und F_{S2}, deren Richtungen bekannt sind. Diese drei Kräfte sind im Gleichgewicht, sie erfüllen die Gleichgewichtsbedingungen. Je nachdem, ob wir den Satz aus Abschnitt 1.1 oder die Gleichungen (1.5) anwenden, erhalten wir verschiedene Möglichkeiten zur Bestimmung der Seilkräfte:

1) *Zeichnerische Lösung.* In Bild 1-10c) haben wir das geschlossene Krafteck mit einem gewählten Maßstab durch Parallelverschiebung der Kräfte aus dem Lageplan oder durch Abtragen der gegebenen Winkel konstruiert. Wir lesen ab

$$F_{S1} \cong 720\,\text{N} \quad \text{und} \quad F_{S2} \cong 600\,\text{N}\,.$$

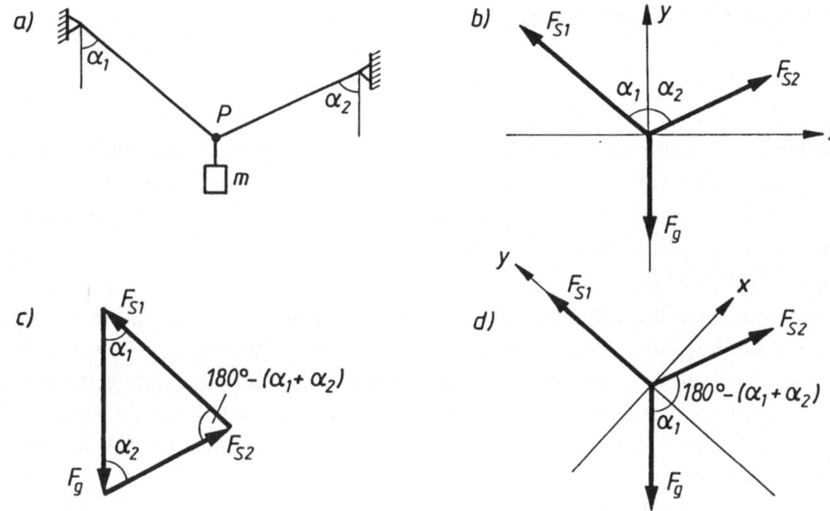

Bild 1-10

Diese rein-zeichnerische Lösung ist selbstverständlich nur für vorgegebene Zahlenwerte von m, α_1 und α_2 möglich.

2) *Zeichnerisch-rechnerische Lösung.* Im geschlossenen Krafteck berechnen wir die Kräfte als Seiten im Dreieck nach dem Sinussatz:

$$\frac{F_g}{\sin(\alpha_1 + \alpha_2)} = \frac{F_{S1}}{\sin \alpha_2} = \frac{F_{S2}}{\sin \alpha_1}$$

und hieraus

$$F_{S1} = \frac{\sin \alpha_2}{\sin(\alpha_1 + \alpha_2)}\, F_g\,, \qquad F_{S2} = \frac{\sin \alpha_1}{\sin(\alpha_1 + \alpha_2)}\, F_g\,.$$

Insbesondere erhalten wir für die gegebenen Zahlenwerte

$$F_{S1} = 723\ \text{N}, \qquad F_{S2} = 598\ \text{N}.$$

3) *Rechnerische Lösung* nach den Gleichungen (1.5). Nach dem Lageplan der Kräfte (Bild 1-10b)) erhalten wir aus

$$\Sigma F_x = 0 \;\Rightarrow\; F_{S1} \sin \alpha_1 = F_{S2} \sin \alpha_2\,,$$
$$\Sigma F_y = 0 \;\Rightarrow\; F_{S1} \cos \alpha_1 + F_{S2} \cos \alpha_2 = F_g\,.$$

Auflösen der ersten Gleichung nach F_{S2} und Einsetzen dieses Terms in die zweite Gleichung liefert

$$F_{S1} \left(\cos \alpha_1 + \frac{\sin \alpha_1}{\sin \alpha_2} \cos \alpha_2 \right) = F_g\,,$$

$$F_{S1} (\cos \alpha_1 \sin \alpha_2 + \sin \alpha_1 \cos \alpha_2) = F_g \sin \alpha_2$$

und hieraus mit dem Additionstheorem

$$F_{S1} = \frac{\sin \alpha_1}{\sin (\alpha_1 + \alpha_2)} F_g \, , \qquad F_{S2} = \frac{\sin \alpha_2}{\sin (\alpha_1 + \alpha_2)} F_g \, .$$

Selbstverständlich erhalten wir dieselben Ergebnisse wie unter 2). Für die obige Aufgabe ist die Lösung nach 2) auch die einfachere. Das muß aber nicht immer so sein. Wenn das Krafteck kein Dreieck ergibt, sondern ein Vier-, Fünfeck usw., dann wird im allgemeinen die Anwendung der Gleichgewichtsbedingung (1.5) einfacher als die geometrische Berechnung des Kraftecks.

Bei der rechnerischen Lösung sind wir von einem x, y-Koordinatensystem ausgegangen, das geometrisch besonders ausgezeichnet ist (x-Achse waagerecht, y-Achse senkrecht). Nicht immer wird diese Lage des Koordinatensystems rechnerisch am günstigsten sein. Häufig empfiehlt es sich, eine Achse in die Richtung einer unbekannten Kraft zu legen. In Bild 1-10d) haben wir die y-Achse in Richtung von F_{S1} und die x-Achse senkrecht dazu gelegt. Jetzt wird

$$\Sigma F_x = 0 \Rightarrow F_{S2} \sin [180° - (\alpha_1 + \alpha_2)] = F_g \sin \alpha_1 \, ,$$

$$\Sigma F_y = 0 \Rightarrow F_{S1} = F_{S2} \cos [180° - (\alpha_1 + \alpha_2)] + F_g \cos \alpha_1 \, .$$

Aus der ersten Gleichung, in der jetzt nur noch eine unbekannte Größe auftritt, können wir sofort die Kraft F_{S2} berechnen und dann aus der zweiten Gleichung F_{S1} (die Ergebnisse sind natürlich dieselben wie oben). Bei der Wahl eines mechanisch ausgezeichneten Koordinatensystems können wir also den Rechenaufwand gegenüber dem geometrischen Koordinatensystem etwas reduzieren. Erfahrungsgemäß treten dabei allerdings leichter Fehler beim Übertragen der Winkel aus der Systemskizze in den Lageplan der Kräfte auf. Hierbei muß der Anfänger besonders achtsam vorgehen.

Beispiel 1-2: Eine Rolle (Radius $r \approx 0$) ist an einem Pendelstab reibungsfrei drehbar befestigt (Bild 1-11a)). Mit einem Seil wird eine Masse m mit konstanter Geschwindigkeit aufwärts gezogen. Für $m = 50\,\text{kg}$ und $\beta = 38°$ sind die Stabkraft F_S und der Einstellwinkel α zu bestimmen.

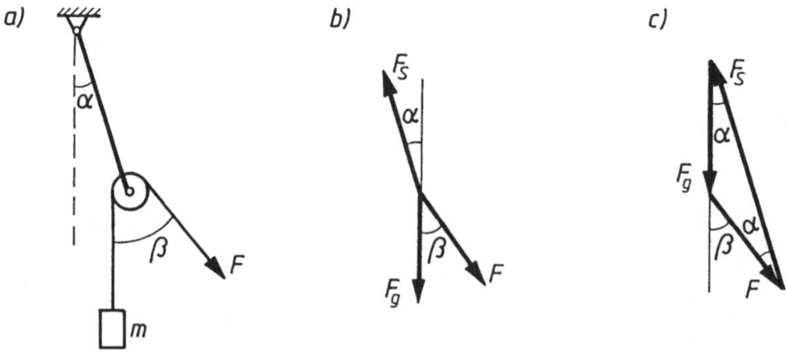

Bild 1-11

Für den Mittelpunkt der Rolle zeichnen wir zunächst den Lageplan der Kräfte (Bild 1-11b)) und mit $F = F_g = mg = 491\,\text{N}$ das Krafteck (Bild 1-11c)). Aus dem gleichschenkligen Dreieck erhalten wir

$$\alpha = \frac{\beta}{2} = 19° \quad \text{und} \quad F_S = 2\,F_g \cos \alpha = 928\,\text{N} \; .$$

Beispiel 1-3: Auf einer schiefen Ebene steht reibungsfrei ein Wagen vom Gewicht (Masse) m. Er wird durch ein Seil, an dessen anderem Ende eine Masse m_0 befestigt ist, nach Bild 1-12a) in Ruhe gehalten. Zu bestimmen sind Seilkraft, Normalkraft und Masse m_0.

Gegeben: $m = 184\,\text{kg}$, $\alpha = 28°$.

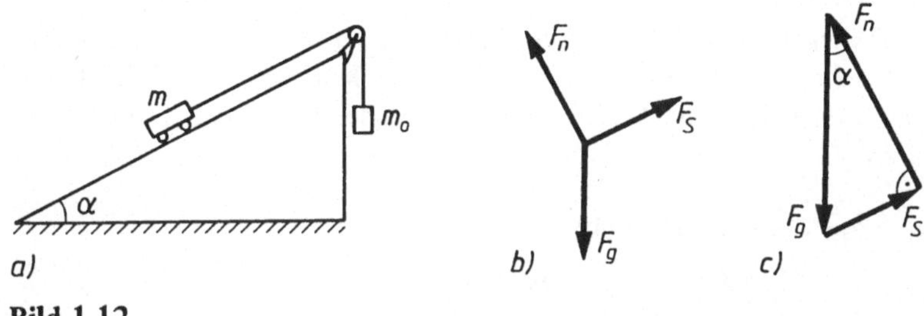

Bild 1-12

In den Lageplan der Kräfte zeichnen wir alle Kräfte, die auf den (punktförmigen) Wagen wirken:

Gewichtskraft $F_g = mg = 1805\,\text{N} = 1,805\,\text{kN}$ senkrecht nach unten,
Seilkraft F_S in Richtung des Seiles,
Normalkraft F_n senkrecht zur schiefen Ebene.

Unter der Normalkraft F_n verstehen wir die Kraft, die von der schiefen Ebene auf den Wagen ausgeübt wird. Im Lageplan der Kräfte (Bild 1-12b)) ist diese Kraft nach links oben gerichtet. Umgekehrt übt der Wagen eine gleichgroße Kraft auf die schiefe Ebene aus (actio = reactio), deren Richtung nach rechts unten geht.

Das geschlossene Krafteck aus den drei Kräften F_g, F_S und F_n ist ein rechtwinkliges Dreieck (Bild 1-12c)). Die Berechnung ergibt

$$F_n = F_g \cos \alpha = 1,59\,\text{kN}, \qquad F_S = F_g \sin \alpha = 0,847\,\text{kN}$$

$$\text{und} \quad m_0 = \frac{F_S}{g} = \frac{F_g}{g} \sin \alpha = m \sin \alpha = 86,4\,\text{kg} \; .$$

Beispiel 1-4: Drei Seile sind im Punkt P verknotet und tragen nach Bild 1-13a) die Massen m_1, m_2 und m_3. Gesucht sind die Einstellwinkel α_1 und α_2 für den Zustand der Ruhe.

Gegeben: $m_1 = 280\,\text{g}$, $m_2 = 360\,\text{g}$, $m_3 = 430\,\text{g}$ (hier: g = Gramm, nicht verwechseln mit der Erdbeschleunigung!).

Welche Relation müssen die drei Massen erfüllen, damit die Aufgabe eine sinnvolle Lösung besitzt?

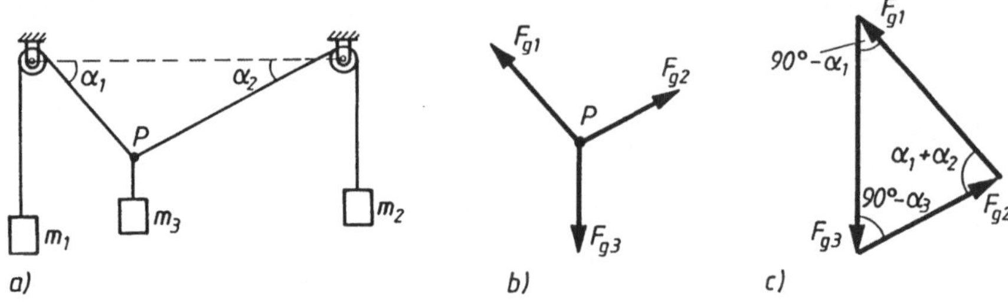

Bild 1-13

Auf den Punkt P wirken die drei bekannten Kräfte $F_{g1} = m_1 g$, $F_{g2} = m_2 g$ und $F_{g3} = m_3 g$ (Lageplan der Kräfte, Bild 1-13b)). Das geschlossene Krafteck (Bild 1-13c)) ergibt ein Dreieck, das aus drei bekannten Seiten konstruiert oder berechnet werden kann. Nach dem Cosinussatz wird

$$F_{g3}^2 = F_{g1}^2 + F_{g2}^2 - 2 F_{g1} F_{g2} \cos (\alpha_1 + \alpha_2)$$

oder $\cos (\alpha_1 + \alpha_2) = \dfrac{F_{g1}^2 + F_{g2}^2 - F_{g3}^2}{2 F_{g1} F_{g2}} = \dfrac{m_1^2 + m_2^2 - m_3^2}{2 m_1 m_2}$.

Die Zahlenrechnung ergibt $\alpha_1 + \alpha_2 = 83,4°$. Die Winkel α_1 und α_2 berechnen wir mit dem Sinussatz

$$\frac{m_1 g}{\sin (90° - \alpha_2)} = \frac{m_2 g}{\sin (90° - \alpha_1)} = \frac{m_3 g}{\sin (\alpha_1 + \alpha_2)} .$$

$$\cos \alpha_1 = \frac{m_2}{m_3} \sin (\alpha_1 + \alpha_2) \quad \Rightarrow \quad \alpha_1 = 33,7° ,$$

$$\cos \alpha_2 = \frac{m_1}{m_3} \sin (\alpha_1 + \alpha_2) \quad \Rightarrow \quad \alpha_2 = 49,7° .$$

Trotz des höheren Rechenaufwands haben wir beide Winkel α_1 und α_2 getrennt nach dem Sinussatz bestimmt. Für die so errechneten Winkel bilden wir zur Kontrolle

$$\alpha_1 + \alpha_2 = 33,7° + 49,7° = 83,4°$$

und erhalten denselben Wert wie oben.

Damit die Aufgabe eine Lösung besitzt, muß $|\cos (\alpha_1 + \alpha_2)| < 1$ werden, d.h.

$$-1 < \frac{m_1^2 + m_2^2 - m_3^2}{2 m_1 m_2} < 1$$

oder nach einer kleinen algebraischen Umformung

$$(m_1 + m_2)^2 - m_3^3 > 0 \quad \text{und} \quad (m_1 - m_2)^2 - m_3^2 < 0 .$$

Dieses liefert $|m_1 + m_2| > m_3$ und $|m_1 - m_2| < m_3$ und mit $-m_3 < m_1 - m_2 < m_3$ für die letzte Ungleichung insgesamt

$$m_1 + m_2 < m_3, \quad m_1 + m_3 < m_2, \quad m_2 + m_3 < m_1 .$$

Dieses Ergebnis hätten wir einfacher aus dem Krafteck erhalten können. In einem Dreieck muß stets die Summe der Längen zweier Seiten größer als die Länge der dritten Seite sein.

Beispiel 1-5: An dem Ladebaum (Bild 1-14a)) hängt eine Last von der Gewichtskraft F_g. Wie groß sind Windenkraft, Zugkraft im Seil und Druckkraft im Ausleger?

Gegeben: $F_g = 8{,}60$ kN, $\alpha = 36°$, $\beta = 48°$, $\gamma = 75°$.

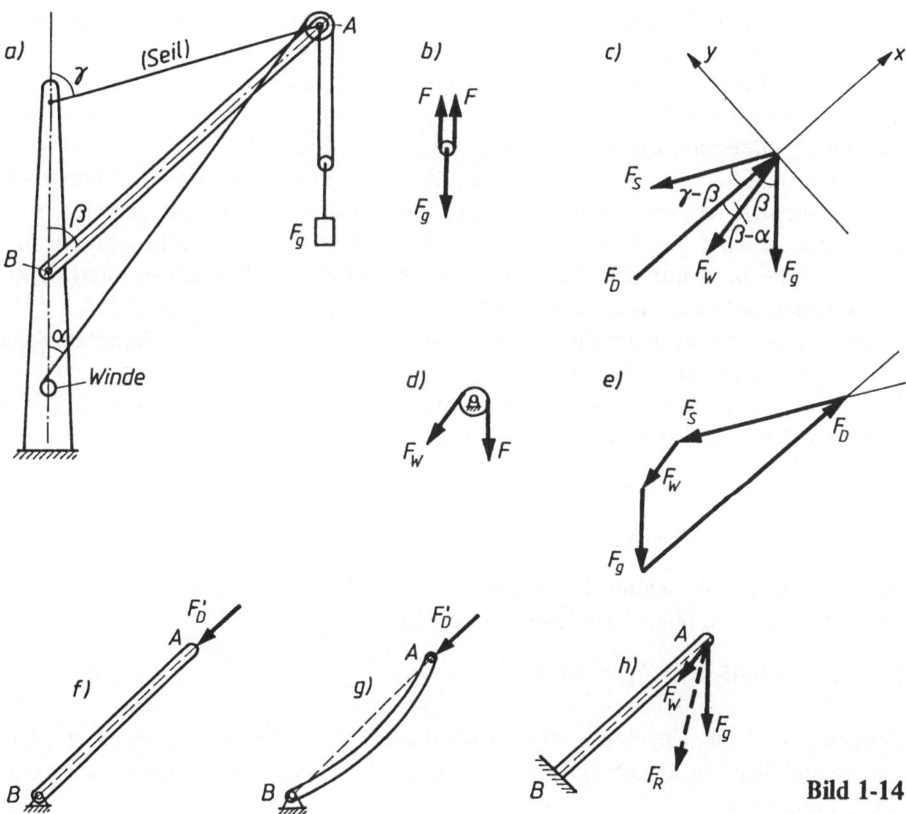

Bild 1-14

Zunächst betrachten wir die untere Rolle (Bild 1-14b)), an der die Last F_g hängt, und erhalten $2F = F_g$. Für die Rolle am Ausleger (Bild 1-14d)) gilt dann

$$F_W = F = \frac{1}{2} F_g = 4{,}30 \text{ kN}.$$

Im Lageplan der Kräfte Bild 1.14c)) sind alle Kräfte eingezeichnet, die auf den Punkt A (Achse der Rolle) wirken. Dabei haben wir die beiden Kräfte F wieder zu F_g zusammengefaßt und den Radius der Rolle sehr klein (punktförmig) angenommen. Die Kraft F_D, die vom Ausleger auf A ausgeübt wird, liegt in Richtung des Baumes AB. Dieses erkennen wir, indem wir den Ausleger in A freischneiden und die auf ihn wirkenden Kräfte eintragen (Bild 1-14f)). Die Kraft F_D', die in A von der Achse der Rolle auf den Baum ausgeübt wird, ist gleich F_D und entgegengesetzt gerichtet zu F_D (actio = reactio). Andererseits muß F_D' die Richtung von AB besitzen, denn sonst würde sie den Ausleger, auf den außer in A nur noch in B Kräfte wirken (das Eigengewicht vernachlässigen wir), um den Gelenkpunkt B drehen. Auch wenn der Ausleger nicht geradlinig, sondern gekrümmt wäre, müßte die in A wirkende Kraft aus obigem Grund in Richtung der Verbindungsgeraden AB gehen (Bild 1-14g)).

> Ein Konstruktionsteil, das in zwei Punkten gelenkig gelagert ist und nur dort Kräfte aufnehmen kann, nennt man eine *Pendelstütze*. Die in den Punkten wirkenden Kräfte gehen immer in Richtung der Verbindungsgeraden der Punkte. Die Kräfte sind gleich groß und entgegengesetzt gerichtet.

Der Leser sollte sich die letzten Sätze sehr aufmerksam durchlesen und einprägen. Er wird sich dadurch manchen Fehler beim Zeichnen eines Lageplans der Kräfte ersparen. Hätten wir den Ausleger in B fest verschweißt oder nicht-drehbar genietet, so könnte keine Aussage über die Richtung oder Größe der Kraft in A gemacht werden. In diesem Fall wird die in A auf den Ausleger wirkende Kraft im allgemeinen nicht in Richtung des Stabes gehen. Bei dieser Konstruktion hätten wir auf das Seil zur Stützung des Auslegers verzichten und dann auch die in A wirkende Kraft aus den bekannten Seilkräften bestimmen können (Bild 1-14h)).

Im Lageplan der Kräfte legen wir die x-Achse in Richtung der unbekannten Kraft F_D und die y-Achse senkrecht dazu (Bild 1-14c).

$$\Sigma F_x = 0 \Rightarrow F_D = F_S \cos(\gamma - \beta) + F_W \cos(\beta - \alpha) + F_W \cos\beta,$$

$$\Sigma F_y = 0 \Rightarrow F_S \sin(\gamma - \beta) = F_W \sin(\beta - \alpha) + F_W \sin\beta.$$

Aus der zweiten Gleichung berechnen wir F_S und mit diesem Wert aus der ersten Gleichung F_D. Mit den obigen Zahlenwerten erhalten wir

$$F_S = 16{,}05 \text{ kN}, \quad F_D = 24{,}26 \text{ kN}.$$

Beispiel 1-6: Eine Kugel mit der Gewichtskraft F_g hängt an einem in A befestigten Faden und liegt in B auf einer glatten Kugeloberfläche. Die Faden- und Normalkraft sind zu ermitteln.

Gegeben: F_g, l, r, h.

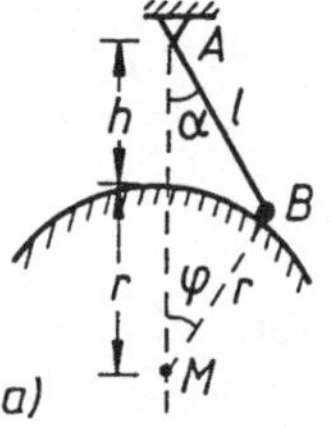
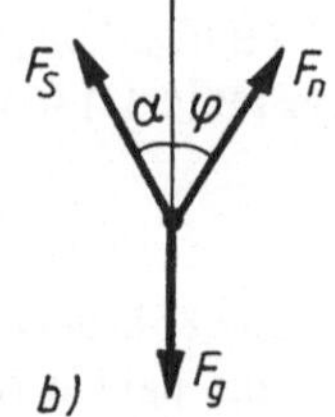
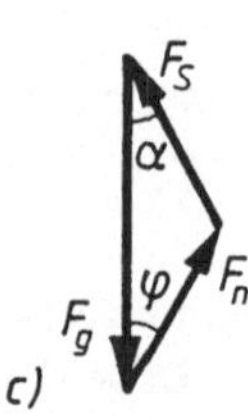

Bild 1-15

Aus dem Lageplan der Kräfte zeichnen wir das geschlossene Krafteck (Bild 1-15b und c). Dieses Krafteck ist ähnlich dem Dreieck *ABM* des geometrischen Lageplans. Aus dem Ähnlichkeitssatz

$$\frac{F_\mathrm{S}}{l} = \frac{F_\mathrm{n}}{r} = \frac{F_\mathrm{g}}{h+r}$$

erhalten wir

$$F_\mathrm{S} = \frac{l}{h+r}\,F_\mathrm{g}, \quad F_\mathrm{n} = \frac{r}{h+r}\,F_\mathrm{g}.$$

F_n ist unabhängig von *l*. Natürlich darf *l* nicht beliebig gewählt werden. Damit die Kugel nach Bild 1-15a) auf der Kugeloberfläche aufliegt, folgt für *l* aus der Geometrie

$$h < l < \sqrt{(r+h)^2 - r^2} = \sqrt{2\,r\,h + h^2}.$$

Beispiel 1-7: Nach Bild 1-16a) hängt eine Masse m_1 an zwei Seilen der Länge *l* und eine zweite Masse m_2 an einer Rolle, die an einem Seil befestigt ist und sich reibungsfrei in einer Schiene bewegen kann. Die Schiene ist unter einem Winkel α zur Horizontalen geneigt. Gesucht sind für die Ruhelage der Einstellwinkel φ, die Seilkräfte und die Normalkraft, die von der Schiene auf die Rolle ausgeübt wird.

Gegeben: $m_1 = 520\,\mathrm{g}$, $m_2 = 830\,\mathrm{g}$, $\alpha = 32°$, $l = 60\,\mathrm{cm}$.

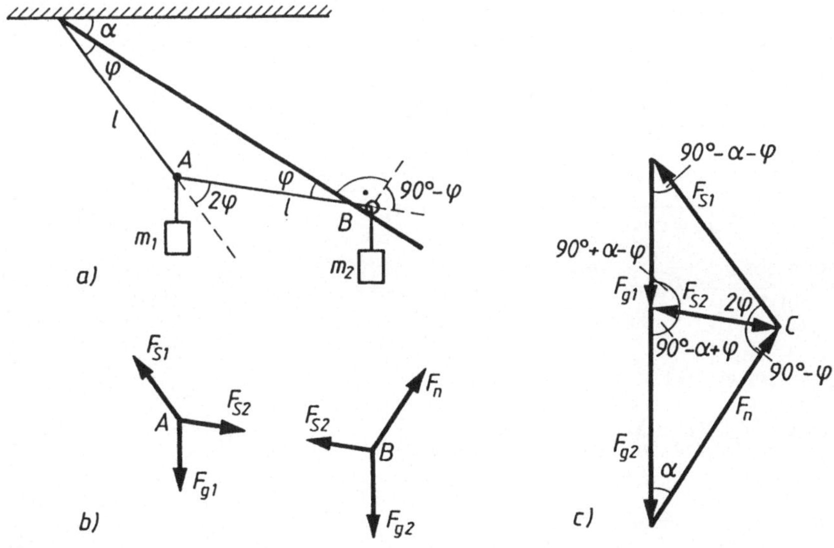

Bild 1-16

Für die Punkte A und B wird der Lageplan der Kräfte gezeichnet (Bild 1-16b): Die Gewichtskräfte nach unten, die Normalkraft F_n senkrecht zur Schiene und die Seilkräfte parallel zu den Richtungen der Seile im geometrischen Lageplan. In A wirkt die Seilkraft F_{S2} nach rechts unten, in B nach links oben. Diese beiden Kräfte sind nach actio = reactio gleich groß. Die Seilkräfte und der Einstellwinkel φ sind unbekannt. Wir können daher das Krafteck für die Kräfte in A und B (in Bild 1-16c) haben wir die beiden Kraftecke mit der gemeinsamen Seite F_{S2} zusammengelegt) nicht konstruieren, sondern nur skizzieren. Nicht alle Richtungen im Krafteck werden mit den entsprechenden Richtungen im geometrischen Lageplan übereinstimmen. Man könnte durch Probieren erreichen, daß die Seilkräfte im Krafteck parallel zu den Seilen liegen. Z. B. könnte man durch wiederholte Wahl des Punktes C auf der bekannten Richtung von F_n im Krafteck eine hinreichend genaue Übereinstimmung der entsprechenden Richtungen im Krafteck und in der System-skizze erhalten. Der Leser möge dieses geometrische Probieren selbst durchführen und die Ergebnisse mit den weiter unten rechnerisch ermittelten vergleichen.

Wir wollen die Aufgabe rechnerisch lösen. Wir untersuchen zunächst, wo die Winkel des Kraftecks im geometrischen Lageplan auftreten, und stellen alle Winkel im Krafteck in Abhängigkeit von φ und α dar. Für die beiden Dreiecke mit der gemeinsamen Seite F_{S2} lautet mit $\sin(90° - \alpha - \varphi) = \cos(\alpha + \varphi)$ und $\sin(90° - \varphi) = \cos\varphi$ der Sinussatz

$$\frac{F_{g1}}{\sin 2\varphi} = \frac{F_{S2}}{\cos(\alpha + \varphi)} \quad \text{und} \quad \frac{F_{g2}}{\cos\varphi} = \frac{F_{S2}}{\sin\alpha} \; .$$

Aus diesen beiden Gleichungen für die Unbekannten F_{S2} und φ erhalten wir durch Elimination von F_{S2} (z. B. Division der entsprechenden Seiten der Gleichungen) eine Gleichung für den gesuchten Winkel:

$$\frac{F_{g1} \cos\varphi}{F_{g2} \sin 2\varphi} = \frac{\sin\alpha}{\cos(\alpha + \varphi)} \Rightarrow \frac{\cos(\alpha + \varphi)\cos\varphi}{\sin 2\varphi} = \frac{m_2}{m_1}\sin\alpha.$$

Anwendung der Additionstheoreme für $\cos(\alpha + \varphi)$ und $\sin 2\varphi$ liefert

$$\frac{(\cos\alpha \cos\varphi - \sin\alpha \sin\varphi)\cos\varphi}{2\sin\varphi \cos\varphi} = \frac{m_2}{m_1}\sin\alpha,$$

$$\frac{\cos\alpha \cos\varphi}{\sin\varphi} - \sin\alpha = 2\frac{m_2}{m_1}\sin\alpha.$$

Mit $\dfrac{\sin\varphi}{\cos\varphi} = \tan\varphi$ wird

$$\frac{\cos\alpha}{\tan\varphi} = \left(2\frac{m_2}{m_1} + 1\right)\sin\alpha \quad \text{und schließlich}$$

$$\tan\varphi = \frac{1}{\left(2\dfrac{m_2}{m_1} + 1\right)\tan\alpha} \; .$$

Bevor wir für die gegebenen Zahlenwerte den Winkel φ ausrechnen, überprüfen wir die Gültigkeit der entwickelten Formel an einigen Sonderfällen, die wir in der folgenden Tabelle zusammenstellen und für die der Winkel φ ohne Rechnung bestimmt werden kann.

α	m_2/m_1	φ	$(2\,m_2/m_1 + 1)\tan\alpha$	$\tan\varphi$	φ
$0°$	beliebig	$90°$	0	∞	$90°$
$90°$	beliebig	$0°$	∞	0	$0°$
bel.	0	$90° - \alpha$	$\tan\alpha$	$\tan(90° - \alpha)$	$90° - \alpha$
bel.	∞	$0°$	∞	0	$0°$

In dieser Tabelle bedeutet z. B. $m_2/m_1 = \infty$: m_2 ist sehr groß gegenüber m_1. Die Einstellung des Systems für diesen Fall zeigt das nebenstehende Bild. Die aus der Anschauung stammenden Werte φ stehen in der 3. Spalte der Tabelle, die nach der obigen Formel errechneten Werte φ in der letzten Spalte. Untersuchen Sie auch die anderen Sonderfälle der Tabelle. Natürlich erhalten wir mit dieser Art der Überprüfung keine vollständige Gewißheit für die Richtigkeit der obigen Formel. Es können immer noch unerkannte Ansatz- oder Rechenfehler in ihr enthalten sein, aber die Wahrscheinlichkeit für die Gültigkeit hat sich doch erhöht.

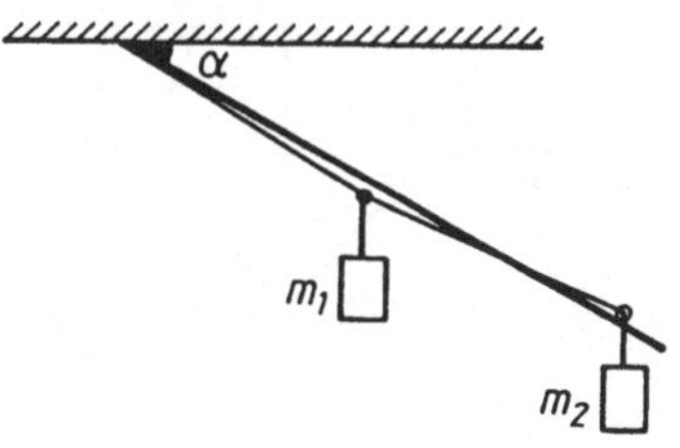

Der Lernende sollte es sich zur Gewohnheit machen, die gefundene Lösung einer Aufgabe anhand von bekannten Sonderfällen (oder später auch Dimensionskontrollen) zu überprüfen. Die errechneten Größen sollten stets mit den anschaulich zu erwartenden Größen verglichen werden (z. B. muß für unser obiges Beispiel stets gelten $0° \leqslant \varphi \leqslant 90° - \alpha = 58°$). Niemals sollte man einer Formel „blind vertrauen", selbst dem sichersten Fachmann werden von Zeit zu Zeit Fehler unterlaufen.

Nach der Kontrolle setzen wir die oben gegebenen Werte α, m_1 und m_2 in die Formel und erhalten

$$\tan\varphi = \frac{1}{\left(2\,\dfrac{830}{520} + 1\right)\tan 32°} \Rightarrow \varphi = 20{,}9°.$$

Mit den Winkeln $\varphi = 20{,}9°$ und $\alpha = 32°$ zeichnen wir erneut das Krafteck (Bild 1-17) und berechnen F_{S1}, F_{S2} und F_n mit dem Sinussatz:

$$\frac{5{,}10\,\text{N}}{\sin 69{,}1°} = \frac{F_{S1}}{\sin 101{,}1°} = \frac{F_{S2}}{\sin 37{,}1°},$$

$$\frac{9{,}14\,\text{N}}{\sin 69{,}1°} = \frac{F_{S2}}{\sin 32°} = \frac{F_n}{\sin 78{,}9°}.$$

Ergebnis: $F_{S1} = 7{,}51$ N, $F_{S2} = 4{,}62$ N, $F_n = 8{,}55$ N.

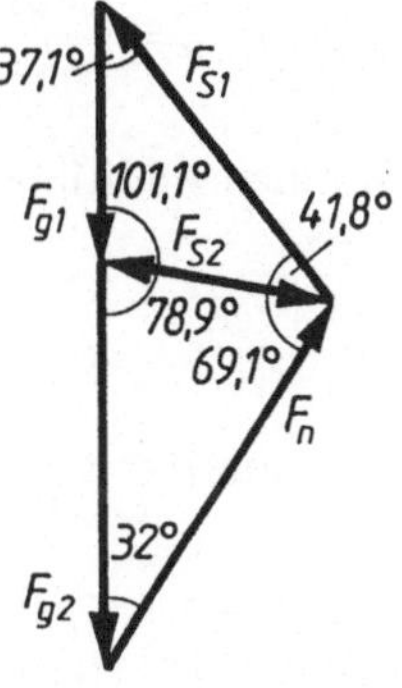

Bild 1-17

Beispiel 1-8: Für die in Bild 1-18a) skizzierte Gelenkstangenverbindung sind α und F gegeben. Wie ist β zu wählen, damit im Stab AB eine Zugkraft der Größe $2F$ auftritt? Für diesen Winkel β sind die Kräfte in den Stäben AC und BC zu ermitteln. Welche Bedingung muß α erfüllen, damit diese Aufgabe lösbar ist?

Gegeben: $\alpha = 30°$, $F = 100$ N.

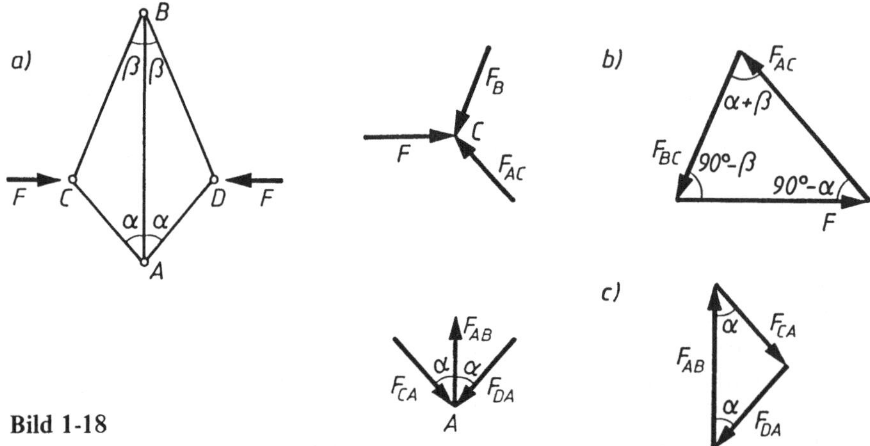

Die Gelenkstangenverbindung besteht aus lauter Pendelstützen. Für die Punkte C und A zeichnen wir den Lageplan der Kräfte und das Krafteck (Bild 1-18b und c). Aus Symmetriegründen und nach actio = reactio gilt $F_{DA} = F_{CA} = F_{AC}$. Aus den Kraftecken erhalten wir den gesuchten Zusammenhang zwischen F_{AB} und F:

$$F_{AB} = 2\,F_{AC}\cos\alpha \quad \text{und} \quad \frac{F_{AC}}{\cos\beta} = \frac{F}{\sin(\alpha + \beta)}\,.$$

Hieraus folgt

$$F_{AB} = \frac{2\cos\alpha\cos\beta}{\sin(\alpha + \beta)}\,F \quad \text{oder} \quad \frac{\sin(\alpha + \beta)}{\cos\alpha\cos\beta} = 2\,\frac{F}{F_{AB}}\,.$$

Mit dem Additionstheorem $\sin(\alpha + \beta) = \sin\alpha\cos\beta + \cos\alpha\sin\beta$ wird

$$\tan\alpha + \tan\beta = 2\,\frac{F}{F_{AB}}\,,$$

$$\tan\beta = 2\,\frac{F}{F_{AB}} - \tan\alpha = 1 - \tan\alpha\,.$$

Damit die Aufgabe im obigen Sinne lösbar wird, muß $\tan\beta > 0$ werden, also $\tan\alpha < 1$ und $\alpha < 45°$ (für $\tan\beta < 0$ tritt im Stab AB keine Zugkraft auf).

Die Stabkräfte berechnen wir zu

$$F_{AC} = \frac{\cos\beta}{\sin(\alpha+\beta)}\,F = \frac{\cos\beta}{\sin\alpha\cos\beta + \cos\alpha\sin\beta}\,F,$$

$$F_{AC} = \frac{1}{\sin\alpha + \cos\alpha\tan\beta}\,F = \frac{1}{\sin\alpha + \cos\alpha\,(1-\tan\alpha)}\,F,$$

$$F_{AC} = \frac{F}{\cos\alpha} \quad \text{und entsprechend} \quad F_{BC} = \frac{F}{\cos\beta}.$$

Die Zahlenrechnung ergibt

$$\beta = 22{,}9°, \quad F_{AC} = 1{,}155\,F = 115{,}5\text{ N}, \quad F_{BC} = 1{,}086\,F = 108{,}6\text{ N}.$$

Beispiel 1-9: Die Fahrbahn einer Brücke wird an ihren Längsseiten durch ein Hängewerk $P_0P_1P_2P\ldots$ mit je sieben senkrechten Seilen im gleichen horizontalen Abstand getragen (Bild 1-19a)). Das Gesamtgewicht (Masse der Brücke beträgt m, ihre Länge l und der Durchhang des Hängewerks f. Die Punkte P_1 und P_2 sollen so gewählt werden, daß jedes senkrechte Seil die gleiche Last aufnimmt. Zu bestimmen sind f_1, f_2, die Seilkräfte und die Länge der Seile zwischen den Knotenpunkten P_0, P_1, P_2, P.

Gegeben: $m = 240\,t = 240\,000$ kg, $l = 42$ m, $f = 7{,}60$ m.

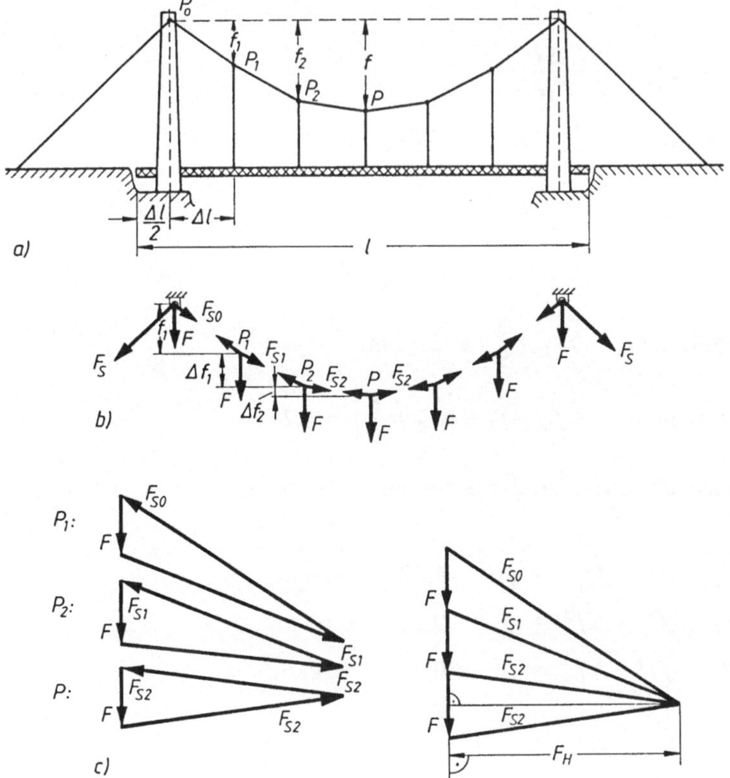

Bild 1-19

Die Gesamtlast, die ein Hängewerk aufzunehmen hat, beträgt

$$F_\text{g} = \frac{m}{2}\,g = 120\,\text{t} \cdot 9,81\,\text{m}\,\text{s}^{-2} = 1177\,\text{kN}.$$

Ein senkrechtes Hängeseil hat dann zu tragen

$$F = \frac{1}{7}\,F_\text{g} = 168,2\,\text{kN}.$$

Nach dem Lageplan der Kräfte (Bild 1-19b)) zeichnen wir für die Punkte P_1, P_2 und P die zugehörigen Kraftecke (Bild 1-19c)), die wegen des paarweisen Auftretens von F_S1 und F_S2 zu einem gemeinsamen Kräfteplan zusammengelegt werden können. Die Richtungen im Krafteck, die noch unbekannt sind, müssen parallel zu den entsprechenden Seilrichtungen im geometrischen Lageplan laufen. Aus der Ähnlichkeit der Dreiecke im Kräfteplan und im Lageplan der Kräfte bzw. der Systemskizze erhalten wir

$$\frac{f_1}{\Delta l} = \frac{\frac{5}{2}F}{F_\text{H}} \quad \Rightarrow \quad f_1 = \frac{5}{2}\frac{F\,\Delta l}{F_\text{H}},$$

$$\frac{\Delta f_1}{\Delta l} = \frac{\frac{3}{2}F}{F_\text{H}} \quad \Rightarrow \quad \Delta f_1 = \frac{3}{2}\frac{F\,\Delta l}{F_\text{H}},$$

$$\frac{\Delta f_1}{\Delta l} = \frac{\frac{1}{2}F}{F_\text{H}} \quad \Rightarrow \quad \Delta f_2 = \frac{1}{2}\frac{F\,\Delta l}{F_\text{H}}.$$

Setzen wir diese Terme in $f = f_1 + \Delta f_1 + \Delta f_2$ ein, so wird

$$f = \frac{9}{2}\frac{F\,\Delta l}{F_\text{H}} \quad \text{oder} \quad \frac{F\,\Delta l}{F_\text{H}} = \frac{2}{9}\,f$$

und somit

$$f_1 = \frac{5}{9}\,f = 4,22\,\text{m}, \qquad \Delta f_1 = \frac{3}{9}\,f = 2,53\,\text{m},$$

$$\Delta f_2 = \frac{1}{9}\,f = 0,84\,\text{m}, \qquad f_2 = f_1 + \Delta f_1 = \frac{8}{9}\,f = 6,76\,\text{m}.$$

Die Länge der Seilstücke zwischen den Knotenpunkten berechnen wir nach dem Satz des Pythagoras:

$$\Delta s_0 = \overline{P_0 P_1} = \sqrt{l^2 + f_1^2} \;\;= \sqrt{6^2 + 4,22^2} = 7,34\,\text{m},$$

$$\Delta s_1 = \overline{P_1 P_2} = \sqrt{l^2 + \Delta f_1^2} \;\;= \sqrt{6^2 + 2,53^2} = 6,51\,\text{m},$$

$$\Delta s_2 = \overline{P_2 P} \;\;= \sqrt{l^2 + \Delta f_2^2} \;\;= \sqrt{6^2 + 0,84^2} = 6,06\,\text{m}.$$

Die Seilkräfte ergeben sich wieder aus der Ähnlichkeit der Dreiecke im Kräfteplan mit denen im geometrischen Lageplan:

$$\frac{F_{S0}}{\frac{5}{2}F} = \frac{\Delta s_0}{f_1} \Rightarrow F_{S0} = \frac{5}{2}\frac{F\,\Delta s_0}{f_1} = 731 \text{ kN},$$

$$\frac{F_{S1}}{\frac{3}{2}F} = \frac{\Delta s_1}{\Delta f_1} \Rightarrow F_{S1} = \frac{3}{2}\frac{F\,\Delta s_1}{\Delta f_1} = 649 \text{ kN},$$

$$\frac{F_{S2}}{\frac{1}{2}F} = \frac{\Delta s_2}{\Delta f_2} \Rightarrow F_{S2} = \frac{1}{2}\frac{F\,\Delta s_2}{\Delta f_2} = 607 \text{ kN}.$$

Beispiel 1-10: Zwei gleiche Federn mit der Länge l_0 und der Federkonstanten c sind nach Bild 1-20a) im Abstand 2 b befestigt und im Punkt P miteinander verbunden. Durch die in P aufgehängte Masse m werden die Federn um Δl verlängert (Bild 1-20b)). Gesucht sind der Einstellwinkel φ, die Federkraft F und die Verlängerung Δl der Federn.

Gegeben: l_0 = 284 mm, c = 32 N cm^{-1}, b = 235 mm, m = 18,4 kg.

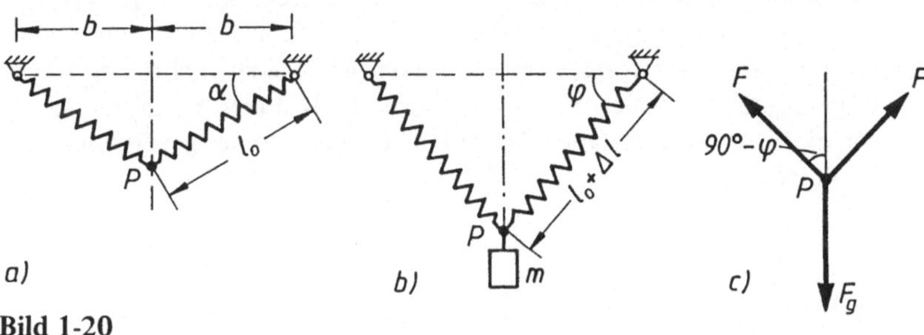

Bild 1-20

In dieser Aufgabe können wir die Konstruktionsteile (die Federn) nicht als starr ansehen. Die unter dem Einfluß der Gewichtskraft F_g = mg entstehenden Kräfte rufen eine Verlängerung Δl der Federn hervor, die nicht vernachlässigt werden darf. (Streng genommen gehört diese Aufgabe nicht in die Stereostatik, sondern in die Elastostatik. Die Seile des ähnlichen Beispiels 1-1 dagegen können wir als starr ansehen. Dort sind die Formänderungen so klein, daß die Kräfte am verformten System mit sehr guter Näherung mit denen am unverformten System übereinstimmen.)

Für die unbekannten Größen φ, Δl und F stellen wir die folgenden Gleichungen auf:

(1) $2F \sin \varphi = F_g$ (Gleichgewichtsbedingung der Statik),

(2) $F = c\,\Delta l$ (Verformungsgleichung, s. (1.6)),

(3) $\cos \varphi = \dfrac{b}{l_0 + \Delta l}$ (geometrische Gleichung).

Hiermit haben wir das mechanische Problem auf ein mathematisches zurückgeführt. Um dieses zu lösen, versuchen wir zunächst aus den drei Gleichungen mit drei Unbekannten eine Gleichung mit einer Unbekannten zu machen. Durch Elimination von F aus (1) und (2) erhalten wir

$$2\,c\,\Delta l\,\sin\varphi = F_g.$$

In diese Gleichung setzen wir Δl aus (3) ein:

$$2\,c\left(\frac{b}{\cos\varphi}-l_0\right)\sin\varphi = F_g \;\Rightarrow\; b\,\frac{\sin\varphi}{\cos\varphi}-l_0\sin\varphi = \frac{F_g}{2\,c},$$

$$\tan\varphi = \frac{l_0}{b}\,\sin\varphi + \frac{F_g}{2\,c\,b}.$$

Zur Kontrolle untersuchen wir die Dimensionen dieser Gleichung:

$$[\tan\varphi]=1,\;\left[\frac{l_0}{b}\,\sin\varphi\right]=\frac{\mathrm{L}}{\mathrm{L}}=1,\;\left[\frac{F_g}{2\,c\,b}\right]=\frac{\mathrm{K}}{\mathrm{K\,L^{-1}\,L}}=1 \;\text{(in Ordnung)}.$$

Die obige Gleichung für die Unbekannte φ besitzt keine formelmäßige Auflösung nach φ (sie ist nicht geschlossen lösbar), wir müssen sie näherungsweise lösen. Wir wählen dazu ein Iterationsverfahren, bei dem wir für φ einen geschätzten Näherungswert φ_0 in den Term der rechten Seite setzen und die Gleichung nach dem Wert φ_1 der linken Seite auflösen. Den errechneten Näherungswert φ_1 setzen wir wieder rechts ein und erhalten einen (hoffentlich besseren) Näherungswert φ_2 usw. Falls dieses Verfahren konvergiert, wiederholen wir die Rechnung so lange, bis sich der Wert φ in der gewünschten Genauigkeit nicht mehr ändert.

Es gilt

$$\varphi > \alpha = \arccos\frac{b}{l_0} = 34{,}5°.$$

Wir wählen $\varphi_0 = 40°$ und erhalten mit

$$\frac{l_0}{b}=\frac{284\,\text{mm}}{234\,\text{mm}}=1{,}21368 \quad\text{und}\quad \frac{F_g}{2\,c\,b}=\frac{18{,}4\,\text{kg}\cdot 9{,}81\,\text{ms}^{-2}}{2\cdot 3200\,\text{Nm}^{-1}\cdot 0{,}234\,\text{m}}=0{,}12053$$

aus

$$\varphi_n = \arctan\left(\frac{l_0}{b}\,\sin\varphi_{n-1}+\frac{F_g}{2\,c\,b}\right) \quad (n\in\mathbb{N})$$

die Folge

$$42{,}0°,\,43{,}0°,\,43{,}5°,\,43{,}7°,\,43{,}80°,\,43{,}85°,\,43{,}87°,\,43{,}88°,\,43{,}88°.$$

Mit dem so gewonnenen Winkel $\varphi = 43{,}9°$ folgt aus (1) und (2)

$$F = \frac{F_g}{2\,\sin\varphi} = 130{,}2\,\text{N},\quad \Delta l = \frac{F}{c} = 4{,}07\,\text{cm}.$$

Zur Kontrolle berechnen wir φ noch einmal mit Δl nach (3):

$$\varphi = \text{arc cos}\ \frac{b}{l_0 + \Delta l} = \text{arc cos}\ \frac{234}{284 + 40{,}7} = 43{,}89°.$$

Wir erhalten dasselbe Ergebnis wie oben.

Beispiel 1-11: In Bild 1-21a) sind drei Federn im spannungslosen Zustand im Punkt $P_0\,(0;0)$ verbunden. Die anderen Enden der Federn sind in den Punkten $P_k\,(x_k;y_k)$ $(k = 1, 2, 3)$ befestigt. Welche Kraft F (Größe und Richtung) muß im Verbindungspunkt der Federn wirken, damit er in der x, y-Ebene nach $P(x, y)$ verschoben wird?

Gegeben: $P_1\,(6;8)$ cm, $P_2\,(-12;5)$ cm, $P_3\,(0;-8)$ cm, $P(1;2)$ cm, $c_1 = 40\,\dfrac{\text{N}}{\text{cm}}$,

$c_2 = 50\,\dfrac{\text{N}}{\text{cm}}$, $c_3 = 30\,\dfrac{\text{N}}{\text{cm}}$.

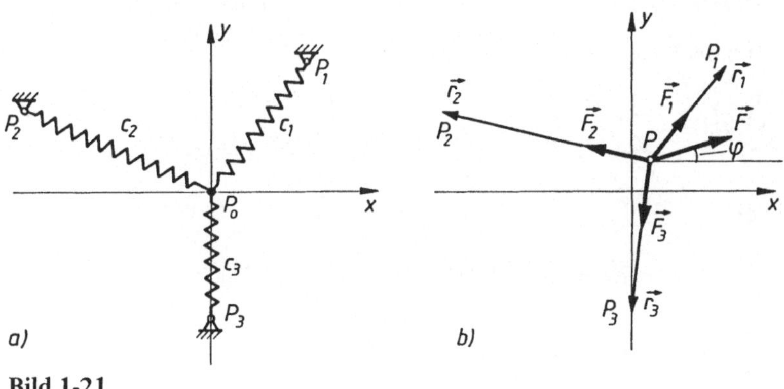

Bild 1-21

Im Lageplan der Kräfte (Bild 1-21b)) haben wir alle Kräfte eingezeichnet, die auf den Punkt P wirken. Es sind dies die drei Federkräfte $\vec{F}_k$ $(k = 1, 2, 3)$ und die gesuchte Kraft $\vec{F}$. Bei dieser Aufgabe empfiehlt es sich, von der Vektorrechnung Gebrauch zu machen. Wir nehmen daher in der allgemeinen Darstellung alle Federkräfte als Zugkräfte an, auch wenn sie (wie F_1) sofort als Druckkräfte zu erkennen sind.

Wir berechnen zunächst die Längen l_{0k} der Federn im spannungslosen Zustand und die Längen l_k im verformten Zustand:

$$l_{0k} = \sqrt{x_k^2 + y_k^2}, \qquad\qquad l_k = \sqrt{(x_k - x)^2 + (y_k - y)^2},$$

$$l_{01} = \sqrt{6^2 + 8^2}\ = 10\ \text{cm}, \quad l_{02} = \sqrt{12^2 + 5^2} = 13\ \text{cm}, \quad l_{03} = 8\ \text{cm},$$

$$l_1\ = \sqrt{5^2 + 6^2}\ = 7{,}81\ \text{cm}, \quad l_2\ = \sqrt{13^2 + 3^2} = 13{,}34\ \text{cm},$$

$$l_3\ = \sqrt{1^2 + 10^2} = 10{,}05\ \text{cm}.$$

Aus den Längenänderungen $\Delta l_k = l_k - l_{0k}$ der Federn und den Federkonstanten können die Federkräfte der Größe nach berechnet werden:

$$F_1 = c_1 (l_1 - l_{01}) = 40 \frac{N}{cm} \cdot (-2{,}19 \text{ cm}) = -87{,}6 \text{ N},$$

$$F_2 = c_2 (l_2 - l_{02}) = 50 \frac{N}{cm} \cdot 0{,}34 \text{ cm} = 17{,}1 \text{ N},$$

$$F_3 = c_3 (l_3 - l_{03}) = 30 \frac{N}{cm} \cdot 2{,}05 \text{ cm} = 61{,}5 \text{ N}.$$

Das negative Vorzeichen bei F_1 zeigt uns an, daß es sich hier um eine Druckkraft handelt, während F_2 und F_3 Zugkräfte sind. Mit den Vektoren

$$\vec{r}_k = \begin{pmatrix} x_k - x \\ y_k - y \end{pmatrix} = \overrightarrow{PP_k} \quad \text{und den Einheitsvektoren} \quad \vec{e}_k = \frac{\vec{r}_k}{|\vec{r}_k|} = \frac{\vec{r}_k}{l_k}$$

können wir die Kräfte in der Form $\vec{F}_k = F_k \vec{e}_k = \dfrac{F_k}{l_k} \vec{r}_k$ darstellen. Mit der Gleichgewichtsbedingung (1.2) berechnen wir die gesuchte Kraft:

$$\vec{F} = -\sum_{k=1}^{3} \vec{F}_k = -\sum_{k=1}^{3} \frac{F_k}{l_k} \vec{r}_k .$$

Zahlenrechnung:

$$\vec{F}_1 = \begin{pmatrix} -56{,}1 \\ -67{,}3 \end{pmatrix} \text{N}, \quad \vec{F}_2 = \begin{pmatrix} -16{,}7 \\ 3{,}9 \end{pmatrix} \text{N}, \quad \vec{F}_3 = \begin{pmatrix} -6{,}1 \\ -61{,}2 \end{pmatrix} \text{N},$$

$$\vec{F} = \begin{pmatrix} 78{,}9 \\ 124{,}6 \end{pmatrix} \text{N}, \quad F = |\vec{F}| = 147{,}5 \text{ N}, \quad \varphi = 32{,}3°.$$

Beispiel 1-12: Eine Masse m wird von einer Schraubenfeder (Federkonstante c_1) und einer Blattfeder (c_2) getragen (Bild 1-22a)) Bild 1-22b) zeigt die Federn in der spannungslosen Lage. Es sind die Federkräfte und die Durchsenkung der Federn zu bestimmen:

Gegeben: $m = 200 \text{ kg}$, $c_1 = 0{,}18 \dfrac{kN}{cm}$, $c_2 = 0{,}25 \dfrac{kN}{cm}$.

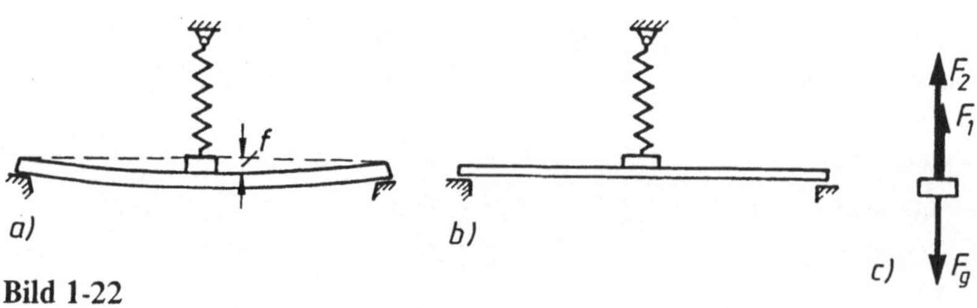

Bild 1-22

Aus der Statik und der Verformungsgleichung für die Feder folgt:

$$F_g = F_1 + F_2, \quad f = \frac{F_1}{c_1} = \frac{F_2}{c_2} \quad \text{und hieraus sehr einfach}$$

$$F_1 = \frac{F_g}{1 + \dfrac{c_2}{c_1}} = 821 \text{ N}, \quad F_2 = \frac{F_g}{1 + \dfrac{c_1}{c_2}} = 1141 \text{ N}, \quad f = \frac{F_g}{c_1 + c_2} = 4{,}56 \text{ cm.}$$

1.6 Übungsaufgaben

Zeichnen Sie für die folgenden Aufgaben stets zunächst den Lageplan der Kräfte. Lösen Sie die Aufgaben – wenn möglich – zeichnerisch und rechnerisch.

1-1: Bestimmen Sie für den Drehkran die Seil- und Stabkraft.

Gegeben: $a = 2{,}30$ m, $b = 4{,}10$ m, $l = 5{,}25$ m, $m = 1600$ kg.

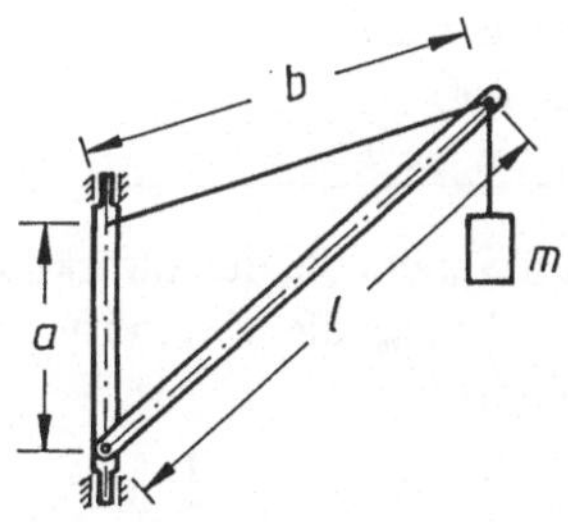

1-2: In der skizzierten Rollen- und Seilanordnung zieht die Kraft F die Masse m mit konstanter Geschwindigkeit aufwärts. Ermitteln Sie die Zugkraft F, die Stabkraft F_S und den Winkel β.

Gegeben: $\alpha = 21{,}5°$, $m = 75$ kg.

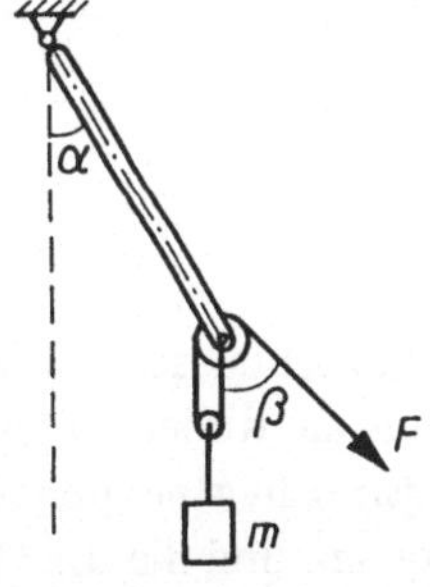

1-3: Mit der Kniehebelpresse wird in der gezeichneten Lage im senkrechten Preßzylinder eine Druckkraft F_D erzeugt. Bestimmen Sie die Kraft F auf den Kolben im waagerechten Zylinder und alle Stabkräfte.

Gegeben: $\alpha = 14°$, $\beta = 68°$, $F_D = 1{,}80$ kN.

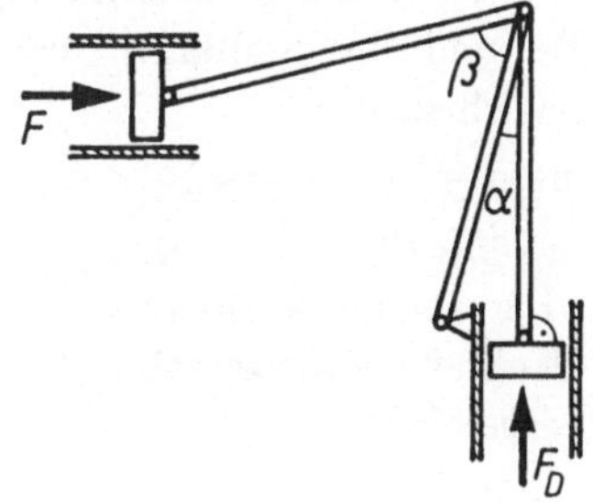

1-4: Ermitteln Sie für die skizzierte Seil- und Rollenanordnung im Gleichgewichtsfall alle Seilkräfte, den Winkel α und die Masse m_1.

Gegeben: $\beta = 30°$, $\gamma = 40°$, $m_2 = 65$ kg.

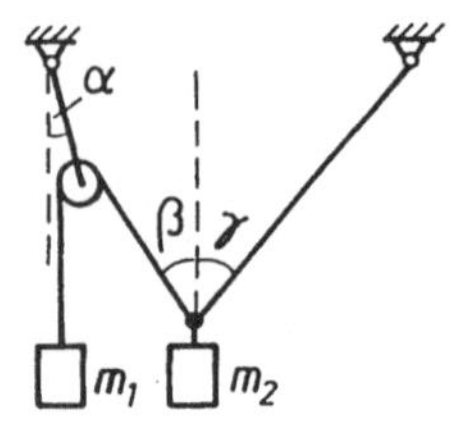

1-5: Ein Wagen (Gewichtskraft F_g) wird auf einer schiefen Ebene von der Kraft F in Ruhe gehalten. Bestimmen Sie F und die Normalkraft F_n. (Reibungskräfte sollen vernachlässigt werden.)

Gegeben: $\alpha = 24°$, $\beta = 53°$, $F_g = 1{,}28$ kN.

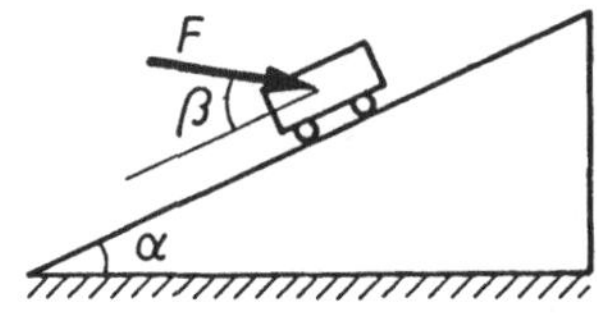

1-6: Bestimmen Sie für die skizzierte Hebevorrichtung die Zugkraft F und die Stabkräfte.

Gegeben: $\alpha = 30°$, $\beta = 45°$, $\gamma = 70°$, $m = 1{,}2$ t.

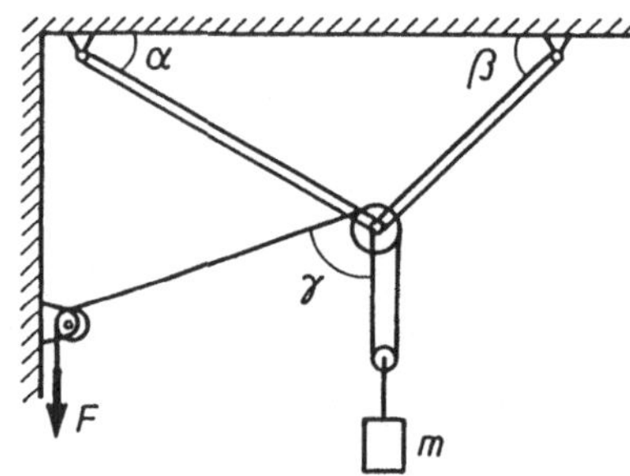

1-7: Ein gewichtsloser Stab ist an seinen Enden an Rollen befestigt, die sich reibungsfrei in geneigten Schienen bewegen können und die die Masse m_1 bzw. m_2 tragen. Berechnen Sie den Einstellwinkel φ des Stabes, die Normalkräfte und die Stabkraft für die Gleichgewichtslage.

Gegeben: $\alpha = 26°$, $\beta = 42°$, $m_1 = 5{,}80$ kg, $m_2 = 8{,}20$ kg.

Zusatz: Für welches Verhältnis m_1/m_2 nimmt der Stab die waagerechte Gleichgewichtslage ein?

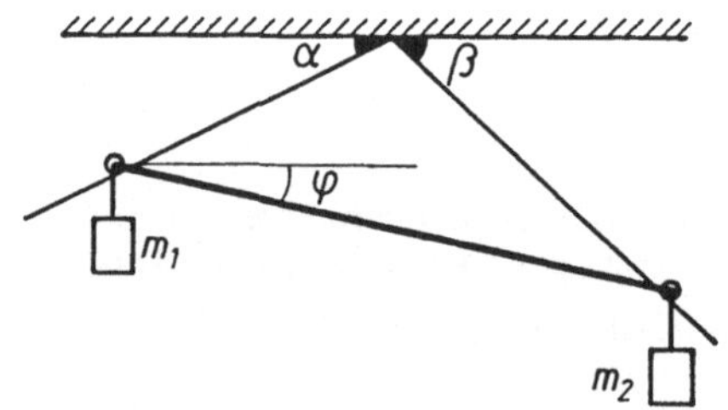

1-8: Zwei Federn sind in P_3 miteinander verbunden und in P_1 und P_2 nach nebenstehender Skizze befestigt (spannungslos). Eine in P_3 angehängte Masse m verschiebt diesen Punkt nach P_0. Ermitteln Sie die Federkräfte und die Federkonstanten.

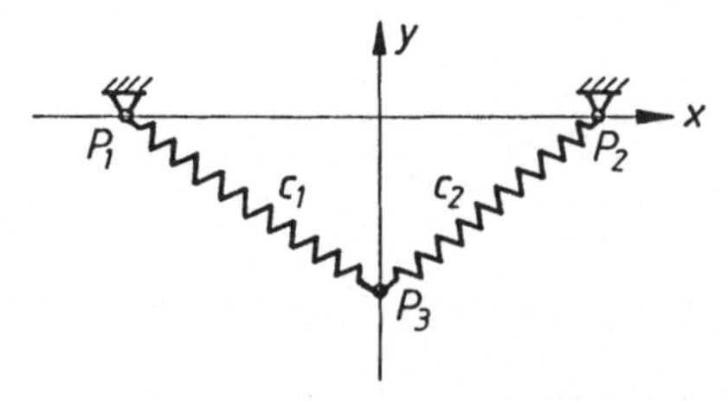

Gegeben: $P_1(-12; 0)$ cm, $P_2(10; 0)$ cm, $P_3(0; -8)$ cm, $P_0(1, -10)$ cm, $m = 15$ kg.

1-9: In einem Leitungsrohr mit dem Außendurchmesser d_a, der Wandstärke s und der Dichte ρ_L fließ Öl (Dichte $\rho_ö$). Die Leitung ist nach nebenstehender Abbildung an Hängewerken aufgehängt. Jedes senkrechte Seil des Hängewerks soll die gleiche Last aufnehmen. Berechnen Sie f_1 und alle Seilkräfte.

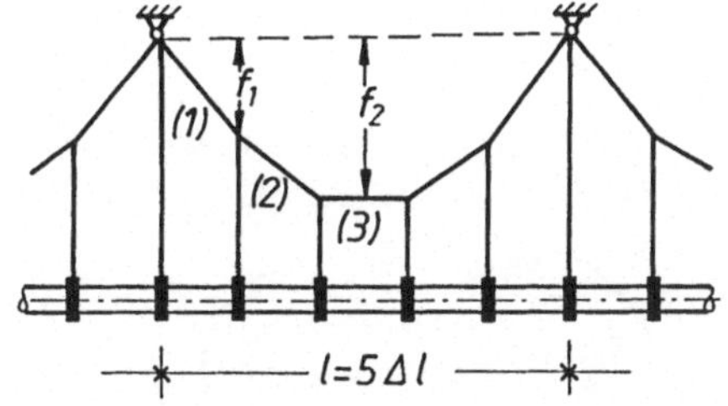

Gegeben: $d_a = 368$ mm, $s = 12,5$ mm, $\rho_L = 7,2$ kg/dm^3, $\rho_ö = 0,88$ kg/dm^3, $l = 15$ m, $f_2 = 2,70$ m.

1-10: Ein (punktförmiger) Wagen der Masse m, der an einer Feder befestigt ist, kann sich reibungsfrei auf einer schiefen Ebene bewegen. Berechnen Sie für die Gleichgewichtslage den Einstellwinkel φ, die Federkraft F, die Längenänderung Δl der Feder und die Normalkraft.

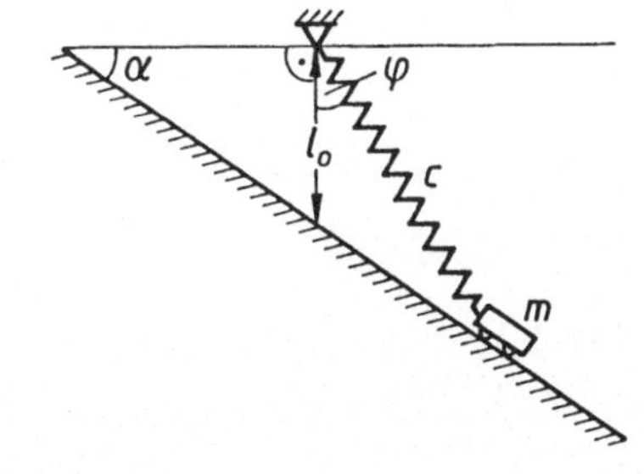

Gegeben: $\alpha = 35°$, $m = 4,8$ kg, $c = 6,5$ N/cm, $l_0 = 320$ mm (Länge der spannunglosen Feder).

2 Schnittpunktsatz, statisches Moment

2.1 Wirkungslinie einer Kraft

In Bild 2-1a) greifen zwei Kräfte F_1 und F_2 in den Punkten P_1 und P_2 an einer Scheibe an. Wir fragen, mit welcher Kraft und in welchem Punkt ist die Scheibe zu stützen, damit sie in Ruhe bleibt.

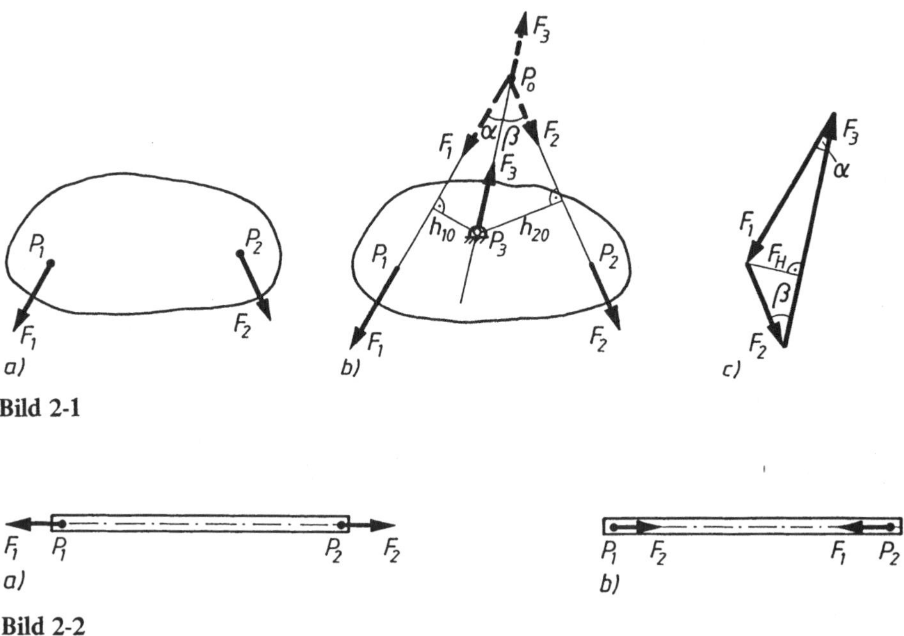

Bild 2-1

Bild 2-2

Wir verschieben die Kräfte in den Geraden, die durch die Kraftrichtungen festgelegt werden, bis zum gemeinsamen Schnittpunkt P_0. Die Gerade, die durch den Kraftvektor und den Angriffspunkt der Kraft eindeutig bestimmt wird, nennen wir die *Wirkungslinie* dieser Kraft. Eine Verschiebung der Kraft in ihrer Wirkungslinie ist nicht selbstverständlich. Betrachten wir z. B. einen Stab (Bild 2-2a)), der in P_1 und P_2 durch die Kräfte F_1 und F_2 in seiner Längsachse belastet wird. Für $F_1 = F_2$ sind die Kräfte im Gleichgewicht, und der Stab wird auf Zug beansprucht. Wir verschieben jetzt die Kraft F_1 in ihrer Wirkungslinie bis P_2 und ebenso F_2 bis P_1 (Bild 2-2b)). Zwar sind die Kräfte F_1 und F_2 auch hier im Gleichgewicht, aber die Beanspruchungsart des Stabes hat sich grundlegend geändert. Die ursprüngliche Zugbeanspruchung ist durch eine Druckbeanspruchung abgelöst worden. Im Fall a) hätten wir statt des Stabes auch ein Seil nehmen können, im Fall b) muß ein hinreichend dicker Stab gewählt werden. Wir sehen also, in der Elastostatik darf eine Verschiebung der Kraft in ihrer Wirkungslinie nicht bedenkenlos vorgenommen werden. Auch in der Stereostatik läßt sich die Verschiebbarkeit der Kraft in ihrer Wirkungslinie nicht beweisen, sie ist ein Axiom (ebenso wie die Parallelogrammkonstruktion zur Bestimmung der Resultierenden aus zwei Kräften).

> **Axiom:** Eine Kraft darf in der Stereostatik in ihrer Wirkungslinie verschoben werden. Dadurch ändert sich das statische Gleichgewicht nicht.

2.2 Schnittpunktsatz

Kehren wir zur gestellten Aufgabe in 2.1 zurück. Die in den Punkt P_0 verschobenen Kräfte F_1 und F_2 (Bild 2-1b)) sind mit der Kraft F_3 im Gleichgewicht, wenn das Krafteck aus diesen drei Kräften geschlossen ist (Bild 2-1c)). Die Wirkungslinie der Kraft F_3 geht durch den Punkt P_0 und liegt parallel zur Kraftrichtung von F_3 im Krafteck. Auf dieser Wirkungslinie wählen wir einen beliebigen Punkt P_3, in dem die Scheibe mit der Kraft F_3 gestützt werden muß, um in Ruhe zu bleiben. Hieraus folgt der

> **Schnittpunktsatz:** Drei in der Ebene liegende Kräfte sind im Gleichgewicht, wenn die Wirkungslinien sich in einem Punkt schneiden und das Krafteck geschlossen ist.

Man spricht bei Kräften, deren Wirkungslinien durch einen Punkt gehen, von einem *zentralen Kräftesystem*. Die Kräfte im 1. Abschnitt z. B. bilden immer ein zentrales Kräftesystem.

Betrachten wir als Beispiel zu diesem Satz eine Rollenanordnung nach Bild 2-3a). Im 1. Abschnitt haben wir bei den Beispielen die Rollen punktförmig angenommen, d. h. der Angriffspunkt der Kräfte wurde auf den Mittelpunkt der Rolle verlegt. Wir können jetzt zeigen, daß wir in der Stereostatik bei einer Rolle mit beliebigem Durchmesser zu denselben Ergebnissen wie in Abschnitt 1 kommen. Im Lageplan der Kräfte (Bild 2-3b)

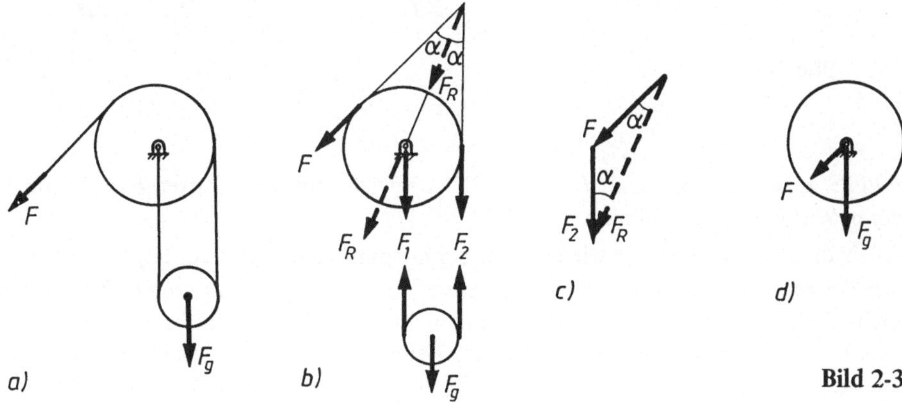

Bild 2-3

zeichnen wir dazu die Seilkräfte, die auf die Rollen wirken. Die Wirkungslinie der resultierenden Kraft F_R aus F_2 und F geht durch den Schnittpunkt der Wirkungslinien dieser Kräfte und wegen $F = F_2$ auch durch den Mittelpunkt der gelagerten Rolle. Zerlegen wir hier wieder F_R in F_2 und F, so erhalten wir mit $F_g = F_1 + F_2$ das Kraftbild 2-3d). Von dieser Lage der Kräfte sind wir in den Beispielen des 1. Abschnitts bei der Annahme einer punktförmigen Rolle ausgegangen.

2.3 Vier Kräfte in der Ebene

Der Schnittpunktsatz gibt die Gleichgewichtsbedingung für drei in der Ebene liegende Kräfte an. Wir wollen hier zwei Fälle für vier Kräfte betrachten, die später in den Beispielen häufiger auftreten. Durch die zeichnerische Darstellung vermitteln sie einen raschen Überblick über gesuchte Kräfte.

Fall 1: Zwei der Größe, Richtung und Lage nach gegebene Kräfte F_1 und F_2 sollen im Gleichgewicht sein mit zwei Kräften F_A und F_B, von denen F_A durch den Punkt A gehen und F_B in der Wirkungslinie $b-b$ liegen soll (Bild 2-4a)).

Bilden wir aus F_1 und F_2 die resultierende Kraft $\vec{F}_R = \vec{F}_1 + \vec{F}_2$ (Bild 2-4b)), so können wir auf die drei Kräfte F_R, F_A und F_B sofort den Schnittpunktsatz anwenden. Die Wirkungslinie von F_A muß durch den Schnittpunkt S der Wirkungslinien von F_R und F_B gehen (Bild 2-4c)). Das geschlossene Krafteck aus F_R, F_A und F_B liefert dann die gesuchten Kräfte F_A und F_B. – Diese einfache Konstruktion versagt, wenn F_1 und F_2 oder F_R und die Wirkungslinie $b-b$ parallel sind (diese Fälle werden später noch behandelt).

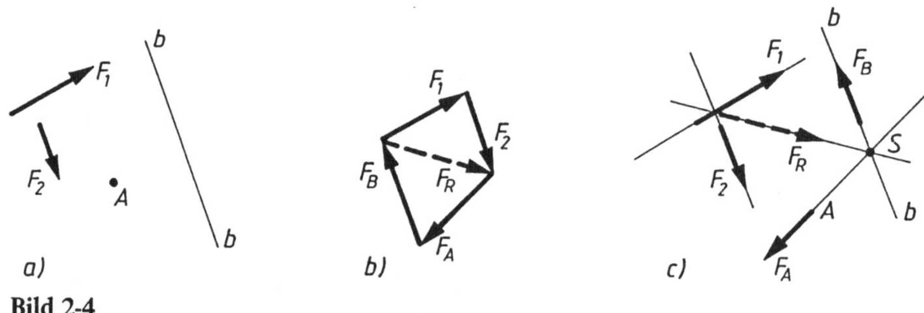

Bild 2-4

Fall 2: Eine gegebene Kraft F soll im Gleichgewicht mit drei Kräften F_1, F_2 und F_3 sein, deren Wirkungslinien bekannt sind (Bild 2-5a)).

Auch diesen Satz können wir auf den Schnittpunktsatz mit zwei Kräften zurückführen. Wir denken uns aus zwei Kräften, z.B. aus F_2 und F_3, die Resultierende F_R gebildet. Tatsächlich können wir diese Konstrukion nicht durchführen, da F_2 und F_3 noch unbekannt sind. F_R bildet mit F und F_1 ein Gleichgewichtssystem. Nach dem Schnittpunktsatz geht daher die Wirkungslinie von F_R durch den Schnittpunkt S der Wirkungslinien von F und F_1 und außerdem natürlich durch den Schnittpunkt P der Wirkungslinien 2–2 und 3–3. Damit können wir das geschlossene Krafteck aus F, F_1 und F_R zeichnen. Danach zerlegen wir F_R in die beiden Komponenten F_2 und F_3 (Bild 2-5b)).

Die Wirkungslinie PS (in Bild 2-5a) gestrichelt gezeichnet) der Resultierenden F_R wird als *Culmannsche Gerade* bezeichnet[1]). Wie man sofort erkennt, führt die obige Culmannsche Konstruktion nicht zum Ziel, wenn die drei Wirkungslinien der gesuchten Kräfte sich in einem Punkt schneiden oder parallel laufen. (Konstruktive Schwierigkeiten können natürlich auch noch auftreten, falls die Schnittpunkte von Wirkungslinien außerhalb der Zeichenebene liegen.)

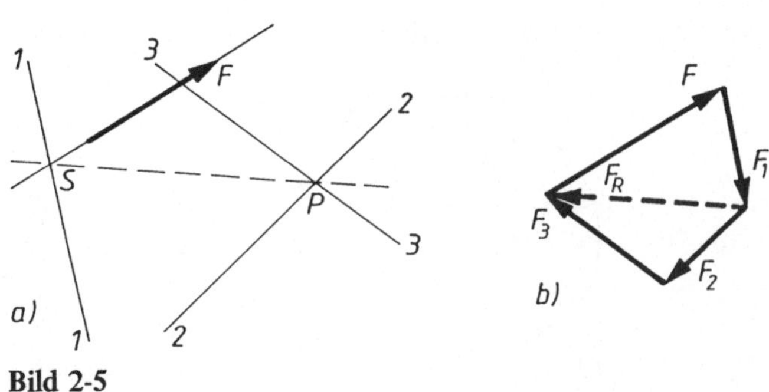

Bild 2-5

2.4 Rechnerische Gleichgewichtsbedingung

Der Schnittpunktsatz gibt die graphische Bedingung für das Gleichgewicht von drei komplanaren Kräften an. Um die rechnerischen Bedingungen zu finden, fällen wir von P_3 in Bild 2-1b) die Lote h_{10} und h_{20} auf die Wirkungslinien von F_1 und F_2. Ziehen wir auch im Krafteck die „Krafthöhe" F_H auf F_3, so erhalten wir aus der Ähnlichkeit der entsprechenden Dreiecke im Lageplan der Kräfte und im Krafteck (mit $d = \overline{P_0 P_3}$):

$$\frac{F_1}{F_H} = \frac{d}{h_{10}} \Rightarrow F_1 h_{10} = F_H d; \qquad \frac{F_2}{F_H} = \frac{d}{h_{20}} \Rightarrow F_2 h_{20} = F_H d.$$

Hieraus folgt

$$F_1 h_{10} = F_2 h_{20} \qquad (2.1)$$

für jeden Punkt P_3 auf der Wirkungslinie von F_3.

Dieses Ergebnis deuten wir anschaulich. Die Kraft F_1 hat das Bestreben, die Scheibe um den Stützpunkt P_3 linksherum ($\curvearrowleft$) zu drehen. Entsprechend will F_2 die Scheibe um P_3 rechtsherum ($\curvearrowright$) drehen. Bleibt die Scheibe in Ruhe, so ist das Drehvermögen der beiden Kräfte F_1 und F_2 in bezug auf den Punkt P_3 gleich. Nach der Gleichung (2.1) erscheint es sinnvoll, das Drehvermögen z. B. der Kraft F_1 quantitativ durch $F_1 h_{10}$ und den Drehsinn

---

[1]) Carl Culmann (1821–1861), Professor am Polytechnikum in Zürich.

($\frown$ oder $\frown$) anzugeben. Wir nennen das Lot von P_3 auf die Wirkungslinie von F_1 den Hebelarm der Kraft F_1 in bezug auf den Punkt P_3. Allgemein definieren wir (Bild 2-6):

$$\text{Moment} = \text{Kraft} \cdot \text{Hebelarm}; \quad M^{(\text{P})} = F h \ .$$

(Wir lesen $M^{(\text{P})}$: Moment in bezug auf den Punkt P.)

Die Gleichung (2.1) sagt dann aus, daß in bezug auf einen beliebigen Punkt P_3 der Wirkungslinie das Moment von F_1 linksdrehend gleich dem Moment von F_2 rechtsdrehend ist.

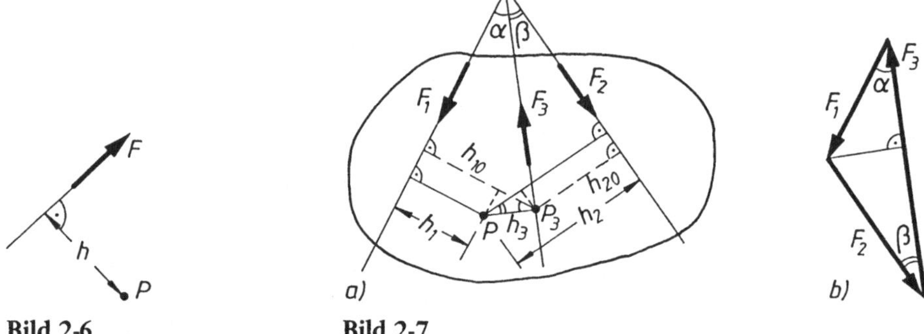

Bild 2-6   **Bild 2-7**

In Bild 2-7a) sei P ein beliebiger Punkt in der Ebene der drei Kräfte F_1, F_2 und F_3, die nach der Bedingung des Schnittpunktsatzes im Gleichgewicht sind. Fällen wir von P die Lote h_1, h_2 und h_3 auf die Wirkungslinien der Kräfte, so gilt nach (2.1) mit den angegebenen Bezeichnungen für den Punkt P_3 (Fußpunkt des Lotes von P auf die Wirkungslinie von F_3)

$$F_1 h_{10} = F_2 h_{20} \ .$$

Aus der Geometrie folgt weiter

$$h_{10} = h_1 + h_3 \cos\alpha \quad \text{und} \quad h_{20} = h_2 - h_3 \cos\beta \ .$$

Einsetzen dieser Größen in die obige Gleichung und Ordnen ergibt

$$F_1 h_1 + (F_1 \cos\alpha + F_2 \cos\beta) h_3 = F_2 h_2 \ .$$

Der Term in der Klammer ist nach dem geschlossenen Krafteck gleich F_3 (Bild 2-7b)), also wird

$$F_1 h_1 + F_3 h_3 = F_2 h_2 \ . \tag{2.2}$$

In dieser Gleichung treten die Momente ($\curvearrowright$ oder $\curvearrowleft$) der drei Kräfte F_1, F_2 und F_3 in bezug auf einen beliebigen Punkt P auf. Wir nennen (2.2) die Momentengleichgewichtsbedingung für drei Kräfte in der Ebene. Zu diesem Momentengleichgewicht treten wie im 1. Abschnitt die rechnerischen Bedingungen für das geschlossene Krafteck:

$$\Sigma F_x = 0; \quad \Sigma F_y = 0.$$

Diese verhindern eine Verschiebung der Scheibe nach zwei Richtungen, während (2.2) eine Drehung um einen beliebigen Punkt der Scheibe verhindert.

2.5 Sätze über das Moment

Das Moment einer Kraft F in bezug auf einen Punkt 0 ist $M^{(0)} = F h$. Nach Bild 2-8 legen wir durch 0 ein rechtwinkliges x-y-Koordinatensystem und zerlegen die Kraft F in ihre Komponenten

$$F_x = F \cos \alpha, \quad F_y = F \sin \alpha.$$

Wir lesen weiter ab

$$h = x \sin \alpha - y \cos \alpha.$$

Also wird

$$M^{(0)} = F h = F x \sin \alpha - F y \cos \alpha \quad \text{oder}$$

$$\boxed{F h = F_y x - F_x y.} \tag{2.3}$$

$F_y x$ und $F_x y$ sind die Momente der Kraftkomponenten in bezug auf den Punkt 0. Zählen wir ein Moment linksdrehend positiv und rechtsdrehend negativ, so lautet (2.3) in Worten:

> Das Moment einer Kraft ist gleich der Summe der Momente der rechtwinkligen Komponenten dieser Kraft.

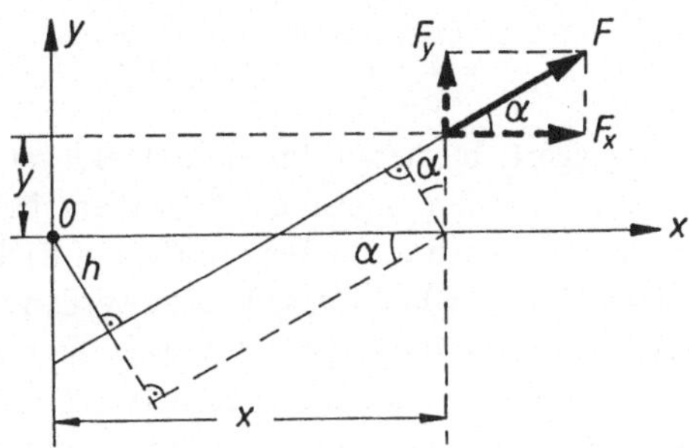

Bild 2-8

Ähnlich wie diesen Satz und mit den Ergebnissen aus 2.4 können wir allgemeiner für die Resultierende F_R der Kräfte F_1 und F_2 beweisen (Bild 2-9):

$$F_R\,h_R = F_1\,h_1 + F_2\,h_2 \;. \tag{2.4}$$

> Das Moment der Resultierenden aus zwei Kräften ist gleich der Summe der Momente dieser Kräfte.

Dieser Satz entspricht bei Berücksichtigung einer Vorzeichenfestsetzung inhaltlich dem Ergebnis (2.2).

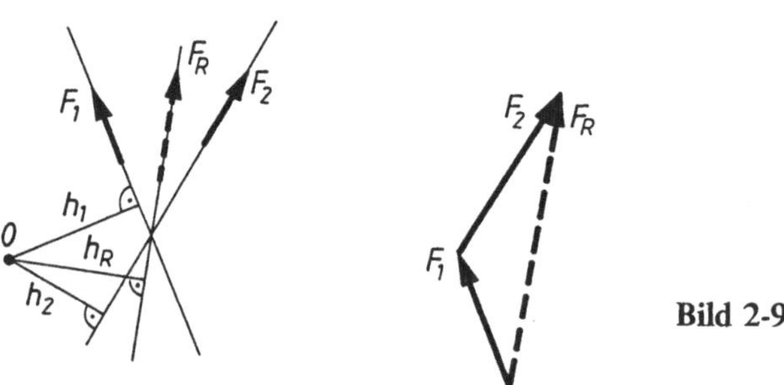

Bild 2-9

2.6 Auflageranordnungen

Der in Bild 2-10a) skizzierte Balken ist in den Punkten A und B gelenkig (drehbar) gelagert.

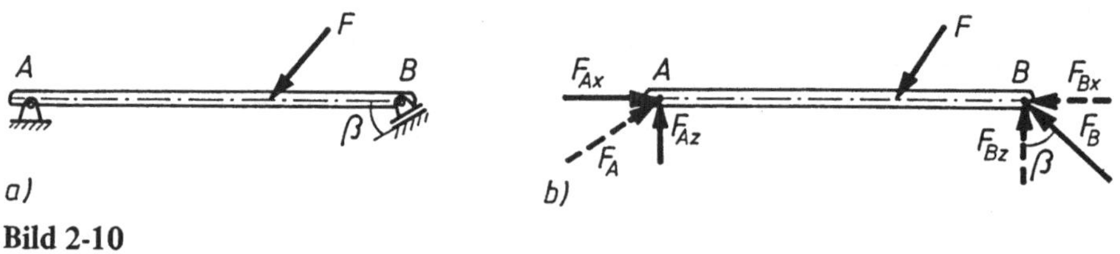

Bild 2-10

Wir unterscheiden zwei Arten von Auflagern:

1) Im Punkt A ist der Balken fest drehbar gelagert. In diesem festen Gelenklager kann eine Kraft nach jeder Richtung aufgenommen werden. Meistens, besonders bei den rechnerischen Verfahren, werden wir unmittelbar die Kraftkomponenten F_{Ax} in Richtung des Balkens und F_{Az} senkrecht dazu bestimmen (Bild 2-10b)). Diese Kräfte werden später in der Elastomechanik für Festigkeitsberechnungen benötigt. (Wir benutzen hier das in der Elastostatik übliche Koordinatensystem: x-Achse in Richtung des Balkens, y-Achse senkrecht zur Ebene, in der die Kräfte liegen (Zeichenebene), und z-Achse in der Kräfte-Ebene senkrecht zur Balkenachse.)

2) Im Punkt B ist der Balken verschieblich drehbar gelagert, d. h. der Punkt B kann reibungsfrei in Richtung einer Auflagefläche verschoben werden und der Balken ist um B drehbar. Ein solches Auflager nennt man ein *Rollen-* oder *Gleitlager*. In ihm kann nur eine Kraft F_B senkrecht zur Stützfläche auftreten. Ein Rollenlager ist statisch gleichwertig einer Pendelstütze (s. Beispiel 1-5).

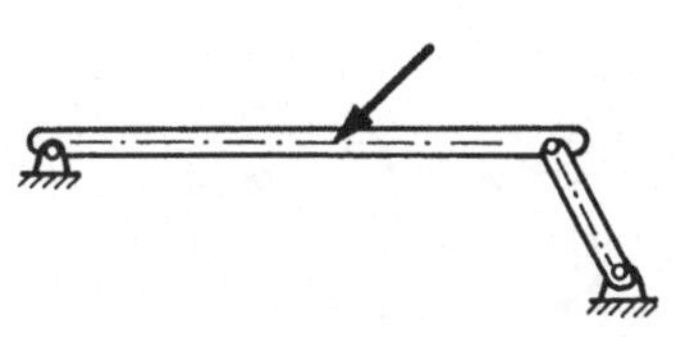

Bei der in Bild 2-10 dargestellten Lagerung treten drei unbekannte Stützkräfte auf: F_{Ax}, F_{Az} und F_B. Diese Kräfte lassen sich eindeutig aus der graphischen Gleichgewichtsbedingung (Schnittpunktsatz) oder aus den drei Gleichgewichtsgleichungen der ebenen Stereostatik bestimmen (wir schließen dabei den Fall aus, in dem die Normale der Stützfläche am Rollenlager durch das feste Auflager geht). Wir nennen den Balken in diesem Fall *statisch bestimmt* gelagert. Dagegen ist der Balken auf zwei festen Gelenklagern *statisch unbestimmt* gelagert. Hier treten vier unbekannte Stützkräfte auf, die sich nicht mehr aus den drei Gleichgewichtsbedingungen berechnen lassen. Zur Bestimmung der Kräfte in Längsrichtung des Balkens muß eine Verformungsgleichung der Festigkeitslehre herangezogen werden.

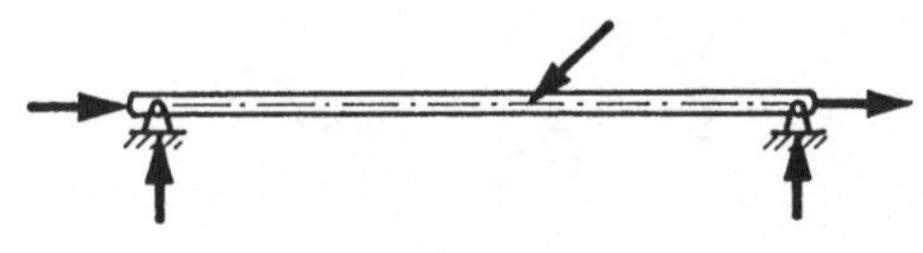

2.7 Beispiele

In den folgenden Beispielen werden wir die graphische Lösung der Aufgabe skizzieren und die rechnerische Lösung vollständig durchführen.

Beispiel 2-1: Zwei Walzen liegen auf einer horizontalen Ebene und sind in ihren Mittelpunkten durch ein Seil verbunden. Auf den beiden Walzen liegt eine dritte Walze (Bild 2-11a)). Alle Walzen und die Ebene sind vollkommen glatt (keine Reibungskräfte). Es sind die Normalkräfte zwischen den Walzen, zwischen der Ebene und den Walzen und die Seilkraft zu ermitteln. (Die Gewichtskräfte liegen mit dem Seil in einer Ebene.)

Gegeben: $r_1 = r = 4$ cm, $r_2 = 1{,}5\,r$, $r_3 = 2\,r$, $\overline{M_1 M_2} = 3{,}5\,r$, $m_1 = m = 2$ kg, $m_2 = 3$ m, $m_3 = 6$ m.

An dieser Aufgabe soll noch einmal die Anwendung des Axioms von der Verschiebbarkeit der Kraft in ihrer Wirkungslinie gezeigt werden. Mit diesem Axiom haben wir sofort nur Kräfte an einem Punkt (an den Mittelpunkten der Walzen). Wir können dann mit den Gleichgewichtsbedingungen des 1. Abschnitts die Kräfte berechnen.

Bild 2-11b) zeigt den Lageplan der Kräfte. Mit F_{13} bezeichnen wir z. B. die Kraft der Walze 1 auf die Walze 3. Die Kräfte greifen zunächst an einem Punkt an. Aber alle Wir-

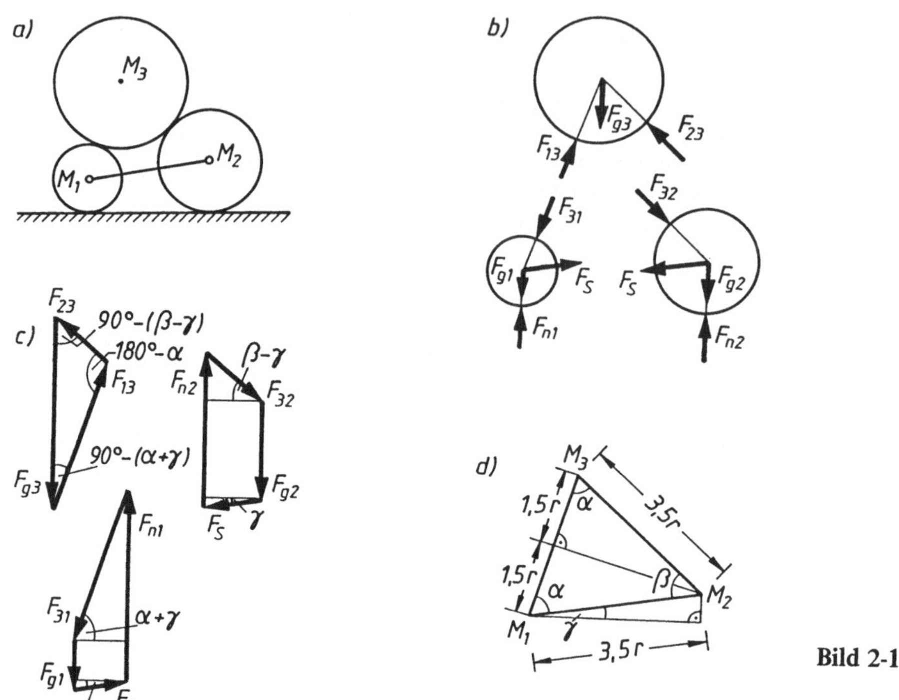

Bild 2-11

kungslinien der Kräfte gehen jeweils durch den Mittelpunkt der Walze. Wir berechnen die Winkel α, β und γ nach Bild 2-11d):

$$\cos\alpha = \frac{1,5\,r}{3,5\,r} = \frac{3}{7} \Rightarrow \alpha = 64,62°, \quad \beta = 180° - 2\alpha = 50,75°,$$

$$\sin\gamma = \frac{0,5\,r}{3,5\,r} = \frac{1}{7} \Rightarrow \gamma = 8,21°.$$

Aus den geschlossenen Kraftecken (Bild 2-11c)) erhalten wir der Reihe nach (mit $F_{31} = F_{13}$ und $F_{32} = F_{23}$ nach actio = reactio):

$$F_{13} = \frac{F_{g3}}{\sin\alpha} \cos(\beta - \gamma) = \frac{6\,mg}{\sin 64,6°} \cos 42,5° = 4,893\,mg = 96,0\ \text{N}.$$

$$F_{23} = \frac{F_{g3}}{\sin\alpha} \cos(\alpha + \gamma) = \frac{6\,mg}{\sin 64,6°} \cos 72,8° = 1,960\,mg = 38,4\ \text{N}.$$

$$F_S = \frac{F_{31} \cos(\alpha + \gamma)}{\cos\gamma} = \frac{4,893\,mg \cos 72,8°}{\cos 8,2°} = 1,459\,mg = 28,6\ \text{N}.$$

$$F_{n1} = F_{31} \sin(\alpha + \gamma) + F_{g1} - F_S \sin\gamma = 5,467\,mg = 107,3\ \text{N}.$$

$$F_{n2} = F_{32} \sin(\beta - \gamma) + F_{g2} + F_S \sin\gamma = 4,534\,mg = 88,9\ \text{N}.$$

Zur Kontrolle berechnen wir F_S noch einmal aus dem dritten Krafteck:

$$F_S = \frac{F_{32} \cos(\beta - \gamma)}{\cos \gamma} = \frac{1,960\, mg \cos 42,5°}{\cos 8,2} = 1,459\, mg.$$

Weitere Kontrolle:

$$F_{n1} + F_{n2} = 10,001\, mg = F_{g1} + F_{g2} + F_{g3} = 10\, mg$$

(richtig bis auf kleine Rundungsfehler).

Beispiel 2-2: Ein Ausleger ist in A an einem senkrechten Baum gelenkig befestigt und wird in B durch eine Diagonalstrebe BD gestützt. Er trägt in C eine Last m (Bild 2-12a)). Die Stützkräfte in A und B sollen zeichnerisch und rechnerisch ermittelt werden. Gegeben: $h = 2,4$ m, $a = 2,8$ m, $b = 1,7$ m, $m = 250$ kg.

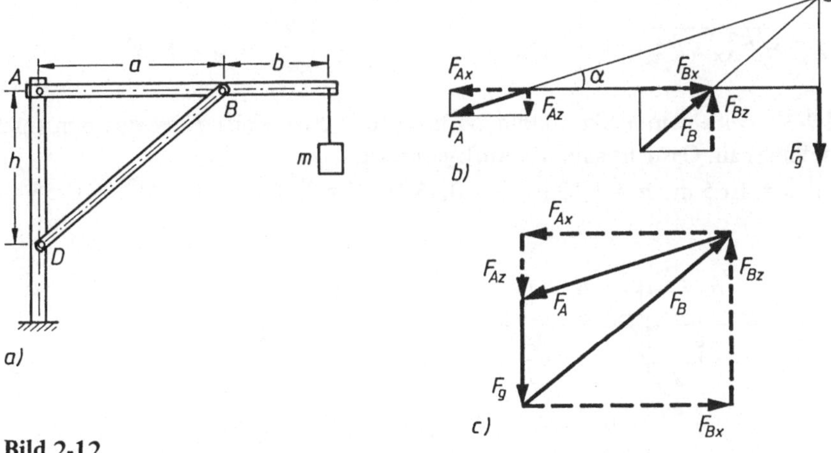

Bild 2-12

Wir zeichnen zunächst im Lageplan (Bil 2-12b)) die Kräfte, die auf den waagerechten Ausleger wirken. Die Strebe BD ist eine Pendelstütze, d. h. die Wirkungslinie der Kraft F_B geht durch die Punkte B und D. Die Wirkungslinie der Kraft F_A dagegen ist zunächst unbekannt. Wir wissen nur, daß sie durch den Punkt A geht. Sie fällt aber nicht mit der Richtung des senkrechten Baumes zusammen und kann im Gegensatz zu F_B nicht aufgrund der Lagerung bestimmt werden. Erst der Schnittpunktsatz sagt uns, daß die Wirkungslinie von F_A durch den Schnittpunkt S der Wirkungslinien von F_B und F_g gehen muß. Hiernach konstruieren wir mit $F_g = 2,45$ kN durch Parallelverschiebung der Wirkungslinien aus dem Lageplan der Kräfte das geschlossene Krafteck (Bild 2-12c)) und erhalten

$$F_A \cong 4,8\ \text{kN}, \quad \alpha \cong 18°, \quad F_B \cong 5,9\ \text{kN}.$$

Statt F_A, α und F_b können wir auch die Komponenten der Kräfte ablesen:

$$F_{Ax} \cong 4,5 \text{ kN}, \quad F_{Az} \cong 1,4 \text{ kN}, \quad F_{Bx} \cong 4,5 \text{ kN}, \quad F_{Bz} \cong 3,9 \text{ kN}.$$

Für die rechnerische Lösung der Aufgabe bilden wir

$$\Sigma M^{(A)} = 0 \Rightarrow F_{Bz}\, 2,8 = F_g\, 4,5 \Rightarrow F_{Bz} = \frac{4,5}{2,8}\, F_g = 3,94 \text{ kN}.$$

Da F_B die Richtung der Diagonalstrebe BD besitzt, folgt (Ähnlichkeit der Dreiecke)

$$\frac{F_{Bx}}{F_{Bz}} = \frac{a}{h} = \frac{2,8}{2,4} \Rightarrow F_{Bx} = \frac{4,5}{2,4}\, F_g = 4,60 \text{ kN} \quad \text{und} \quad F_B = \sqrt{F_{Bx}^2 + F_{Bz}^2} = 6,06 \text{ kN}.$$

F_{Ax} und F_{Az} berechnen wir aus dem Komponentengleichgewicht:

$$\Sigma F_x = 0 \Rightarrow F_{Ax} = F_{Bx} = 4,60 \text{ kN},$$

$$\Sigma F_z = 0 \Rightarrow F_{Az} = F_{Bz} - F_g = 1,49 \text{ kN},$$

$$F_A = \sqrt{F_{Ax}^2 + F_{Az}^2} = 4,84 \text{ kN}, \quad \tan\alpha = \frac{F_{Az}}{F_{Ax}} = \frac{1,49}{4,60} \Rightarrow \alpha = 17,9^\circ.$$

Beispiel 2-3: An einem Balken (Bild 2-13a)) greift eine Kraft F exzentrisch (nicht auf der Mittellinie) an. Gesucht sind die Auflagerkräfte.

Gegeben: $a = 1,65$ m, $b = 1,10$ m, $e = 0,45$ m, $F = 3,80$ kN, $\beta = 20^\circ$, $\gamma = 55^\circ$.

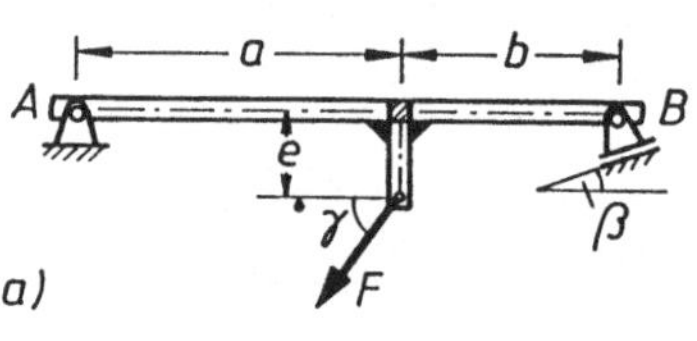

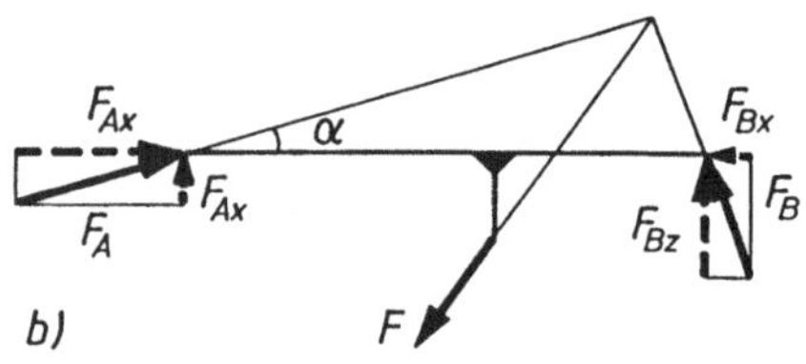

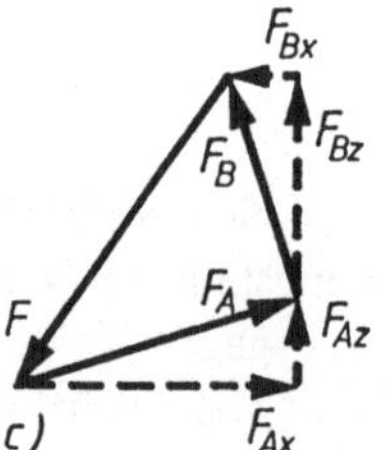

Bild 2-13

Im Lageplan der Kräfte (Bild 2-13b)) können wir außer der bekannten Kraft F sofort die Wirkungslinie der Auflagerkraft F_B aufgrund des Rollenlagers angeben. Die Wirkungslinie von F_A ergibt sich aus dem Schnittpunktsatz. Sie muß durch den Schnittpunkt der Wirkungslinien von F und F_B und durch das feste Gelenklager gehen. Die Größe der Kräfte bestimmen wir graphisch aus dem geschlossenen Krafteck (Bild 2-13c)):

$$F_A \cong 3,1 \text{ kN}, \quad \alpha \cong 17^\circ, \quad F_B \cong 2,3 \text{ kN}.$$

Bei der rechnerischen Bestimmung der Auflagerkräfte ersetzen wir F_A und F_B durch ihre Komponenten in Richtung des Balkens (x-Achse) und senkrecht dazu (z-Achse).

$$\Sigma M^{(A)} = 0 \;\Rightarrow\; F_{Bz}\, 2{,}75 - F \sin 55° \cdot 1{,}65 - F \cos 55° \cdot 0{,}45 = 0.$$

Die Rechnung liefert

$$F_{Bz} = 2{,}22 \text{ kN}, \quad F_{Bx} = F_{Bz} \tan\beta = 0{,}81 \text{ kN}, \quad F_B = \frac{F_{Bz}}{\cos\beta} = 2{,}37 \text{ kN}.$$

Mit F_B erhalten wir aus

$$\Sigma F_x = 0 \;\Rightarrow\; F_{Ax} = F \cos\gamma + F_{Bx} = 2{,}99 \text{ kN},$$

$$\Sigma F_y = 0 \;\Rightarrow\; F_{Az} = F \sin\gamma - F_{Bz} = 0{,}89 \text{ kN}.$$

Zum Vergleich mit der graphischen Lösung berechnen wir

$$F_A = \sqrt{F_{Ax}^2 + F_{Az}^2} = 3{,}12 \text{ kN}, \quad \tan\alpha = \frac{F_{Az}}{F_{Ax}} \;\Rightarrow\; \alpha = 16{,}6°.$$

Beispiel 2-4: Für den in Bild 2-14a) skizzierten Ladebaum sind die Auflagerkraft in A und die Seilkraft zu ermitteln.

Gegeben: $b = 3{,}80$ m, $l = 5{,}80$ m, $\alpha = 48°$, $\beta = 64°$, $\gamma = 16°$, $m = 1{,}50$ t.

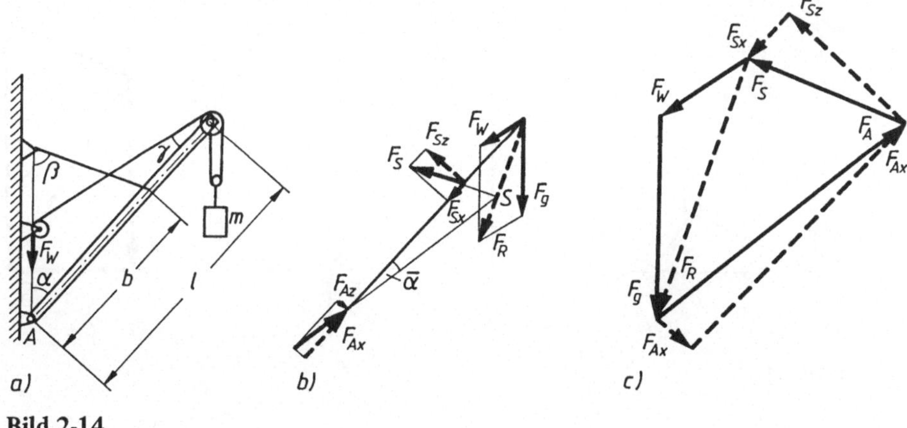

Bild 2-14

Im Lageplan der Kräfte kennen wir die Kräfte F_g und $F_W = \frac{1}{2} F_g$ (nach Rollenanordnung) der Größe, der Lage und der Richtung nach. Diese bekannten Kräfte besitzen die Resultierende F_R (Bild 2-14 c)). Von der Seilkraft F_S ist die Wirkungslinie bekannt. Durch den Schnittpunkt S der Wirkungslinien von F_R und F_S muß nach dem Schnittpunktsatz auch die Wirkungslinie der Auflagerkraft F_A gehen. Damit kann nach Bild 2-14c) das geschlossene Krafteck konstruiert werden. Die zeichnerische Lösung liefert uns

$$F_S \cong 14 \text{ kN}, \quad F_A \cong 23 \text{ kN}, \quad F_{Ax} \cong 22 \text{ kN}, \quad F_{Az} \cong 4 \text{ kN}, \quad F_{Sx} \cong 4 \text{ kN}, \quad F_{Sz} \cong 13 \text{ kN}.$$

Rechnerische Lösung:

$$\Sigma M^{(A)} = 0 \Rightarrow F_{Sz}\,b + F_W \sin\gamma \cdot l - F_g \sin\alpha \cdot l = 0,$$

$$F_{Sz} = \left(\sin\alpha - \frac{1}{2}\sin\gamma\right) F_g \frac{l}{b} = \left(\sin 48° - \frac{1}{2}\sin 16°\right) 1{,}5 \cdot 9{,}81 \frac{5{,}80}{3{,}80},$$

$$F_{Sz} = 13{,}60 \text{ kN}, \quad F_{Sx} = F_{Sz} \tan 68° = 5{,}49 \text{ kN}, \quad F_S = \frac{F_{Sz}}{\sin 68°} = 14{,}67 \text{ kN},$$

$$\Sigma F_x = 0 \Rightarrow F_{Ax} = F_{Sx} + F_g \cos\alpha + F_W \cos\gamma = 22{,}41 \text{ kN},$$

$$\Sigma F_z = 0 \Rightarrow F_{Az} = F_{Sz} + F_W \sin\gamma - F_g \sin\alpha = 4{,}90 \text{ kN},$$

$$F_A = \sqrt{F_{Ax}^2 + F_{Az}^2} = 22{,}90 \text{ kN}, \quad \tan\bar\alpha = \frac{F_{Az}}{F_{Ax}} \Rightarrow \bar\alpha = 12{,}3°.$$

Beispiel 2-5: Eine Leiter, die an einer glatten Hauswand in B und auf einem glatten Boden in A steht, würde wegrutschen. Um das zu verhindern, wird sie durch ein Seil verspannt (Bild 2-15a)). Für eine gegebene Belastung F (die Leiter selbst wollen wir gewichtslos annehmen) sind die Auflagerkräfte in A und B und die Seilkraft zu bestimmen. Darf der Winkel β beliebig zwischen $0°$ und $90°$ gewählt werden?

Gegeben: $\alpha = 58°$, $\beta = 26°$, $l = 6$ m, $b = 4$ m, $F = 800$ N.

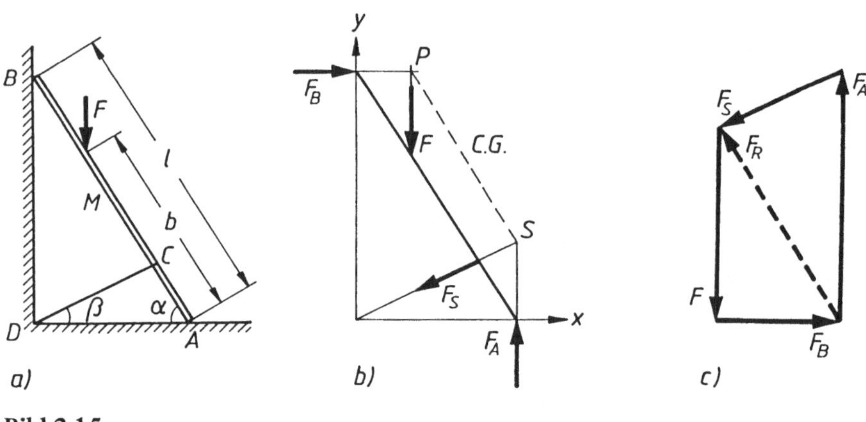

Bild 2-15

Den Lageplan der Kräfte können wir für die vier Kräfte F, F_A, F_B und F_S zeichnen (Bild 2-15b)). Dabei ist nur die Kraft F vollständig bekannt (Größe, Richtung, Wirkungslinie). Von den Kräften F_A, F_B und F_S sind nur die Wirkungslinien bekannt (die Richtungspfeile haben wir gefühlsmäßig eingezeichnet, sie sind zunächst unwesentlich, sie ergeben sich später aus dem geschlossenen Krafteck). Wir haben damit ein Beispiel vorliegen, das wir in 2.3 Fall 2) beschrieben haben. Wir denken uns aus F_A und F_S die Resultierende F_R gebildet, deren Wirkungslinie durch den Schnittpunkt S der Wirkungslinien von F_S und F_A und ebenso von F und F_B gehen muß. Mit der Culmannschen Geraden (C.G.) können wir das geschlossene Krafteck aus F, F_B und F_R konstruieren

(Bild 2-15c)). Jetzt braucht nur noch F_R in die Komponenten F_A und F_S zerlegt zu werden. Für die gegebenen Zahlenwerte liefert die Konstruktion

$$F_A \cong 1050\,\text{N}, \quad F_B \cong 490\,\text{N}, \quad F_S \cong 540\,\text{N}.$$

Man sieht aus der zeichnerischen Lösung sofort, daß sie versagt, falls S in die Wirkungslinie von F_B fällt. F_R und F_B haben dann die gleiche Wirkungslinie, und das Krafteck aus F, F_B und F_R schließt sich nicht mehr, bzw. die Kräfte F_B und F_R werden unendlich groß. Der Anbindepunkt C des Seiles fällt in diesem Fall mit dem Mittelpunkt der Leiter zusammen, und es wird $\beta = \alpha$. Den Fall $\beta > \alpha$ wollen wir weiter unten aus den rechnerischen Ergebnissen verfolgen (überlegen Sie sich, was aus der graphischen Lösung folgt).

Die rechnerischen Gleichgewichtsbedingungen liefern:

(1) $\quad \Sigma F_x = 0 \;\Rightarrow\; F_B = F_S \cos\beta,$

(2) $\quad \Sigma F_y = 0 \;\Rightarrow\; F_A = F + F_S \sin\beta,$

(3) $\quad \Sigma M^{(A)} = 0 \;\Rightarrow\; F_B\, l \sin\alpha = F b \cos\alpha + F_S \sin\beta \cdot l \cos\alpha.$

Beim Momentengleichgewicht haben wir uns F_S in den Punkt D verschoben gedacht. Das Moment der Horizontalkomponente ist dann gleich Null. (Wir hätten natürlich auch die Momente in bezug auf die Punkte B, P, D oder S bilden können. Jeder Punkt hat seine Vor- und Nachteile.) Setzen wir F_B aus (1) in (3) ein, so wird

$$l(\sin\alpha \cos\beta - \cos\alpha \sin\beta)\,F_S = F b \cos\alpha,$$

$$F_S = \frac{b \cos\alpha}{l \sin(\alpha - \beta)}\,F \quad \text{und hiermit}$$

$$F_B = \frac{b \cos\alpha \cos\beta}{l \sin(\alpha - \beta)}\,F, \quad F_A = \left(1 + \frac{b \cos\alpha \sin\beta}{l \sin(\alpha - \beta)}\right)F.$$

Für die gegebenen Zahlenwerte erhalten wir

$$F_S = 533\,\text{N}, \quad F_B = 479\,\text{N}, \quad F_A = 1034\,\text{N}.$$

Aus den obigen Formeln erkennen wir, daß $F_S > 0$ wird für $\beta < \alpha$ und $F_S < 0$ für $\beta > \alpha$. Im letzten Fall würde der Punkt C oberhalb des Mittelpunktes M der Leiter liegen. Dann dürften wir kein Seil benutzen, sondern wir müßten zur Abstützung der Leiter einen Stab nehmen, der auf Druck beansprucht werden kann. Auch F_B und für gewisse Winkel β (für welche?) auch F_A werden dann negativ, d.h. am Boden und an der Wand müßten Widerhaken angebracht werden, um die Leiter am Abheben zu hindern.

Beispiel 2-6: Ein Wagen mit der Gewichtskraft F_g steht reibungsfrei auf einer schiefen Ebene mit dem Neigungswinkel α und wird am Herunterrollen durch ein Seil gehalten (Bild 2-16a)). Die Gewichtskraft F_g greift im Punkt S an. Wie groß sind die Achsdrucke und die Seilkraft? Wie groß darf β höchstens werden, damit der Wagen nicht abgehoben wird?

Gegeben: $\alpha = 14°$, $\beta = 25°$, $F_g = 16\,\text{kN}$, $a = 2{,}9\,\text{m}$, $b = 0{,}8\,\text{m}$, $h = 0{,}9\,\text{m}$, $r = 0{,}3\,\text{m}$.

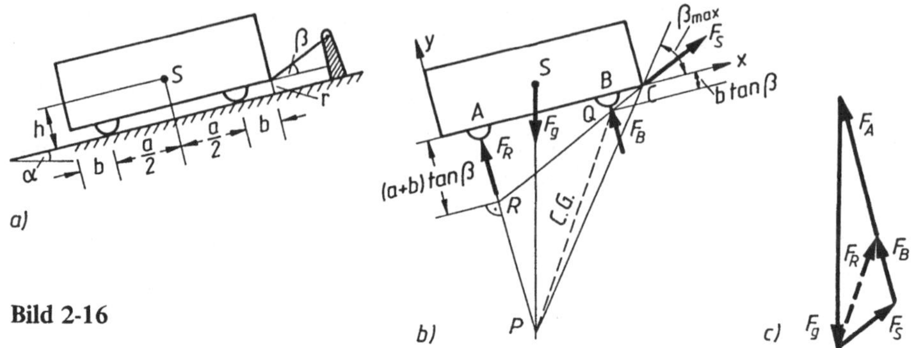

Bild 2-16

Die zeichnerische Lösung ergibt sich aus dem Lageplan der Kräfte (Bild 2-16b)) mit der Culmannschen Geraden und dem geschlossenen Krafteck (wegen des kleinen Winkels α werden die Ergebnisse nicht sehr genau):

$$F_\text{A} \cong 9{,}0 \text{ N}, \quad F_\text{B} \cong 4{,}3 \text{ N}, \quad F_\text{S} \cong 4{,}5 \text{ N}.$$

Verändern wir den Winkel β, so wandert der Punkt Q auf der Wirkungslinie der Kraft F_B und verändert die Richtung der Culmannschen Geraden. Vergrößern wir β, so wandert Q nach rechts unten und im Krafteck wird F_B kleiner. Der Wagen beginnt sich abzuheben für $F_\text{B} = 0$. Die C.G. fällt dann mit der Wirkungslinie von F_S zusammen. Aus der Zeichnung lesen wir für die Richtung PQ $\beta_{\max} \cong 55°$ ab.

Bei der rechnerischen Lösung können wir sofort aus dem Verschiebegleichgewicht in x-Richtung die Seilkraft F_S bestimmen, denn F_A und F_B besitzen keine Komponenten nach dieser Richtung.

$$\Sigma F_\text{x} = 0 \ \Rightarrow\ F_\text{S} \cos\beta = F_\text{g} \sin\alpha \ \Rightarrow\ F_\text{S} = \frac{\sin\alpha}{\cos\beta} F_\text{g} = 4{,}27 \text{ kN}.$$

Für das Momentengleichgewicht bieten sich mehrere Punkte an: A, B, C, aber auch der Schnittpunkt Q der Wirkungslinien von F_B und F_s. Für diesen Punkt Q besitzen nur die Kräfte F_g (bekannt) und F_A (unbekannt) ein Moment.

$$\Sigma M^{(\text{Q})} = 0 \ \Rightarrow\ F_\text{A}\, a - F_\text{g} \sin\alpha\,(h - r + b \tan\beta) - F_\text{g} \cos\alpha \cdot \frac{a}{2} = 0,$$

$$F_\text{A} = \left(\frac{1}{2} \cos\alpha + \frac{h - r + b \tan\beta}{a} \sin\alpha \right) F_\text{g} = 9{,}06 \text{ kN}.$$

Ganz entsprechend berechnen wir F_B unabhängig von F_S und F_A mit dem Momentengleichgewicht für den Punkt R (Schnittpunkt der Wirkungslinien von F_S und F_A).

$$\Sigma M^{(\text{R})} = 0 \ \Rightarrow\ F_\text{B}\, a + F_\text{g} \sin\alpha\,(h - r + (a + b) \tan\beta) - F_\text{g} \cos\alpha \cdot \frac{a}{2} = 0,$$

$$F_\text{B} = \left(\frac{1}{2} \cos\alpha - \frac{h - r + (a + b) \tan\beta}{a} \sin\alpha \right) F_\text{g} = 4{,}66 \text{ kN}.$$

Mit den berechneten Kräften bilden wir zur Kontrolle das Verschiebegleichgewicht in y-Richtung:

$$\Sigma F_y = 0 \Rightarrow F_A + F_B + F_s \sin\beta - F_g \cos\alpha = 9{,}06 + 4{,}66 + 1{,}80 - 15{,}52 = 0.$$

Den Winkel β_{max} für ein Abheben des Wagens berechnen wir aus $F_B = 0$. Mit der obigen Darstellung für F_B folgt

$$\tan\beta_{max} = \frac{1}{a+b}\left(\frac{a}{2\tan\alpha} - h + r\right) \Rightarrow \beta_{max} = 54{,}6°.$$

Beispiel 2-7: Ein I-Träger wird nach Bild 2-17a) von drei Pendelstützen getragen. Es sind die Stabkräfte zu bestimmen für a) $\alpha = 30°$, $\beta = 50°$ und b) $\alpha = 50°$, $\beta = 30°$.
Gegeben: $l = 8$ m, $b = 3$ m, $F_g = 6{,}2$ kN.
Zusatzfrage: Wie dürfen die Winkel α und β auf keinen Fall gewählt werden?

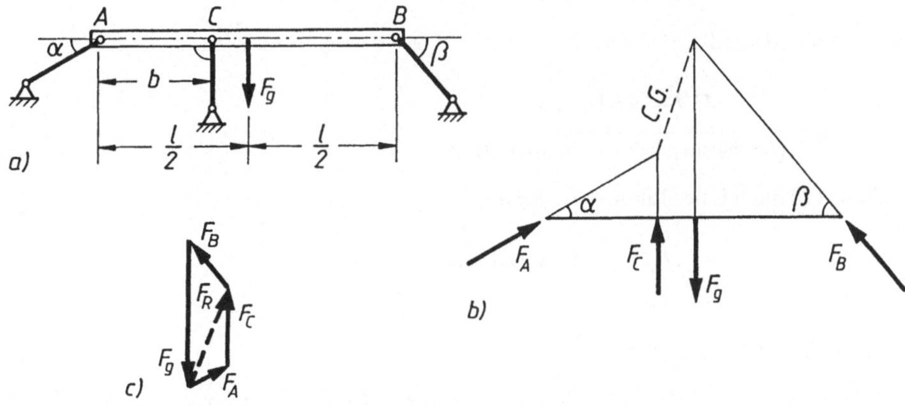

Bild 2-17

Die Bilder 2-17b) und c) zeigen die graphische Lösung für den Fall a). Die bekannte Kraft F_g ist im Gleichgewicht mit den drei Kräften F_A, F_B und F_C, deren Wirkungslinien durch die Lage der Pendelstützen festgelegt sind. Nach Abschnitt 2.3 können wir mit Hilfe der Culmannschen Geraden das geschlossene Krafteck aus F_g, F_B und der Resultierenden F_R aus F_A und F_C konstruieren. Danach wird F_R in die Komponenten F_A und F_C zerlegt. Ergebnis:

$$F_A \cong 1{,}7 \text{ kN}, \quad F_B \cong 2{,}2 \text{ kN}, \quad F_C \cong 3{,}6 \text{ kN}.$$

Genauso können wir im Fall b) vorgehen. Allerdings liegt hier die Culmannsche Gerade ganz anders, und wir erhalten ein vom Gefühl her unerwartetes Resultat:

$$F_A \cong 14 \text{ kN}, \quad F_B \cong 10 \text{ kN}, \quad F_C \cong 22 \text{ kN}.$$

Nicht nur die Größenordnung der Kräfte ist erstaunlich, sondern vor allen Dingen die Richtung der Kräfte in den äußeren Pendelstützen. F_A und F_B sind Zugkräfte, d. h. wir könnten in diesem Fall die Stäbe auch durch Seile ersetzen.

Wir berechnen die Stabkräfte für beliebige Winkel.

(1) $\Sigma F_x = 0 \Rightarrow F_A \cos\alpha - F_B \cos\beta = 0,$

(2) $\Sigma F_z = 0 \Rightarrow F_A \sin\alpha + F_B \cos\beta + F_C = F_g,$

(3) $\Sigma M^{(C)} = 0 \Rightarrow -F_A \sin\alpha \cdot b + F_B \sin\beta \cdot (l-b) = F_g \left(\dfrac{l}{2} - b\right).$

Multiplizieren wir (1) mit $(l-b)\sin\beta$ und (3) mit $\cos\beta$ und addieren beide Gleichungen, so erhalten wir

$$F_A (l-b) \sin\beta \cos\alpha - F_A b \sin\alpha \cos\beta = F_g \left(\frac{l}{2} - b\right) \cos\beta.$$

$$F_A = \frac{F_g \left(\dfrac{l}{2} - b\right) \cos\beta}{(l-b) \sin\beta \cos\alpha - b \sin\alpha \cos\beta}.$$

Entsprechend wird

$$F_B = \frac{F_g \left(\dfrac{l}{2} - b\right) \cos\alpha}{(l-b) \sin\beta \cos\alpha - b \sin\alpha \cos\beta}$$

und aus (2) nach einer kleinen Rechnung

$$F_C = F_g - \frac{F_g \left(\dfrac{l}{2} - b\right) \sin(\alpha + \beta)}{(l-b) \sin\beta \cos\alpha - b \sin\alpha \cos\beta}.$$

Die Zahlenrechnung ergibt für

Fall a): $F_A = \quad 1{,}69\ \text{kN}, \quad F_B = \quad 2{,}28\ \text{kN}, \quad F_C = \quad 3{,}60\ \text{kN},$

Fall b): $F_A = -14{,}01\ \text{kN}, \quad F_B = -10{,}40\ \text{kN}, \quad F_C = 22{,}13\ \text{kN}.$

Die Minuszeichen bei F_A und F_B geben an, daß die Richtung dieser Kräfte entgegengesetzt zu der im Lageplan der Kräfte angenommenen Richtung verläuft.

Aus den obigen Formeln für die Stabkräfte erkennen wir, daß diese Kräfte unendlich groß werden, wenn der Nenner (das ist die Determinante des Gleichungssystems für F_A und F_B) Null wird. Dieses muß in der Praxis auf jeden Fall vermieden werden. Aus

$$(l-b) \sin\beta \cos\alpha - b \sin\alpha \cos\beta = 0$$

erhalten wir für den Ausnahmefall der Statik

$$\tan\beta = \frac{b}{l-b} \tan\alpha.$$

In dieser Beziehung dürfen α und β *nicht* stehen. Für $\alpha = 50°$ wird z. B. $\beta = 35{,}6°$. Der Fall b) kommt diesem Ausnahmefall schon recht nahe.

Die obige Relation zwischen α und β läßt sich sehr einfach aus der graphischen Darstellung ablesen (Bild 2-18). Die Culmannsche Gerade fällt mit der Wirkungslinie von F_B zusammen und die Wirkungslinien der drei Stabkräfte schneiden sich in einem Punkt: $b \tan\alpha = (l - b) \tan\beta$. Das Krafteck aus F_g, F_B und F_R kann erst im Unendlichen geschlossen werden.

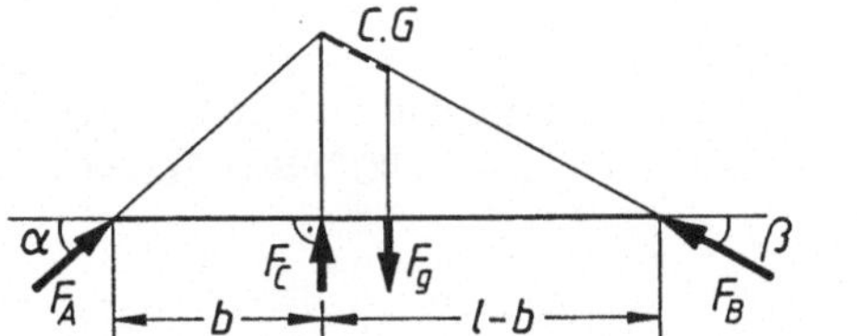

Bild 2-18

Beispiel 2-8: Ein Deckel mit dem Gewicht m soll durch einen Seilzug nach Bild 2-19a) mit einer Kraft F geöffnet werden. Das Seil ist so angebracht, daß die Gewichtskraft des Deckels und die Seilkraft in einer Ebene liegen. Wie ist die Zusatzmasse m_0 zu wählen, damit sich der Deckel in jeder Lage von allein schließt? Die Kraft F ist in Abhängigkeit des Öffnungswinkels φ darzustellen und in einer φ, F-Ebene zu zeichnen.

Gegeben: $m = 120$ kg, $b = 90$ cm, $h = 140$ cm.

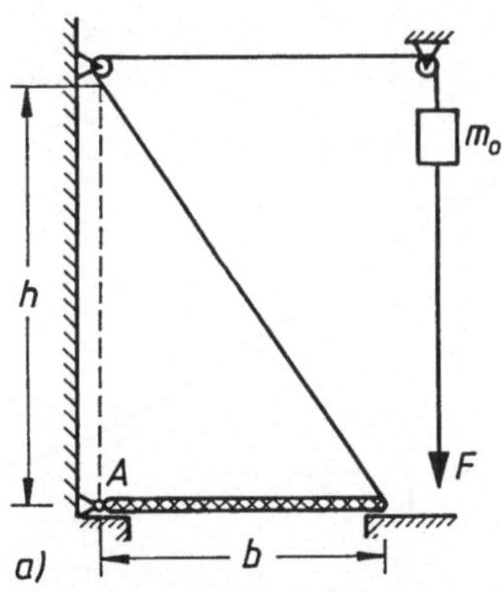 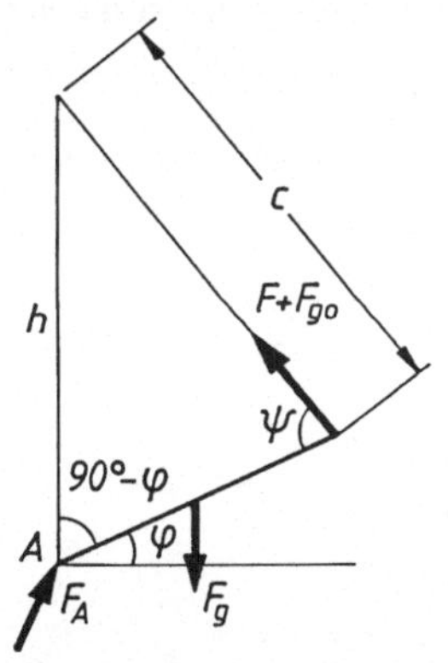

Bild 2-19

Aus dem skizzierten Lageplan der Kräfte erhalten wir für das Momentengleichgewicht um den Punkt A

$$(1) \quad (F + F_{g0}) \, b \sin\psi = F_g \frac{b}{2} \cos\varphi.$$

Der Winkel ψ hängt vom Öffnungswinkel φ ab. Aus Bild 2-19b) lesen wir ab:

Sinussatz: $\quad \dfrac{\sin\psi}{h} = \dfrac{\sin(90° - \varphi)}{c} \Rightarrow \sin\psi = \dfrac{h}{c} \cos\varphi,$

Cosinussatz: $\quad c^2 = h^2 + b^2 - 2 h b \cos(90° - \varphi).$

Mit diesen Beziehungen folgt aus Gleichung (1)

$$F + F_{g0} = \frac{1}{2} F_g \frac{\cos\varphi}{\sin\psi} = \frac{1}{2} F_g \frac{\cos\varphi}{\dfrac{h}{c}\cos\varphi} = \frac{1}{2} F_g \frac{c}{h},$$

$$(2) \quad F = F(\varphi) = \frac{1}{2} F_g \sqrt{1 + \left(\frac{b}{h}\right)^2 - 2\frac{b}{h}\sin\varphi} - F_{g0}.$$

Mit zunehmendem Winkel φ nimmt F ab. Damit der Deckel sich selbsttätig schließt, muß für alle φ stets $F \geqslant 0$ werden, also insbesondere $F_{\min} = F(90°) \geqslant 0$. Hieraus folgt

$$\frac{1}{2} F_g \sqrt{1 + \left(\frac{b}{h}\right)^2 - 2\frac{h}{b}} - F_{g0} \geqslant 0,$$

oder

$$m_0 \leqslant \frac{m}{2}\left(1 - \frac{b}{h}\right) = \frac{120}{2}\left(1 - \frac{90}{140}\right) = 21{,}4 \text{ kg}.$$

Wir wählen $m_0 = 20$ kg. Hiermit erhalten wir nach (2)

$$F = \left(60 \sqrt{1 + \left(\frac{9}{14}\right)^2 - \frac{9}{7}\sin\varphi} - 20\right) 9{,}81 \text{ N}.$$

Wir berechnen die Wertetabelle und zeichnen $F = F(\varphi)$.

<table>
<tr><td>

φ	$F\,[\mathrm{N}]$
0°	504
15°	416
30°	320
45°	222
60°	126
75°	47,5
90°	14,0

</td><td>

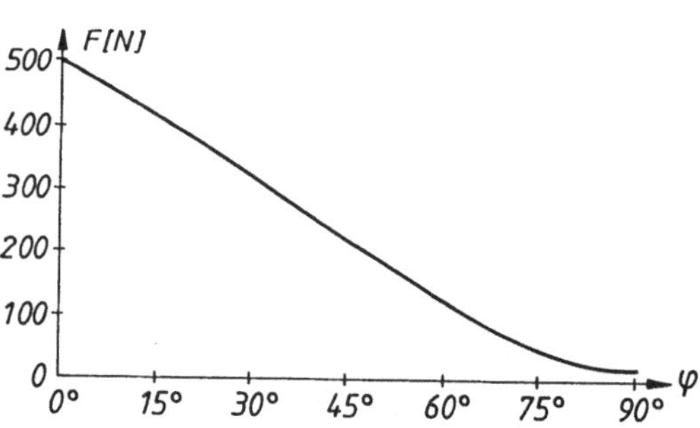

</td></tr>
</table>

Beispiel 2-9: Zwei homogene glatte Zylinder liegen in einem Hohlquader ohne Bodenfläche und ohne Vorder- und Rückwand (Bild 2-20a)). Der Quader steht auf seinen Längsseiten auf horizontaler glatter Ebene. Es sind die Kräfte zu ermitteln, die auf die Zylinder wirken. Wie groß muß die Masse m_0 des Quaders mindestens sein, damit er nicht kippt?

Gegeben: $r_1 = r$, $r_2 = \dfrac{3}{4}r$, $m_1 = m$, $m_2 = \dfrac{m}{2}$, $b = 3r$.

Die Kräfte, die auf die Zylinder und auf den Quader ausgeübt werden, sind längs der Berührungslinie verteilte Kräfte. Wir fassen die jeweiligen Linienkräfte zu einer Resultierenden zusammen. Mit diesen Kräften erhalten wir den Lageplan der Kräfte an den Zylin-

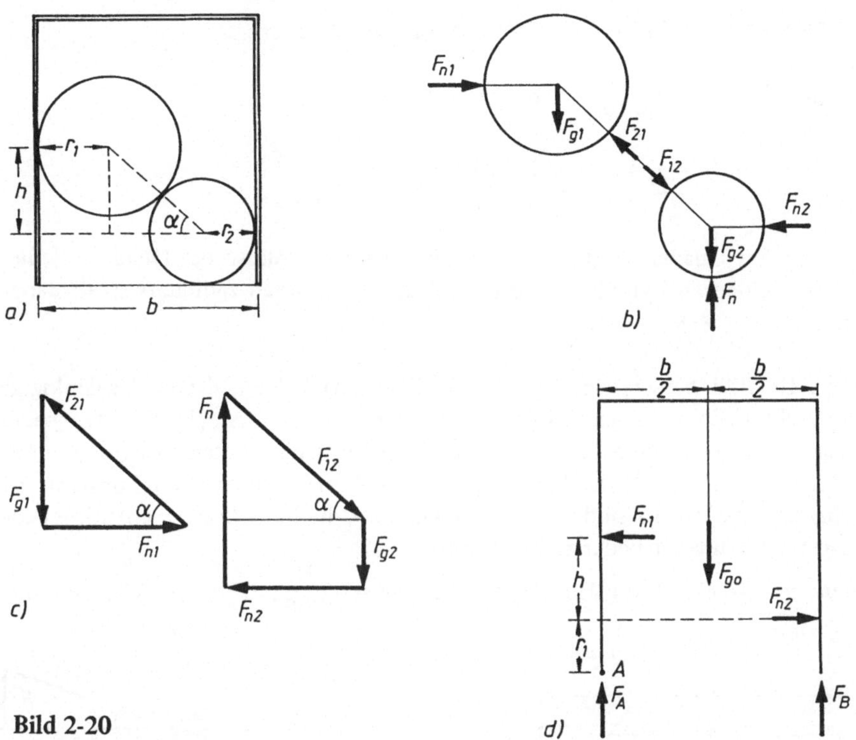

Bild 2-20

dern und an dem Quader (Bild 2-20b) und d)). Für die Kräfte am Zylinder können wir
sofort die geschlossenen Kraftecke zeichnen (Bild 2-20c)). Mit

$$\cos \alpha = \frac{b - (r_1 + r_2)}{r_1 + r_2} = \frac{3\,r - \frac{7}{4}\,r}{\frac{7}{4}\,r} = \frac{5}{7} \;\Rightarrow\; \alpha = 44{,}4°$$

erhalten wir

$$F_{n1} = F_{n2} = \frac{F_{g1}}{\tan \alpha} = 1{,}021 \; m\,g, \quad F_{12} = F_{21} = \frac{F_{g1}}{\sin \alpha} = 1{,}429 \; m\,g.$$

$$F_{n} \;\;= F_{g1} + F_{g2} = \frac{3}{2} \; m\,g.$$

Der Quader wird nicht kippen, solange $F_{\mathrm{B}} > 0$ bleibt. Aus dem Lageplan der Kräfte folgt
aus $\Sigma M^{(\mathrm{A})} = 0$

$$F_{\mathrm{B}}\, b = F_{g0}\,\frac{b}{2} + F_{n2}\, r_1 - F_{n1}\,(r_1 + h) > 0$$

und hieraus mit den obigen Ergebnissen für F_{n1} und F_{n2}

$$F_{g0}\,\frac{b}{2} > F_{n1}\,h = \frac{F_{g1}}{\tan\alpha}\,[b - (r_1 + r_2)]\,\tan\alpha,$$

$$m_0 > \frac{2\,m\,[b - (r_1 + r_2)]}{b} = \frac{2\,m\left(3\,r - \frac{7}{4}\,r\right)}{3\,r} = \frac{5}{6}\,m.$$

Ein Kippen des Quaders tritt also dann ein, wenn die Masse des Quaders kleiner als $\frac{5}{6}$ der Masse des oberen Zylinders wird (die Masse des unteren Zylinders spielt dabei keine Rolle).

Beispiel 2-10: Bild 2-21a) zeigt einen (gewichtslosen) Balken, der in A gelenkig gelagert und am rechten Ende mit einer Feder verbunden ist (l_0 = Länge der Feder im spannungslosen Zustand). Das andere Ende der Feder ist in einer horizontalen Führung reibungsfrei befestigt. Am linken Ende des Balkens greift eine Kraft F unter einem konstanten Winkel α zur Balkenachse an. Es sind der Einstellwinkel φ, die Federkraft, die Auflagerkraft und die Längenänderung der Feder zu berechnen.

Gegeben: $a = 40\ \text{cm}$, $b = 60\ \text{cm}$, $l_0 = 30\ \text{cm}$, $c = 8\ \dfrac{\text{N}}{\text{mm}}$, $F = 1{,}25\ \text{kN}$, $\alpha = 60°$.

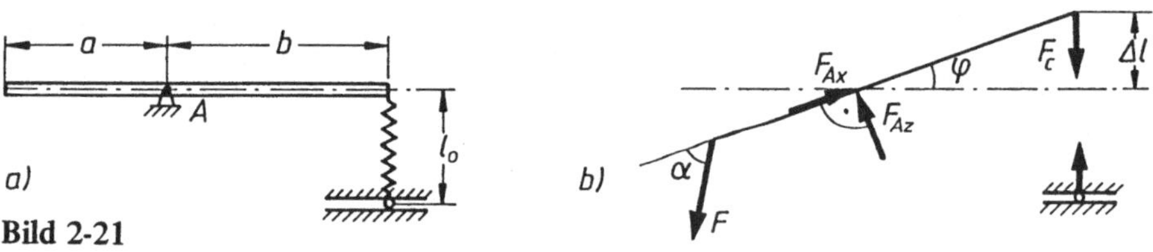

Bild 2-21

Aus dem Lageplan der Kräfte (Bild 2-21b)) lesen wir ab:

(1)　　$\Sigma F_x = 0 \;\Rightarrow\; F_{Ax} - F\cos\alpha - F_c\sin\varphi = 0,$

(2)　　$\Sigma F_y = 0 \;\Rightarrow\; F_{Az} - F\sin\alpha - F_c\cos\varphi = 0,$

(3)　　$\Sigma M^{(A)} = 0 \;\Rightarrow\; F_c\,b\cos\varphi - F\,a\sin\alpha = 0.$

Zu diesen Gleichgewichtsgleichungen tritt die Verformungsgleichung

(4)　　$F_c = c\,\Delta l = c\,b\sin\varphi.$

Setzen wir F_c aus (4) in (3) ein, so erhalten wir eine Gleichung für den unbekannten Winkel φ:

$$c\,b^2\sin\varphi\cos\varphi = F\,a\sin\alpha.$$

Mit $\sin 2\varphi = 2\sin\varphi\cos\varphi$ wird

$$\sin 2\varphi = \frac{2\,F\,a\sin\alpha}{c\,b^2} = \frac{2\cdot 1{,}25\ \text{kN}\cdot 40\ \text{cm}\cdot\sin 60°}{0{,}08\ \dfrac{\text{kN}}{\text{cm}}\cdot 60^2\ \text{cm}^2} \;\Rightarrow\; \varphi = 8{,}75°.$$

Mit dem Winkel φ errechnen sich die Längenänderung der Feder und die Kräfte zu

$$\Delta l = 9{,}13 \text{ cm}, \quad F_{\text{c}} = 0{,}73 \text{ kN}, \quad F_{\text{Ax}} = 0{,}74 \text{ kN}, \quad F_{\text{Az}} = 1{,}80 \text{ kN}.$$

Beispiel 2-11: Ein an zwei gleich langen Seilen aufgehängter gewichtsloser Stab wird exzentrisch in P durch eine senkrechte Kraft F belastet (Bild 2-22a)). Es sind der Einstellwinkel φ und die Seilkräfte zu ermitteln.

Gegeben: $l = 50$ cm, $b = 1{,}2\,l$, $a = 0{,}3\,l$, $F = 30$ N.

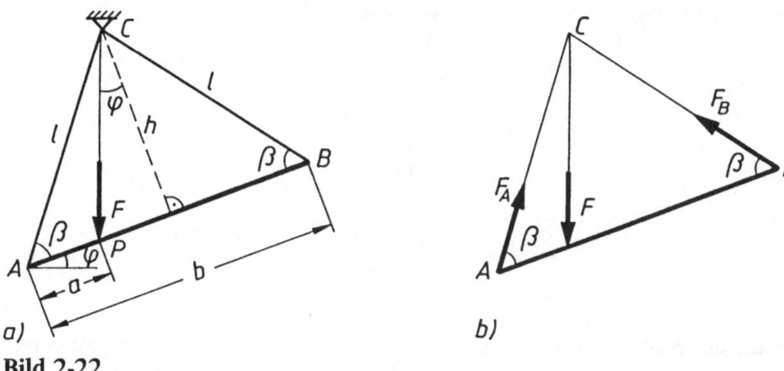

Bild 2-22

Aus dem Schnittpunktsatz folgt, daß alle Wirkungslinien der Kräfte sich im Punkt C schneiden müssen. Der Punkt P muß demnach senkrecht unter C liegen. Aus der Geometrie erhalten wir mit

$$h = \sqrt{l^2 - \left(\frac{b}{2}\right)^2} = \sqrt{l^2 - (0{,}6\,l)^2} = \sqrt{0{,}64\,l^2} = 0{,}8\,l$$

sofort

$$\tan\varphi = \frac{b/2 - a}{h} = \frac{0{,}3\,l}{0{,}8\,l} = \frac{3}{8} \Rightarrow \varphi = 20{,}6°.$$

Wir berechnen den Winkel β:

$$\cos\beta = \frac{b/2}{l} = 0{,}6 \Rightarrow \beta = 53{,}1°.$$

Mit den bekannten Winkeln β und φ bestimmen wir aus den Gleichgewichtsbedingungen die Seilkräfte.

$$\Sigma M^{(\text{B})} = 0 \Rightarrow F_{\text{A}} \sin\beta\, b = F(b - a) \cos\varphi,$$

$$F_{\text{A}} = \frac{F(b-a)\cos\varphi}{b\sin\beta} = \frac{F \cdot 0{,}9\,l\cos\varphi}{1{,}2\,l\sin\beta} = \frac{30\text{ N} \cdot 3\cos 20{,}6°}{4\sin 53{,}1°} = 26{,}3\text{ N},$$

$$\Sigma M^{(\text{A})} = 0 \Rightarrow F_{\text{B}} \sin\beta\, b = F a \cos\varphi,$$

$$F_{\text{B}} = \frac{F a \cos\varphi}{b\sin\beta} = \frac{F \cdot 0{,}3\,l\cos\varphi}{1{,}2\,l\sin\beta} = \frac{30\text{ N} \cdot \cos 20{,}6°}{4\sin 53{,}1} = 8{,}78\text{ N}.$$

Beispiel 2-12: Ein senkrechter gewichtsloser Stab ist in A gelenkig gelagert und wird in B durch eine Feder, die durch eine reibungsfreie Führung ihre waagerechte Lage behält, gehalten. In der Mitte des Stabes wird eine Masse angebracht. Eine Drehung des Stabes um A rechtsherum wird durch eine Blockierung verhindert. Es ist zu untersuchen, wie der Stab sich einstellt, wenn in der senkrechten Lage des Stabes die Feder spannungslos ist.

Gegeben: l, c, m.

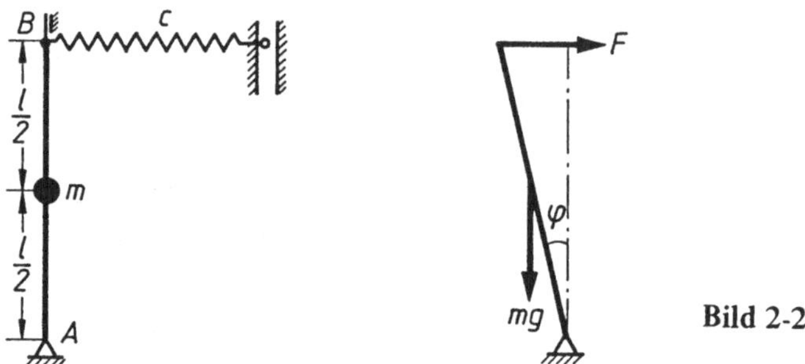

Bild 2-23

Wir nehmen an, der Stab nimmt für den Winkel φ (Bild 2-23) eine Gleichgewichtslage an. Dann wird die Federkraft $F = c\,l\,\sin\varphi$, und das Momentengleichgewicht um den Punkt A liefert

$$c\,l\sin\varphi \cdot l\cos\varphi - m\,g\,\frac{l}{2}\sin\varphi = 0$$

$$\sin\varphi\left(c\,l\cos\varphi - \frac{m\,g}{2}\right) = 0.$$

Diese Gleichung besitzt stets die Lösung $\sin\varphi = 0$, d.h. $\varphi = 0°$ oder $\varphi = 180°$. Das ist selbstverständlich, denn die senkrechte Lage ist immer eine Gleichgewichtslage. So wie z. B. auch eine Gleichgewichtslage vorliegt, wenn wir eine Kugel auf den höchsten Punkt einer zweiten Kugel setzen. Aber jeder weiß, daß die obere Kugel sich nicht lange auf der unteren halten wird. Die Gleichgewichtslage ist *labil* oder *instabil*. Man kann dieses leicht erkennen, wenn man die obere Kugel ein klein wenig nach links oder rechts verrückt (eine kleine Erschütterung sorgt stets dafür, daß dieses eintritt). Dann besitzen die Gewichtskraft und die Normalkraft eine Resultierende, die die Kugel abwärts treibt. Anders ist es, wenn die Kugel in einer Mulde liegt. Hier wird sie durch die Resultierende wieder in die ursprüngliche Lage zurückgetrieben. Die Gleichgewichtslage ist *stabil.* Eine Kugel auf einer horizontalen Ebene kann eine beliebige Verrückung erfahren, sie bleibt in jeder Lage liegen. Dieses Gleichgewicht nennt man *indifferent.*

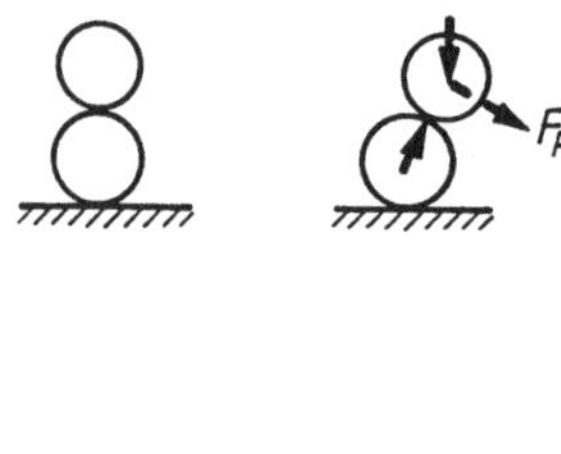

Kehren wir zum Stab an der Feder zurück. $\varphi = 0°$ oder $\varphi = 180°$ ist also eine Gleichgewichtslage. Ist sie stabil oder instabil? Untersuchen wir zunächst die zweite mögliche Lösung der obigen Gleichung:

$$c\, l \cos\varphi - \frac{m\,g}{2} = 0 \;\Rightarrow\; \cos\varphi = \frac{m\,g}{2\,c\,l}.$$

Diese Gleichung besitzt für $\frac{mg}{2cl} > 1$ keine Lösung. In diesem Fall gibt es nur die Gleichgewichtslage $\varphi = 0°$ oder $\varphi = 180°$. Ist dagegen $\frac{mg}{2cl} < 1$, so besitzt $\cos\varphi = \frac{mg}{2cl}$ eine Lösung, die wir mit φ_0 bezeichnen wollen. Stellt sich der Stab jetzt mit dem Winkel $\varphi = \varphi_0$ oder $\varphi = 0°$ oder $\varphi = 180°$ ein? Wir untersuchen das Moment M, das wir rechtsdrehend positiv zählen wollen, in bezug auf den Punkt A für einen beliebigen Winkel φ:

$$M = c\, l \sin\varphi \cdot l \cos\varphi - m\, g \frac{l}{2} \sin\varphi,$$

$$M = c\, l^2 \sin\varphi \left(\cos\varphi - \frac{mg}{2\,c\,l} \right) = M(\varphi).$$

Wir skizzieren diese Funktion für die beiden Fälle $\frac{mg}{2cl} < 1$ und $\frac{mg}{2cl} > 1$. Ist $\frac{mg}{2cl} < 1$, so ist $M > 0$ für $\varphi < \varphi_0$, d. h. bei einer Auslenkung bis zum Winkel φ_0 tritt ein rechtsdrehendes Moment auf, der Stab wird in die Lage $\varphi = 0°$ zurückgebracht. Für $\varphi > \varphi_0$ wird $M < 0$, d. h. der Stab wird links gedreht bis in die zweite stabile Gleichgewichtslage $\varphi = 180°$. Für $\varphi = \varphi_0$ liegt eine instabile Gleichgewichtslage vor. Eine kleine Verrückung aus dieser Lage treibt den Stab in die Position $\varphi = 0°$ oder $\varphi = 180°$.

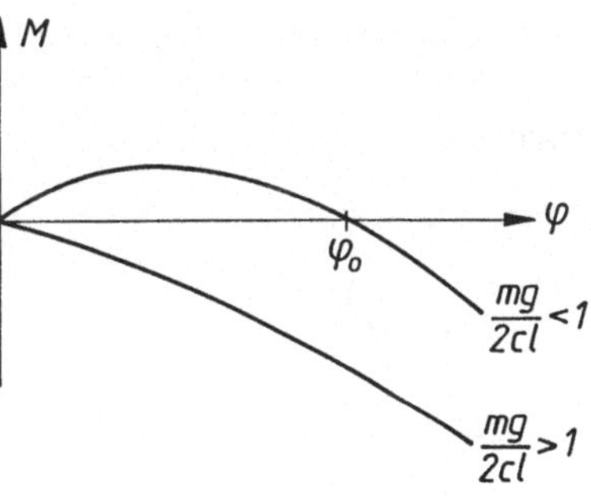

Ist dagegen $\frac{mg}{2cl} > 1$, so wird für alle Winkel φ das Moment $M < 0$, d. h. der Stab wird bei einer kleinen Auslenkung aus der Lage $\varphi = 0°$ nicht in die senkrechte Lage zurückkehren, sondern sich die stabile Gleichgewichtslage $\varphi = 180°$ suchen.

Fassen wir noch einmal zusammen. Ist $\frac{mg}{2cl} < 1$ (kleine Masse, harte Feder), so sind $\varphi = 0°$ und $\varphi = 180°$ stabile Gleichgewichtslagen und $\varphi = \varphi_0$ eine labile Gleichgewichtslage. Für $\frac{mg}{2cl} > 1$ (große Masse, weiche Feder), ist $\varphi = 0°$ eine labile und $\varphi = 180°$ eine stabile Gleichgewichtslage.

2.8 Übungsaufgaben

2-1: Zwischen zwei senkrecht aufeinanderstehenden glatten Ebenen liegen nach nebenstehender Abbildung drei glatte Walzen. Die Walzen (1) und (2) sind in ihren Mittelpunkten durch einen Stab verbunden. Alle Gewichtskräfte der Walzen liegen mit dem Stab in einer Ebene. a) Ermitteln Sie alle Normalkräfte und die Stabkraft für $\alpha = 25°$. b) Für welche Winkel α tritt im Stab eine Zugkraft, für welche Winkel eine Druckkraft auf?

Gegeben: $r_1 = r_2 = r = 8$ cm, $r_3 = 2\,r$, $b = 4\,r$, $m_1 = m_2 = m = 3$ kg, $m_3 = 6$ m.

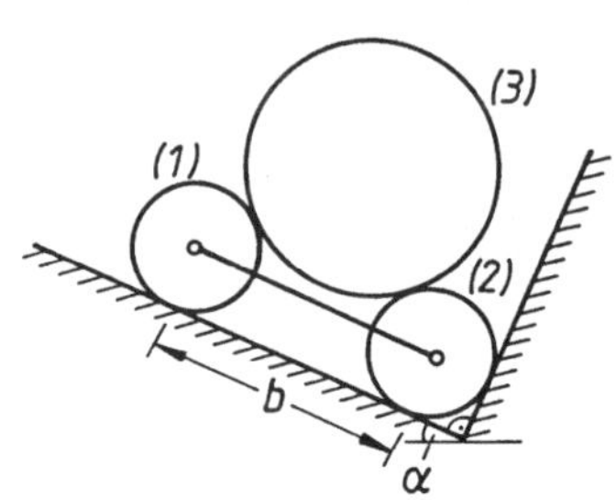

Ermitteln Sie für die Aufgaben **2-2** bis **2-4** die Reaktionskräfte (Auflager- und Seilkräfte) zeichnerisch und rechnerisch.

2-2:

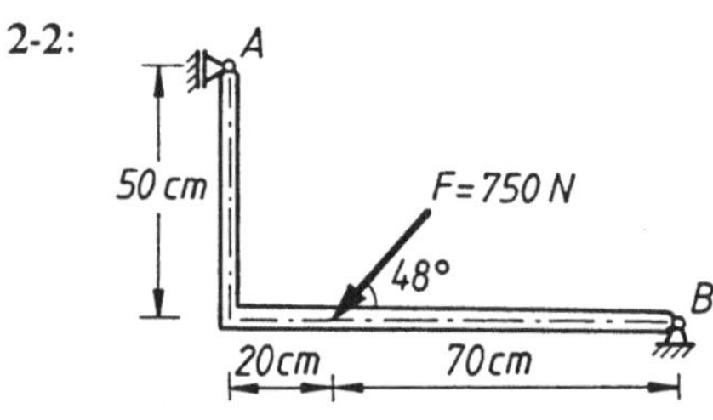

2-3:

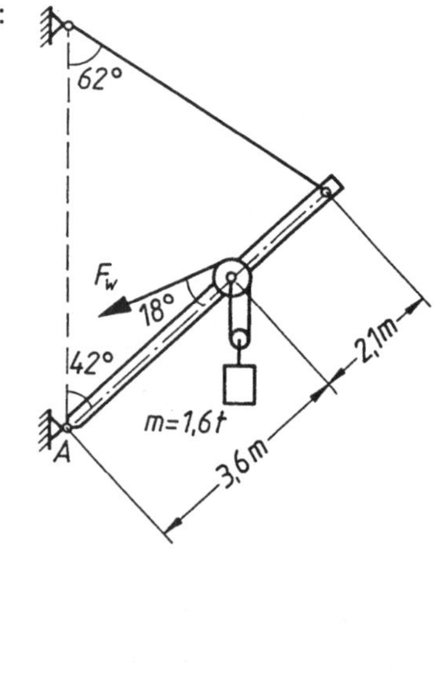

2-4:

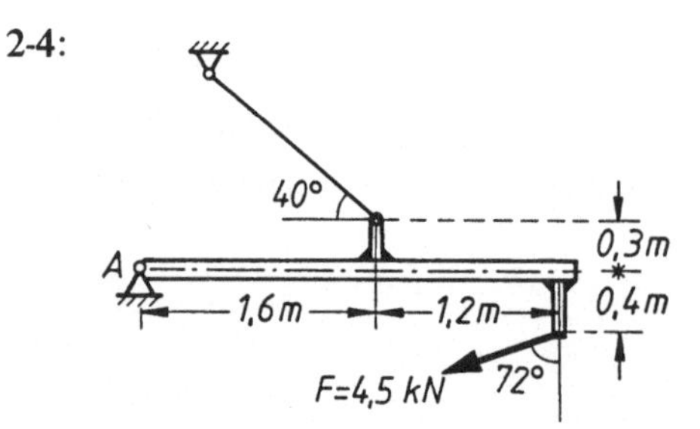

2-5: Ein homogener Zylinder liegt reibungsfrei verkantet in einem Quader, der auf einer horizontalen Ebene steht. Bestimmen Sie die Kräfte, die der Zylinder auf den Quader in den Punkten A, B und C ausübt, zeichnerisch und rechnerisch.

Gegeben: l = 80 cm, d = 40 cm, F_g = 740 N.

Zusatz: Wenn die Bodenfläche des Quaders entfernt wird, wie groß muß dann die Gewichtskraft des Quaders mindestens sein, damit er nicht kippt?

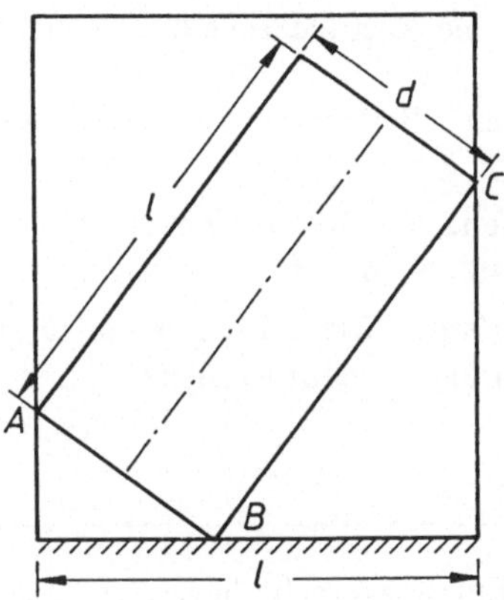

2-6: Ermitteln Sie für die reibungsfrei gelagerte Gartentür mit dem Gewicht m die Lagerkräfte. (Achten Sie genau auf die Art der Lagerung an den Zapfen.)

Gegeben: m = 80 kg, b = 40 cm, h = 55 cm.

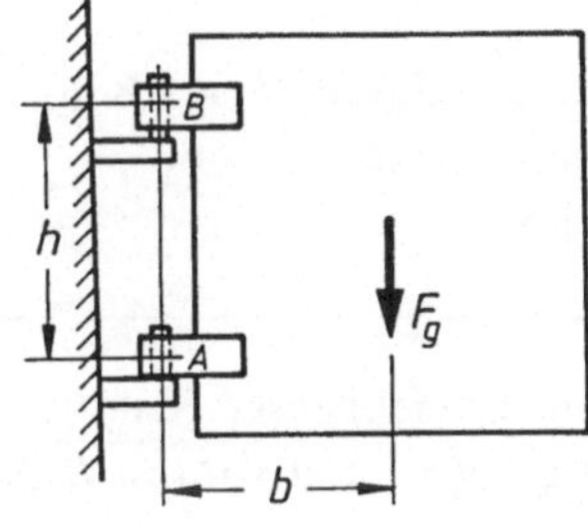

2-7: Eine Markisenstange wird in A reibungsfrei in einer senkrechten Stange geführt, in B durch einen Gelenkstab und in C durch ein Seil gehalten. Bestimmen Sie die Führungs-, Stab- und Seilkraft zeichnerisch und rechnerisch.

Gegeben: a = 50 cm, b = 60 cm, c = 30 cm, α = 45°, β = 60°, F = 800 N.

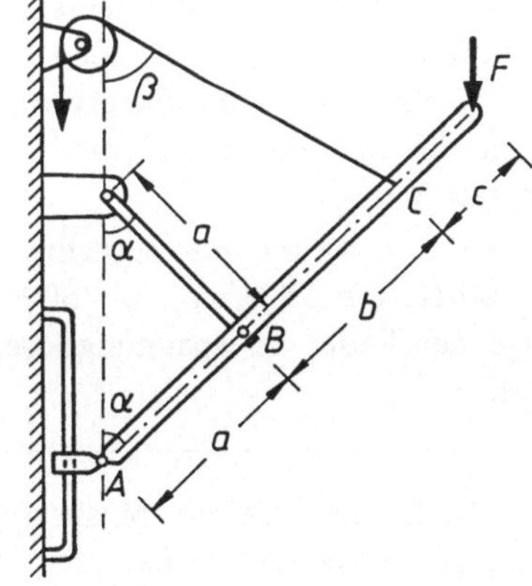

2-8: Eine Rechteckscheibe (Gewichtskraft F_g) wird durch drei Pendelstützen gehalten. Bestimmen Sie die Stabkräfte.

Gegeben: $b = 30$ cm, $h = 20$ cm, $F_g = 400$ N, $\alpha = 45°$, $\beta = 60°$.

Zusatzfrage: Wie dürfen α und β auf keinen Fall gewählt werden?

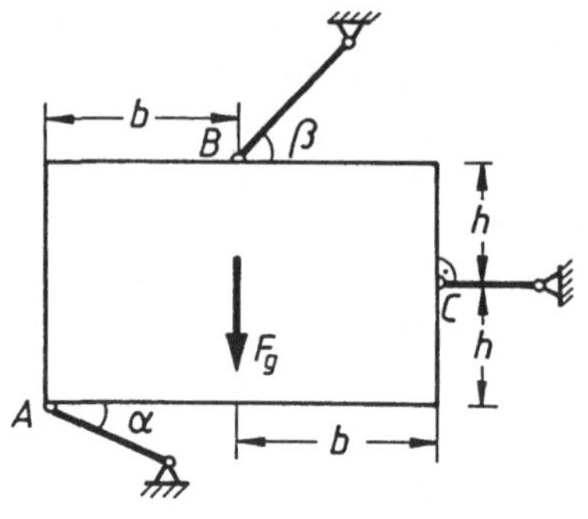

2-9: Ein waagerecht liegender Träger wird bei einer Montage an drei Seilen herabgelassen. Bestimmen Sie die Seilkräfte.

Gegeben: $a = 2{,}6$ m, $b = 1{,}8$ m, $c = 4{,}0$ m, $\alpha = 45°$, $\beta = 60°$, $F_g = 14$ kN.

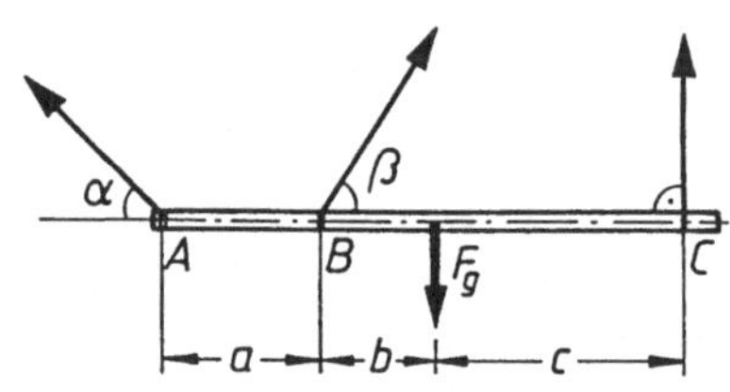

2-10: Ein gewichtsloser Stab ist in A gelenkig gelagert und wird in B durch eine in C befestigte Feder gehalten. Nach Belastung mit der Kraft F stellt sich der Stab unter einem Winkel φ zur Senkrechten ein. Berechnen Sie den Einstellwinkel φ, die Federverlängerung, die Federkraft und die Auflagerkraft in A.

Gegeben: $b = 80$ cm, $h = 100$ cm, $F = 500$ N, $c = 18$ N/cm, $l_0 = 60$ cm (Länge der Feder im spannungslosen Zustand).

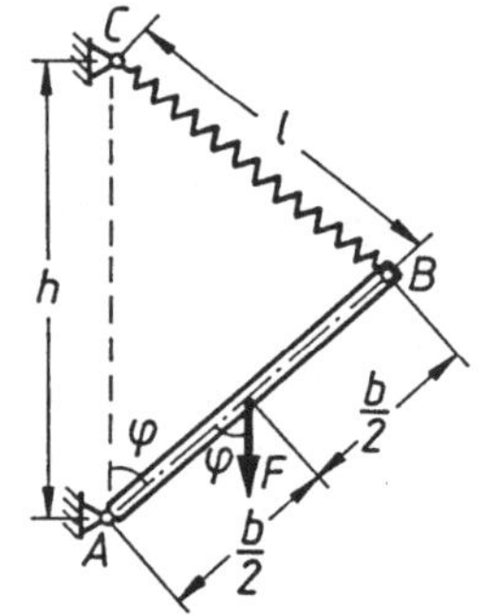

2-11: Bestimmen Sie die Masse m_0, die die skizzierte Rechteckscheibe im Gleichgewicht hält. Ermitteln Sie für diese Masse die Auflagerkraft in A. Der Radius der Rolle ist zu vernachlässigen.

Gegeben: $b = 80$ cm, $a = \dfrac{b}{2}$, $h = \dfrac{b}{2}$, $F_g = 50$ N, $F = 20$ N.

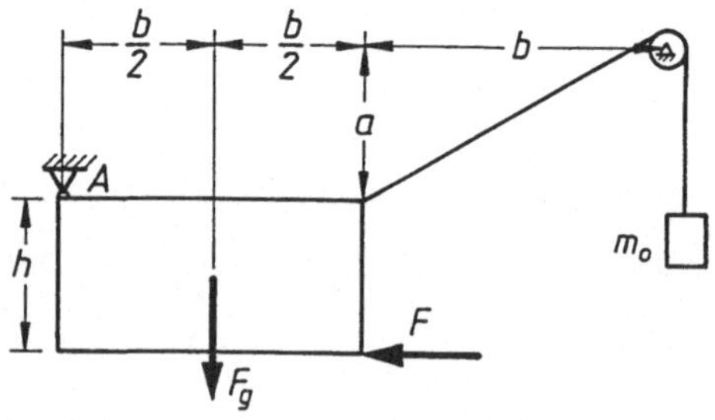

2-12: Eine gleichschenklige Dreiecksscheibe mit der Gewichtskraft F_g, die in S angreift, hängt in B an einem Seil. Auf die Scheibe wirkt in A eine horizontale Kraft F. Berechnen Sie den Neigungswinkel φ der Scheibe, die Seilkraft und den Einstellwinkel α des Seiles.

Gegeben: $b = 60$ cm, $h = 0,8\,b$, $F_g = 20$ N, $F = 8$ N.

Zusatzfrage: Für welches Verhältnis $\dfrac{F}{F_g}$ wird die Scheibe um $90°$ gedreht?

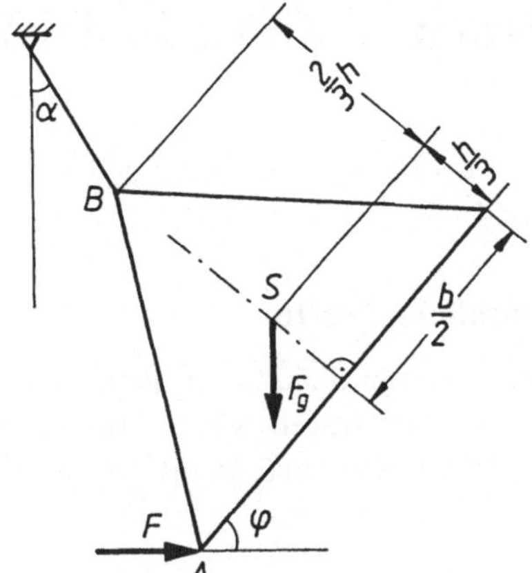

3 Beliebige Kräfte in der Ebene

3.1 Parallele Kräfte

An einem Balken (Bild 3-1a)) greifen in den Punkten P_1 und P_2 die parallelen Kräfte F_1 und F_2 an. Wir fragen wie in Abschnitt 2.1, wo und mit welcher Kraft F_3 der Balken unterstützt werden muß, damit die drei Kräfte F_1, F_2 und F_3 im Gleichgewicht sind.

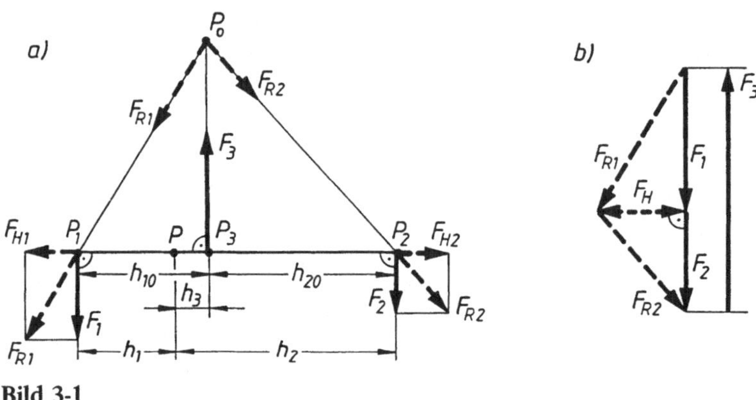

Bild 3-1

Die in Abschnitt 2.2 angegebene Konstruktion führt hier nicht zum Ziel, denn der Schnittpunkt der parallelen Wirkungslinien von F_1 und F_2 liegt im Unendlichen. Wir helfen uns, indem wir in P_1 und P_2 die beiden Kräfte F_{H1} und F_{H2} hinzufügen, die die gleiche Größe F_H, dieselbe Wirkungslinie und entgegengesetzte Richtung besitzen. Durch diese Kräfte wird das Kräftegleichgewicht am starren Körper nicht geändert. Im Kräfteplan (Bild 3-1b)) werden die Resultierenden aus F_1 und F_{H1} bzw. F_2 und F_{H2} gebildet. F_{R1} und F_{R2} sind in der Stereostatik den Kräften F_1 und F_2 äquivalent. Jetzt können wir wie in Abschnitt 2.2 die Gleichgewichtskraft F_3 und deren Lage konstruieren.

Mit $\overline{P_0 P_3} = d$ lesen wir aus der Geometrie der Bilder 3-1a) und b) ab:

$$\frac{F_1}{F_H} = \frac{d}{h_{10}} \quad \text{und} \quad \frac{F_2}{F_H} = \frac{d}{h_{20}} \Rightarrow F_1 h_{10} = F_H d = F_2 h_{20} .$$

Ist schließlich P wieder ein beliebiger Punkt, so wird mit

$$h_{10} = h_1 + h_3, \quad h_{20} = h_2 - h_3, \quad F_1 + F_2 = F_3$$
$$F_1 h_1 + F_3 h_3 = F_2 h_2 .$$

$$(3.1)$$

Auch für parallele Kräfte gilt das Momentengleichgewicht.

3.2 Gleichgewichtsbedingungen

Eine Scheibe soll unter dem Einfluß von n Kräften F_1, F_2, ..., F_n in Ruhe bleiben, d. h. die Kräfte sollen ein Gleichgewichtssystem bilden. Die Scheibe wird dann weder eine Verschiebung in x- oder y-Richtung noch eine Drehung um einen Punkt A erfahren (Bild 3-2). Dieses führt auf die Gleichgewichtsbedingungen

$$\sum_{k=1}^{n} F_{kx} = 0; \quad \sum_{k=1}^{n} F_{ky} = 0; \quad \sum_{k=1}^{n} M_k^{(A)} = 0 \tag{3.2}$$

oder kürzer geschrieben

$$\Sigma F_x = 0; \quad \Sigma F_y = 0; \quad \Sigma M^{(A)} = 0 \ . \tag{3.2'}$$

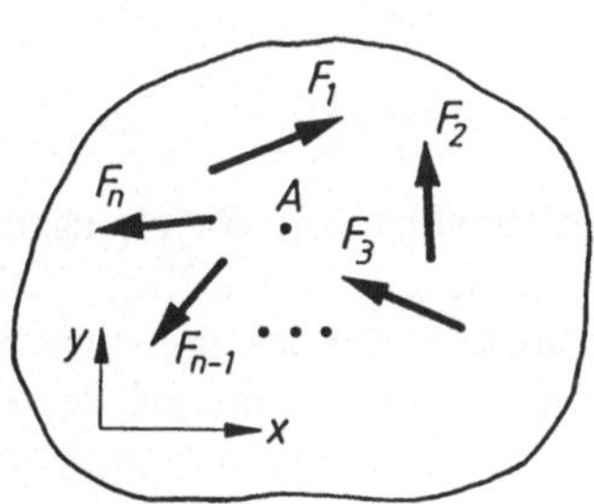

Bild 3-2

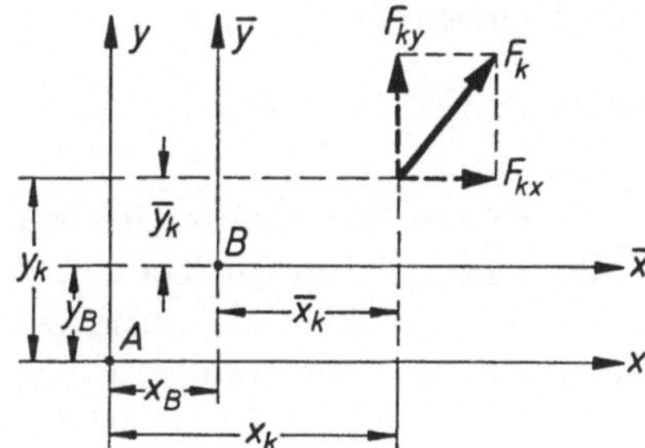

Bild 3-3

$M_k^{(A)}$ bedeutet das Moment der Kraft F_k in bezug auf den Punkt A. Wir berechnen es aus

$$M_k^{(A)} = F_k h_k = \text{Kraft} \cdot \text{Hebelarm},$$

wobei wir noch eine Vorzeichenfestsetzung zu beachten haben (z. B. $\curvearrowright$ positiv), oder mit den Kraftkomponenten F_{kx}, F_{ky} und den Koordinaten x_k, y_k eines Punktes auf der Wirkungslinie der Kraft F_k (s. Abschnitt 2.5 oder Bild 3-3):

$$M_k^{(A)} = F_{ky} x_k - F_{kx} y_k.$$

Für das Moment der n Kräfte F_1, F_2, ..., F_n in bezug auf einen Punkt B gilt der

Satz 3.1: Sind die Gleichungen (3.2) für einen Punkt A erfüllt, so gilt
$$\sum_{k=1}^{n} M_k^{(B)} = 0 \text{ für jeden beliebigen Punkt } B.$$

Beweis: Wir legen durch A das x, y- und durch B das $\bar{x}$, $\bar{y}$-Koordinatensystem. Dann wird nach Bild 3-3

$$M_k^{(A)} = F_{ky} x_k - F_{kx} y_k,$$

$$M_k^{(B)} = F_{ky} \bar{x}_k - F_{kx} \bar{y}_k,$$

$$M_k^{(B)} = F_{ky}(x_k - x_B) - F_{kx}(y_k - y_B),$$

$$M_k^{(B)} = F_{ky} x_k - F_{ky} x_B - F_{kx} y_k + F_{kx} y_B,$$

$$M_k^{(B)} = M_k^{(A)} - x_B F_{ky} + y_B F_{kx}.$$

Aus der letzten Gleichung erhalten wir durch Summation für das Moment aller n Kräfte in bezug auf den Punkt B

$$\sum_{k=1}^{n} M_k^{(B)} = \sum_{k=1}^{n} M_k^{(A)} - x_B \sum_{k=1}^{n} F_{ky} + y_B \sum_{k=1}^{n} F_{kx}. \tag{3.3}$$

Alle Summen auf der rechten Seite dieser Gleichung sind nach Voraussetzung des Satzes 3.1 Null, also auch $\sum_{k=1}^{n} M_k^{(B)} = 0$.

In der ebenen Stereostatik gibt es demnach genau drei unabhängige Gleichungen (3.2) für das Gleichgewicht von Kräften. Wird z. B. eine gestützte Scheibe durch Kräfte belastet, so können mit Hilfe der Gleichgewichtsbedingungen nicht mehr als drei unbekannte Stützkräfte bestimmt werden. Lassen sich diese Stützkräfte eindeutig nur aus den stereostatischen Gleichgewichtsbedingungen ermitteln, so nennt man die Scheiben *statisch bestimmt* gelagert. Können dagegen die Stützkräfte nicht aus den Gleichgewichtsbedingungen bestimmt werden, so nennt man die Scheibe *statisch unbestimmt* gelagert. In diesem Fall müssen zur eindeutigen Bestimmung der Stützkräfte Verformungsgleichungen hinzugezogen werden. Solche Fälle werden in der Elastostatik behandelt. In Bild 3-4 sind einige statisch unbestimmt gelagerte Scheiben dargestellt. a) und b) sind einfach (vier unbekannte Auflagerkräfte: $4 - 3 = 1$) und c) zweifach (fünf unbekannte Reaktionskräfte: $5 - 3 = 2$) statisch unbestimmt.

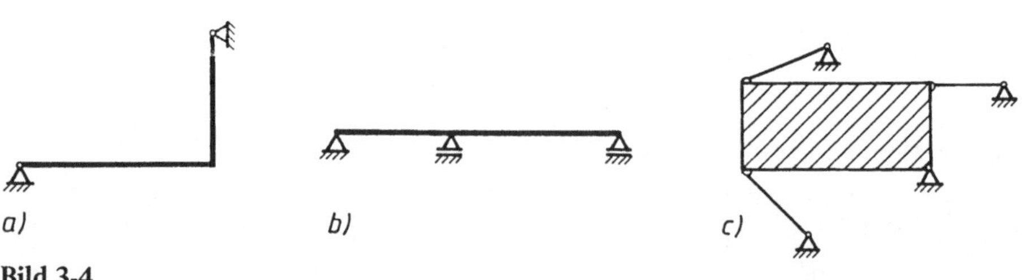

Bild 3-4

> **Satz 3.2**: Gilt $\displaystyle\sum_{k=1}^{n} M_k = 0$ in bezug auf drei Punkte A, B und C, die nicht auf einer Geraden liegen, so sind die Gleichungen $\displaystyle\sum_{n=1}^{n} F_{kx} = 0$ und $\displaystyle\sum_{k=1}^{n} F_{ky} = 0$ ebenfalls erfüllt.

Beweis: Schreiben wir entsprechend (3.3) für den Punkt $C(x_C, y_C)$

$$\sum_{k=1}^{n} M_k^{(C)} = \sum_{k=1}^{n} M_k^{(A)} - x_C \sum_{k=1}^{n} F_{ky} + y_C \sum_{k=1}^{n} F_{kx},$$

so erhalten wir aus der Voraussetzung des Satzes 3.2 für $\displaystyle\sum_{k=1}^{n} F_{kx}$ und $\displaystyle\sum_{k=1}^{n} F_{ky}$ das homogene lineare Gleichungssystem

$$-x_B \sum_{k=1}^{n} F_{ky} + y_B \sum_{k=1}^{n} F_{kx} = 0,$$

$$-x_C \sum_{k=1}^{n} F_{ky} + y_C \sum_{k=1}^{n} F_{kx} = 0.$$

Die Koeffizienten-Determinante

$$D = \begin{vmatrix} -x_B & y_B \\ -x_C & y_C \end{vmatrix} = -x_B\, y_C + x_C\, y_B$$

dieses Systems ist genau dann Null, wenn A, B und C auf einer Geraden liegen (s. Bild 3-5). Dieser Fall sollte ausgeschlossen werden, also besitzt das lineare homogene Gleichungssystem wegen $D \neq 0$ nur die Lösung

$$\sum_{k=1}^{n} F_{kx} = 0 \quad \text{und} \quad \sum_{k=1}^{n} F_{ky} = 0.$$

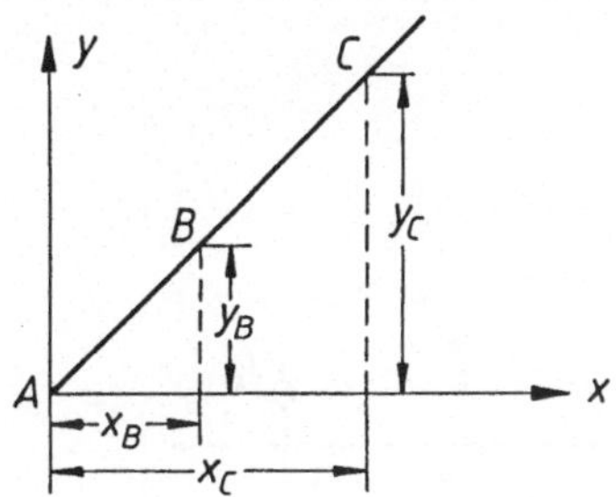

Bild 3-5

Wir überlassen dem Leser den ähnlich wie oben verlaufenden Beweis von

$$\text{Satz 3.3:} \quad \text{Sind} \quad \sum_{k=1}^{n} M_k^{(A)} = 0, \quad \sum_{k=1}^{n} M_k^{(B)} = 0 \quad \text{und} \quad \sum_{k=1}^{n} F_{kx} = 0 \quad \text{(bzw.}$$

$$\sum_{k=1}^{n} F_{ky} = 0) \text{ erfüllt und liegen die Punkte } A \text{ und } B \text{ nicht auf einer Parallelen}$$

$$\text{zur } y\text{-Achste (bzw. } x\text{-Achse), so gilt auch } \sum_{k=1}^{n} F_{ky} = 0 \text{ (bzw. } \sum_{k=1}^{n} F_{kx} = 0).$$

Daß im Fall $x_A = x_B$ (A und B liegen auf einer Parallelen zur y-Achse) der Satz tatsächlich keine Gültigkeit zu haben braucht, zeigt Bild 3-6. Hier gelten für die beiden gleich großen Kräfte F_1 und F_2

$$\sum_{k=1}^{n} M_k^{(A)} = 0, \quad \sum_{k=1}^{n} M_k^{(B)} = 0, \quad \sum_{k=1}^{n} F_{kx} = 0, \quad \text{aber} \quad \sum_{k=1}^{n} F_{ky} \neq 0.$$

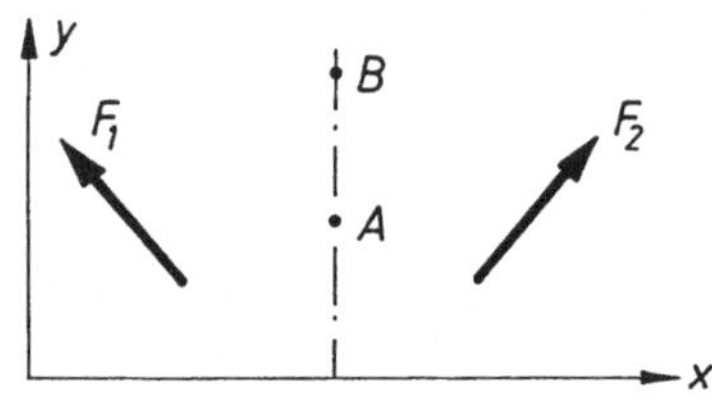

Bild 3-6

3.3 Kräftepaar

Wir betrachten in Bild 3-7 die Kräfte F und $\overline{F} > F$, die auf parallelen Wirkungslinien liegen. Besitzen F und $\overline{F}$ dieselbe Richtung, so liegt die Resultierende F_R zwischen den beiden Kräften. Sind F und $\overline{F}$ entgegengesetzt gerichtet, so liegt die Resultierende F_R außerhalb der beiden Kräfte auf der Seite der größeren Kraft. Z. B. rechts von $\overline{F}$ für $\overline{F} > F$. Dort müßte auch der Balken unterstützt werden, wenn er in Ruhe bleiben soll. Im Fall b) gilt

$$F_R = \overline{F} - F, \quad F_R r = F h.$$

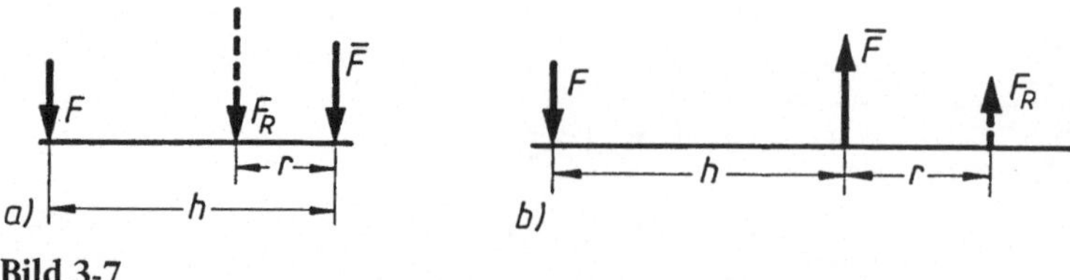

Bild 3-7

Wir lassen jetzt bei konstantem Abstand h den Betrag von $\overline{F}$ sich immer mehr dem Betrag von F nähern. Dann wird schließlich die Resultierende $F_R = 0$, und sie rückt ins Unendliche ($r = \infty$). Das Moment von F_R aber bleibt konstant: $M = F h$. In diesem Fall können die beiden Kräfte F und $\overline{F} = F$ nicht durch eine Kraft ersetzt werden. Sie können auch nicht mit einer dritten Kraft ein Gleichgewichtssystem bilden.

> *Definition:* Zwei gleich große und entgegengesetzt gerichtete Kräfte F, deren Wirkungslinien den Abstand $h \neq 0$ besitzen, nennt man ein Kräftepaar mit dem Moment $M = F h$.

Wir berechnen die Auflagerkräfte eines Balkens, der durch ein Kräftepaar belastet wird (Bild 3-8):

$$\Sigma F_z = 0 \Rightarrow F_A = F_B,$$

d.h. die Stützkräfte F_A und F_B bilden ebenfalls ein Kräftepaar;

$$\Sigma M^{(A)} = 0 \Rightarrow F_B l = F(h + x) - Fx,$$

$$F_B l = F h = M = \text{Moment des Kräftepaares.}$$

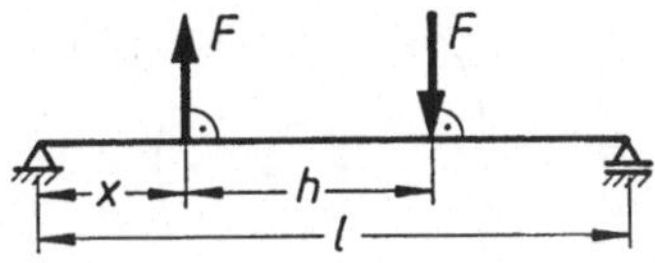

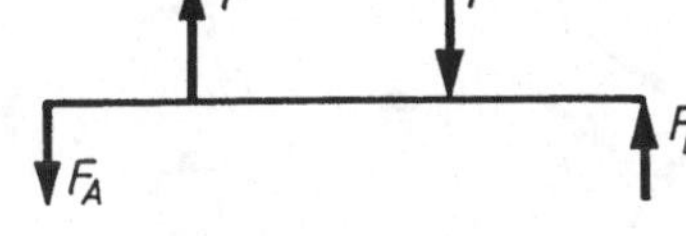

Bild 3-8

Die Auflagerkräfte $F_A = F_B = \dfrac{F h}{l}$ sind unabhängig von x, also unabhängig von der Lage des Kräftepaares.

Ganz entsprechend erhalten wir für den Balken in Bild 3-9:

$$F_A = F_B = \frac{F h}{l} \quad \text{unabhängig von } x \text{ und } \alpha.$$

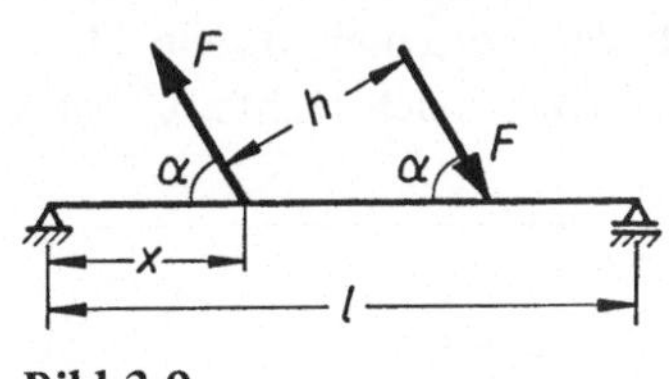

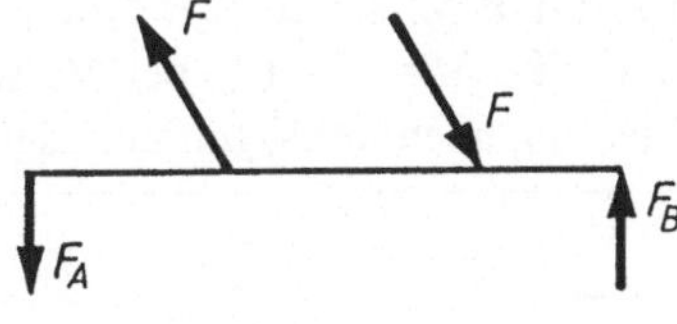

Bild 3-9

Aus diesen beiden Betrachtungen erhalten wir den

> **Satz 3.4:** Ein Kräftepaar darf in der Stereostatik in seiner Ebene beliebig verschoben und gedreht werden.

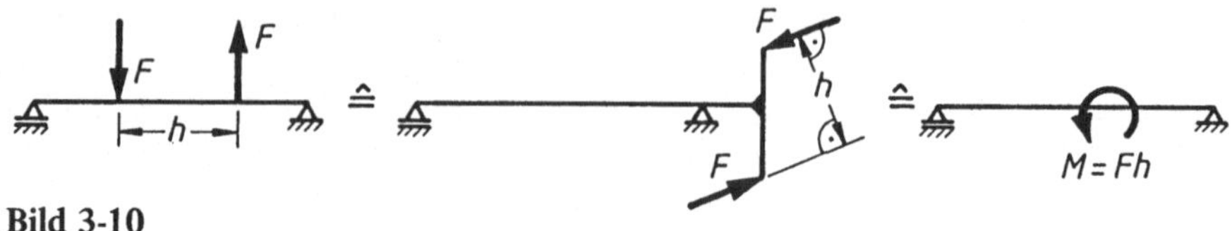

Bild 3-10

Es kommt also in der Stereostatik nicht auf die Lage des Kräftepaares an, sondern nur auf die Größe $M = Fh$ des Momentes und dessen Drehsinn ($\circlearrowright$ oder $\circlearrowleft$). Diese Äquivalenz wird in Bild 3-10 veranschaulicht.

Da das Moment eines Kräftepaares an eine beliebige Stelle des Balkens (allgemeiner: in der Ebene, an der Scheibe) gesetzt werden darf, folgt hieraus sofort der

> **Satz 3.5**: Die Momente mehrerer Kräftepaare dürfen (mit Berücksichtigung ihres Drehsinns) in der Stereostatik addiert werden.

Bild 3-11 veranschaulicht die Aussage dieses Satzes.

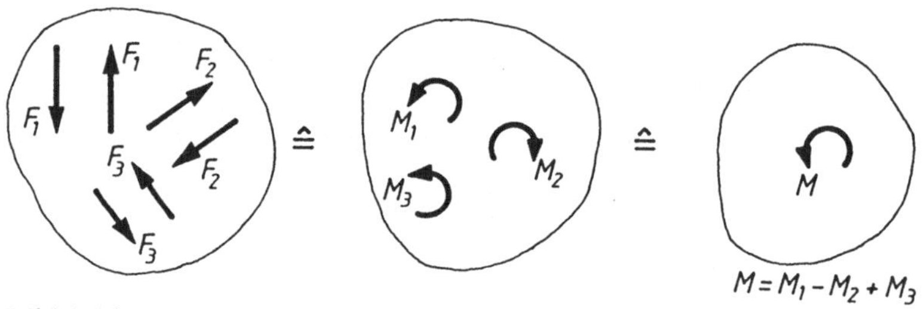

$$M = M_1 - M_2 + M_3$$

Bild 3-11

Als unmittelbar einleuchtend haben wir in Abschnitt 2.1 das Axiom der Verschiebbarkeit einer Kraft in ihrer Wirkungslinie anerkannt. Was bei einer Parallelverschiebung einer Kraft geschieht, zeigt Bild 3-12.

> **Satz 3.6**: Eine Kraft F darf in der Stereostatik parallel zu ihrer Wirkungslinie um h verschoben werden, wenn nach der Verschiebung ein Moment der Größe $M = Fh$ ($\circlearrowright$ bei Verschiebung der Kraft nach rechts, $\circlearrowleft$ bei Verschiebung nach links) hinzugefügt wird.

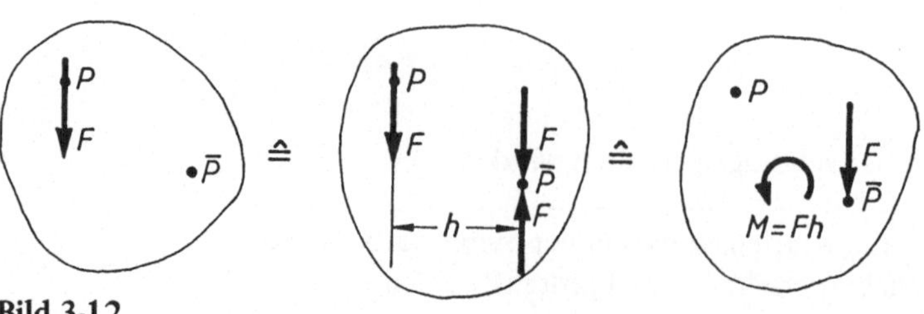

Bild 3-12

Das bei einer Parallelverschiebung einer Kraft auftretende Moment $M = Fh$ wird als *Versetzungsmoment* bezeichnet.

Für ein Kräftepaar gilt: Resultierende $F_R = 0$ und $M = Fh \neq 0$. Erhalten wir allgemein für beliebige Kräfte in der Ebene $F_R = 0$, so bilden diese Kräfte nur dann ein Gleichgewichtssystem, wenn auch die Summe aller Momente in bezug auf einen Punkt A gleich Null ist. Ist dagegen $\Sigma M^{(A)} \neq 0$, so gilt wegen $\Sigma F_x = 0$ und $\Sigma F_y = 0$ nach (3.3)

$$M = \Sigma M^{(B)} = \Sigma M^{(A)}$$

für jeden Punkt in der Ebene. Auch diese Kräfte werden also — wie ein Kräftepaar in der Stereostatik — nur durch ihr Moment beschrieben. Wir können sie durch ein Kräftepaar mit dem Moment $M = Fh$ ersetzen (Bild 3-13).

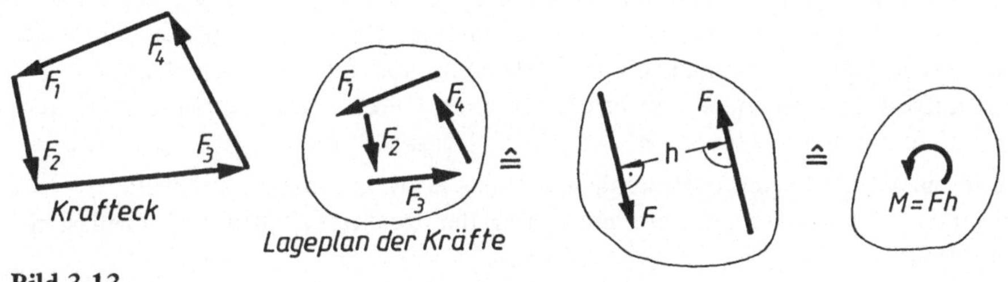

Bild 3-13

3.4 Eingespannter Balken

Neben den in Abschnitt 2.6 besprochenen Auflagern tritt in der Praxis häufig die feste Einspannung auf (Bild 3-14a)).

In der Einspannung treten verteilte Kräfte auf, die mit den äußeren Kräften im Gleichgewicht sind und ungefähr den im Bild 3-14b) angegebenen Verlauf besitzen. Diese verteilten Kräfte können wir zu resultierenden Einzelkräften zusammensetzen (3-14c)). Verschieben wir alle Kräfte an die Einspannstelle, so treten dort die Kraftkomponenten F_{Ax} und F_{Az} und das Einspannmoment M_A auf (Bild 3-14d)). Diese drei Größen bilden mit den Belastungskräften des Balkens ein Gleichgewichtssystem. Da an der Einspann-

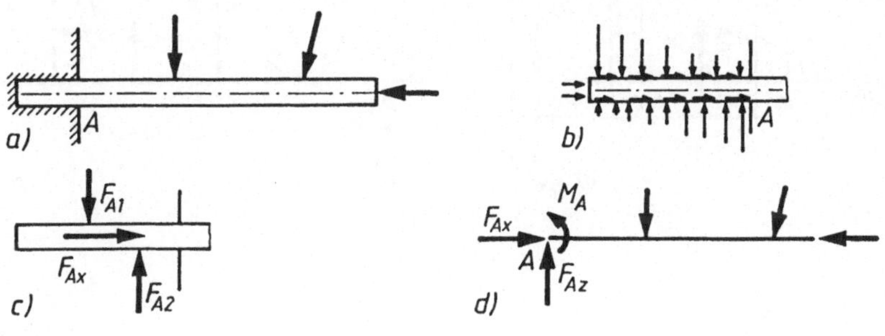

Bild 3-14

stelle A drei Reaktionsgrößen (zwei Kräfte und ein Moment) auftreten, spricht man hier von einem dreiwertigen Lager. (Das Rollenlager ist ein einwertiges und das feste Gelenklager ein zweiwertiges Lager.)

3.5 Beispiele

In den folgenden Beispielen soll die Anwendung der Gleichgewichtsbedingungen (3.2) auf konkrete Aufgaben gezeigt werden. Zunächst zeichnen wir den Lageplan der Kräfte, was bei den Beispielen dieses Abschnitts kaum Schwierigkeiten bereiten dürfte. Die Richtung der Reaktionskräfte zeichnen wir so ein, wie wir sie nach unserem statischen Gefühl erwarten. Sollte diese willkürlich angenommene Richtung falsch sein, so ergibt sich die Reaktionskraft negativ. Bei der rechnerischen Lösung werden wir uns sehr sorgfältig überlegen, mit welcher der drei Gleichgewichtsgleichungen wir beginnen. Bei sehr vielen Aufgaben werden wir mit dem Momentengleichgewicht beginnen. Durch geeignete Wahl des Bezugspunktes kann oft eine Gleichung mit nur einer unbekannten Reaktionskraft aufgestellt werden, so daß das Lösen eines Gleichungssystems mit mehreren Unbekannten umgangen werden kann.

Die in einigen Aufgaben auftretenden Streckenlasten (Belastungsintensität q = Kraft pro Längeneinheit) werden bei der Berechnung der Reaktionskräfte zu Einzellasten zusammengefaßt:

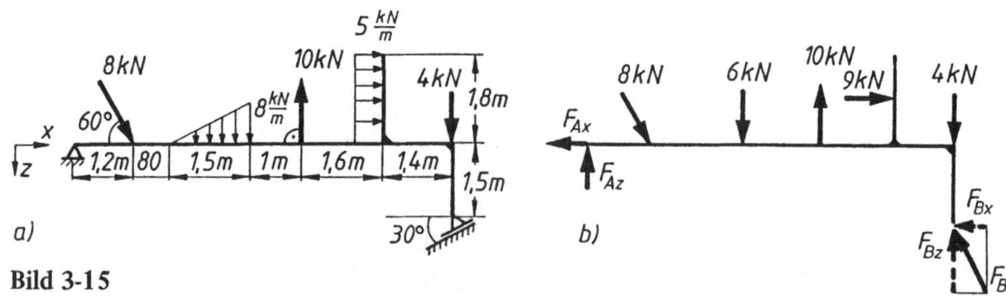

Die Lage der Resultierenden der Dreieckslast werden wir später im Abschnitt über den Schwerpunkt bestätigen.

Beispiel 3-1: Für den in Bild 3-15a) dargestellten Träger sind die Auflagerkräfte zu berechnen.

Bild 3-15

Mit dem Lageplan der Kräfte (Bild 3-15b)) folgt aus $\Sigma M^{(A)} = 0$ (alle Kräfte in kN, alle Längen in m):

$$F_B \cos 30° \cdot 7{,}5 - F_B \sin 30° \cdot 1{,}5 - 8 \sin 60° \cdot 1{,}2 - 6 \cdot 3 + 10 \cdot 4{,}5 - 4 \cdot 7{,}5 - 9 \cdot 0{,}9 = 0,$$

$$F_B (\cos 30° \cdot 7{,}5 - \sin 30° \cdot 1{,}5) = 19{,}41 \text{ kN m},$$

$$F_B = 3{,}38 \text{ kN}, \quad F_{Bx} = 1{,}69 \text{ kN}, \quad F_{Bz} = 2{,}93 \text{ kN}.$$

F_{Ax} und F_{Az} berechnen wir aus dem Komponentengleichgewicht:

$$\Sigma F_x = 0 \Rightarrow -F_{Ax} + 8 \cos 60° + 9 - F_{Bx} = 0 \Rightarrow F_{Ax} = 11{,}31 \text{ kN},$$

$$\Sigma F_z = 0 \Rightarrow -F_{Az} + 8 \sin 60° + 6 - 10 + 4 - F_{Bz} = 0 \Rightarrow F_{Az} = 4{,}00 \text{ kN}$$

Beispiel 3-2: Für den gekröpften Träger nach Bild 3-16a) sind die Auflagerkräfte zu ermitteln.

Gegeben. b, $r = \dfrac{b}{4}$, q, $F_g = q\,b = 12$ kN.

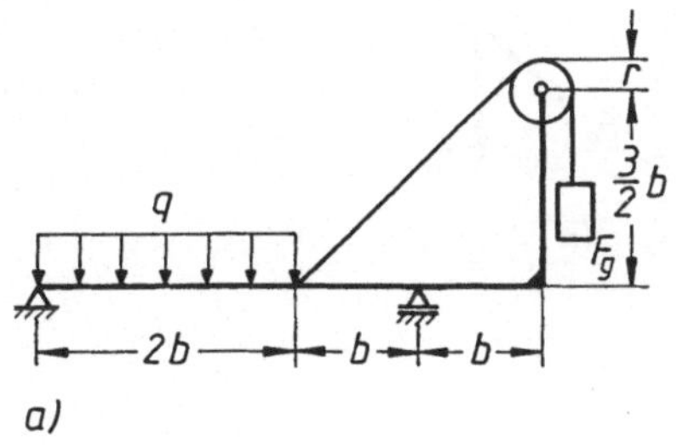
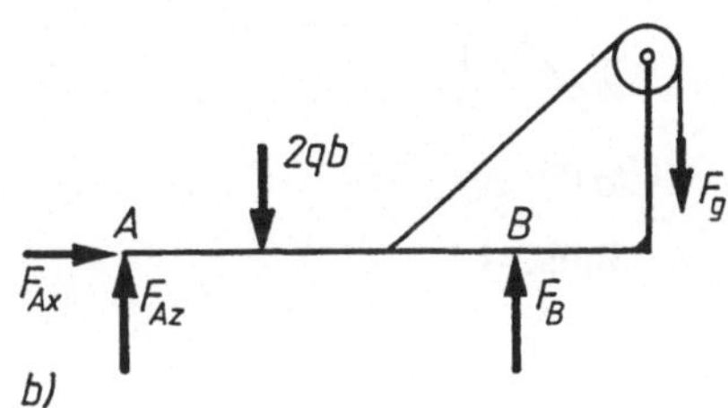

Bild 3-16

Im Lageplan der Kräfte (Bild 3-16b)) brauchen wir die Seilkräfte nicht zu berücksichtigen. Sie treten paarweise auf, an der Rolle und im Punkt C am Träger. Aus dem Komponentengleichgewicht $\Sigma F_x = 0$ folgt sofort $F_{Ax} = 0$. F_{Az} und F_B ermitteln wir unabhängig voneinander aus dem Momentengleichgewicht für die Punkte A und B.

$$\Sigma M^{(A)} = 0 \Rightarrow F_B\, 3\,b = 2\,q\,b\,b + F_g \left(4\,b + \frac{b}{4} \right),$$

$$F_B = \frac{2\,q\,b^2 + \dfrac{17}{4}\,q\,b^2}{3\,b} = \frac{25}{12}\,q\,b = 25 \text{ kN}.$$

$$\Sigma M^{(B)} = 0 \Rightarrow F_{Az}\, 3\,b = 2\,q\,b\,2\,b - F_g \left(b + \frac{b}{4} \right),$$

$$F_{Az} = \frac{4\,q\,b^2 - \dfrac{5}{4}\,q\,b^2}{3\,b} = \frac{11}{12}\,q\,b = 11 \text{ kN}.$$

Zur Kontrolle bilden wir

$$\Sigma F_z = 0 \;\Rightarrow\; 2\,q\,b + F_g - F_{Az} - F_B = 2\,q\,b + q\,b - \frac{11}{12}\,q\,b - \frac{25}{12}\,q\,b = 0.$$

Beispiel 3-3: Für den offenen Rahmen (Bild 3-17a)) sind die Stabkräfte und die Auflagerkraft in C zu berechnen.

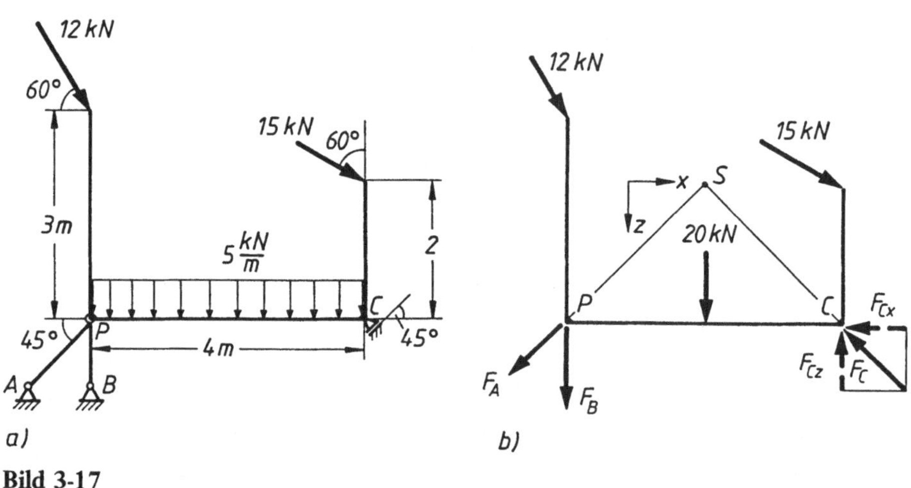

Bild 3-17

Im Lageplan der Kräfte (Bild 3-17b)) nehmen wir die Stabkräfte F_A und F_B als Zugkräfte an. Die Gleichgewichtsbedingungen liefern:

$$\Sigma M^{(P)} = 0 \;\Rightarrow\; F_{Cz} \cdot 4 = 12 \cos 60° \cdot 3 + 20 \cdot 2 + 15 \sin 60° \cdot 2 + 15 \cos 60° \cdot 4,$$

$$F_{Cz} = 28{,}50 \text{ kN} = F_{Cx}, \quad F_C = F_{Cz}\sqrt{2} = 40{,}30 \text{ kN};$$

$$\Sigma F_x = 0 \;\Rightarrow\; F_A \cos 45° = 12 \cos 60° + 15 \sin 60° - F_{Cx} = -9{,}50 \text{ kN},$$

$$F_A = -13{,}44 \text{ kN}.$$

Das Minuszeichen bei F_A zeigt uns an, daß unsere Richtungsannahme für die Kraft falsch war. Tatsächlich tritt im Stab AP eine Druckkraft auf. F_B berechnen wir unabhängig von F_A und F_C, indem wir das Momentengleichgewicht für den Schnittpunkt S der beiden Wirkungslinien von F_A und F_C, der hier geometrisch sehr günstig liegt, bilden.

$$\Sigma M^{(S)} = 0 \;\Rightarrow\; F_B \cdot 2 = 12 \cos 60° \cdot 1 - 12 \sin 60° \cdot 2 + 15 \cos 60° \cdot 2,$$

$$F_B = 0{,}11 \text{ kN}.$$

Die Kontrolle $\Sigma F_z = 0$ überlassen wir dem Leser.

Beispiel 3-4: Ein Träger wird in den Punkten A und B durch Pendelstäbe gestützt und in den Punkten C und D durch ein Seil gehalten, das über eine reibungsfrei drehbare Rolle läuft (Bild 3-18a)). Es sind die Stabkräfte und die Seilkraft zu berechnen.

Gegeben: $b = 0{,}75$ m, $F = 100$ kN, $\alpha = 60°$, $\beta = 75°$.

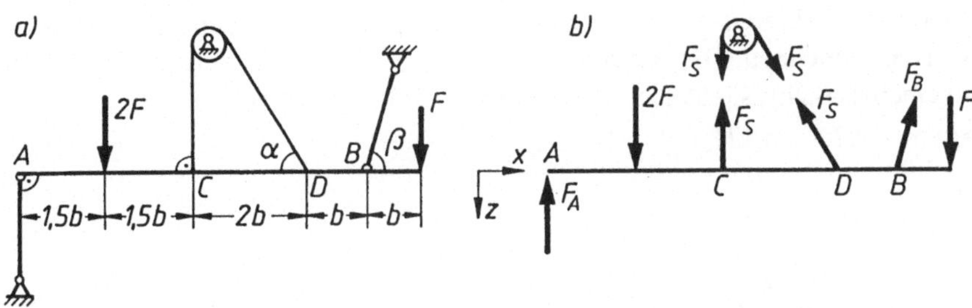

Im Lageplan der Kräfte (Bild 3-18b)) nehmen wir die Richtungen von F_A und F_B so an, wie wir sie gefühlsmäßig erwarten: im Stab A eine Druckkraft und im Stab B eine Zugkraft. Die Seilkräfte in den Punkten C und D sind aufgrund der Führung um die Rolle gleich groß. (Im Gegensatz zum Beispiel 3-2 müssen wir hier die Seilkräfte berücksichtigen, da die Rolle nicht am Träger befestigt ist.) Die Anwendung der Gleichgewichtsbedingungen (3.2) ergibt:

(1) $\quad \Sigma F_x = 0 \;\Rightarrow\; F_B \cos\beta - F_S \cos\alpha = 0,$

(2) $\quad \Sigma F_z = 0 \;\Rightarrow\; F_A + F_B \sin\beta + F_S + F_S \sin\alpha - 2\,F - F = 0,$

(3) $\quad \Sigma M^{(A)} = 0 \;\Rightarrow\; F_B \sin\beta \cdot 6\,b + F_S \cdot 3\,b + F_S \sin\alpha \cdot 5\,b - 2\,F \cdot 1{,}5\,b - F \cdot 7\,b = 0.$

In der 1. und 3. Gleichung treten nur die unbekannten Kräfte F_B und F_S auf. Wir lösen (1) nach F_B auf und setzen diesen Term in die durch b dividierte Gleichung (3):

$$6\,F_S \frac{\cos\alpha}{\cos\beta} \sin\beta + 3\,F_S + 5\,F_S \sin\alpha = 3\,F + 7\,F,$$

$$F_S = \frac{10\,F}{6\cos\alpha \tan\beta + 3 + 5\sin\alpha} = 0{,}540\,F = 54{,}0 \text{ kN},$$

$$F_B = \frac{\cos\alpha}{\cos\beta} F_S = 1{,}043\,F = 104{,}3 \text{ kN}.$$

Mit den Werten F_B und F_S erhalten wir aus Gleichung (2)

$$F_A = 3\,F - 1{,}043\,F \sin\beta - (1 + \sin\alpha)\,0{,}540\,F = 0{,}985\,F = 98{,}5 \text{ kN}.$$

Wir hätten auch sofort eine Gleichung für nur eine unbekannte Kraft aufstellen können. Im Momentengleichgewicht in bezug auf den Schnittpunkt der beiden Wirkungslinien von F_A und F_B, der im Abstand $6\,b\,\tan\beta$ unterhalb des Trägers liegt, erscheint von den unbekannten Kräften nur F_S. Diese Gleichung stimmt überein mit der Gleichung, die wir oben für F_S erhalten haben.

Beispiel 3-5: Für den in A gelenkig gelagerten Winkelhebel (gewichtslos), der nach Bild 3-19a) mit mehreren Kräften belastet ist, sind der Einstellwinkel φ und die Lagerkraft in A zu berechnen. Die Richtungen der gegebenen Kräfte ändern sich bei Drehung des Winkelhebels nicht, sie bleiben stets senkrecht oder waagerecht.

Gegeben: $\alpha = 120°$, b, F.

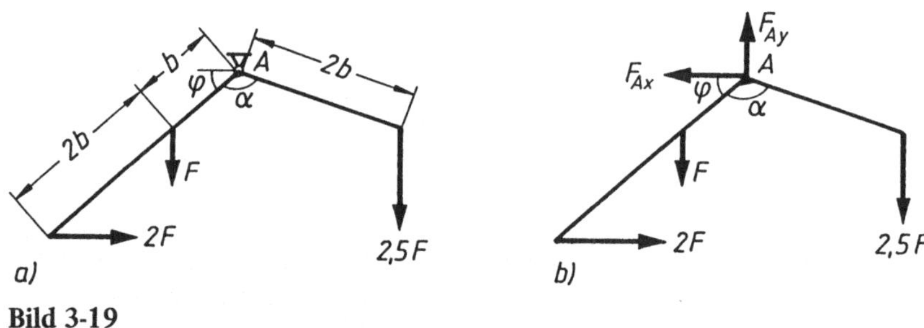

Bild 3-19

Da die gegebenen Kräfte ihre Richtung beibehalten, ergeben sich die Komponenten der Lagerkraft unabhängig vom Winkel φ:

$$\Sigma F_x = 0 \Rightarrow F_{Ax} = 2\,F,$$

$$\Sigma F_y = 0 \Rightarrow F_{Ay} = F + 2{,}5\,F = 3{,}5\,F.$$

Um den Einstellwinkel φ zu bestimmen, bilden wir das Momentengleichgewicht um A:

$$\Sigma M^{(A)} = 0 \Rightarrow 2\,F\cdot 3\,b\,\sin\varphi + F\,b\,\cos\varphi - 2{,}5\,F\cdot 2\,b\,\cos(180° - (\alpha + \varphi)).$$

Nach Division durch $F\,b$ wird mit $\cos(180° - \beta) = -\cos\beta$

$$6\sin\varphi + \cos\varphi + 5\cos(\alpha + \varphi) = 0$$

und mit Anwendung des Additionstheorems für $\cos(\alpha + \varphi)$

$$6\sin\varphi + \cos\varphi + 5\cos\alpha\,\cos\varphi - 5\sin\alpha\,\sin\varphi = 0.$$

Division durch $\cos\varphi$ liefert eine Gleichung für $\tan\varphi$:

$$6\tan\varphi + 1 + 5\cos\alpha - 5\sin\alpha\,\tan\varphi = 0,$$

$$\tan\varphi = \frac{5\cos\alpha + 1}{5\sin\alpha - 6} = \frac{-1{,}5}{-1{,}670} = 0{,}898 \Rightarrow \varphi = 41{,}9°.$$

Beispiel 3-6: Ein dreiachsiger Lieferwagen steht auf einer horizontalen Straße (Bild 3-20a)). Sein Eigengewicht und seine gesamte Last werden durch F (Größe und Lage) angegeben. Wie groß sind die Achsdrucke?

Gegeben: $l = 4{,}80$ m, $b = \dfrac{l}{3}$, $a = \dfrac{2}{5}\,l$, $F = 70$ kN.

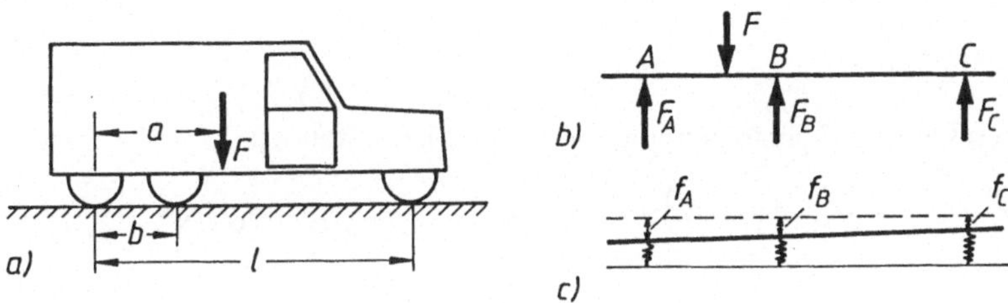

Bild 3-20

Betrachten wir den Wagen als starren Körper, so haben wir als mechanisches Modell den Balken auf drei Auflagern (Bild 3-20b)). Die drei Gleichgewichtsbedingungen ergeben

$$\Sigma F_x = 0 \quad \text{ist stets erfüllt, es treten keine Horizontalkräfte auf,}$$

(1) $\Sigma F_z = 0 \;\Rightarrow\; F_A + F_B + F_C = F,$

(2) $\Sigma M^{(A)} = 0 \;\Rightarrow\; F_B\, b + F_C\, l = F\, a.$

Für die drei Achskräfte stehen uns nur zwei Gleichungen zur Verfügung, d. h. die Aufgabe ist statisch unbestimmt. Man könnte eine weitere Momentengleichung, z. B. in bezug auf den Punkt B, aufstellen, aber diese Gleichung ist nach Satz 3.1 von (1) und (2) abhängig. Sie würde uns nach einiger Rechnung nur $0 = 0$ oder $1 = 1$ oder ähnliches liefern. Eine dritte Gleichung gewinnen wir, indem wir Verformungen berücksichtigen. Der starre Wagen wird sich aufgrund der elastischen Lagerung der Achsen unter dem Einfluß der Kraft F ein klein wenig schief stellen. Schematisch können wir diese Lagerung durch einen starren Balken auf drei Federn darstellen (Bild 3-20c)). Die Durchsenkung der Federn bezeichnen wir mit f_A, f_B und f_C. Mit dem Strahlensatz erhalten wir

$$\frac{f_A - f_B}{b} = \frac{f_A - f_C}{l} \;\Rightarrow\; f_B = \left(1 - \frac{b}{l}\right) f_A + \frac{b}{l}\, f_C = \frac{2}{3}\, f_A + \frac{1}{3}\, f_C.$$

Wir wollen annehmen, daß alle Federn gleich sind, d. h. alle dieselbe Federkonstante c besitzen. Dann gilt

$$f_A = \frac{F_A}{c}, \quad f_B = \frac{F_B}{c}, \quad f_C = \frac{F_C}{c}$$

und somit

(3) $F_B = \dfrac{2}{3}\, F_A + \dfrac{1}{3}\, F_C.$

Diese dritte Gleichung für die gesuchten Kräfte ist unabhängig von (1) und (2). Lösen wir die erste Gleichung nach F_A auf und setzen diesen Term in (3) ein, so wird

$$F_B = \frac{2}{3}(F - F_A - F_C) + \frac{1}{3} F_C \Rightarrow F_C = 2F - 5F_B.$$

Aus (2) folgt mit $b = \frac{l}{3}$ und $a = \frac{2}{5} l$

$$\frac{1}{3} F_B + F_C = \frac{2}{5} F.$$

Aus den letzten beiden Gleichungen und dann aus (1) erhalten wir

$$F_B = \frac{12}{35} F = 24 \text{ kN}, \quad F_C = \frac{10}{35} F = 20 \text{ kN}, \quad F_A = \frac{13}{35} F = 26 \text{ kN}.$$

Beispiel 3-7: Auf einer Rampe (Gewichtskraft F_{g0}), die in A gelenkig gelagert und in B durch einen Pendelstab gestützt wird, liegen nach Bild 3-21a) reibungsfrei drei gleiche Walzen (Radius r, Gewichtskraft F_g). Gesucht sind die Kraft auf die senkrechte Wand, die Stabkraft und die Auflagerkraft in A.

Gegeben: $r = 0,4$ m, $a = 1,8$ m, $b = 0,7$ m, $\alpha = 70°$, $\beta = 80°$, $F_{g0} = 0,8$ kN, $F_g = 1,5$ kN.

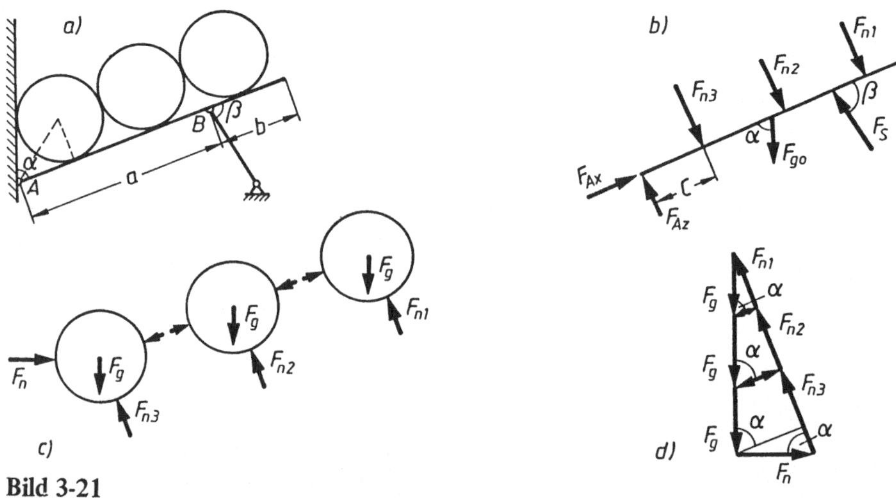

Bild 3-21

Der Lageplan der Kräfte an der Rampe läßt sich leicht zeichnen (Bild 3-21b)). Hier treten insgesamt sechs unbekannte Kräfte auf. Die Kräfte, die die Walzen auf die Rampe ausüben, können wir aus dem Lageplan der Kräfte an den Walzen und den zugehörigen Kraftecken bestimmen (Bild 3-21c) und d)). Die Kraftecke für die drei Walzen haben wir wegen der Gleichheit der Kräfte zwischen den Walzen aneinander geschoben. Aus Bild 3-21d) lesen wir ab:

$$F_{n1} = F_{n2} = F_g \sin\alpha, \quad F_{n1} + F_{n2} + F_{n3} = \frac{3 F_g}{\sin\alpha}, \quad F_n = \frac{3 F_g}{\sin\alpha} = 1,64 \text{ kN}.$$

Mit diesen Kräften können wir die Reaktionskräfte an der Rampe berechnen. Mit
$c = r/\tan\dfrac{\alpha}{2}$ wird

$$\Sigma M^{(A)} = 0 \Rightarrow F_S \sin\beta \cdot a = F_{g0} \frac{a+b}{2} \sin\alpha + F_{n1}(c + 4r) + F_{n2}(c + 2r) + F_{n3}c,$$

$$F_S \sin\beta \cdot a = F_{g0} \frac{a+b}{2} \sin\alpha + (F_{n1} + F_{n2} + F_{n3})c + 6F_{n1}r,$$

$$F_S \sin\beta \cdot a = F_{g0} \frac{a+b}{2} \sin\alpha + \frac{3F_g r}{\sin\alpha \tan\frac{\alpha}{2}} + 6F_g r \sin\alpha.$$

Die Zahlenrechnung ergibt (Kräfte in kN, Längen in m)

$$F_S \sin 80° \cdot 1{,}8 = 0{,}8 \cdot 1{,}25 \sin 70° + \frac{4{,}5 \cdot 0{,}4}{\sin 70° \tan 35°} + 9 \cdot 0{,}4 \sin 70°,$$

$$F_S = 3{,}98 \text{ kN}, \quad F_{Sx} = 0{,}69 \text{ kN}, \quad F_{Sz} = 3{,}92 \text{ kN}.$$

F_{Ax} und F_{Az} erhalten wir aus dem Komponentengleichgewicht:

$$\Sigma F_x = 0 \Rightarrow F_{Ax} = F_{g0} \cos\alpha + F_S \cos\beta = 0{,}97 \text{ kN},$$

$$\Sigma F_z = 0 \Rightarrow F_{Az} = F_{n1} + F_{n2} + F_{n3} + F_{g0} \sin\alpha - F_S \sin\beta,$$

$$F_{Az} = \frac{3F_g}{\sin\alpha} + F_{g0} \sin\alpha - F_S \sin\beta = 1{,}62 \text{ kN}.$$

Beispiel 3-8: Für den in Bild 3-22a) bei A eingespannten Träger sind die Einspanngrößen
zu bestimmen.

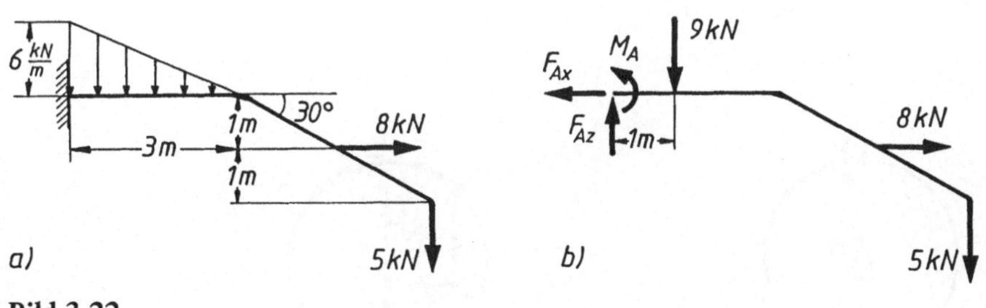

Bild 3-22

Aus dem Lageplan der Kräfte (Bild 3-22b) ergibt sich sehr einfach:

$$\Sigma F_x = 0 \Rightarrow F_{Ax} = 8 \text{ kN},$$

$$\Sigma F_z = 0 \Rightarrow F_{Az} = 9 + 5 = 14 \text{ kN},$$

$$\Sigma M^{(A)} = 0 \Rightarrow M_A = 9 \cdot 1 - 8 \cdot 1 + 5 \left(3 + \frac{2}{\tan 30°}\right) = 33{,}3 \text{ kN m}.$$

Beispiel 3-9: Für den in Bild 3-23a) dargestellten Träger sind die Auflager- und die
Stabkraft zu berechnen.

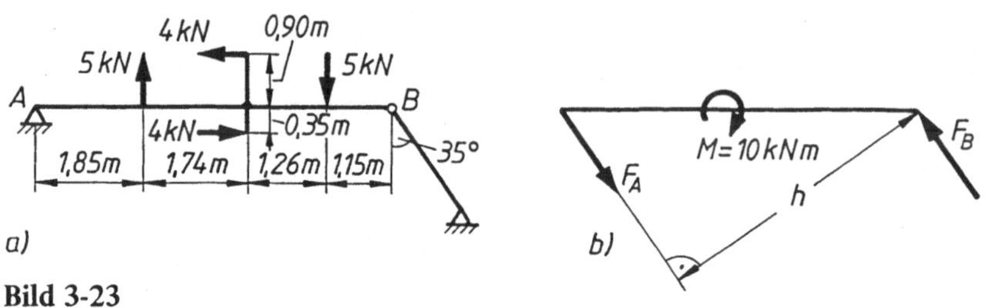

Bild 3-23

Der Träger wird belastet durch zwei Kräftepaare mit den Momenten M_1 = 5 kN · 3 m =
15 kN m rechtsdrehend und M_2 = 4 kN · 1,25 m = 5 kN m linksdrehend, insgesamt also
(Satz 3.5) mit $M = M_1 - M_2$ = 10 kN m rechtsdrehend. Folglich bilden auch die Reaktionskräfte ein Kräftepaar. Aus Bild 3-23b) folgt

$$F_A = F_B = \frac{M}{h} = \frac{10 \text{ kN m}}{6 \text{ m} \cdot \sin 35°} = 2{,}91 \text{ kN}.$$

Beispiel 3-10: An einer gewichtslosen, reibungsfrei gelagerten Rolle wird im Punkt A
ein Faden befestigt, der um ein Viertel des Umfangs der Rolle herumgelegt und nach
Bild 3-24a) an einer spannungslosen Feder (Federkonstante c) angeknüpft wird. In den
Punkten A und B auf dem Umfang der Rolle werden punktförmige Massen $2\,m$ (in A)
und m (in B) angebracht. Es ist der Gleichgewichtszustand der Rolle zu untersuchen.
Eine Rechtsdrehung der Rolle soll durch eine Blockierung verhindert werden.

Gegeben: r = 30 cm, c = 0,25 $\dfrac{\text{N}}{\text{cm}}$, m = 1 kg.

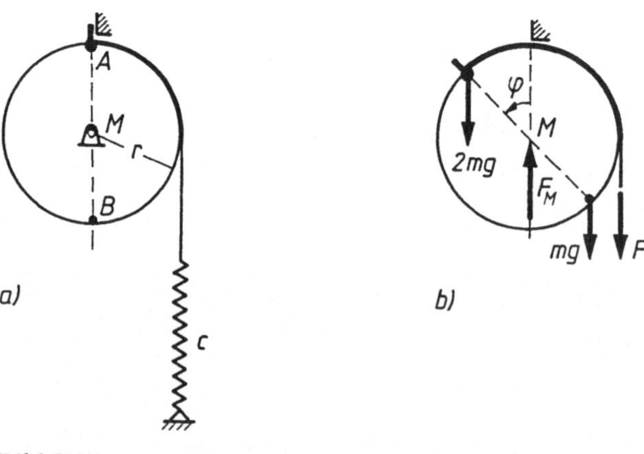

Bild 3-24

Eine mögliche Gleichgewichtslage zeigt Bild 3-24b). Die Verlängerung der Feder beträgt dann $\Delta l = r\,\varphi$ (φ im Bogenmaß) und die Federkraft $F = c\,r\,\varphi$. Das Momentengleichgewicht um M liefert

$$2\,m\,g\,r\,\sin\varphi - m\,g\,r\,\sin\varphi - c\,r\,\varphi\,r = 0,$$

$$m\,g\,\sin\varphi - c\,r\,\varphi = 0 \;\Rightarrow\; \sin\varphi = k\,\varphi \;\text{ mit }\; k = \frac{c\,r}{m\,g}.$$

Die transzendente Gleichung für φ untersuchen wir zunächst graphisch durch Zeichnen der Sinuskurve $y = \sin\varphi$ und der Geraden $y = k\,\varphi$. Der Schnittpunkt der beiden Kurven liefert die gesuchte Lösung. Ein Schnittpunkt liegt stets bei $\varphi = 0$. Ist $k > 1$, so ist dieses die einzige Lösung und $\varphi = 0$ somit die stabile Gleichgewichtslage. Für $k < 1$ erhalten wir eine zweite Lösung φ_0. In unserem Fall ist

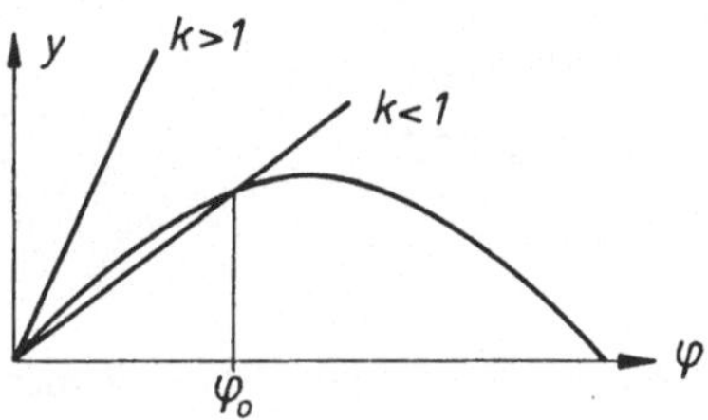

$$k = \frac{c\,r}{m\,g} = \frac{0{,}25\ \text{N/cm} \cdot 30\ \text{cm}}{1\ \text{kg} \cdot 9{,}81\ \text{m/s}} = 0{,}765 < 1.$$

Die Lösung der Gleichung $\sin\varphi = 0{,}765\,\varphi$ bestimmen wir durch Probieren oder durch Iteration zu $\varphi_0 = 1{,}235 = 70{,}8°$. Welche Gleichgewichtslage ist jetzt stabil: $\varphi = 0$ oder $\varphi = \varphi_0$? (Erinnern Sie sich an das Beispiel 2-12?) Wir bilden das Moment M in bezug auf den Mittelpunkt der Rolle (linksdrehend positiv) für einen beliebigen Winkel φ:

$$M = 2\,m\,g\,\sin\varphi - m\,g\,\sin\varphi - c\,r\,\varphi\,r,$$

$$M = M(\varphi) = m\,g\,r\left(\sin\varphi - \frac{c\,r}{m\,g}\,\varphi\right) = m\,g\,r\,(\sin\varphi - k\,\varphi).$$

Wie wir aus der obigen Kurvendarstellung erkennen, ist für $k > 1$ stets $k\,\varphi > \sin\varphi$, also $M(\varphi) < 0$. Das rechtsdrehende Moment treibt die Rolle aus jeder Lage in die stabile Gleichgewichtslage zurück. Ist $k < 1$, so wird

$$M(\varphi) > 0 \;\text{ für }\; \varphi < \varphi_0 \quad\text{ und }\quad M(\varphi) < 0 \;\text{ für }\; \varphi > \varphi_0.$$

Aus einer Lage $\varphi < \varphi_0$ tritt eine Linksdrehung und aus $\varphi > \varphi_0$ eine Rechtsdrehung ein, d.h. $\varphi = \varphi_0$ ist eine stabile und $\varphi = 0$ eine instabile Gleichgewichtslage.

Beispiel 3-11: In der Ebene einer Rechteckscheibe wirken fünf gleich große Kräfte, die gleichmäßig verteilt tangential am Umfang eines Kreises mit dem Radius r angreifen (Bild 3-25a)). Es sind die Reaktionskräfte für die angegebene Lagerung zu ermitteln.
Gegeben: $b_1 = 32$ cm, $b_2 = 28$ cm, $a_1 = 24$ cm, $a_2 = 16$ cm, $r = 15$ cm, $\beta = 60°$, $\gamma = 32°$, $F = 80$ N.

Die fünf gleich großen Kräfte besitzen die Resultierende $F_R = 0$, denn das Krafteck ist geschlossen. Die Kräfte sind aber nicht im Gleichgewicht, denn sie besitzen ein Moment $M = 5\,Fr$ (in bezug auf jeden Punkt). Dieses Moment ist unabhängig von der Lage des Kreises und vom Winkel γ. Man könnte die fünf Kräfte durch ein Kräftepaar mit dem

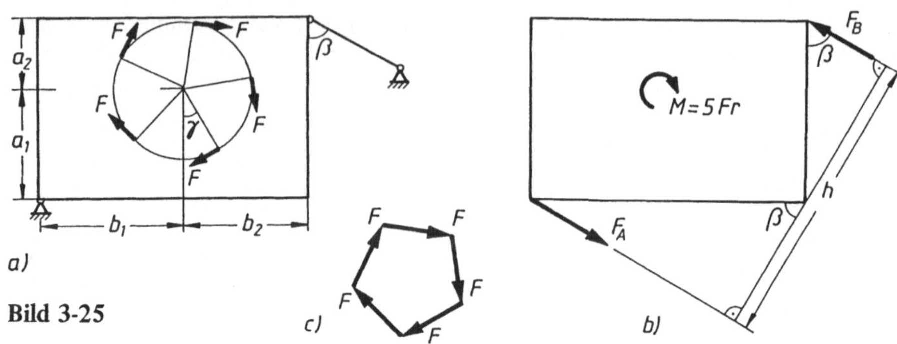

Bild 3-25

Moment M ersetzen. Folglich müssen die Reaktionskräfte ebenfalls ein Kräftepaar bilden (Bild 3-25b)), also $F_A = F_B$ und F_A entgegengesetzt gerichtet zu F_B. Mit

$$a = a_1 + a_2, \quad b = b_1 + b_2, \quad h = a \sin\beta + b \cos\beta = 64{,}64 \text{ cm}$$

folgt

$$F_A = F_B = \frac{M}{h} = \frac{5\,F r}{a \sin\beta + b \cos\beta} = 92{,}8 \text{ N}.$$

Beispiel 3-12: Ein starrer Balken ist in C gelenkig befestigt und wird in A und B durch senkrechte Federn gehalten. In der waagerechten Lage des Balkens sind die Federn spannungslos. Es sind für die im Bild 3-26a) angegebene Belastung die Federkräfte, die Auflagerkraft und die Längenänderungen der Federn zu berechnen.

Gegeben: $b = 15$ cm, $F = 200$ N, $c_A = 180\,\dfrac{\text{N}}{\text{cm}}$, $c_B = 2\,c_A$.

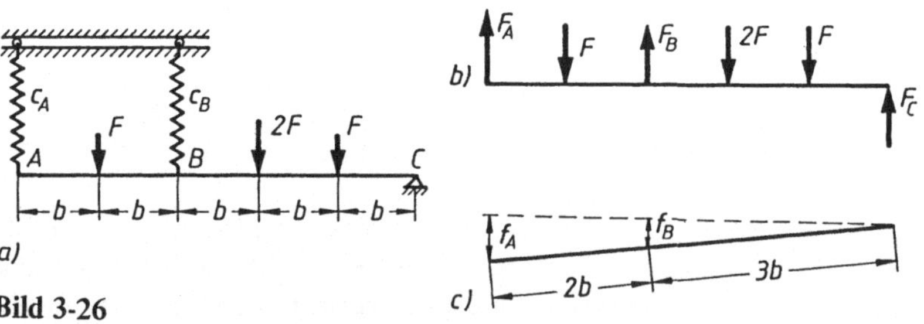

Bild 3-26

Die Gleichgewichtsbedingungen für die Kräfte im Lageplan (Bild 3-26b)) ergeben

$$\Sigma F_x = 0 \text{ ist stets erfüllt (keine Horizontalkräfte, bzw. } F_{Cx} = 0),$$

(1) $\Sigma F_z = 0 \;\Rightarrow\; F_A + F_B + F_C = F + 2F + F = 4F,$

(2) $\Sigma M^{(C)} = 0 \;\Rightarrow\; F_A\,5b + F_B\,3b = F\,4b + 2\,b + 2F\,2b + Fb = 9Fb.$

Die Aufgabe ist statisch unbestimmt, denn die Gleichgewichtsbedingungen liefern nur zwei Gleichungen für drei unbekannte Kräfte. Wir müssen Aussagen über die Längenänderungen der Federn hinzunehmen. Da der Balken als starr angesehen werden soll, wird er durch die Belastung um den festen Punkt C gedreht. Aus Bild 3-26c) lesen wir ab:

$$\frac{f_B}{3\,b} = \frac{f_A}{5\,b} \;\Rightarrow\; 5\,f_B = 3\,f_A.$$

Mit $F_A = c_A\,f_A$, $F_B = c_B\,f_B$ und $c_B = 2\,c_A$ erhalten wir

$$5\,\frac{F_B}{c_B} = 3\,\frac{F_A}{c_A} \;\Rightarrow\; 5\,F_B = 6\,F_A.$$

Mit dieser Gleichung und (1) und (2) sind die unbekannten Kräfte leicht zu berechnen:

$$F_A = \frac{45}{43}\,F = 209\ \text{N}, \quad F_B = \frac{54}{43}\,F = 251\ \text{N}, \quad F_C = \frac{73}{43}\,F = 340\ \text{N}.$$

Die Verlängerungen der Federn werden

$$f_A = \frac{F_A}{c_A} = 1{,}16\ \text{cm}, \quad f_B = \frac{F_B}{c_B} = 0{,}70\ \text{cm}.$$

3.6 Übungsaufgaben

3-1: Ermitteln Sie für den nebenstehenden Rahmen die Auflagerkräfte.

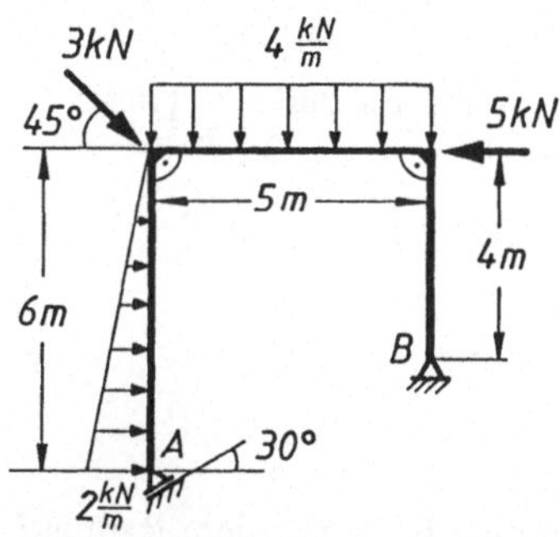

3-2: An einer quadratischen Scheibe greifen vier Kräfte an. Bestimmen Sie die Größe und Richtung der Resultierenden und die Gleichung ihrer Wirkungslinie. Berechnen Sie weiter das Moment der Resultierenden in bezug auf den Mittelpunkt des Quadrates. $a = 20$ cm.

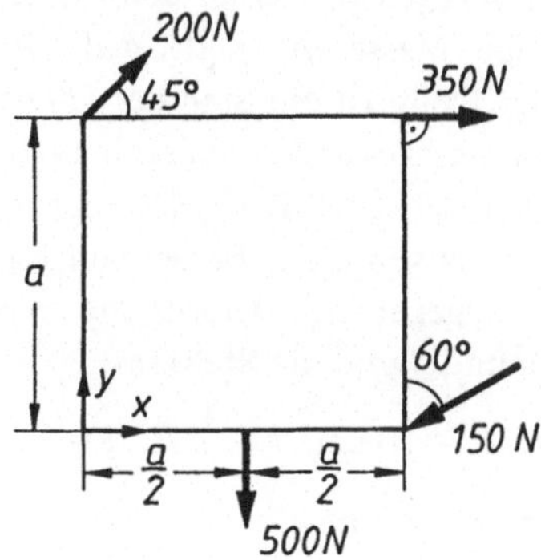

3-3: Berechnen Sie für den skizzierten Träger die Stabkräfte und die Auflagerkraft in C.

Gegeben: $b = 1{,}6$ m, $r = \dfrac{b}{5}$,

$F = 12{,}5$ kN, $q = \dfrac{F}{b}$, $F_g = F$,

$\alpha = 45°$, $\beta = 60°$.

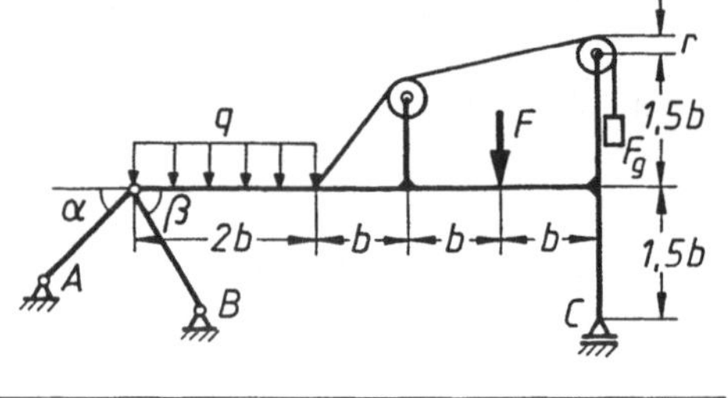

3-4: Um den Schwerpunkt eines Kraftfahrzeugs zu bestimmen, werden die Achskräfte des Fahrzeugs einmal in horizontaler und danach in gekippter Lage gemessen. In horizontaler Lage betragen diese Werte F_{10} und F_{20} und in gekippter Lage F_1 und F_2. Berechnen Sie die Schwerpunktkoordinaten x_s und y_s des Fahrzeugs.

Gegeben: $a = 3200$ mm, $r = 350$ mm, $F_{10} = 4{,}35$ kN, $F_{20} = 3{,}85$ kN, $h = 800$ mm, $F_2 = 4{,}10$ kN.

Zusatzfrage: Wie ist $h = h^*$ zu wählen, damit $F_2 = F_2^* = 4{,}30$ kN wird?

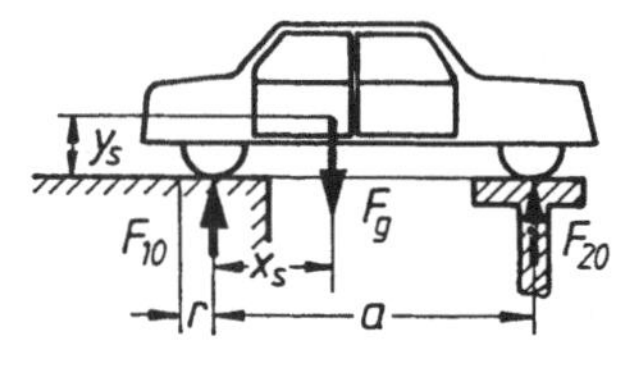

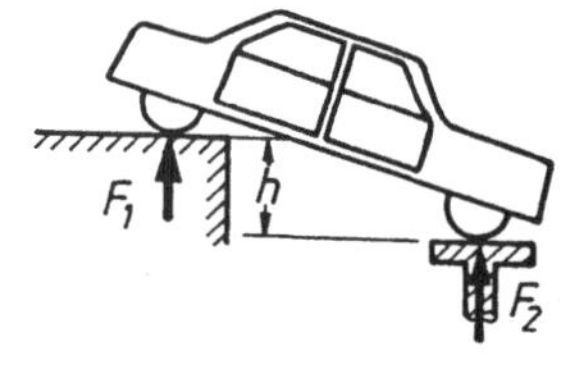

3-5: Berechnen Sie für den Träger die Auflagerkraft in A und die Seilkraft.

Gegeben: $b = 1{,}5$ m, $q = 6\ \dfrac{\text{kN}}{\text{m}}$,

$F = \dfrac{1}{2}\,q\,b$, $\beta = 70°$.

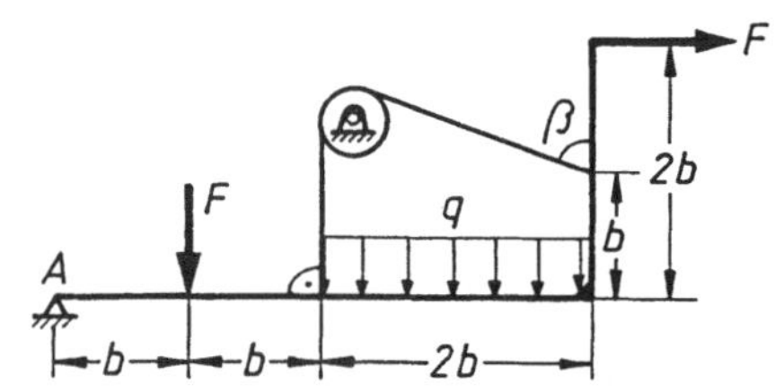

3-6: Um eine Rolle mit dem Radius R wird ein Seil gelegt, das an den Enden jeweils die Masse m trägt. Auf der Achse der Rolle ist ein Stab der Länge l gelenkig befestigt. Am anderen Ende des Stabes ist eine Rolle (Radius r, Masse m_r) angebracht. Berechnen Sie für die angegebene Anordnung die Winkel α und β und die Stabkraft.

Gegeben: $R = 10$ cm, $r = \dfrac{4}{5}\,R$, $l = 3\,R$,

$m = 8$ kg, $m_r = 3\,m$.

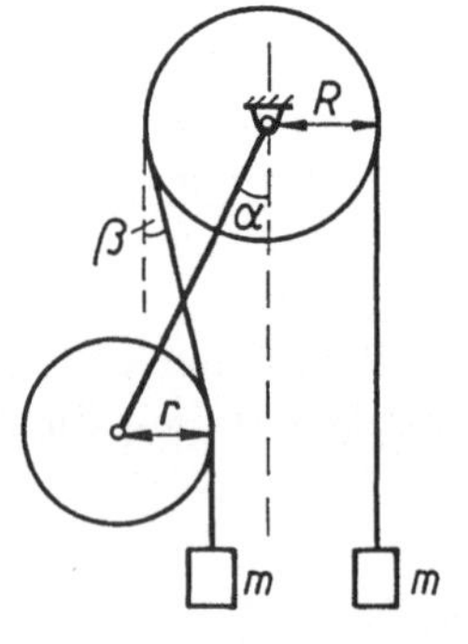

3-7: Bestimmen Sie für den eingespannten Rahmen die Einspanngrößen bei A.

Gegeben: $b = 2\,m$, $q = 8\,\frac{kN}{m}$, $q_0 = \frac{3}{2}\,q$, $F = 12\ kN$, $\beta = 75°$.

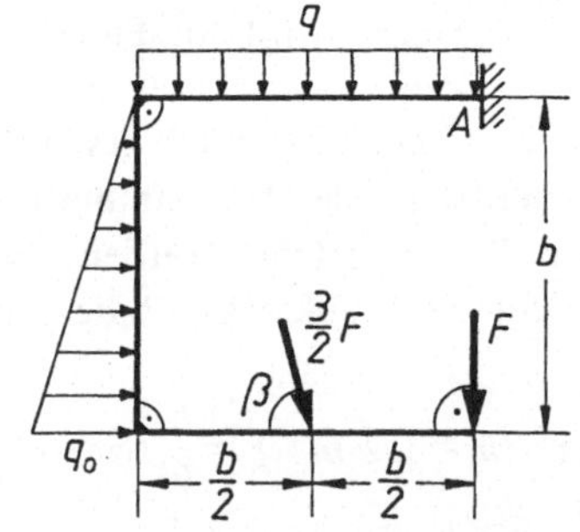

3-8: Ein starrer Balken ist an drei senkrechten Federn aufgehängt. Im unbelasteten Zustand liegt der gewichtslose Balken waagerecht, und die Federn sind spannungslos. Berechnen Sie die Federkräfte und die Verlängerungen der Federn für die angegebene Belastung.

Gegeben: $b = 40$ cm, $F_1 = 5$ kN,

$F_2 = 6$ kN, $c_1 = c_3 = 6\,\frac{kN}{cm}$, $c_2 = 2\,c_1$.

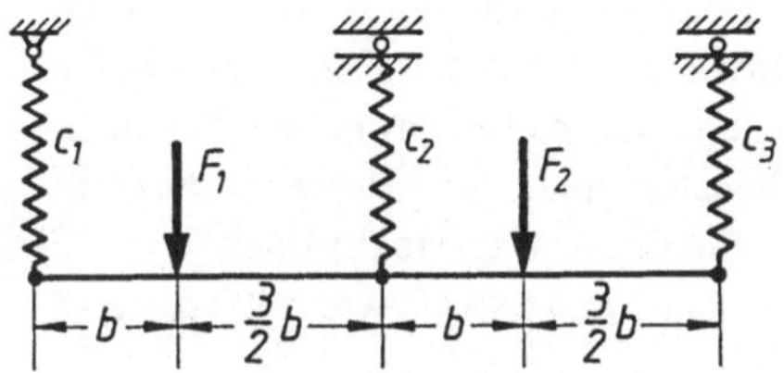

3-9: Bestimmen Sie für den in A gelenkig gelagerten und in B durch einen Pendelstab gehaltenen Träger die Auflagerkräfte.

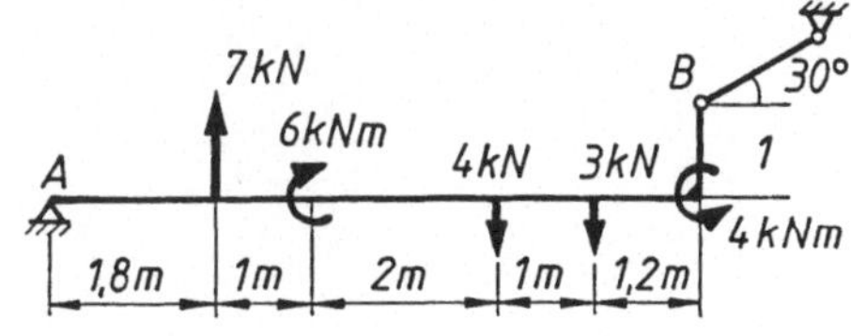

3-10: Um eine reibungsfrei drehbare Rolle ist auf dem Umfang im Punkt A ein Faden befestigt, der nach nebenstehender Abbildung um ein Viertel der Rolle herumgelegt und an einer spannungslosen senkrechten Feder angeknüpft wird. Mit der Rolle ist ein waagerechter Stab starr verbunden. Untersuchen Sie die Gleichgewichtslage, wenn an das Ende des Stabes eine Masse m gehängt wird. (Der Stab wird gewichtslos angenommen.)

Gegeben: $m = 2$ kg, $r = 12$ cm,

$b = 3\,r$, $c = 3\,\frac{N}{cm}$.

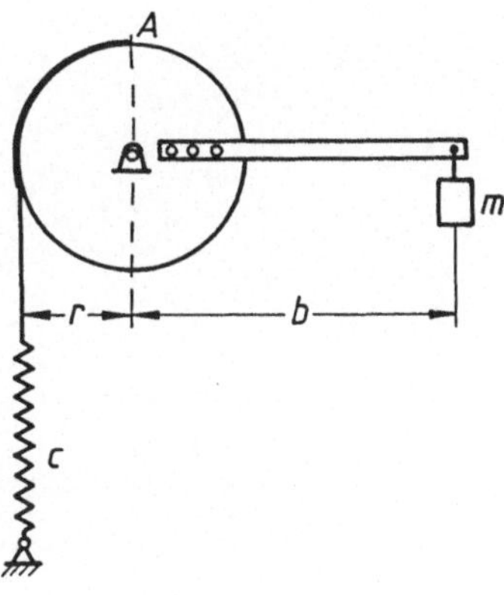

3-11: Ein Träger wird im Punkt A durch eine Pendelstütze und in den Punkten B, C, D und E durch gespannte Seile gehalten, die über reibungsfrei drehbare Rollen geführt werden. Berechnen Sie die Stabkraft und die Seilkräfte.

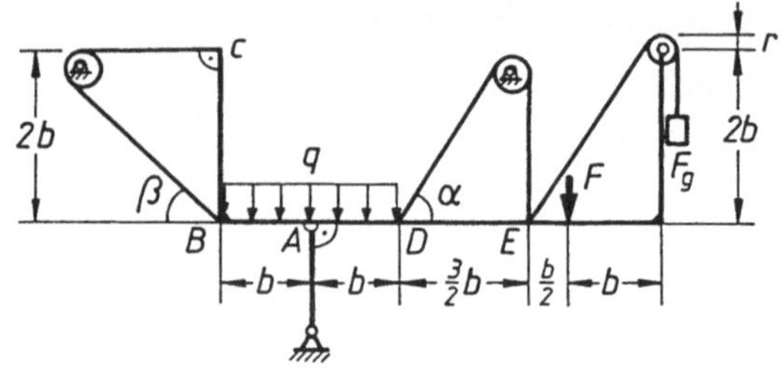

Gegeben: $b = 1,2\ m$, $r = \dfrac{b}{6}$, $\alpha = 60°$, $\beta = 45°$, $F = F_g = q\,b = 8$ kN.

3-12: An einer in A durch ein festes Gelenklager und in B durch einen Pendelstab gestützten Rechteckscheibe greifen vier gleich große Kräfte nach nebenstehender Abbildung an. Berechnen Sie die Auflagerreaktionen.

Gegeben: $F = 250\ \text{N}$, $\alpha = 22°$, $\beta = 45°$.

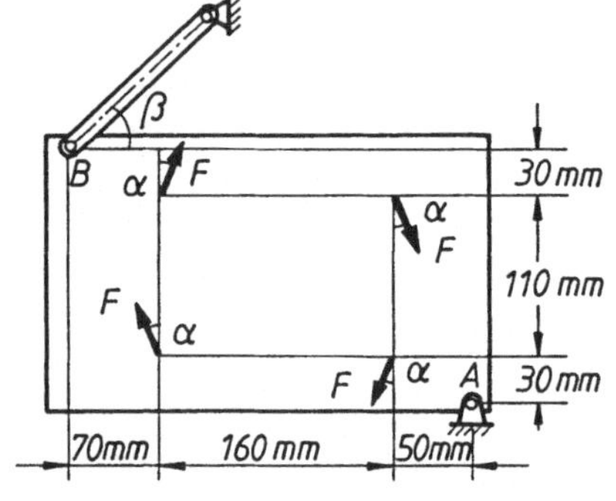

4 Kräfte an Systemen von Scheiben

4.1 Statische Bestimmtheit

In den vorangegangenen Abschnitten haben wir das Gleichgewicht von Kräften an einer Scheibe (Stab, Balken, Rahmen usw.) untersucht. Konstruktionen in der Technik setzen sich sehr häufig aus mehreren Scheiben zusammen, die z. B. in Gelenkpunkten oder durch Pendelstützen miteinander verbunden sind. Zu den Auflagerkräften treten in diesem Fall die Reaktionskräfte zwischen den einzelnen Scheiben. Diese treten nach dem Wechselwirkungsgesetz immer paarweise auf. Die Kräfte, die eine Scheibe (1) auf eine Scheibe (2) ausübt, sind genauso groß und entgegengesetzt gerichtet wie die Kräfte, die von der Scheibe (2) auf die Scheibe (1) ausgeübt werden. Betrachten wir die beiden ebenen Tragwerke (Scheiben) in Bild 4-1, die dieselbe Geometrie besitzen. In a) liegt ein Tragwerk vor, das statisch bestimmt gelagert ist (BC ist eine Pendelstütze), d. h. wir können die Auflagerrekationen aus den Gleichgewichtsbedingungen am Gesamtsystem bestimmen. Die Ermittlung der Kräfte in den Stäben *CD* und *CE* macht dann keine Schwierigkeiten mehr (Gleichgewicht der Kräfte am Punkt *C*). Die Auflagerkräfte würden sich nicht ändern, wenn wir die Stäbe *CD* und *CE* mit dem waagerechten Balken verschweißt hätten (*C* muß natürlich Gelenkpunkt bleiben).

In b) lassen sich die Auflagerkräfte nicht aus den Gleichgewichtsbedingungen am Gesamtsystem ermitteln (*BC* ist keine Pendelstütze mehr). Es ist insgesamt statisch unbestimmt gelagert. Trotzdem lassen sich die Auflagerreaktionen in *A* und *B* bestimmen, wenn wir das Gleichgewicht an den einzelnen Scheiben betrachten. Wir schneiden dazu den oberen und den unteren Balken frei (Bild 4-1c)). Insgesamt erhalten wir sechs unbekannte

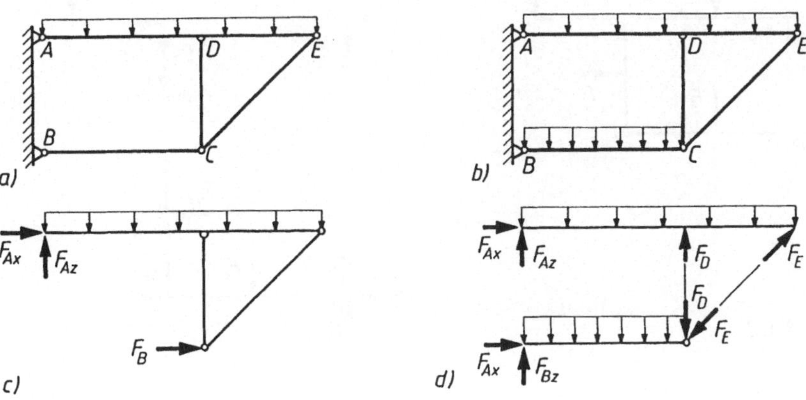

Bild 4-1

Lager- und Zwischenreaktionskräfte (Bild 4-1d)). Da uns an jedem Balken drei Gleichgewichtsgleichungen zur Verfügung stehen, können wir im allgemeinen die sechs unbekannten Größen berechnen. In den Beispielen werden wir diesen Fall für konkrete Zahlenwerte durchrechnen.

Betrachten wir den allgemeinen Fall des ebenen Tragwerkes aus s Scheiben. Für jede Scheibe können wir drei Gleichgewichtsgleichungen aufstellen, insgesamt also $3\,s$ Gleichungen. An der Gesamtscheibe mögen a Auflagerkräfte auftreten. Mit r bezeichnen wir die Anzahl der Reaktionskräfte zwischen den Scheiben. Dann treten insgesamt $a + r$ unbekannte Kräfte auf. Damit diese sich berechnen lassen, muß die Anzahl der Gleichungen mit der Anzahl der Unbekannten übereinstimmen:

$$a + r = 3\,s. \tag{4.1}$$

(Dieses ist eine notwendige Bedingung. Durch eine ungünstige Geometrie des Tragwerkes kann die Determinante des Gleichungssystems Null werden. Statisch bedeutet dieses das Auftreten unendlich großer Kräfte. Wir haben einen solchen Ausnahmefall der Statik bereits früher im Beispiel 2-7 besprochen.)

Für die Tragwerke in Bild 4-1 gilt $a = 4$, $r = 2$ und $s = 2$. Die Bedingung $a + r = 3\,s$ für statische Bestimmtheit ist erfüllt.

Betrachten wir zu der Bedingung (4.1) noch das Tragwerk in Bild 4-2. Hier erhalten wir $a = 5$ (F_{Ax}, F_{Az}, F_{Bx}, F_{Bz}, M_B), $r = 4$ (F_{Cx}, F_{Cz}, F_{Dx}, F_{Dz}) und $s = 3$. Die Bedingung $a + r = 3\,s$ für statische Bestimmtheit ist erfüllt. Alle Auflager- und Zwischenreaktionskräfte können berechnet werden (s. Beispiel 4-7). Hätten wir bei A eine feste Einspannung vorgenommen, so wäre $a = 6$ und $a + r = 10 > 3\,s = 9$. Die Aufgabe wäre statisch unbestimmt. Zur Ermittlung der Reaktionskräfte müßten Verformungsaussagen hinzugezogen werden. — Würden wir die feste Einspannung bei B durch ein festes Gelenklager ersetzen, so wäre $a = 4$ und $a + r = 8 < 3\,s = 9$. Das Tragwerk wäre in diesem Fall kinematisch instabil. Es klappt zusammen, wie man anschaulich sofort erkennt.

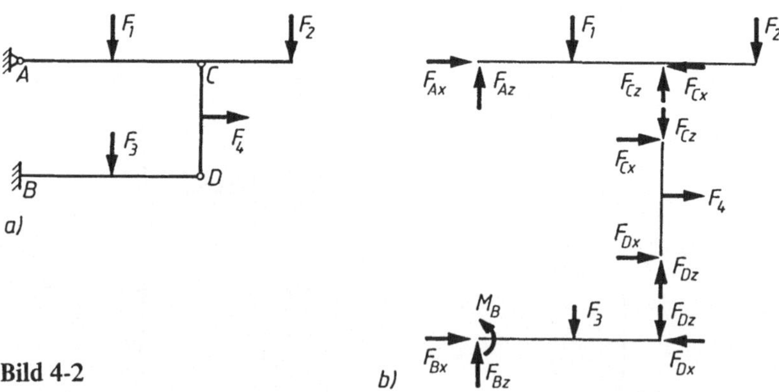

Bild 4-2

4.2 Der Gerberträger

Soll ein Träger eine größere Länge überbrücken, so legt man ihn auf mehrere Auflager (Bild 4-3a) und b)). Diese Durchlaufträger über zwei oder mehr Felder sind statisch unbestimmt und zwar der Träger a) einfach (4 Auflagerkräfte, 3 Gleichgewichtsbedingungen, $4 - 3 = 1$) und b) zweifach ($5 - 3 = 2$). Durch Anbringen von Gelenken kann der Träger statisch bestimmt gemacht werden, z.B. wie es die Bilder 4-3c) und d) zeigen. Träger dieser Art werden als Gerberträger (nach H. Gerber, 1832–1912, Direktor bei MAN) bezeichnet. Der Vorteil dieser Träger liegt in der Unabhängigkeit der Auflagerkräfte von kleinen Stützensenkungen. Würde sich z.B. das linke Auflager des Trägers Bild 4-3a) etwas absenken, so würden sich dadurch die Auflagerkräfte (und somit auch die Spannungen, die im Innern des Trägers hervorgerufen werden) ändern. Beim Gerberträger Bild 4-3c) dagegen würde keine Änderung der Auflagerkräfte bei geringen Auflagersenkungen oder -hebungen auftreten. Machen Sie sich dieses anschaulich an einem Balken klar, der von drei gleich großen Leuten auf der Schulter getragen wird. Was passiert bei einem durchgehenden Balken und was bei einem Gelenkbalken, wenn einer der drei Leute etwas in die Knie geht?

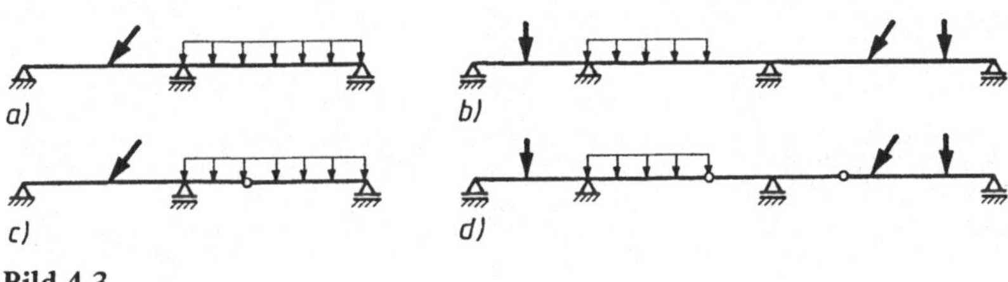

Bild 4-3

Ist g die Anzahl der Gelenke im Gerberträger, so treten $r = 2\,g$ Zwischenreaktionskräfte (Gelenkkräfte) auf, und die Anzahl der Teilträger wird $s = g + 1$. Bezeichnen wir mit a wieder die Anzahl der Auflagerkräfte, so folgt aus (4.1) für die statische Bestimmtheit des Gerberträgers $a + 2\,g = 3\,(g + 1)$. Somit wird die Anzahl der notwendigen Gelenkpunkte

$$g = a - 3. \qquad (4.2)$$

Wir überprüfen diese Bedingung für die obigen Gerberträger

c): $a = 4$, $g = 4 - 3 = 1$ ist erfüllt,
d): $a = 5$, $g = 5 - 3 = 2$ ist erfüllt.

Die Bedingung (4.2) ist nicht hinreichend für statische Bestimmtheit. Für den Gerberträger in Bild 4-4 ist (4.2) mit $a = 5$ und $g = 2$ erfüllt. Der Träger ist aber statisch unbestimmt, was man vielleicht sehr schnell gefühlsmäßig, spätestens aber nach einer kleinen Rechnung (9 Gleichungen mit 9 Unbekannten) erfaßt. Es liegt wieder ein Ausnahmefall der Statik vor.

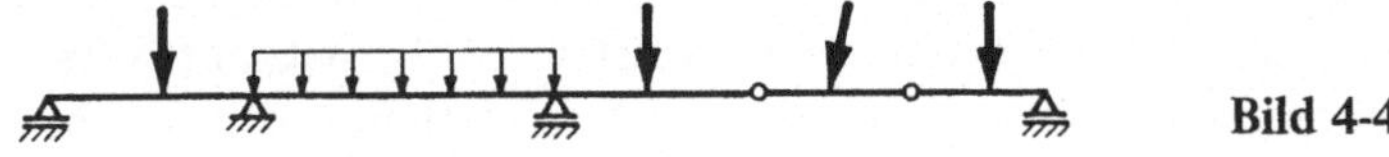

Bild 4-4

4.3 Der Dreigelenkbogen

Ein Dreigelenkbogen (die Bezeichnung Bogen hat sich eingebürgert, auch wenn geradlinige Träger benutzt werden) besteht allgemein aus zwei Scheiben, die jeweils in den Punkten A und B fest gelenkig gelagert und im Punkt C gelenkig miteinander verbunden sind. Bild 4-5 zeigt einige Dreigelenkbögen. Sie sind (bei vernünftiger Geometrie) statisch bestimmt, denn mit $a = 4$, $r = 2$ und $s = 2$ ist die Bedingung (4.1) erfüllt. Wir haben insgesamt $a + r = 6$ Reaktionskräfte zu bestimmen. Um den Rechenaufwand klein zu halten, gehen wir z. B. folgendermaßen vor. Wir bilden zunächst $\Sigma M^{(A)} = 0$ für den gesamten Dreigelenkbogen und erhalten so eine Gleichung für die unbekannten Auflagerkomponenten F_{Bx} und F_{By}, wobei es durchaus passieren kann, daß nur eine der beiden Unbekannten auftritt. Danach zerlegen wir den Dreigelenkbogen in seine beiden Teilsysteme und bilden für den Teilbogen mit dem Auflager B das Momentengleichgewicht in bezug auf den Gelenkpunkt C. Hierdurch erhalten wir eine zweite Gleichung für F_{Bx} und F_{By}, die wir somit berechnen können. Die weiteren Kräfte bestimmen wir aus dem Komponentengleichgewicht $\Sigma F_x = 0$ und $\Sigma F_y = 0$ für die beiden Teilbögen. — Man kann natürlich auch mit $\Sigma M^{(B)} = 0$ beginnen usw. Oder man bildet $\Sigma M^{(A)} = 0$ und $\Sigma M^{(B)} = 0$ für die jeweiligen Teilbögen und erhält zwei Gleichungen für die Gelenkkraftkomponenten F_{Cx} und F_{Cy}.

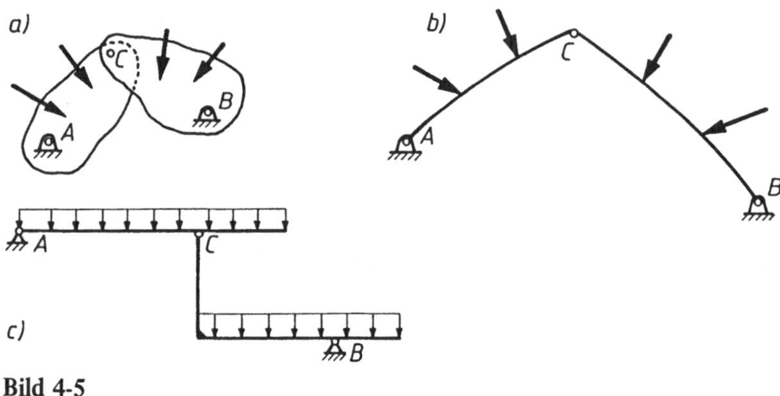

Bild 4-5

4.4 Das Seil mit Eigengewicht

Ein Seil hängt unter dem Einfluß des Eigengewichts zwischen zwei Punkten A und B, die die horizontale Entfernung l und die Höhendifferenz h besitzen (Bild 4-6a)). Wir fragen nach den Auflagerkräften in A und B und der Funktionsgleichung der Seilkurve, wenn l, f, h und q (Eigengewichtskraft pro Länge des Seiles) gegeben sind.

Neben den unbekannten Auflagerkräften ist auch die gesamte Gewichtskraft F_g unbekannt, denn die Länge s des Seiles ist uns nicht gegeben. Um s berechnen zu können, müssen wir die Form der Kurve kennen. Aber selbst wenn F_g bekannt wäre, ist die Aufgabe mit vier unbekannten Auflagerkräften statisch unbestimmt, d. h. wir benötigen

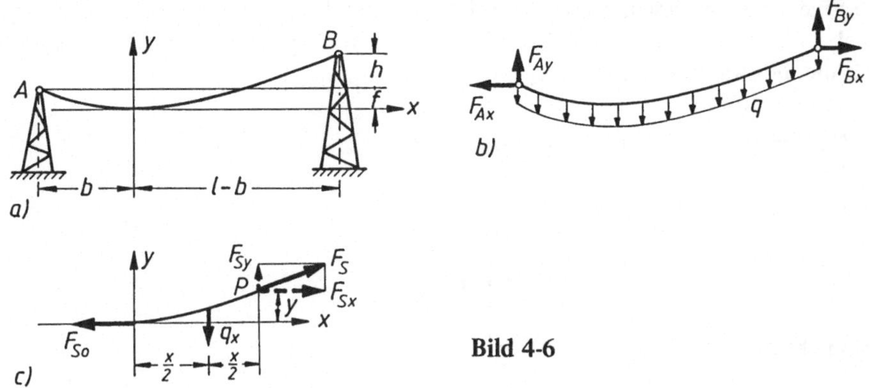

Bild 4-6

zu ihrer Lösung zusätzliche Informationen über die Eigenschaft des Seiles. Es muß ja ein Unterschied sein, ob ein Seil oder z. B. ein I-Träger benutzt wird. Wir machen die folgende

Annahme 1: Das Seil setze einer Verbiegung keinen Widerstand entgegen, es soll vollkommen biegsam sein.

Ein solches Seil nennt man *biegeschlaff,* im Gegensatz zu einem Träger, der *biegesteif* ist. Im Idealfall kann man sich ein biegeschlaffes Seil aus (unendlich) vielen sehr kleinen Kettengliedern vorstellen. In einem solchen Seil kann nur eine Kraft in Richtung des Seiles übertragen werden.

Die Durchrechnung der Aufgabe unter der Annahme 1 erfordert etwas mehr Mathematik, als im 1. Semester üblicherweise vorausgesetzt werden kann (Differentialgleichungen). Um diese Schwierigkeiten zu umgehen, treffen wir die

Annahme 2: Das Seil sei schwach durchhängend, d. h. es gelte $f \ll l$ und $h \ll l$.

Diese Annahme ist bei manchen Aufgaben der Praxis recht gut erfüllt. Die gesamte Gewichtskraft wird dann

$$F_{\mathrm{g}} = q\,s \cong q\,l,$$

wobei wir das Ungefährzeichen in der weiteren Rechnung durch das Gleichheitszeichen ersetzen. Um die Gleichung der Seilkurve zu ermitteln, legen wir ein x, y-Koordinatensystem mit dem Ursprung in den (noch unbekannten) tiefsten Punkt der Kurve und schneiden das Seil im Nullpunkt und im Punkt $P(x, y)$. Wir betrachten das Seilstück von 0 bis x (Bild 4-6c)) und erhalten aus den Gleichgewichtsbedingungen der Kräfte:

$$\Sigma F_{\mathrm{x}} = 0 \Rightarrow F_{\mathrm{Sx}} = F_{\mathrm{So}} = F_{\mathrm{H}} = \text{konst.} = F_{\mathrm{Ax}} = F_{\mathrm{Bx}},$$

$$\Sigma F_{\mathrm{y}} = 0 \Rightarrow F_{\mathrm{Sy}} = q\,x, \text{ insbesondere } F_{\mathrm{Ay}} = q\,b, \quad F_{\mathrm{By}} = q\,(l-b),$$

$$\Sigma M^{(\mathrm{P})} = 0 \Rightarrow F_{\mathrm{H}}\,y = q\,x\,\frac{x}{2} \Rightarrow y = \frac{q}{2F_{\mathrm{H}}}\,x^2.$$

Die Kurve eines biegeschlaffen und schwach durchhängenden Seiles ist demnach eine Parabel. Setzen wir speziell die Koordinaten der Randpunkte A und B ein, so erhalten wir für die unbekannten Größen F_H und b die Gleichungen

$$F_H (f + h) = \frac{q}{2} (l - b)^2 \quad \text{und} \quad F_H f = \frac{q}{2} b^2 .$$

Division der beiden Gleichungen liefert

$$\frac{f + h}{f} = \frac{(l - b)^2}{b^2} \quad \text{oder} \quad \frac{l - b}{b} = \sqrt{1 + \frac{h}{f}}$$

und schließlich

$$b = \frac{l}{\sqrt{1 + \dfrac{h}{f}} + 1} . \tag{4.3}$$

Mit dem so berechneten Wert b liefern die obigen Darstellungen

$$F_{Ax} = F_{Bx} = F_H = \frac{q b^2}{2f} = \frac{q (l - b)^2}{2 (f + h)}, \quad F_{Ay} = q b, \quad F_{By} = q (l - b). \tag{4.4}$$

Man sieht, daß bei einem Seil mit sehr kleinem Durchhang f die Horizontalkraft an den Auflagern sehr groß wird. Für die Seilkräfte an den Auflagern (Bild 4-7) erhalten wir mit den Ergebnissen in (4.4)

$$F_{SA} = F_H \sqrt{1 + \left(\frac{2f}{b}\right)^2}, \quad \tan \alpha = \frac{2f}{b},$$

$$F_{SB} = F_{S\,max} = F_H \sqrt{1 + \left(\frac{2 (f + h)}{l - b}\right)^2}, \quad \tan \beta = \frac{2 (f + h)}{l - b} . \tag{4.5}$$

Die Berechnung der Bogenlänge s des Seiles ist eine Aufgabe der Integralrechnung. In der Mathematik kann man zeigen, daß

$$s \cong l + \frac{2}{3} \left(\frac{f^2}{b} + \frac{(f + h)^2}{l - b}\right) \tag{4.6}$$

eine sehr gute Näherung für die Bogenlänge einer schwach durchhängenden Parabel ist. Insbesondere wird für $h = 0$ und $b = \frac{l}{2}$

$$s = l + \frac{8 f^2}{3 l} . \tag{4.6'}$$

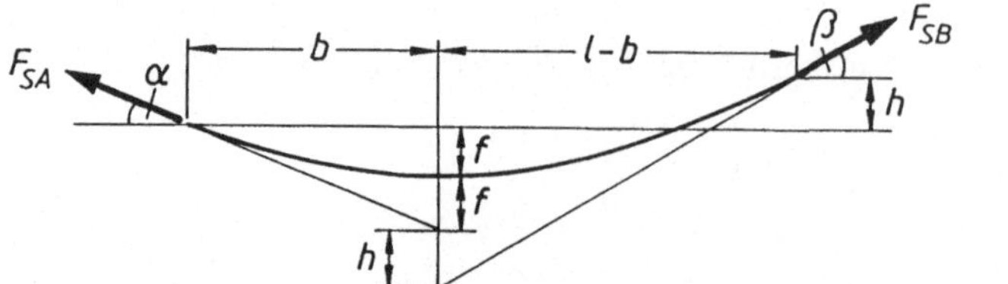

Bild 4-7

4.5 Beispiele

Beispiel 4-1: Für den in Bild 4-8a) dargestellten Gerberträger sind die Auflager- und Gelenkkräfte zu bestimmen.

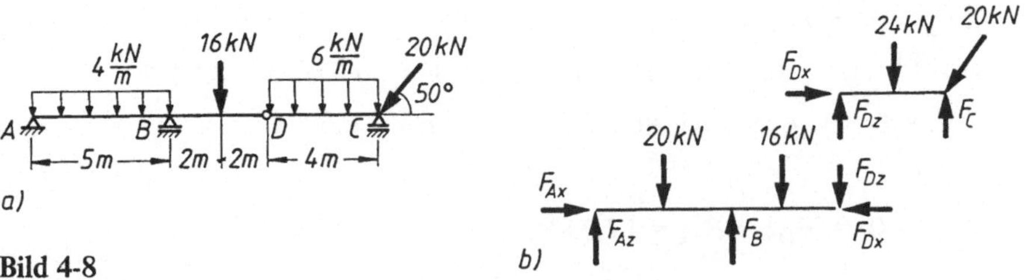

Bild 4-8

Wir zeichnen den Lageplan der Kräfte für die Teilträger $A{-}D$ und $D{-}C$ (Bild 4-8b)). Auf den Träger $D{-}C$ mit den drei unbekannten Kräften F_{Dx}, F_{Dy} und F_C wenden wir die Gleichgewichtsbedingungen an:

$$\Sigma F_x = 0 \;\Rightarrow\; F_{Dx} = 20\cos 50° = 12{,}9 \text{ kN,}$$

$$\Sigma M^{(C)} = 0 \;\Rightarrow\; F_{Dz}\cdot 4 = 24\cdot 2 \;\Rightarrow\; F_{Dz} = 12 \text{ kN,}$$

$$\Sigma M^{(D)} = 0 \;\Rightarrow\; F_C\cdot 4 = 24\cdot 2 + 20\sin 50°\cdot 4 \;\Rightarrow\; F_C = 27{,}3 \text{ kN.}$$

Mit den bekannten Kräften F_{Dx} und F_{Dy} können jetzt die Kräfte F_{Ax}, F_{Az} und F_B am Träger $A{-}D$ berechnet werden:

$$\Sigma F_x = 0 \;\Rightarrow\; F_{Ax} = F_{Dx} = 12{,}9 \text{ kN,}$$

$$\Sigma M^{(A)} = 0 \;\Rightarrow\; F_B\cdot 5 = 20\cdot 2{,}5 + 16\cdot 7 + F_{Dz}\cdot 9 \;\Rightarrow\; F_B = 54 \text{ kN,}$$

$$\Sigma M^{(B)} = 0 \;\Rightarrow\; F_{Az}\cdot 5 = 20\cdot 2{,}5 - 16\cdot 2 - F_{Dz}\cdot 4 \;\Rightarrow\; F_{Az} = -6 \text{ kN.}$$

Zur Kontrolle bilden wir noch $\Sigma F_z = 0$ am Gesamtträger:

$$F_{Az} + F_B + F_C - 20 - 16 - 24 - 20\sin 50° = -0{,}02 \approx 0.$$

Beispiel 4-2: Der Gerberträger mit zwei Gelenken (Bild 4-9a)) ist bei A fest eingespannt und wird in den Punkten B und C durch Rollenlager gestützt. Es sind alle Auflagerreaktionen und die Gelenkkräfte zu ermitteln.

Gegeben: $b = 2$ m, $q = 6$ kN/m, $\overline{q} = \tfrac{2}{3}\,q$, $F = 2\,q\,b$, $\alpha = 45°$.

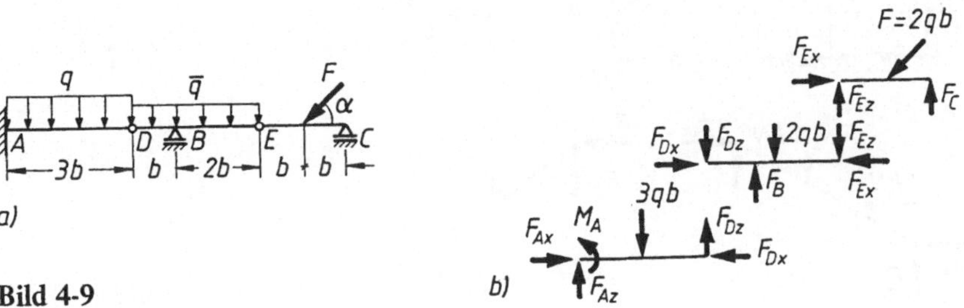

Bild 4-9

Wir zerlegen den gesamten Gerberträger in seine Teilträger $A-D$, $D-E$ und $E-C$ und zeichnen den Lageplan der Kräfte (Bild 4-9b)). Die Gleichgewichtsbedingungen an diesen Teilsystemen liefern der Reihe nach alle Auflager- und Gelenkkräfte.

Träger $E-C$:

$$\Sigma F_x = 0 \Rightarrow F_{Ex} = 2\,q\,b\,\cos\alpha = 17{,}0 \text{ kN},$$

$$\Sigma M^{(E)} = 0 \Rightarrow F_C\,2\,b = 2\,q\,b\,\sin\alpha \cdot b \Rightarrow F_C = q\,b\,\sin\alpha = 8{,}5 \text{ kN},$$

$$\Sigma F_z = 0 \Rightarrow F_{Ez} = 2\,q\,b\,\sin\alpha - F_C = q\,b\,\sin\alpha = 8{,}5 \text{ kN}.$$

Träger $D-E$:

$$\Sigma F_x = 0 \Rightarrow F_{Dx} = F_{Ex} = 17{,}0 \text{ kN},$$

$$\Sigma M^{(D)} = 0 \Rightarrow F_B\,b = 2\,q\,b\,\frac{3}{2}\,b + F_{Ez}\,3\,b \Rightarrow F_B = 3\,q\,b + 3\,q\,b\,\sin\alpha = 61{,}5 \text{ kN},$$

$$\Sigma M^{(B)} = 0 \Rightarrow F_{Dz}\,b = 2\,q\,b\,\frac{b}{2} + F_{Ez}\,2\,b \Rightarrow F_{Dz} = q\,b + 2\,q\,b\,\sin\alpha = 29{,}0 \text{ kN}.$$

Träger $A-D$:

$$\Sigma F_x = 0 \Rightarrow F_{Ax} = F_{Dx} = 17{,}0 \text{ kN},$$

$$\Sigma M^{(A)} = 0 \Rightarrow M_A = 3\,q\,b\,\frac{3}{2}\,b - F_{Dz}\,3\,b = \frac{9}{2}\,q\,b^2 - 3\,q\,b^2 - 6\,q\,b^2\,\sin\alpha,$$

$$M_A = 3\,q\,b^2\left(\frac{1}{2} - 2\sin\alpha\right) = -65{,}8 \text{ kN m}, \text{ also Einspannmoment } M_A$$
$$\text{rechtsdrehend,}$$

$$\Sigma F_z = 0 \Rightarrow F_{Az} = 3\,q\,b - F_{Dz} = 2\,q\,b\,(1 - \sin\alpha) = 7{,}0 \text{ kN}.$$

Kontrolle am Gesamtträger mit $\Sigma F_z = 0$:

$$F_{Az} + F_B + F_C - 3\,q\,b - 2\,q\,b - 2\,q\,b\,\sin\alpha = 7{,}0 + 61{,}5 + 8{,}5 - 36 - 24 - 13{,}0 = 0.$$

Beispiel 4-3: Für den Dreigelenkbogen (Bild 4-10a)) sind die Auflagerreaktionen und die Gelenkkraft zu berechnen.

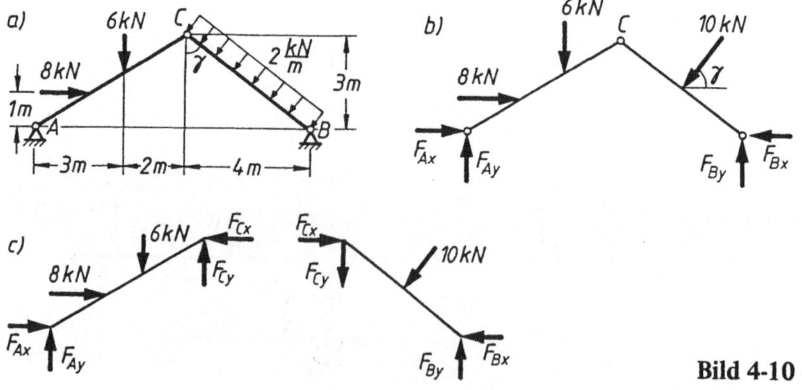

Bild 4-10

Wir berechnen zunächst die Resultierende der Streckenlast. Mit $\overline{BC} = \sqrt{3^2 + 4^2} = 5$ m wird 2 kN/m $\cdot 5$ m $= 10$ kN. Für den Winkel dieser Kraft zur Horizontalen erhalten wir

$$\tan\gamma = \frac{4}{3} \Rightarrow \gamma = 53{,}13°, \quad \cos\gamma = 0{,}6, \quad \sin\gamma = 0{,}8.$$

Der Lageplan der Kräfte für den gesamten Dreigelenkbogen wird in Bild 4-10b) dargestellt. Die Richtungen der Auflagerkräfte haben wir nach unserem Gefühl angenommen. Aus den Gleichgewichtsbedingungen folgt:

$$\Sigma F_x = 0 \Rightarrow F_{Ax} - F_{Bx} = 10\cos\gamma - 8 = -2 \text{ kN},$$

$$\Sigma M^{(B)} = 0 \Rightarrow F_{Ay}\cdot 9 + 8\cdot 1 - 6\cdot 6 - 10\cdot 2{,}5 = 0 \Rightarrow F_{Ay} = 5{,}89 \text{ kN},$$

$$\Sigma F_y = 0 \Rightarrow F_{By} = 6 + 10\sin\gamma - F_{Ay} = 8{,}11 \text{ kN}.$$

Die Horizontalkräfte können wir nicht aus den Gleichgewichtsbedingungen am Gesamtträger ermitteln. Wir müssen die Gelenkverbindung in C berücksichtigen. Aus dem Lageplan der Kräfte für die Teilträger (Bild 4-10c)) erhalten wir für den linken Teilträger

$$\Sigma M^{(C)} = 0 \Rightarrow F_{Ax}\cdot 3 + 8\cdot 2 + 6\cdot 2 - F_{Ay}\cdot 5 = 0 \Rightarrow F_{Ax} = 0{,}48 \text{ kN},$$

$$\Sigma F_x = 0 \Rightarrow F_{Cx} = F_{Ax} + 8 = 8{,}48 \text{ kN},$$

$$\Sigma F_y = 0 \Rightarrow F_{Cy} = 6 - F_{Ay} = 0{,}11 \text{ kN}.$$

Aus der ersten Gleichgewichtsbedingung am Gesamtträger folgt hiermit

$$F_{Bx} = 2 + F_{Ax} = 2{,}48 \text{ kN}.$$

Zur Kontrolle berechnen wir F_{Cx}, F_{Cy} und F_{Bx} noch einmal am rechten Teilträger:

$$\Sigma M^{(C)} = 0 \Rightarrow F_{Bx}\cdot 3 + 10\cdot 2{,}5 - F_{By}\cdot 4 = 0 \Rightarrow F_{Bx} = 2{,}48 \text{ kN},$$

$$\Sigma F_x = 0 \Rightarrow F_{Cx} = F_{Bx} + 10\cos\gamma = 8{,}48 \text{ kN},$$

$$\Sigma F_y = 0 \Rightarrow F_{Cy} = F_{By} - 10\sin\gamma = 0{,}11 \text{ kN}.$$

Beispiel 4-4: Für den in Bild 4-11a) skizzierten Dreigelenkbogen sind die Auflagerkräfte und die Gelenkkraft zu berechnen.

Gegeben: $b = 1{,}2$ m, $r = 2b$, $q_0 = \dfrac{F}{b}$, $\alpha = 45°$, $F = 8$ kN.

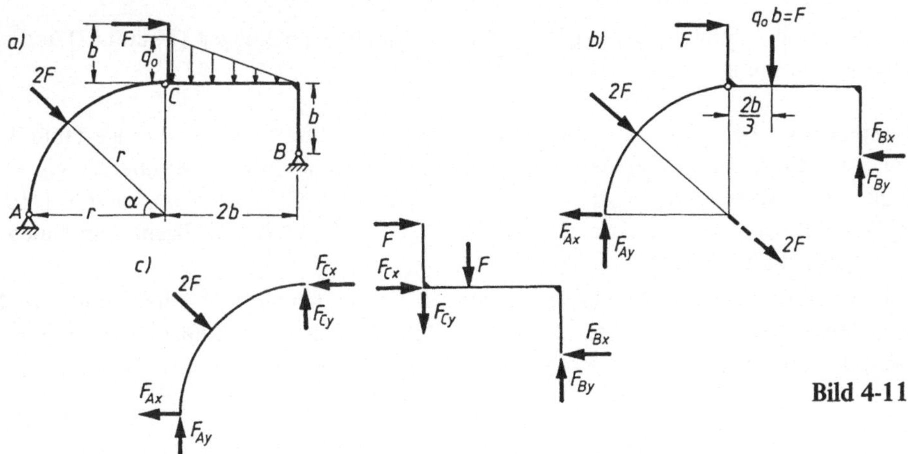

Bild 4-11

Das Gleichgewicht am Dreigelenkbogen liefert nach dem Lageplan der Kräfte (Bild 4-11b)):

$$\Sigma F_x = 0 \Rightarrow F_{Ax} + F_{Bx} = F + 2\,F\cos\alpha,$$

(1) $F_{Ax} + F_{Bx} = (1 + 2\cos\alpha)\,F = 2{,}141\,F = 19{,}3 \text{ kN},$

$$\Sigma F_y = 0 \Rightarrow F_{Ay} + F_{By} = F + 2\,F\sin\alpha,$$

(2) $F_{Ay} + F_{By} = (1 + 2\sin\alpha)\,F = 19{,}3 \text{ kN},$

$$\Sigma M^{(A)} = 0 \Rightarrow F_{Bx}\,b + F_{By}\,4\,b = 2\,F\sin\alpha\cdot 2\,b + F\,3\,b + F\,3\,b,$$

(3) $F_{Bx} + 4\,F_{By} = (4\sin\alpha + 6)\,F = 8{,}828\,F = 70{,}6 \text{ kN}.$

Eine zweite Gleichung für die unbekannten Kräfte F_{Bx} und F_{By} erhalten wir aus dem Gleichgewicht am rechten Teilträger:

$$\Sigma M^{(C)} = 0 \Rightarrow -F_{Bx}\,b + F_{By}\,2\,b = F\,b + F\,b = 2\,F\,b,$$

(4) $-F_{Bx} + 2\,F_{By} = 2\,F.$

Addition der beiden Gleichungen (3) und (4) ergibt

$$6\,F_{By} = (4\sin\alpha + 8)\,F \Rightarrow F_{By} = \frac{2}{3}\,(\sin\alpha + 2)\,F = 1{,}805\,F = 14{,}4 \text{ kN}$$

und hiermit

$$F_{Bx} = 2\,F_{By} - 2\,F = \frac{2}{3}\,(2\sin\alpha + 1)\,F = 1{,}609\,F = 12{,}9 \text{ kN}.$$

Aus dem Komponentengleichgewicht am rechten Teilträger erhalten wir die Gelenkkräfte F_{Cx} und F_{Cy}:

$$\Sigma F_x = 0 \Rightarrow F_{Cx} = F_{Bx} - F = 0{,}609\,F = 4{,}9 \text{ kN},$$

$$\Sigma F_y = 0 \Rightarrow F_{Cy} = F_{By} - F = 0{,}805\,F = 6{,}4 \text{ kN}.$$

Die unbekannten Auflagerkomponenten F_{Ax} und F_{Ay} berechnen wir aus dem Kräftegleichgewicht am linken Teilträger:

$$\Sigma F_x = 0 \Rightarrow F_{Ax} = 2\,F\cos\alpha - F_{Cx} = 0{,}805\,F = 6{,}4 \text{ kN},$$

$$\Sigma F_y = 0 \Rightarrow F_{Ay} = 2\,F\sin\alpha - F_{Cy} = 0{,}609\,F = 4{,}9 \text{ kN}.$$

Mit den so errechneten Werten kontrollieren wir die Gleichungen (1) und (2) und stellen Übereinstimmung fest.

Beispiel 4-5: Die von Quintenz 1821 konstruierte Brückendezimalwaage (Bild 4-12a)) soll zwei Forderungen erfüllen. Die Messung von m durch m_0 soll unabhängig von der Lage der aufgebrachten Last m und das Verhältnis der Massen m_0/m soll 1/10 sein. Welchen Bedingungen müssen die Abmessungen a, b, c, d, e genügen, damit diese Forderungen erfüllt werden?

Die Brückenwaage besteht aus einem System von Scheiben, die miteinander durch Gelenkstäbe oder Gelenkpunkte verbunden sind. Um den Zusammenhang zwischen den Gewichtskräften F_g und F_{g0} zu finden, zerlegen wir die Waage in ihre einzelnen Scheiben.

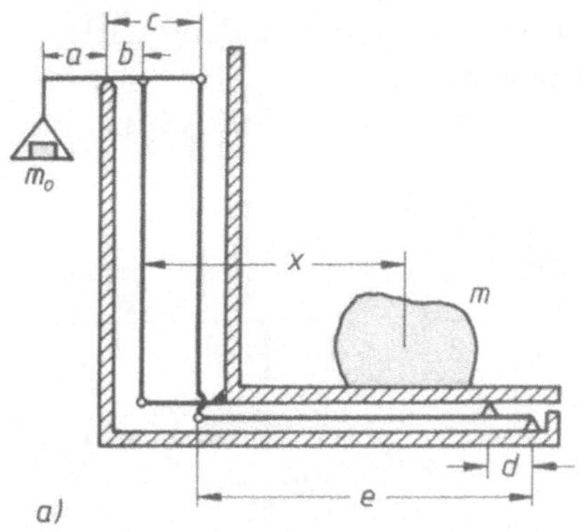

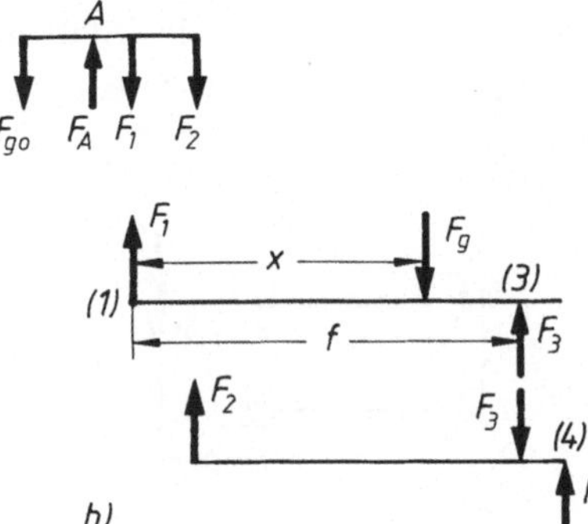

Bild 4-12

Für die drei waagerechten Träger zeichnen wir den Lageplan der Kräfte (Bild 4-12b)). F_{g0} ist mit F_g über die Zwischenkräfte F_1, F_2 und F_3 gekoppelt. Aus den jeweiligen Momentengleichgewichtsbedingungen finden wir mit der Abkürzung $f = c - b + e - d$ für die Länge des mittleren Balkens:

(1) $\quad \Sigma M^{(A)} = 0 \Rightarrow F_{g0}\,a = F_1\,b + F_2\,c,$

(2) $\quad \Sigma M^{(3)} = 0 \Rightarrow F_1\,f = F_g(f - x),$

(3) $\quad \Sigma M^{(4)} = 0 \Rightarrow F_2\,e = F_3\,d,$

(4) $\quad \Sigma M^{(1)} = 0 \Rightarrow F_3\,f = F_g\,x.$

Aus der Gleichung (2) folgt

$$F_1 = \frac{f-x}{f}\,F_g = \left(1 - \frac{x}{f}\right)F_g$$

und aus der 3. und 4. Gleichung

$$F_2 = \frac{d}{e}\,F_3 = \frac{dx}{ef}\,F_g\,.$$

Einsetzen dieser Terme in (1) ergibt

$$F_{g0}\,a = \left(1 - \frac{x}{f}\right)b\,F_g + \frac{dx}{ef}\,c\,F_g = b\,F_g + \frac{x}{f}\left(\frac{dc}{e} - b\right)F_g\,.$$

Der Zusammenhang zwischen F_{g0} und F_g soll unabhängig von x sein, also muß der Term mit x verschwinden. Dieses liefert

$$d\,c = b\,e.$$

Dann wird $F_{g0}\,a = b\,F_g$ und für eine Dezimalwaage

$$\frac{F_{g0}}{F_g} = \frac{m_0}{m} = \frac{b}{a} = \frac{1}{10}\,.$$

Beispiel 4-6: Für das in Bild 4-13a) skizzierte Tragwerk sind die Auflagerkräfte in A und B und die Stabkräfte in den Stäben EC und ED zu bestimmen.

Gegeben: $a = 4$ m, $b = 2$ m, $q_1 = 3$ kN/m, $q_2 = 2$ kN/m, $F = 6$ kN, $\alpha = 45°$.

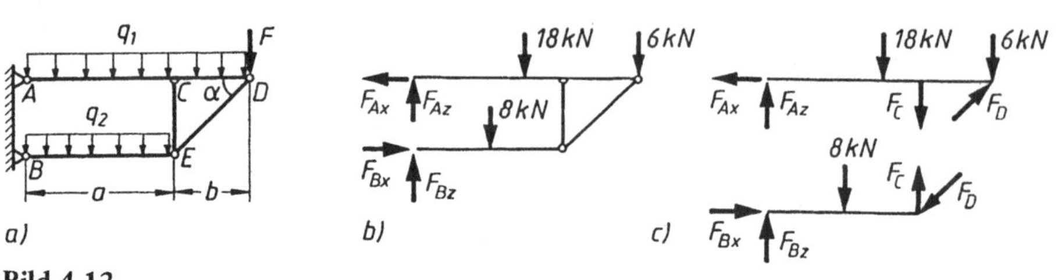

Bild 4-13

Wir zeichnen zunächst den Lageplan der Kräfte am gesamten Tragwerk (Bild 4-13b)) und wenden die Gleichgewichtsbedingungen an.

$$\Sigma M^{(A)} = 0 \Rightarrow F_{Bx} \cdot 2 = 18 \cdot 3 + 6 \cdot 6 + 8 \cdot 2 \Rightarrow F_{Bx} = 53 \text{ kN},$$

$$\Sigma F_x = 0 \Rightarrow F_{Ax} = F_{Bx} = 53 \text{ kN},$$

$$\Sigma F_y = 0 \Rightarrow F_{Az} + F_{Bz} = 18 + 6 + 8 = 32 \text{ kN}.$$

Hiernach schneiden wir die beiden waagerechten Träger frei (Bild 4-13c)) und erhalten für den oberen Träger:

$$\Sigma F_x = 0 \Rightarrow F_D \cos 45° = F_{Ax} \Rightarrow F_D = 75{,}0 \text{ kN},$$

$$\Sigma M^{(E)} = 0 \Rightarrow F_{Az} \cdot 4 + 6 \cdot 2 - F_{Ax} \cdot 2 - 18 \cdot 1 = 0,$$

$$F_{Az} = \frac{1}{4}(53 \cdot 2 + 18 - 12) = 28 \text{ kN},$$

$$\Sigma F_z = 0 \Rightarrow F_C = F_{Az} - 18 - 6 + F_D \sin 45° = 57 \text{ kN}.$$

Im Stab EC tritt eine Zugkraft und im Stab ED eine Druckkraft auf. Mit $F_{Az} + F_{Bz} = 32$ kN (s. oben) folgt $F_{Bz} = 4$ kN. Zur Kontrolle könnten noch die Gleichgewichtsbedingungen am unteren Träger überprüft werden.

Beispiel 4-7: Für das Tragwerk Bild 4-14a) sind die Auflagerreaktionen und die Gelenkkräfte zu ermitteln.

Gegeben: b, F.

Aus den Gleichgewichtsbedingungen am Gesamtsystem können wir (im Gegensatz zum Beispiel 4-6) wegen des Einspannmoments bei B keine Auflagerreaktionen berechnen. In jeder Gleichung treten mindestens zwei Unbekannte auf. Wir zerlegen das Tragwerk in die drei Scheiben, die durch Gelenkpunkte miteinander gekoppelt sind, und zeichnen für diese Scheiben den Lageplan der Kräfte (Bild 4-14b)). Für den senkrechten Träger erhalten wir sofort

$$F_{Cx} = F_{Dx} = \frac{1}{2} F \quad \text{und} \quad F_{Cz} = F_{Dz}.$$

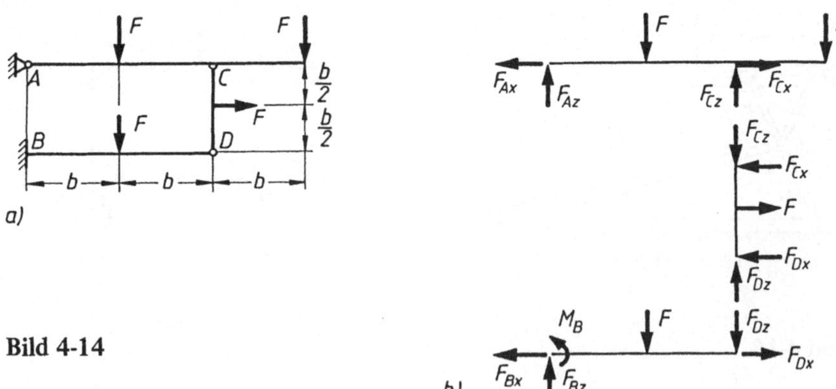

Bild 4-14

Für den oberen waagerechten Träger folgt aus

$$\Sigma F_x = 0 \Rightarrow F_{Ax} = F_{Cx} = \frac{1}{2} F,$$

$$\Sigma M^{(A)} = 0 \Rightarrow F_{Cz} 2 b = F b + F 3 b \Rightarrow F_{Cz} = 2 F,$$

$$\Sigma F_z = 0 \Rightarrow F_{Az} = F + F - F_{Cz} = 0.$$

Unterer waagerechter Träger:

$$\Sigma F_x = 0 \Rightarrow F_{Bx} = F_{Dx} = \frac{1}{2} F,$$

$$\Sigma F_z = 0 \Rightarrow F_{Bz} = F + F_{Dz} = F + F_{Cz} = 3 F,$$

$$\Sigma M^{(B)} = 0 \Rightarrow M_B = F b + F_{Dz} 2 b = 5 F b.$$

Beispiel 4-8: Eine Arbeitsbühne wird an zwei Seiten durch zwei gleiche Gelenkmechanismen getragen, die durch einen Hydraulikzylinder betätigt werden. Bild 4-15a) zeigt eines der beiden Hebewerke, das von der gesamten Last $2 F_g$ die Hälfte aufzunehmen hat. Es sind die Kraft des Hydraulikzylinders und die Kräfte in den Stäben BE und EF in Abhängigkeit des Winkels φ darzustellen und für $\varphi = 15°, 30°, 45°, 60°, 75°$ zu berechnen. Es ist insbesondere zu zeigen, daß die Kraft im Hydraulikzylinder unabhängig von x ist. An den Rollen tritt keine Reibung auf.

Gegeben: $\overline{AC} = \overline{BC} = \overline{CD} = b = 80$ cm, $l = 2 b$, $F_g = 6$ kN, $x = 1,5 b$.

In dem Gelenkmechanismus sind die Stäbe CD, BE, FE und CG Pendelstützen. Damit läßt sich der Lageplan der Kräfte für die Arbeitsbühne, den Stab AB und den Gelenkpunkt E leicht zeichnen (Bild 4-15b)). Für die Kräfte an der Arbeitsbühne erhalten wir mit $\overline{DB} = 2 b \cos \varphi$:

$$\Sigma F_x = 0 \Rightarrow F_D = 0 \text{ (der Stab } CD \text{ sichert die Arbeitsbühne nur gegen eine eventuelle Horizontalbewegung),}$$

$$\Sigma M^{(E)} = 0 \Rightarrow F_B l = F_g (l - x + 2 b \cos \varphi),$$

$$\Sigma M^{(B)} = 0 \Rightarrow F_E l = F_g (x - 2 b \cos \varphi).$$

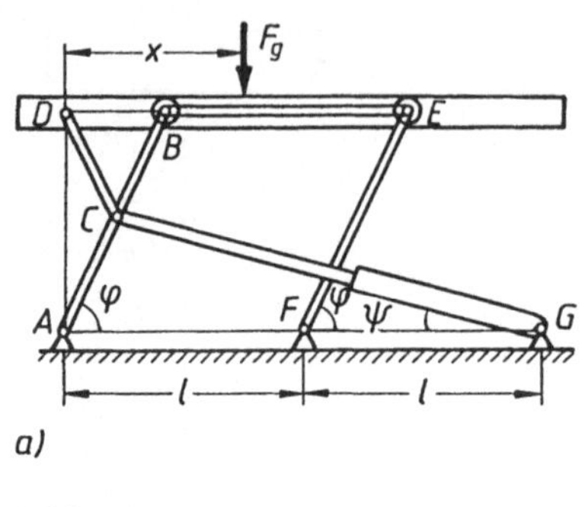

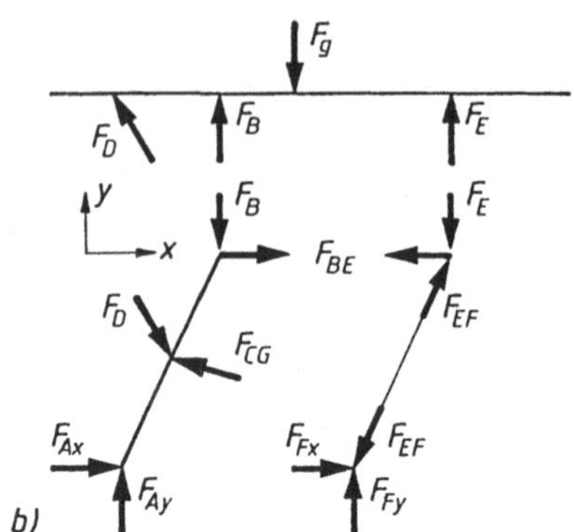

Bild 4-15

a)

b)

Die drei Kräfte am Punkt E sind im Gleichgewicht, das Krafteck aus diesen drei Kräften ist geschlossen. Somit erhalten wir

$$F_{BE} = \frac{F_E}{\tan \varphi}, \qquad F_{EF} = \frac{F_E}{\sin \varphi}$$

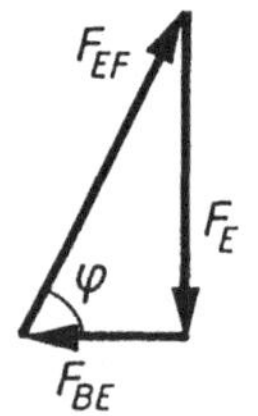

und mit F_E aus der obigen Darstellung

$$(1) \qquad F_{BE} = \frac{x - 2\,b\,\cos\varphi}{l\,\tan\varphi}\,F_g, \qquad F_{EF} = \frac{x - 2\,b\,\cos\varphi}{l\,\sin\varphi}\,F_g.$$

Für den Stab AB liefert die Momentengleichgewichtsbedingung $\Sigma M^{(A)} = 0$

$$F_{CG}\,2\,l\,\sin\psi = F_B\,2\,b\,\cos\varphi + F_{BE}\,2\,b\,\sin\varphi,$$

$$F_{CG}\,2\,l\,\sin\psi = \frac{l - x + 2\,b\,\cos\varphi}{l}\,F_g\,2\,b\,\cos\varphi + \frac{x - 2\,b\,\cos\varphi}{l\,\tan\varphi}\,F_g\,2\,b\,\sin\varphi.$$

Mit $\dfrac{\sin\varphi}{\tan\varphi} = \cos\varphi$ wird

$$F_{CG} = F_g\,\frac{2\,b\,\cos\varphi}{2\,l^2\,\sin\psi}\,(l - x + 2\,b\,\cos\varphi + x - 2\,b\,\cos\varphi) = F_g\,\frac{b\,\cos\varphi}{l\,\sin\psi}.$$

$\sin\psi$ berechnen wir aus dem Dreieck $A\,C\,G$:

$$\frac{b}{\sin\psi} = \frac{\overline{CG}}{\sin\varphi} \quad \text{und} \quad \overline{CG} = \sqrt{b^2 + (2\,l)^2 - 4\,b\,l\,\cos\varphi}.$$

Einsetzen in den Term für F_{CG} ergibt

$$F_{CG} = F_g\,\frac{\cos\varphi}{l\,\sin\varphi}\,\sqrt{b^2 + 4\,l^2 - 4\,b\,l\,\cos\varphi},$$

$$(2) \qquad F_{CG} = \frac{F_g}{\tan\varphi}\,\sqrt{\left(\frac{b}{l}\right)^2 + 4 - 4\,\frac{b}{l}\,\cos\varphi}.$$

Wir erkennen aus dieser Darstellung, daß die Kraft des Hydraulikzylinders unabhängig von x, also unabhängig von der Lage der Last F_g ist (im Gegensatz zu den Stabkräften F_{BE} und F_{EF}). Mit $l = 2\,b$ und $x = 1{,}5\,b$ erhalten wir schließlich insgesamt für die gesuchten Kräfte

$$(3) \quad F_{CG} = F_g \frac{\sqrt{4{,}25 - 2\cos\varphi}}{\tan\varphi}, \quad F_{BE} = F_g \frac{0{,}75 - \cos\varphi}{\tan\varphi}, \quad F_{EF} = F_g \frac{0{,}75 - \cos\varphi}{\sin\varphi}.$$

Mit $F_g = 6$ kN liefert die Rechnung für die gegebenen Winkel φ die folgenden Ergebnisse:

φ	F_{CG}/kN	F_{BE}/kN	F_{EF}/kN
15°	34,1	−4,84	−5,01
30°	16,5	−1,21	−1,39
45°	10,1	0,26	0,36
60°	6,24	0,87	1,73
75°	3,11	0,79	3,05

Das negative Vorzeichen bei der Kraft F_{BE} bedeutet, daß im Stab BE eine Druckkraft auftritt. Bei F_{EF} weist das Minuszeichen auf eine Zugkraft hin (s. Lageplan der Kräfte).

Beispiel 4-9: Für die skizzierte Zange (Bild 4-16a)) sind die Kraft an den Backen und die Kräfte in den Gelenken für $F_0 = 300$ N zu bestimmen.

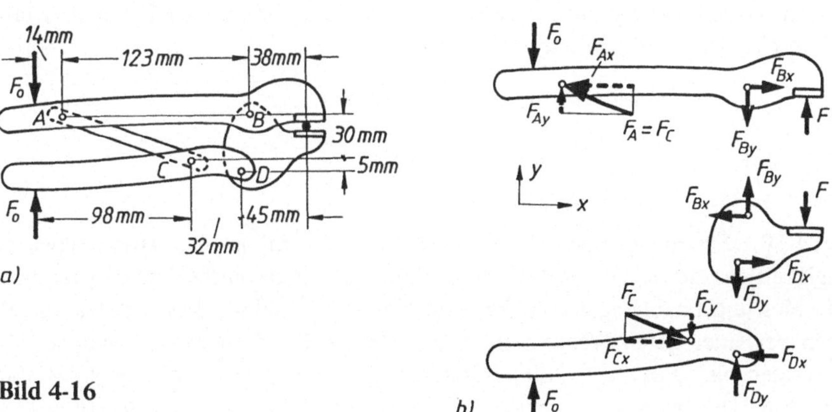

Bild 4-16

Das Verbindungsteil AC ist eine Pendelstütze, die Kraft $F_A = F_C$ geht in Richtung der Verbindungsgeraden AC. Aus der Geometrie folgt

$$\frac{F_{Cx}}{F_{Cy}} = \frac{98 - 14}{30} = \frac{84}{30} = 2{,}8 \Rightarrow F_{Cx} = 2{,}8\,F_{Cy}.$$

Die Zange kann in drei Scheiben zerlegt werden (die Pendelstütze AC brauchen wir nicht mehr zu betrachten). Für diese drei Scheiben haben wir in Bild 4-16b) den Lageplan der

Kräfte gezeichnet. Aus den Gleichgewichtsbedingungen am unteren Zangenteil (nur hier treten nicht mehr als drei unbekannte Kräfte auf) erhalten wir

$$M^{(D)} = 0 \;\Rightarrow\; F_{Cy} \cdot 32 - F_{Cx} \cdot 5 - F_0 \cdot 130 = 0$$

und mit $F_{Cx} = 2{,}8\, F_{Cy}$

$$F_{Cy} = \frac{130}{32 - 2{,}8 \cdot 5}\, F_0 = \frac{130}{18}\, F_0 = 2{,}17 \text{ kN}, \quad F_{Cx} = 2{,}8\, \frac{130}{18}\, F_0 = 6{,}07 \text{ kN},$$

$$F_C = F_A = \sqrt{F_{Cx}^2 + F_{Cy}^2} = 6{,}44 \text{ kN}.$$

$$\Sigma F_x = 0 \;\Rightarrow\; F_{Dx} = F_{Cx} = 2{,}8\, \frac{130}{18}\, F_0 = 6{,}07 \text{ kN},$$

$$\Sigma F_y = 0 \;\Rightarrow\; F_{Dy} = F_{Cy} - F_0 = \frac{112}{18}\, F_0 = 1{,}87 \text{ kN}.$$

Betrachten wir jetzt das mittlere Zangenteil mit den unbekannten Kräften F_{Bx}, F_{By} und F:

$$\Sigma M^{(B)} = 0 \;\Rightarrow\; F \cdot 38 - F_{Dx} \cdot 35 - F_{Dy} \cdot 7 = 0 \;\Rightarrow$$

$$F = \frac{1}{38}\left(2{,}8\, \frac{130}{18} \cdot 35 + \frac{112}{18} \cdot 7\right) F_0 = 19{,}77\, F_0 = 5{,}93 \text{ kN},$$

$$\Sigma F_x = 0 \;\Rightarrow\; F_{Bx} = F_{Dx} = 6{,}07 \text{ kN},$$

$$\Sigma F_y = 0 \;\Rightarrow\; F_{By} = F_{Dy} + F = 7{,}80 \text{ kN}.$$

Wir hätten mit $F_A = F_C$ die Backenkraft auch aus dem oberen Zangenteil ermitteln können. Wir führen die Rechnung zur Kontrolle durch.

$$\Sigma M^{(B)} = 0 \;\Rightarrow\; F \cdot 38 + F_0 \cdot 137 - F_{Ay} \cdot 123 = 0,$$

$$F = \frac{1}{38}\left(\frac{130}{18} \cdot 123 - 137\right) F_0 = 19{,}77\, F_0.$$

Beispiel 4-10: Für die skizzierte Briefwaage (Bild 4-17a)) ist der Ausschlagwinkel φ in Abhängigkeit der zu wiegenden Masse m zu ermitteln. Es soll insbesondere gezeigt werden, daß die Messung unabhängig von der Lage der aufgebrachten Last ist (wie es selbstverständlich bei einer guten Waage sein muß). Wie ist die Masse m_0 zu wählen, damit die Waage Massen bis zu $m_{max} = 200$ g (Gramm) bei waagerechtem Ausschlag des Stabes AE messen kann? Der Winkel φ ist numerisch für $m = 0, 20, 40, 60, \ldots, 180, 200$ g zu berechnen. Das Gewicht des Gestänges ist zu vernachlässigen.

Gegeben: $a = 180$ mm, $b = 80$ mm, $c = 120$ mm, $\beta = 30°$, $m_{max} = 200$ g.

Der Stab CD ist eine Pendelstütze. Damit ist die Richtung der Kraft F_C in Abhängigkeit von β und φ bekannt. Für die Komponenten gilt

$$F_{Cx} = F_{Cy} \tan(\beta + \varphi).$$

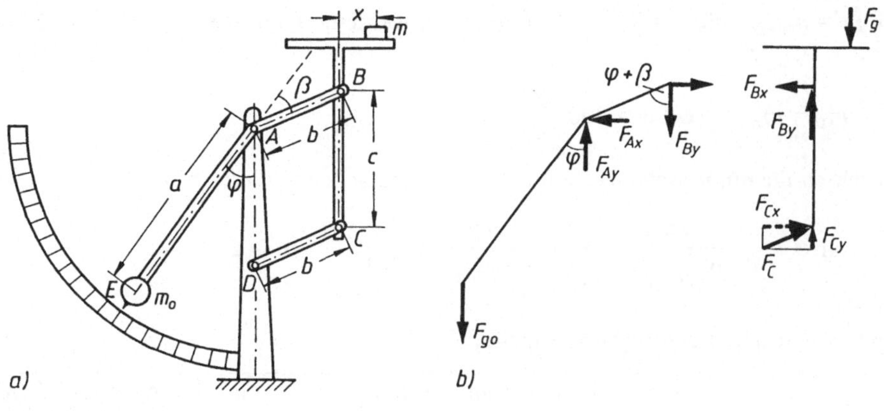

Bild 4-17

Für den gekröpften Hebel und den Teller mit dem senkrechten Stab zeichnen wir den Lageplan der Kräfte (Bild 4-17b)) und erhalten aus den Gleichgewichtsbedingungen

$$\Sigma M^{(B)} = 0 \Rightarrow F_{Cx}\, c = F_g\, x \Rightarrow F_{Cx} = \frac{x}{c} F_g = F_{Bx},$$

$$\Sigma F_y = 0 \Rightarrow F_{By} = F_g - F_{Cy} = F_g - \frac{F_{Cx}}{\tan(\beta + \varphi)} = F_g - \frac{x}{c \tan(\beta + \varphi)} F_g,$$

$$\Sigma M^{(A)} = 0 \Rightarrow F_{g0}\, a \sin\varphi = F_{By}\, b \sin(\beta + \varphi) + F_{Bx}\, b \cos(\beta + \varphi).$$

In die letzte Gleichung setzen wir die Terme für F_{Bx} und F_{By}:

$$F_{g0}\, a \sin\varphi = F_g\, b \sin(\beta + \varphi) - \frac{x}{c \tan(\beta + \varphi)} F_g\, b \sin(\beta + \varphi) + \frac{x}{c} F_g\, b \cos(\beta + \varphi).$$

Mit $\dfrac{\sin(\beta + \varphi)}{\tan(\beta + \varphi)} = \cos(\beta + \varphi)$ erkennt man, daß die Terme mit x sich herausheben, die Waage also unabhängig von der Lage der Last arbeitet. Mit $F_{g0} = m_0\, g$ und $F_g = m\, g$ lautet die Gleichung zur Bestimmung des Winkels φ

$$m_0\, a \sin\varphi = m\, b \sin(\beta + \varphi).$$

Dividieren wir durch $m\, b$ und benutzen für $\sin(\beta + \varphi)$ das Additionstheorem, so erhalten wir

$$\frac{m_0\, a}{m\, b} \sin\varphi = \sin\beta \cos\varphi + \cos\beta \sin\varphi.$$

Division durch $\cos\varphi$ liefert mit $\dfrac{\sin\varphi}{\cos\varphi} = \tan\varphi$ schließlich

$$(1) \quad \tan\varphi = \frac{\sin\beta}{\dfrac{m_0\, a}{m\, b} - \cos\beta}.$$

Für $m = m_{max}$ soll $\varphi = 90°$, d.h. $\tan\varphi = \infty$, werden. Dann muß der Nenner in (1) Null werden. Das liefert

$$m_0 = m_{max}\,\frac{b}{a}\,\cos\beta = 200\,\frac{80}{180}\,\cos 30° = 77{,}0\ \text{g}.$$

Wir führen die numerische Rechnung für die verschiedenen Werte m mit

$$\tan\varphi = \frac{\sin\beta}{\dfrac{m_{max}}{m}\cos\beta - \cos\beta} = \frac{\tan\beta}{\dfrac{m_{max}}{m} - 1} = \frac{\tan 30°}{\dfrac{200}{m} - 1}\quad (m\ \text{in g})$$

durch und erhalten die folgende Tabelle:

m [g]	0	20	40	60	80	100	120	140	160	180	200
φ	0°	3,7°	8,2°	13,9°	21,1°	30°	40,9°	53,4°	66,6°	79,1°	90°

Beispiel 4-11: Zwischen zwei Masten mit der Horizontalentfernung $l = 80$ m hängt ein Kupferdraht mit dem Durchmesser $d = 4$ mm und der Dichte $\rho = 8{,}9$ g/cm^3. Aus Sicherheitsgründen darf die maximale Seilkraft höchstens $F_{Smax} = 600$ N betragen. Wie groß ist der Durchhang f mindestens zu wählen und wie lang wird das Seil, wenn a) das Seil an den Masten in gleicher Höhe aufgehängt ist und b) der rechte Aufhängepunkt um $h = 80$ cm höher als der linke liegt?

Wir berechnen zunächst die Eigengewichtskraft des Seiles pro Längeneinheit.

$$q = \rho\,\frac{\pi}{4}\,d^2 g = 8{,}9\cdot 10^{-3}\,\frac{\text{kg}}{\text{cm}^3}\cdot\frac{\pi}{4}\cdot 0{,}4^2\ \text{cm}^2\cdot 9{,}81\,\frac{\text{m}}{\text{s}^2},\quad q = 0{,}0110\,\frac{\text{N}}{\text{cm}} = 1{,}10\,\frac{\text{N}}{\text{m}}.$$

Fall a). Aus den Beziehungen (4.3) bis (4.5) erhalten wir mit $h = 0$

$$b = \frac{l}{2},\quad F_H = \frac{q\,l^2}{8f},\quad F_{Smax} = \frac{q\,l^2}{8f}\sqrt{1 + \left(\frac{4f}{l}\right)^2}.$$

Aus der letzten Beziehung können wir f ermitteln:

$$\frac{8\,F_{Smax}}{q\,l^2} = \frac{1}{f}\sqrt{1 + \left(\frac{4f}{l}\right)^2}\ \Rightarrow\ \left(\frac{8\,F_{Smax}}{q\,l^2}\right)^2 = \frac{1}{f^2}\left(1 + \frac{16f^2}{l^2}\right),$$

$$\frac{1}{f^2} = \left(\frac{8\,F_{Smax}}{q\,l^2}\right)^2 - \frac{16}{l^2} = \frac{16}{l^2}\left[\left(\frac{2\,F_{Smax}}{q\,l}\right)^2 - 1\right].$$

$$f = \frac{l}{4\sqrt{\left(\dfrac{2\,F_{Smax}}{q\,l}\right)^2 - 1}}.$$

Einsetzen der Zahlenwerte liefert für den Durchhang

$$f = 1{,}47\ \text{m}$$

und mit (4.6) für die Länge des Seiles

$$s \cong l + \frac{8\,f^2}{3\,l} = 80{,}072 \text{ m}.$$

Das Seil ist also lediglich 72 mm länger als die Horizontalentfernung der Aufhängepunkte. Die Voraussetzung $f \ll l$ ist sehr gut erfüllt. Wir hätten für f kein wesentlich anderes Ergebnis erhalten, wenn wir $\left(\frac{4\,f}{l}\right)^2 = 0{,}0054$ in der Wurzel bei F_{Smax} gegenüber 1 vernachlässigt hätten. Die Berechnung von f wäre dann einfacher geworden:

$$f = \frac{q\,l^2}{8\,F_{\text{Smax}}} = \frac{1{,}10\,\frac{\text{N}}{\text{m}} \cdot 80^2 \text{ m}^2}{8 \cdot 600\,\text{N}} = 1{,}47 \text{ m}.$$

Fall b). Hier lauten die Formeln (4.3) bis (4.5)

$$b = \frac{l}{\sqrt{1+\frac{h}{f}}+1}, \quad F_{\text{H}} = \frac{q\,b^2}{2f}, \quad F_{\text{Smax}} = \frac{q\,b^2}{2f}\sqrt{1+\left(\frac{2(f+h)}{l-b}\right)^2}.$$

Die erste und die letzte Beziehung liefern uns zwei Gleichungen für die beiden Unbekannten f und h. Nach den Bemerkungen im Fall a) vernachlässigen wir auch hier den zweiten Term in der Wurzel gegenüber 1. Dadurch werden die Gleichungen wesentlich vereinfacht. Mit

$$b^2 = \frac{2\,F_{\text{Smax}}\,f}{q}$$

und dem Term für b aus der ersten Gleichung wird

$$\frac{l^2}{\left(\sqrt{1+\frac{h}{f}}+1\right)^2} = \frac{2\,F_{\text{Smax}}\,f}{q}$$

oder

$$\frac{q\,l^2}{2\,F_{\text{Smax}}} = f\left(2+\frac{h}{f}+2\sqrt{1+\frac{h}{f}}\right) = 2f+h+2\sqrt{f^2+fh}\,.$$

Setzen wir zur Abkürzung

$$\frac{q\,l^2}{2\,F_{\text{Smax}}} - h = 2\,c,$$

so erhalten wir

$$c - f = \sqrt{f^2+fh}$$

oder nach Quadrieren

$$c^2 - 2\,cf + f^2 = f^2 + fh.$$

Hieraus folgt schließlich

$$f = \frac{c^2}{h + 2c} \quad \text{mit} \quad c = \frac{1}{2}\left(\frac{q\,l^2}{2\,F_{\text{Smax}}} - h \right).$$

Zahlenrechnung:

$$c = \frac{1}{2}\left(\frac{1{,}10\ \text{N}\,\text{m}^{-1} \cdot 80^2\ \text{m}^2}{2 \cdot 600\ \text{N}} - 0{,}80\ \text{m} \right) = 2{,}533\ \text{m},$$

$$f = 1{,}09\ \text{m}, \quad b = 34{,}55\ \text{m}, \quad l - b = 45{,}45\ \text{m}.$$

Mit diesen Werten berechnen wir nach (4.6) die Bogenlänge

$$s \cong l + \frac{2}{3}\left(\frac{f^2}{b} + \frac{(f+h)^2}{l-b} \right) = 80{,}076\ \text{m}.$$

Beispiel 4-12: Zwei Seile mit der gleichen Gewichtskraft pro Länge sind nach Bild 4-18 an drei Masten in Punkten gleicher Höhe befestigt. Die Horizontalabstände betragen $l_1 = 90{,}00$ m und $l_2 = 60{,}00$ m und die Länge des Seiles zwischen den Punkten B und C $s_2 = 60{,}30$ m. Wie müssen die Durchhänge gewählt werden, damit der mittlere Mast nur durch eine Vertikalkraft belastet wird? Wie lang ist die Länge des Seiles zwischen den Punkten A und B zu wählen? Wie groß werden die Seilkräfte an den Punkten A und C?

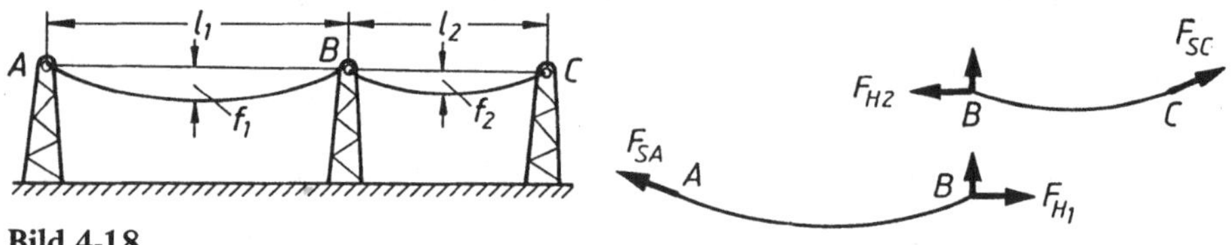

Bild 4-18

Nach (4.6′) gilt für die Länge des Seiles $B{-}C$

$$s_2 = l_2 + \frac{8\,f_2^2}{3\,l_2}.$$

Hieraus berechnen wir den Durchhang des Seiles zu

$$f_2 = \sqrt{\frac{3\,l_2}{8}(s_2 - l_2)} = \sqrt{\frac{3 \cdot 60\ \text{m}}{8}\,0{,}30\ \text{m}} = 2{,}60\ \text{m}.$$

Die Horizontalkräfte der Seile am Punkt B werden

$$F_{\text{H1}} = \frac{q\,l_1^2}{8\,f_1} \quad \text{und} \quad F_{\text{H2}} = \frac{q\,l_2^2}{8\,f_2}.$$

Diese Kräfte müssen gleich werden, wenn der mittlere Mast keine Horizontalbeanspruchung erfahren soll. Hieraus folgt

$$f_1 = f_2\,\frac{l_1^2}{l_2^2} = 3\ \text{m}\ \frac{90^2\ \text{m}^2}{60^2\ \text{m}^2} = 5{,}85\ \text{m}$$

und

$$s_1 = l_1 + \frac{8 f_1^2}{3 l_1} = 90{,}00 + \frac{8 \cdot 5{,}85^2}{3 \cdot 90} = 91{,}01 \text{ m.}$$

Schließlich werden die Seilkräfte an den Punkten A und C nach (4.5)

$$F_{SA} = \frac{q\, l_1^2}{8 f_1} \sqrt{1 + \left(\frac{4 f_1}{l_1}\right)^2} = 894 \text{ N,} \qquad F_{SC} = \frac{q\, l_2^2}{8 f_2} \sqrt{1 + \left(\frac{4 f_2}{l_2}\right)^2} = 871 \text{ N.}$$

4.6 Übungsaufgaben

4-1: Berechnen Sie für die Geberträger die Auflager- und Gelenkkräfte.

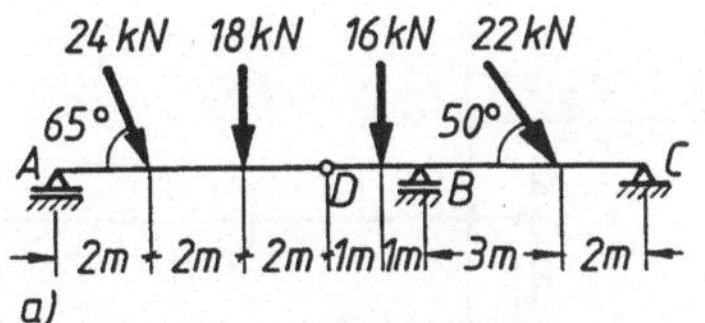

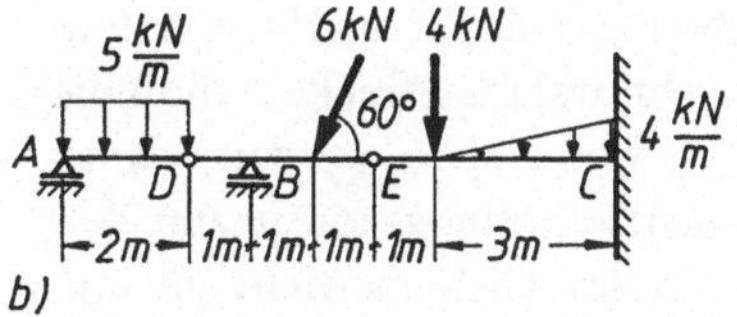

4-2: Bestimmen Sie für die Dreigelenkbögen die Auflager- und Gelenkkräfte.

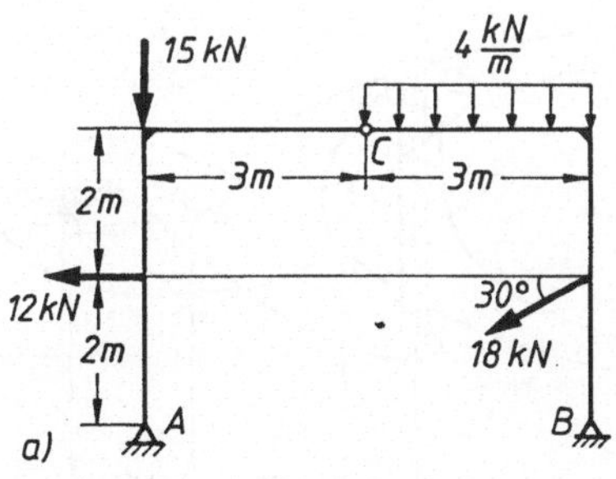

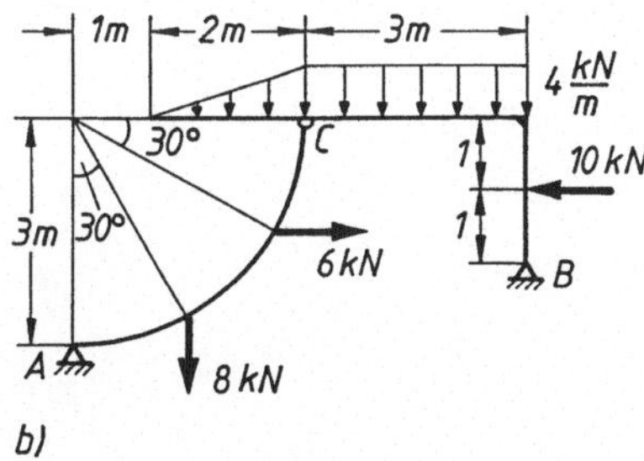

4-3: Eine Last m wird durch den abgebildeten Greifer gehalten. An den Angriffsflächen A und B herrscht genügend große Reibung zum Halten der Last. Berechnen Sie die Kraft bei A, im Stab und im Seil.

Gegeben: m = 260 kg, a = 45 cm, b = 50 cm, c = 20 cm, d = 65 cm, h = 110 cm.

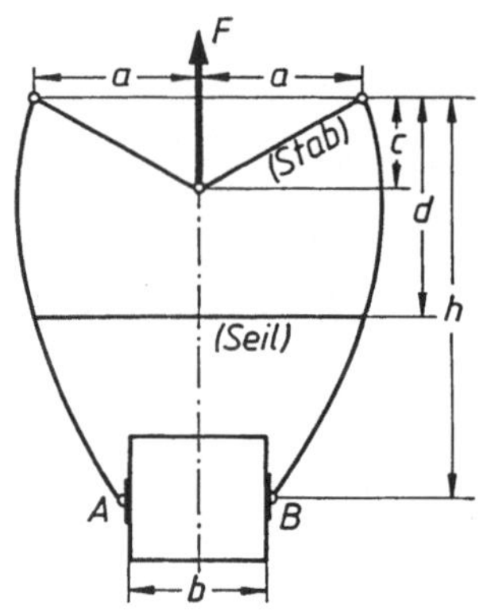

4-4: Zur Messung großer Lasten wird das abgebildete doppelte Hebelsystem benutzt. Um welche Strecke x muß die Masse m_0 verschoben werden, damit bei Gewichtserhöhung von m um Δm die Waage im Gleichgewicht bleibt? Zeigen Sie, daß x unabhängig von d ist.

Gegeben: a = 40 mm, b = 500 mm, c = 50 mm, m_0 = 20 kg, Δm = 100 kg.

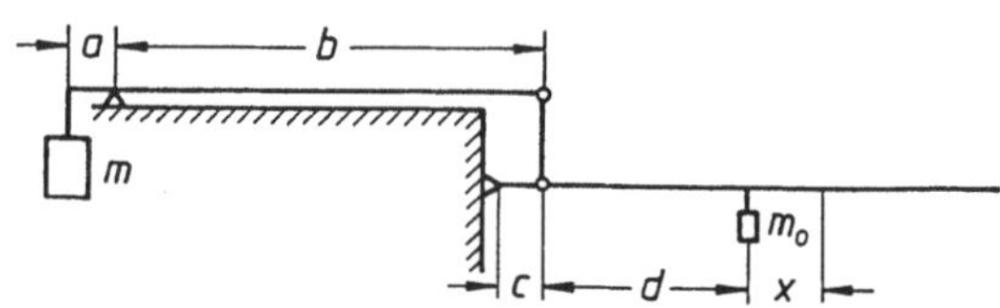

4-5: Bestimmen Sie für die Hebelschere alle Gelenkkräfte und die Kraft am Punkt P.

Gegeben: b = 18 mm, F_0 = 250 N.

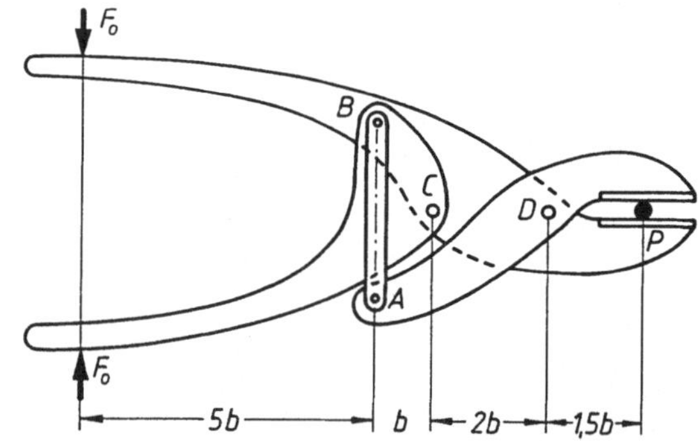

4-6: Bestimmen Sie für die skizzierte Leiter die Auflagerkräfte, die Seilkraft und die Gelenkkraft in C.

Gegeben: b, F.

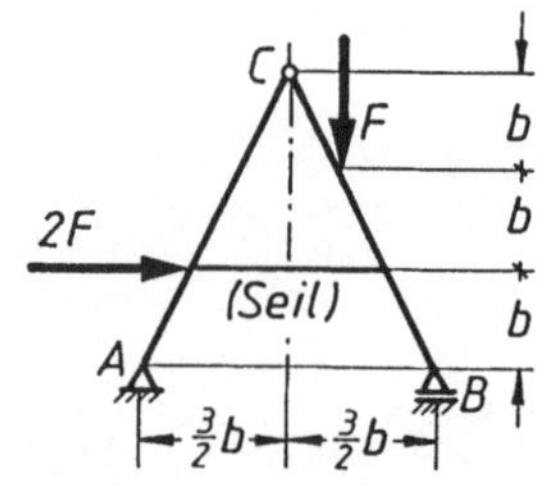

4-7: Bestimmen Sie für das abgebildete Gelenksystem die Auflager- und Gelenkkräfte.

Gegeben: $b = 0,8$ m, $q = 4$ kN/m, $F = 8$ kN, $\alpha = 20°$.

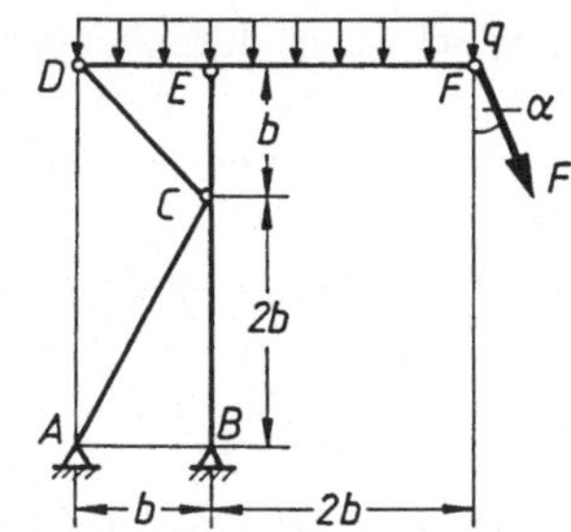

4-8: Berechnen Sie die Auflagerkräfte und die Kräfte in den Stäben $C{-}D$ und $E{-}F$.

Gegeben: $b = 1,5$ m, $q = 5$ kN/m, $F = 15$ kN.

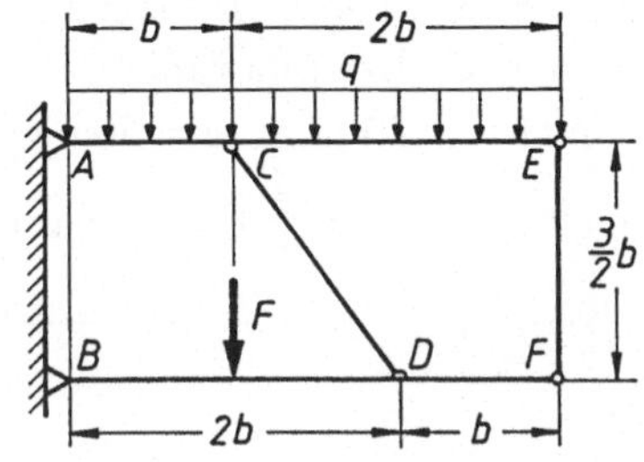

4-9: Ermitteln Sie für das skizzierte Tragwerk die Auflagerkräfte, die Gelenkkraft in G und alle Stabkräfte.

Gegeben: $b = 3$ m, $F = 15$ kN, $q = \dfrac{F}{b}$.

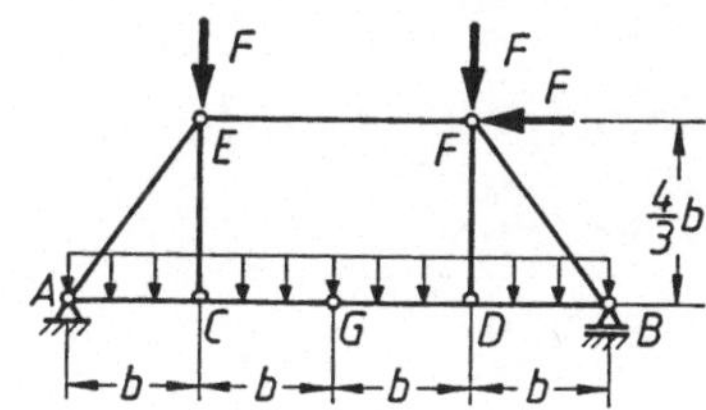

4-10: Eine Plattform für Überkopfarbeiten wird durch zwei gleiche Gelenkmechanismen, von denen einer nebenstehend abgebildet ist, getragen. Das Gelenk im Punkt C besitzt eine reibungsfreie Vertikalführung, so daß nur Horizontalkräfte aufgenommen werden können. Ein Gelenksystem hat die Gewichtskraft F_g aufzunehmen. Stellen Sie die Kraft im Stab BE und im Hydraulikzylinder EG in Abhängigkeit des Winkels φ dar, und berechnen Sie diese Kräfte für $\varphi = 0°, 30°, 60°$. Zeigen Sie insbesondere, daß die Kraft im Hydraulikzylinder unabhängig von der Lage der Last ist.

Gegeben: $l = 3,00$ m, $a = \dfrac{l}{3}$, $b = 0,75$ m, $c = 2\,b$, $x = b$, $F_g = 3$ kN.

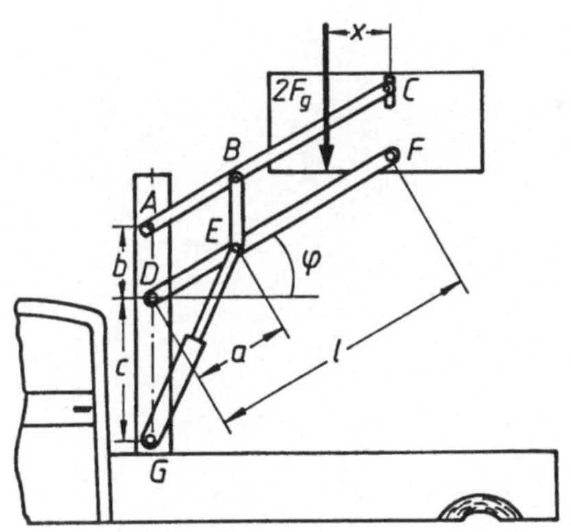

4-11: Ein schwach durchhängendes, biegeschlaffes Seil trägt in der Mitte eine Last F. Bestimmen Sie die Auflagerkräfte.

Gegeben: $l = 40{,}00$ m, $f = 280$ mm, $q = 8$ N/m, $F = 120$ N.

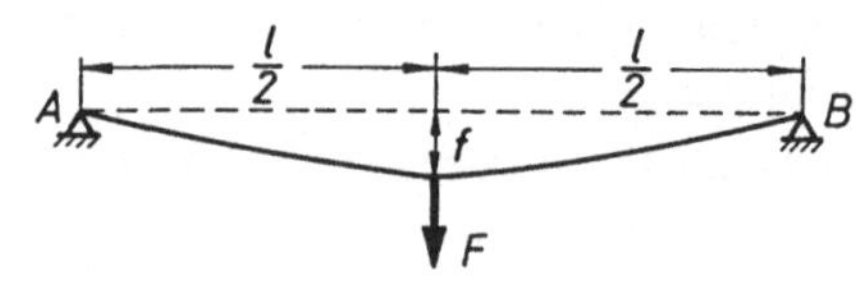

4-12: Bevor beim Drucken das Papier in eine Presse geführt wird, läuft es über Rollen bei A und B. Berechnen Sie die maximale Kraft im Papier.

Gegeben: $l = 1450$ mm, $h = 50$ mm, $f_0 = 80$ mm, $m' = 250\ \dfrac{\text{g}}{\text{m}}$ (Papiermasse pro Länge).

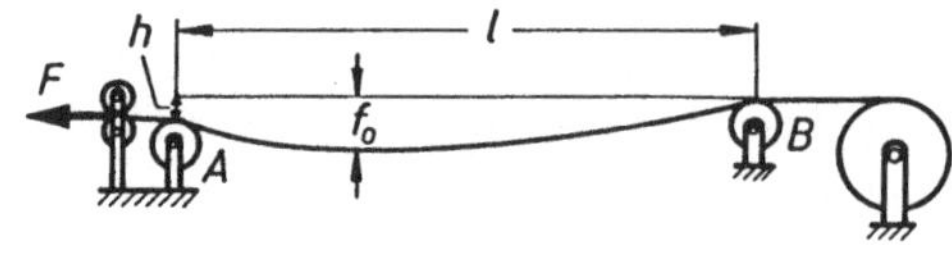

5 Das ebene Fachwerk

5.1 Voraussetzungen und Folgerungen

Ein Fachwerk besteht aus geraden Stäben, die an ihren Enden miteinander verbunden sind (s. Bild 5-2). Die Verbindungsstellen der Stäbe nennt man Knotenpunkte oder auch kurz Knoten. Liegen alle Stäbe in einer Ebene, so spricht man von einem ebenen, andernfalls von einem räumlichen Fachwerk. Wir betrachten in diesem Abschnitt nur ebene Fachwerke und fragen nach den Kräften, die auf die einzelnen Stäbe wirken. Um diese Aufgabe mit den Hilfsmitteln der Stereostatik durchführen zu können, treffen wir die folgenden Voraussetzungen:

1. Die Stäbe des Fachwerks sind in den Knotenpunkten gelenkig miteinander verbunden.
2. Die äußeren Kräfte greifen nur in den Knotenpunkten an.

Unter diesen Voraussetzungen sind alle Stäbe Pendelstützen, die nur Kräfte in ihrer Längsrichtung aufnehmen können, also nur Zug- oder Druckkräfte. Bild 5-1a) zeigt die Zugkräfte, die an einem Stab bzw. nach actio = reactio an den Knotenpunkten auftreten (die Kräfte ziehen am Knotenpunkt). In Bild 5-1b) liegt eine Beanspruchung durch Druckkräfte vor (die Kräfte drücken auf den Knotenpunkt).

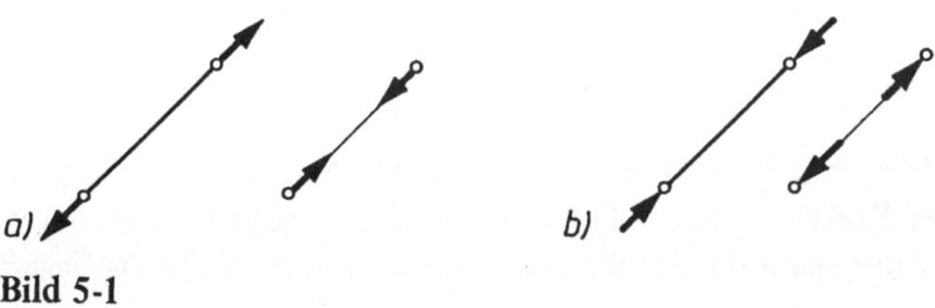

Bild 5-1

Ein Fachwerk mit den obigen Voraussetzungen nennt man ein *ideales* Fachwerk. Bei einem *realen* Fachwerk sind die Voraussetzungen nicht streng erfüllt. Die Bestimmung der Beanspruchungskräfte der Stäbe wird statisch unbestimmt und damit sehr viel schwieriger als bei einem idealen Fachwerk. Eine genauere Rechnung zeigt aber, daß die Abweichungen nicht sehr groß sind, so daß wir in der Praxis im allgemeinen ein Fachwerk als ein ideales Fachwerk ansehen können, auch wenn die Stäbe in den Knotenpunkten miteinander verschweißt sein sollten.

5.2 Statische Bestimmtheit

Ein Fachwerk kann statisch bestimmt (Bild 5-2a)) oder auch statisch unbestimmt (Bild 5-2b)) gelagert sein. Im Fachwerk 5-2a) können wir die Auflagerkräfte berechnen, auch wenn die innere Struktur des Fachwerks unbekannt wäre oder die Stäbe in den Knotenpunkten verschweißt wären. Beim Fachwerk 5-2b) aber gelingt die Bestimmung der Auflagerreaktionen durch Anwendung der Gleichgewichtsbedingungen auf das gesamte Fachwerk nicht. Hier treten vier unbekannte Auflagerkräfte auf. Die Frage ist, welche Bedingung muß ein Fachwerk erfüllen, damit es insgesamt statisch bestimmt ist, d. h. damit alle Auflagerkräfte und alle Stabkräfte aus den Gleichgewichtsbedingungen der Stereostatik ermittelt werden können.

Wir bezeichnen

     mit a die Anzahl der Auflagerkräfte,

     mit k die Anzahl der Knotenpunkte und

     mit s die Anzahl der Stäbe (und damit der Stabkräfte).

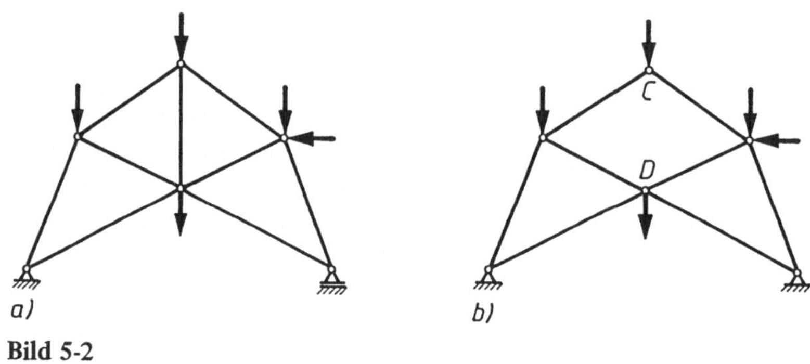

Bild 5-2

An jedem Knotenpunkt (einschließlich der Auflagerpunkte) können wir zwei Gleichungen für das Gleichgewicht der Kräfte an einem Punkt aufstellen. Insgesamt erhalten wir also $2\,k$ Gleichungen für die s unbekannten Stabkräfte und die a unbekannten Auflagerkräfte. Es muß somit gelten

$$\boxed{2\,k = s + a \ .}\tag{5.1}$$

Diese Bedingung ist eine notwendige, aber keine hinreichende Bedingung für die eindeutige Bestimmung der unbekannten Stab- und Auflagerkräfte. Das Gleichungssystem braucht keine Lösung zu besitzen, die Determinante des Systems kann Null werden. In diesem Fall liegt wieder ein Ausnahmefall der Statik vor (s. Beispiel 2-7).

Überprüfen wir die Bedingung (5.1) für die durch Bild 5-2 dargestellten Fachwerke. Für 5-2a) wird $k = 6$, $s = 9$, $a = 3$ und $2 \cdot 6 = 9 + 3$ ist erfüllt. Für 5-2b) ist mit $k = 6$, $s = 8$, $a = 4$ ebenfalls $2 \cdot 6 = 8 + 4$ erfüllt. Nehmen wir im Fachwerk 5-2a) den mittleren senkrechten Stab heraus (womit wir eine Stabverbindung wie in 5-2b erhalten), so wird mit

$2 \cdot 6 > 8 + 3$ die notwendige Bedingung (5.1) verletzt. Man erkennt sofort, daß in diesem Fall das Fachwerk kinematisch unbestimmt wird. Der rechte Auflagerknotenpunkt verrutscht. — Verbinden wir im Fachwerk 5-2b) die beiden Knotenpunkte C und D durch einen zusätzlichen Stab, so wird $2 \cdot 6 < 9 + 4$. In diesem Fall ist die Anzahl der unbekannten Kräfte um eins größer als die Anzahl der zur Verfügung stehenden Gleichungen der Stereostatik. Dieses Fachwerk ist einfach statisch unbestimmt. Zur Ermittlung der Stabkräfte müssen Verformungsgleichungen der Elastostatik hinzugezogen werden.

5.3 Knotenpunktverfahren

Wir setzen im folgenden voraus, daß Fachwerke die notwendige Bedingung $2\,k = s + a$ für statische Bestimmtheit erfüllen. Zur Ermittlung der Stabkräfte schneiden wir jeden Knotenpunkt des Fachwerks frei und zeichnen alle Kräfte (Stab-, Auflager- und Belastungskräfte) ein, die auf diesen Punkt wirken. Treten nicht mehr als zwei unbekannte Stab- oder Auflagerkräfte auf, so lassen sich diese Kräfte aus den zwei Gleichgewichtsgleichungen berechnen. Bei diesem Knotenpunktverfahren gehen wir zweckmäßig folgendermaßen vor:

1. Bei einem statisch bestimmt gelagerten Fachwerk berechnen wir die Auflagerkräfte.
2. Die Stäbe werden (beliebig) von 1 bis s numeriert. Die Stabkraft im Stab mit der Nummer i bezeichnen wir mit F_{Si}. Diese Kraft wird positiv (das Pluszeichen geben wir hier mit an) gerechnet, wenn sie eine Zugkraft ist. Eine Druckkraft wird negativ angegeben.
3. Die Knotenpunkte numerieren wir derart mit I, II, III usw. durch, daß wir beim Durchlaufen in dieser Reihenfolge an jedem Knotenpunkt höchstens zwei unbekannte Kräfte antreffen. Ein Fachwerk, das diese Bedingung erfüllt, wird ein *einfaches* Fachwerk genannt. Daß es auch nicht-einfache Fachwerke gibt und wie man dann vorgeht, werden wir weiter unten zeigen (Beispiel 5-4).
4. Im Lageplan der Kräfte an einem Knotenpunkt nehmen wir alle Stabkräfte als Zugkräfte an (der Pfeil der Kraft weist vom Knotenpunkt weg). Ist diese Annahme richtig, so erhalten wir die Stabkraft positiv, andernfalls als Druckkraft negativ. Dieses Ergebnis stimmt mit der Vorzeichenfestsetzung in 2. überein.

Für die in Bild 5-2 dargestellten Fachwerke zeigt Bild 5-3 eine Stab- und Knotenpunktnumerierung. Wie man erkennt, handelt es sich in beiden Fällen um einfache Fachwerke. Beim Fachwerk 5-3a) berechnen wir zunächst die Auflagerkräfte aus den Gleichgewichtsbedingungen am gesamten Fachwerk. Die Berechnung der Stabkräfte könnte man in den Knotenpunkten I oder IV beginnen. An jedem dieser Knotenpunkte treten genau zwei unbekannte Stabkräfte auf. Für die eingezeichnete Knotenpunktnumerierung tritt bei V nur noch die eine unbekannte Stabkraft F_{S9} auf, während die anderen Stabkräfte F_{S6} und F_{S7} vorher berechnet wurden. Zur Bestimmung von F_{S9} benötigen wir nur eine Gleichgewichtsgleichung. Die zweite Gleichung dient zur Rechenkontrolle. Am Knotenpunkt VI schließlich sind alle Kräfte F_B, F_{S8} und F_{S9} bekannt. Trotzdem sollte auch an diesem Knotenpunkt die Gleichgewichtsbedingung als sehr wirksame Rechenkontrolle überprüft werden.

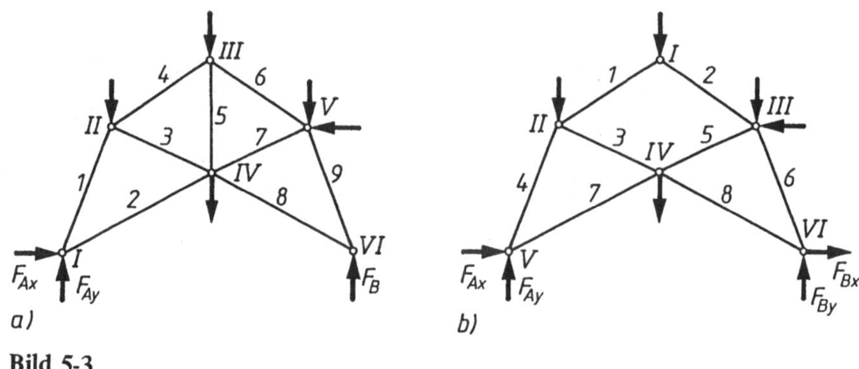

Bild 5-3

Beim Fachwerk 5-3b) müssen wir wegen der unbekannten Auflagerkräfte die Berechnung im Knotenpunkt I beginnen. Danach könnten II und III und V und VI vertauscht werden. Hier ergeben sich die Auflagerkräfte zuletzt aus den bekannten Stabkräften. Als Kontrolle führen wir nach Abschluß des Knotenpunktverfahrens die Überprüfung der Gleichgewichtsbedingung für die Auflager- und Belastungskräfte am gesamten Fachwerk durch.

Bei einem Fachwerk geschieht es gelegentlich, daß einige Stäbe keine Kräfte aufzunehmen haben. Solche Stäbe, die lediglich zur Stabilität des Fachwerks beitragen, nennt man *Nullstäbe*. Es ist günstig, solche Stäbe rechtzeitig zu erkennen, weil dadurch oftmals die Berechnung der weiteren Stabkräfte erleichtert wird. Im Fachwerk Bild 5-4 sind die mit 0 gezeichneten Stäbe solche Nullstäbe. Dieses ergibt sich sofort aus den Kraftbildern an den Knotenpunkten.

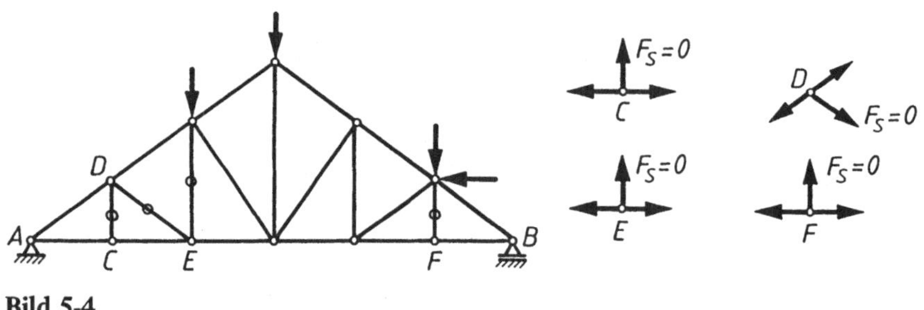

Bild 5-4

5.4 Cremona-Plan

Das in Abschnitt 5.3 beschriebene Verfahren kann auch zeichnerisch durchgeführt werden. Zu jedem Knotenpunkt ergibt sich nach der graphischen Gleichgewichtsbedingung ein geschlossenes Krafteck. Alle Kraftecke kann man zu einer gemeinsamen Konstruktion, dem sog. Cremona-Plan[1] zusammenfassen. Wir zeigen an einem einfachen Beispiel eines statisch bestimmt gelagerten Fachwerks, wie sich dieser Plan ergibt. Ganz ähnlich verläuft

---

[1] L. Cremona, 1830–1903, italienischer Mathematiker

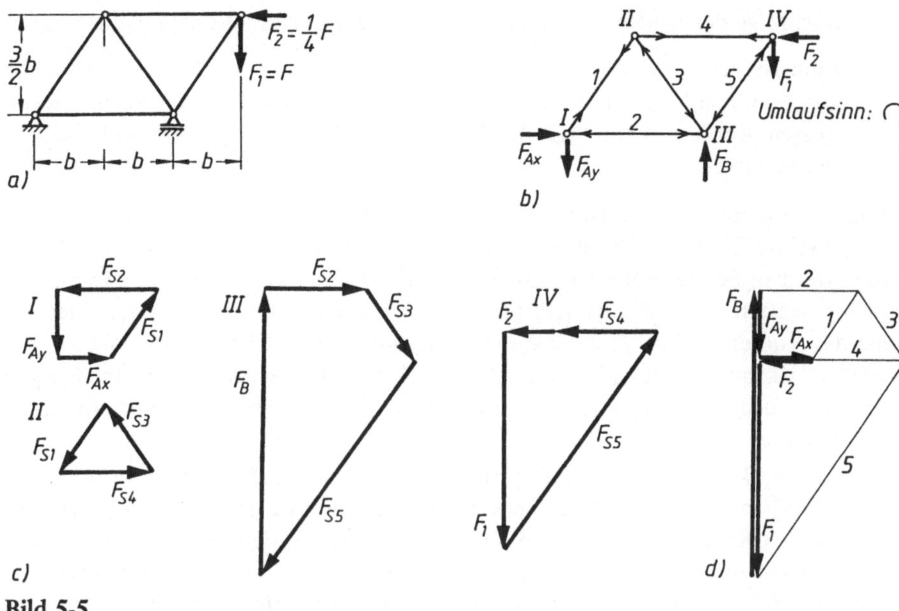

Bild 5-5

die Konstruktion des Cremona-Plans bei einem statisch unbestimmt gelagerten Fachwerks, wie es z. B. in Bild 5-3b) dargestellt ist.

Für das in Bild 5-5a) dargestellte Fachwerk ermitteln wir zunächst die Auflagerkräfte zu

$$F_{Ax} = \frac{1}{4} F, \quad F_{Ay} = \frac{5}{16} F, \quad F_B = \frac{21}{16} F.$$

Die Numerierung der Stäbe und Knotenpunkte nehmen wir nach Abschnitt 5.3 vor (Bild 5-5b)). Zu jedem Knotenpunkt zeichnen wir maßstabsgetreu das geschlossene Krafteck (Bild 5-5c)). Da niemals mehr als zwei unbekannte Stabkräfte auftreten, läßt sich diese Konstruktion in der Reihenfolge I, II, III, IV durchführen. Jede Stabkraft tritt in diesen Kraftecken zweimal auf, F_{S2} z. B. im Krafteck I und III. Schieben wir jetzt alle Kraftecke zusammen, so daß gleiche Stabkräfte zusammenfallen, so erhalten wir den Cremona-Plan (Bild 5-5d)). Hier tritt jede Stabkraft nur einmal auf, allerdings zunächst mit einem Pfeil nach beiden Richtungen. Die Zeichnung der Pfeile wird daher von vornherein fortgelassen, und die Stabkräfte werden im Cremona-Plan nur durch ihre Stabnummer markiert. Die Pfeilrichtung für jede Stabkraft wird im Lageplan des Fachwerks an dem Knotenpunkt angebracht, auf den diese Stabkraft wirkt. Das Krafteck zum Knotenpunkt I z. B. wird im Cremona-Plan in der Reihenfolge $F_{Ay} - F_{Ax} - F_{S1} - F_{S2}$ durchlaufen. Hieraus ergeben sich die Richtungen der Stabkräfte: F_{S1} nach rechts oben und F_{S2} nach links. Diese Richtungen werden in das Fachwerk am Knotenpunkt I eingezeichnet. Daraus ist zu erkennen, daß F_{S1} eine Zugkraft und F_{S2} eine Druckkraft ist. Die auf die benachbarten Knotenpunkte wirkenden Stabkräfte F_{S1} und F_{S2} haben dann die entgegengesetzte Richtung wie an I, also F_{S1} an II nach links unten und F_{S2} an III nach rechts.

Die Reihenfolge der Kräfte in den einzelnen Kraftecken ist nicht beliebig. Hier gilt die

> **Umlaufregel:** Die Kräfte in jedem zu einem Knotenpunkt gehörenden Krafteck des Cremona-Plans sind in der Reihenfolge aneinander zu setzen, wie sie angetroffen werden, wenn der Knotenpunkt rechtsdrehend (oder linksdrehend) umlaufen wird.

Ob alle Knotenpunkte rechtsdrehend oder linksdrehend umlaufen werden, ist unwichtig. Eine gewählte Umlaufrichtung muß aber bei der Zeichnung eines Cremona-Plans beibehalten werden. Bei der obigen Konstruktion der Kraftecke haben wir den Umlaufsinn ↻ gewählt. Hätten wir z. B. die Kräfte im Krafteck II in der Reihenfolge eines Linksumlaufs des Knotenpunktes II aneinandergefügt, so würden die Stabkräfte F_{S2} und F_{S3} im Krafteck III im Cremona-Plan nicht in richtiger Reihenfolge aneinanderliegen. Man müßte F_{S2} oder F_{S3} noch einmal zeichnen. Das soll in einem guten Cremona-Plan vermieden werden.

Die Belastungskräfte und die Auflagerkräfte bilden ein geschlossenes Krafteck. Bei einem statisch bestimmt gelagerten Fachwerk kann die Zeichnung des Cremona-Plans mit diesem geschlossenen Krafteck der äußeren Kräfte begonnen werden. Man muß dabei die Kräfte in der Reihenfolge aneinanderfügen, wie man sie antrifft, wenn das Fachwerk außen in demselben Sinne umlaufen wird wie die einzelnen Knotenpunkte. (Diese Regeln führen nicht bei jedem Fachwerk, auch wenn es nach obiger Festlegung ein einfaches Fachwerk ist, zur Konstruktion eines Cremona-Plans, in dem jede Stabkraft nur einmal auftritt und die äußeren Kräfte ein geschlossenes Krafteck bilden. Wir werden dieses in den Beispielen zeigen.)

Wie beim rechnerischen Knotenpunktverfahren kontrolliert ein Cremona-Plan sich zum Schluß selbst. Für das obige Fachwerk (Bild 5-5) liegen für das Krafteck zum Knotenpunkt III die Kräfte F_B, F_{S2} und F_{S3} bereits fest. Die Richtung der Schlußlinie von F_{S5} im Krafteck muß daher parallel zur Richtung des Stabes 5 laufen. Für den letzten Knotenpunkt IV sind alle Kräfte bekannt, und das geschlossene Krafteck liefert eine sehr wirksame Kontrolle des zeichnerischen Verfahrens.

Für ein statisch unbestimmt gelagertes Fachwerk werden neben den Stabkräften auch die Auflagerkräfte mit dem Cremona-Plan ermittelt. Hier besteht die Kontrolle in dem geschlossenen Krafteck aus den Belastungs- und den Auflagerkräften (s. Beispiel 5-6).

5.5 Rittersches Schnittverfahren

Mit dem Knotenpunktverfahren oder dem Cremona-Plan werden alle Stabkräfte eines Fachwerks ermittelt. Mit dem Ritterschen Schnittverfahren[1] können einzelne Stabkräfte berechnet werden, ohne daß man vorher andere Stabkräfte ermittelt zu haben braucht. Außerdem können mit diesem Verfahren oftmals auch Stabkräfte berechnet werden, die sich mit dem Knotenpunktverfahren oder nach Cremona nicht bestimmen lassen.

---

[1] August Ritter, 1826–1908

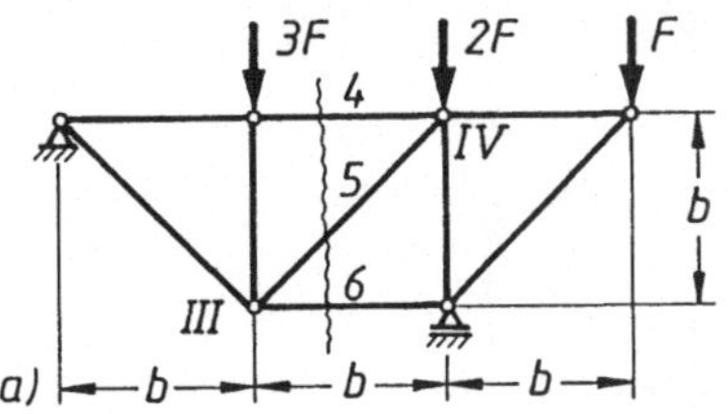 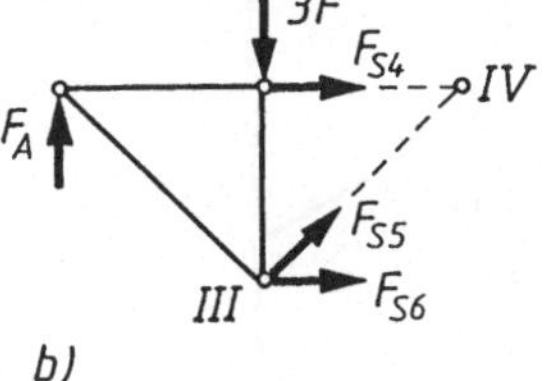

Bild 5-6

Wir erklären das Rittersche Schnittverfahren an einem einfachen Beispiel. Für das in Bild 5-6a) dargestellte Fachwerk sollen die Stabkräfte F_{S4}, F_{S5} und F_{S6} ohne Kenntnis der anderen Stabkräfte berechnet werden. Zunächst bestimmen wir die Auflagerkräfte zu $F_A = F$ und $F_B = 5\,F$. Dann legen wir einen Schnitt durch die Stäbe 4, 5 und 6 und teilen das Fachwerk in zwei Teile. Damit diese Teile im Gleichgewicht bleiben, müssen wir die bisherigen inneren Stabkräfte zu äußeren Kräften machen. Für den linken Teil des Fachwerks erhalten wir somit Bild 5-6b), wobei wir alle Stabkräfte wie früher beim Knotenpunktverfahren als Zugkräfte annehmen. Die drei unbekannten Stabkräfte und die bekannten äußeren Kräfte F_A und $3\,F$ bilden ein Gleichgewichtssystem. Somit lassen sich die Stabkräfte aus den drei Gleichgewichtsgleichungen ermitteln. Bilden wir das Moment in bezug auf den Knotenpunkt IV (Schnittpunkt der Stäbe 4 und 5 und damit der Wirkungslinien von F_{S4} und F_{S5}), so erhalten wir

$$F_{S6}\,b + 3\,F b - F_A\,2\,b = 0$$

und hieraus

$$F_{S6} = 2\,F_A - 3\,F = -F.$$

Entsprechend folgt aus $\Sigma M^{(III)} = 0$

$$F_{S4}\,b + F_A\,b = 0 \Rightarrow F_{S4} = -F_A = -F$$

und aus $\Sigma F_y = 0$

$$F_{S5} \sin 45° + F_A - 3\,F = 0 \Rightarrow F_{S5} = \frac{3\,F - F_A}{\sin 45°} = 2\sqrt{2}\,F.$$

Wir überprüfen die Berechnung der Stabkräfte mit $\Sigma F_x = 0$:

$$F_{S4} + F_{S5} \cos 45° + F_{S6} = -F + 2\,F - F = 0.$$

Statt des linken Teilfachwerks hätten wir auch den rechten Teil nehmen können. Man wählt im allgemeinen den Teil des geschnittenen Fachwerks, dessen Geometrie oder Belastung am einfachsten ist. Der Schnitt am Fachwerk muß natürlich so gelegt werden, daß sich aus den Gleichgewichtsbedingungen für das Teilfachwerk die gesuchte Stabkraft ermitteln läßt. Im allgemeinen wird bei einem statisch bestimmt gelagerten Fachwerk der Schnitt durch drei Stäbe gelegt, die sich nicht in einem Punkt schneiden. Bei einem Schnitt durch mehr als drei Stäbe müssen bis auf eine Wirkungslinie alle anderen Wirkungslinien der freigemachten Stabkräfte durch einen Punkt gehen. Beim sog. K-Fach-

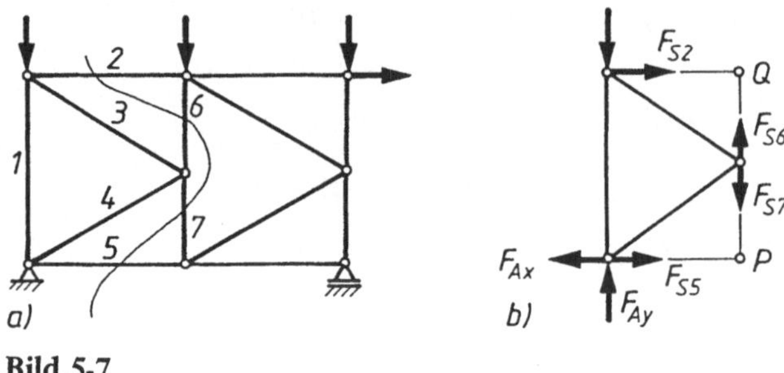

Bild 5-7

werk Bild 5-7a) kann zur Bestimmung von F_{S2} und F_{S5} ein Schnitt durch die vier Stäbe 2, 6, 7 und 5 gelegt werden. Nach Bild 5-7b) liefert $\Sigma M^{(P)} = 0$ die Stabkraft F_{S2} und $\Sigma M^{(Q)} = 0$ die Stabkraft F_{S5}. F_{S6} und F_{S7} aber lassen sich durch diesen Schnitt nicht bestimmen.

5.6 Beispiele

Beispiel 5-1: Für das Fachwerk Bild 5-8a) sind alle Stabkräfte mit dem Knotenpunktverfahren und dem Cremona-Plan zu bestimmen.

Wir berechnen zunächst die Auflagerkräfte zu

$$F_A = 86 \text{ kN}, \quad F_{Bx} = 30 \text{ kN}, \quad F_{By} = 74 \text{ kN}$$

und den Winkel α zu $\alpha = 50,19°$.

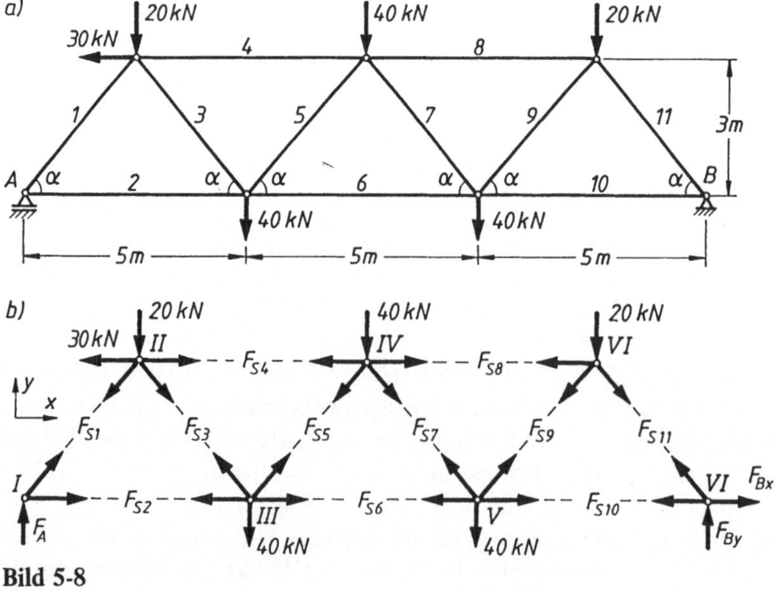

Bild 5-8

Die Numerierung der Knotenpunkte kann hier so vorgenommen werden, daß wir beim Durchlaufen der Knotenpunkte in der Folge der Numerierung jeweils höchstens zwei unbekannte Stabkräfte antreffen (Bild 5-8b)). Es liegt also ein einfaches Fachwerk vor. Nach dem Lageplan der Kräfte bilden wir das Komponentengleichgewicht $\Sigma F_x = 0$ und $\Sigma F_y = 0$ an den Knotenpunkten in aufsteigender Numerierung und berechnen aus diesen zwei Gleichungen die jeweils unbekannten Stabkräfte. Die Gleichungen schreiben wir dabei sofort in der Form, daß die beiden unbekannten Stabkräfte auf den linken Seiten und alle bekannten Größen auf den rechten Seiten erscheinen. Die berechneten Werte speichern wir in unserem Taschenrechner ab, so daß wir bequem weiterrechnen können und das Maß der Rundungsfehler auf ein Minimum beschränken.

Knotenpunkt I:

$$F_{S1} \cos \alpha + F_{S2} = 0,$$

$$F_{S1} \sin \alpha = -F_A \;\Rightarrow\; F_{S1} = -111,9 \text{ kN}; \quad F_{S2} = +71,7 \text{ kN}.$$

Knotenpunkt II:

$$F_{S3} \cos \alpha + F_{S4} = 30 + F_{S1} \cos \alpha,$$

$$F_{S3} \sin \alpha = -20 - F_{S1} \sin \alpha \;\Rightarrow\; F_{S3} = +85,9 \text{ kN}; \quad F_{S4} = -96,7 \text{ kN}.$$

Knotenpunkt III:

$$F_{S5} \cos \alpha + F_{S6} = F_{S2} + F_{S3} \cos \alpha,$$

$$F_{S5} \sin \alpha = 40 - F_{S3} \sin \alpha \;\Rightarrow\; F_{S5} = -33,8 \text{ kN}; \quad F_{S6} = +148,3 \text{ kN}.$$

Knotenpunkt IV:

$$F_{S7} \cos \alpha + F_{S8} = F_{S4} + F_{S5} \cos \alpha,$$

$$F_{S7} \sin \alpha = -40 - F_{S5} \sin \alpha \;\Rightarrow\; F_{S7} = -18,2 \text{ kN}; \quad F_{S8} = -106,7 \text{ kN}.$$

Knotenpunkt V:

$$F_{S9} \cos \alpha + F_{S10} = F_{S6} + F_{S7} \cos \alpha,$$

$$F_{S9} \sin \alpha = 40 - F_{S7} \sin \alpha \;\Rightarrow\; F_{S9} = +70,3 \text{ kN}; \quad F_{S10} = +91,7 \text{ kN}.$$

Am Knotenpunkt VI ist jetzt nur noch F_{S11} unbekannt. Zur Kontrolle berechnen wir noch einmal F_{S8}. Am Knotenpunkt VII berechnen wir F_{Bx} und F_{By} und kontrollieren diese Werte mit den oben ermittelten Auflagerkräften.

Knotenpunkt VI:

$$F_{S8} - F_{S11} \cos \alpha = -F_{S9} \cos \alpha,$$

$$F_{S11} \sin \alpha = -20 - F_{S9} \sin \alpha \;\Rightarrow\; F_{S11} = -96,3 \text{ kN}; \quad F_{S8} = -106,7 \text{ kN}.$$

Knotenpunkt VII:

$$F_{Bx} = F_{S10} + F_{S11} \cos \alpha = 30 \text{ kN},$$

$$F_{By} = -F_{S11} \sin \alpha = 74 \text{ kN}.$$

Die Ergebnisse für die Stabkräfte stellen wir übersichtlich in einer Tabelle zusammen (zur Erinnerung: + bedeutet Zugkraft, − Druckkraft). Die Kräfte haben wir auf kN gerundet.

Stab	1	2	3	4	5	6	7	8	9	10	11
F_S/kN	− 112	+ 72	+ 86	− 97	− 34	+ 148	− 18	− 107	+ 70	+ 92	− 96

Die zeichnerische Ermittlung der Stabkräfte haben wir im Cremona-Plan nach Bild 5-9 durchgeführt. Die zeichnerischen Ergebnisse stimmen ungefähr mit den Werten der obigen Tabelle überein.

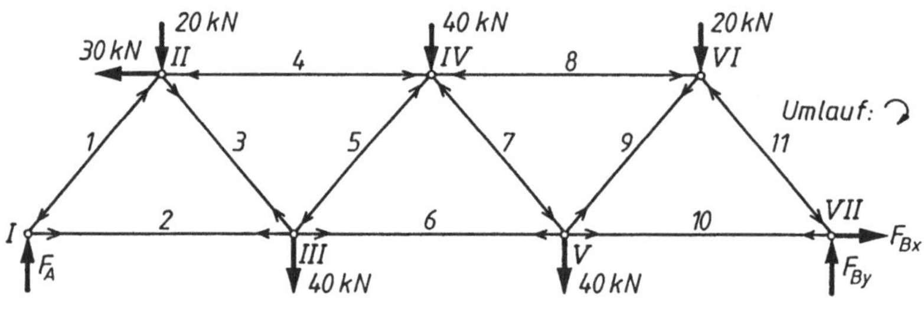

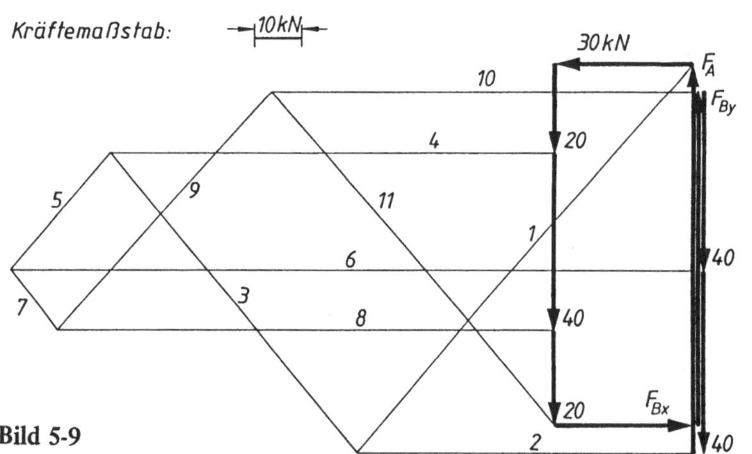

Bild 5-9

Beispiel 5-2: Für den Polonceaubinder (Bild 5-10a)) sind alle Stabkräfte rechnerisch mit dem Knotenpunktverfahren und zeichnerisch nach Cremona zu bestimmen.

Das Fachwerk ist statisch bestimmt gelagert. Wir berechnen die Auflagerkräfte zu

$$F_{Ax} = 10 \text{ kN}, \quad F_{Ay} = 32{,}92 \text{ kN}, \quad F_B = 37{,}08 \text{ kN}.$$

Mit $k = 7$, $s = 11$ und $a = 3$ ist die notwendige Bedingung $2k = s + a$ für statische Bestimmtheit erfüllt. Bild 5-10b) zeigt den Lageplan aller Stabkräfte an den Knotenpunkten I bis VII. Durchlaufen wir die Knotenpunkte in dieser Reihenfolge, so liefern uns die Komponentengleichgewichtsbedingungen $\Sigma F_x = 0$ und $\Sigma F_y = 0$ jeweils zwei Gleichungen für

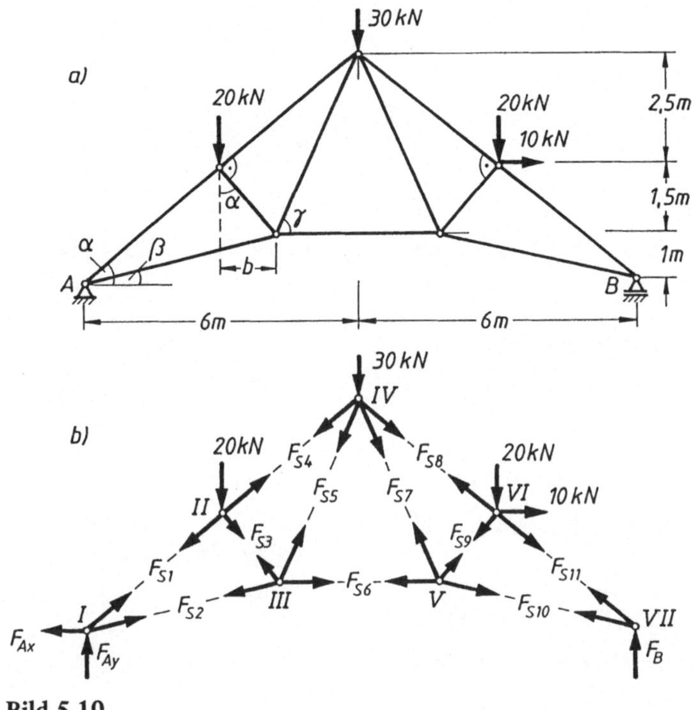

Bild 5-10

zwei unbekannte Stabkräfte. An den Knotenpunkten VI und VII benutzen wir diese
Gleichungen als Kontrolle für die bisherige Rechnung. Die Auflösung des Gleichungssystems mit zwei Unbekannten haben wir übergangen, das möge jeder auf seine Art
durchführen. Wir geben nur die Ergebnisse an. In den Knotenpunkten II und VI stehen
die gesuchten Kräfte senkrecht aufeinander. Hier legen wir die x- und y-Achse in die
Richtung dieser Stabkräfte.

Zur Berechnung der Stabkräfte benötigen wir die Winkel α, β und γ, die wir aus der
Geometrie des Fachwerks bestimmen.

$$\tan\alpha = \frac{5}{6} \Rightarrow \alpha = 39{,}81°; \quad b = 1{,}5\tan\alpha = 1{,}25 \text{ m};$$

$$\tan\beta = \frac{1}{4{,}25} \Rightarrow \beta = 13{,}24°; \quad \tan\gamma = \frac{1}{1{,}75} \Rightarrow \gamma = 66{,}37°.$$

Knotenpunkt I:

$$F_{S1}\cos\alpha + F_{S2}\cos\beta = F_{Ax} = 10 \text{ kN},$$

$$F_{S1}\sin\alpha + F_{S2}\sin\beta = -F_{Ay} = -32{,}92 \text{ kN} \Rightarrow F_{S1} = -76{,}8 \text{ kN}; \quad F_{S2} = +70{,}9 \text{ kN}.$$

Knotenpunkt II:

$$F_{S3} = -20\cos\alpha = -15{,}4 \text{ kN},$$

$$F_{S4} = F_{S1} + 20\sin\alpha = -64{,}0 \text{ kN}.$$

Knotenpunkt III:

$$F_{S5} \cos \gamma + F_{S6} = F_{S2} \cos \beta + F_{S3} \sin \alpha,$$

$$F_{S5} \sin \gamma = F_{S2} \sin \beta - F_{S3} \cos \alpha \;\Rightarrow\; F_{S5} = +30{,}6 \text{ kN}; \quad F_{S6} = +46{,}9 \text{ kN}.$$

Knotenpunkt IV:

$$F_{S7} \cos \gamma + F_{S8} \cos \alpha = F_{S4} \cos \alpha + F_{S5} \cos \gamma,$$

$$F_{S7} \sin \gamma + F_{S8} \sin \alpha = -30 - F_{S4} \sin \alpha - F_{S5} \sin \gamma \;\Rightarrow\; F_{S7} = +23{,}4 \text{ kN}; \quad F_{S8} = -60{,}2 \text{ k}$$

Knotenpunkt V:

$$F_{S9} \sin \alpha + F_{S10} \cos \beta = F_{S6} + F_{S7} \cos \gamma,$$

$$F_{S9} \cos \alpha - F_{S10} \sin \beta = -F_{S7} \sin \gamma \;\Rightarrow\; F_{S9} = -9{,}0 \text{ kN}; \quad F_{10} = +63{,}7 \text{ kN}.$$

Knotenpunkt VI:

$$F_{S9} = 10 \sin \alpha - 20 \cos \alpha = -9{,}0 \text{ kN},$$

$$F_{S11} = F_{S8} - 20 \sin \alpha - 10 \cos \alpha = -80{,}7 \text{ kN}.$$

Knotenpunkt VII:

$$F_{S10} \cos \beta + F_{S11} \cos \alpha = 0 \quad (\text{ist erfüllt}),$$

$$F_B = -F_{S10} \sin \beta - F_{S11} \sin \alpha = 37{,}08 \text{ kN}.$$

Ergebnisse:

Stab	1	2	3	4	5	6	7	8	9	10	11
F_S/kN	$-76{,}8$	$+70{,}9$	$-15{,}4$	$-64{,}0$	$+30{,}6$	$+46{,}9$	$+23{,}4$	$-60{,}2$	$-9{,}0$	$+63{,}7$	$-80{,}7$

Den konstruierten Cremona-Plan zeigt Bild 5-11.

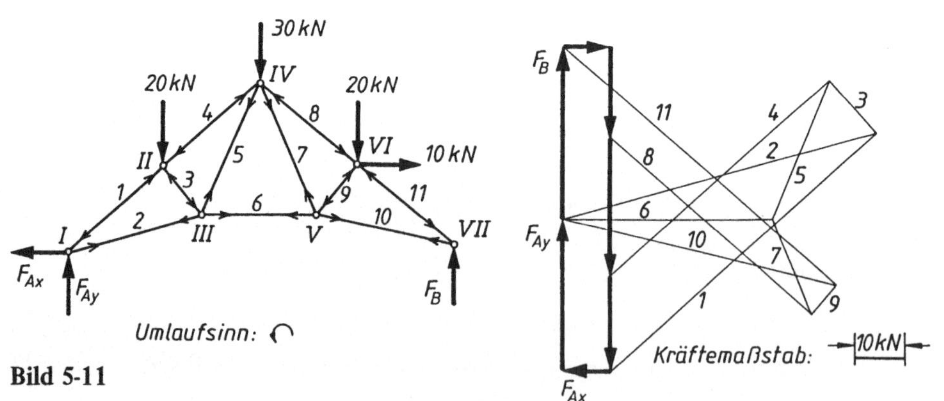

Bild 5-11

Beispiel 5-3: Für den Polonceaubinder (auch Wiegmannbinder genannt) des Beispiels 5-2 sind die Stabkräfte F_{S4}, F_{S5} und F_{S6} mit dem Ritterschen Schnittverfahren zu berechnen.

Wir legen einen Schnitt durch die Stäbe 4, 5 und 6 und zeichnen den Lageplan der Kräfte für das linke Teilfachwerk (Bild 5-12). Die drei unbekannten Stabkräfte, die wir alle als Zugkräfte annehmen, lassen sich aus den drei Gleichgewichtsgleichungen der ebenen Statik berechnen. Zweckmäßig gehen wir von einer Momentengleichgewichtsbedingung in bezug auf den Schnittpunkt zweier Wirkungslinien der gesuchten Stabkräfte aus. So erhalten wir aus $\Sigma M^{(IV)} = 0$

$$F_{S6} \cdot 4 \text{ m} + 20 \text{ kN} \cdot 3 \text{ m} - F_{Ax} \cdot 5 \text{ m} - F_{Ay} \cdot 6 \text{ m} = 0$$

und hieraus mit $F_{Ax} = 10$ kN und $F_{Ay} = 32{,}92$ kN

$$F_{S6} = +46{,}9 \text{ kN} \quad \text{(Zugkraft)}.$$

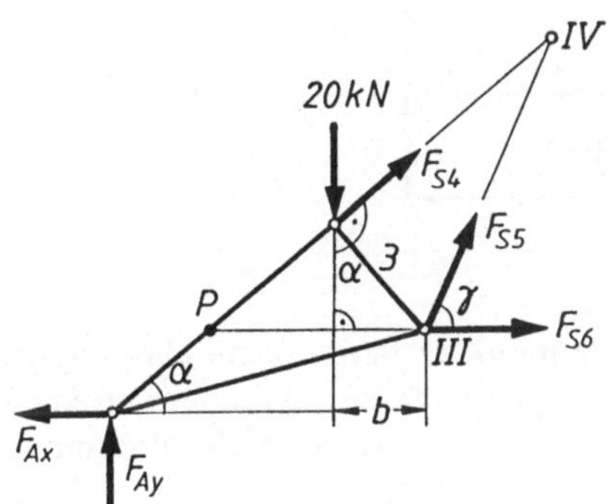

Bild 5-12

Entsprechend bestimmen wir F_{S4} aus $\Sigma M^{(III)} = 0$. Hierzu benötigen wir die Länge l_3 des Stabes 3. Mit dem Winkel $\alpha = \text{arc tan } \frac{5}{6} = 39{,}81°$ folgt

$$l_3 = \frac{1{,}5}{\cos \alpha} = 1{,}953 \text{ m} \quad \text{und} \quad b = 1{,}5 \tan \alpha = 1{,}25 \text{ m}$$

und somit aus $\Sigma M^{(III)} = 0$

$$F_{S4} \, l_3 + F_{Ay} \cdot 4{,}25 \text{ m} + F_{Ax} \cdot 1 \text{ m} - 20 \text{ kN} \cdot 1{,}25 \text{ m} = 0,$$

$$F_{S4} = -64{,}0 \text{ kN} \quad \text{(Druckkraft)}.$$

Die Stabkraft F_{S5} berechnen wir am bequemsten aus $\Sigma F_y = 0$ am Teilfachwerk:

$$F_{S5} \sin \gamma + F_{S4} \sin \alpha + F_{Ay} - 20 \text{ kN} = 0.$$

Mit $\gamma = \text{arc tan } \frac{4}{1{,}75} = 66{,}37°$ erhalten wir

$$F_{S5} = +30{,}6 \text{ kN} \quad \text{(Zugkraft)}.$$

Unabhängig von F_{S4} hätte sich F_{S5} aus $\Sigma M^{(P)} = 0$ ergeben.

Beispiel 5-4: Für das Fachwerk in Bild 5-13 sind alle Stabkräfte mit dem Knotenpunktverfahren zu berechnen.

Das Fachwerk ist statisch bestimmt gelagert, und die Auflagerkräfte können leicht berechnet werden:

$$F_{\mathrm{Ax}} = 40 \text{ kN}, \quad F_{\mathrm{Ay}} = 90 \text{ kN}, \quad F_{\mathrm{B}} = 130 \text{ kN}.$$

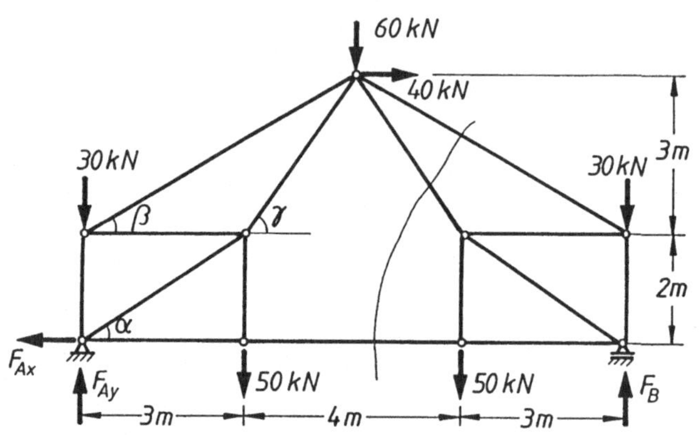

Bild 5-13

Die Berechnung der Stabkräfte mit dem Knotenpunktverfahren kann aber nicht begonnen werden, da in jedem Knotenpunkt mehr als zwei Stäbe zusammentreffen. Es liegt kein einfaches Fachwerk vor. Die Bedingung $2\,k = s + a$ für statische Bestimmtheit ist mit $k = 9$, $s = 15$ und $a = 3$ erfüllt. In einem solchen Fall berechnen wir zunächst eine Stabkraft mit dem Ritterschen Schnittverfahren. Für den eingezeichneten Schnitt durch drei Stäbe erhalten wir das Teilfachwerk in Bild 5-14. Aus $\Sigma M^{(\mathrm{P})} = 0$ kann die waagerechte Stabkraft $F_{\mathrm{S}8}$ bestimmt werden:

$$F_{\mathrm{S}8} \cdot 5 \text{ m} + 50 \text{ kN} \cdot 2 \text{ m} + 30 \text{ kN} \cdot 5 \text{ m} - F_{\mathrm{B}} \cdot 5 \text{ m} = 0 \;\Rightarrow\; F_{\mathrm{S}8} = + 80 \text{ kN}.$$

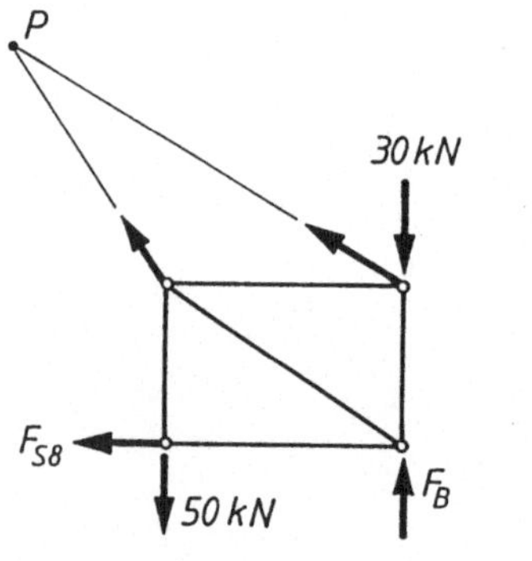

Bild 5-14

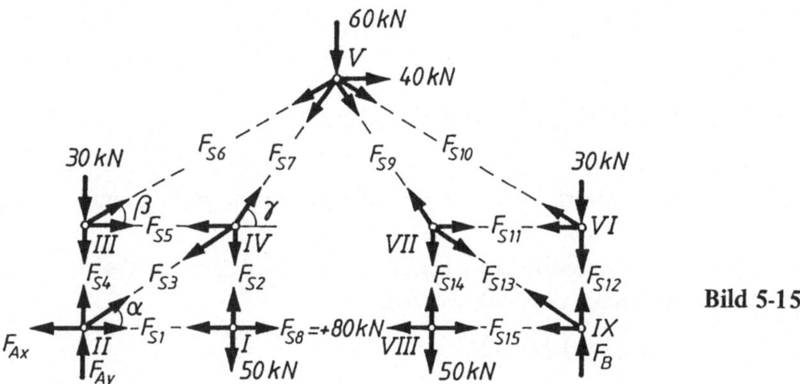

Bild 5-15

Mit der bekannten Stabkraft F_{S8} zeichnen wir den Lageplan der Kräfte und numerieren die Knotenpunkte und Stäbe (Bild 5-15). Zunächst berechnen wir die Winkel

$$\alpha = \arctan \frac{2}{3} = 33{,}69°; \quad \beta = \arctan \frac{3}{5} = 30{,}96°; \quad \gamma = \arctan \frac{3}{2} = 56{,}31°.$$

Wir durchlaufen die Knotenpunkte in der angegebenen Reihenfolge und berechnen für jeden Knotenpunkt aus $\Sigma F_x = 0$ und $\Sigma F_y = 0$ die beiden unbekannten Stabkräfte.

I: $\quad F_{S1} = F_{S8} = + 80$ kN; $\quad F_{S2} = + 50$ kN.

II: $\quad F_{S3} \cos\alpha = F_{Ax} - F_{S1}$,

$\quad\quad F_{S3} \sin\alpha + F_{S4} = -F_{Ay} \Rightarrow F_{S3} = -48{,}1$ kN; $\quad F_{S4} = -63{,}3$ kN.

III: $\quad F_{S5} + F_{S6} \cos\beta = 0$,

$\quad\quad F_{S6} \sin\beta = 30 + F_{S4} \Rightarrow F_{S6} = -64{,}8$ kN; $\quad F_{S5} = + 55{,}6$ kN.

IV: $\quad F_{S7} \cos\gamma = F_{S5} + F_{S3} \cos\alpha \Rightarrow F_{S7} = + 28{,}0$ kN,

$\quad\quad$ zur Kontrolle: $F_{S2} = F_{S7} \sin\gamma - F_{S3} \sin\alpha = + 50$ kN.

V: $\quad F_{S9} \cos\gamma + F_{S10} \cos\beta = -40 + F_{S6} \cos\beta + F_{S7} \cos\gamma$,

$\quad\quad F_{S9} \sin\gamma + F_{S10} \sin\beta = -60 - F_{S6} \sin\beta - F_{S7} \sin\gamma \Rightarrow F_{S9} = -4{,}0$ kN; $\quad F_{S10} = -90{,}7$ kN.

VI: $\quad F_{S11} = -F_{S10} \cos\beta = + 77{,}8$ kN,

$\quad\quad F_{S12} = -30 + F_{S10} \sin\beta = -76{,}7$ kN.

VII: $\quad F_{S13} \cos\alpha = F_{S9} \cos\gamma - F_{S11}$,

$\quad\quad F_{S13} \sin\alpha + F_{S14} = F_{S9} \sin\gamma \Rightarrow F_{S13} = -96{,}1$ kN; $\quad F_{S14} = + 50$ kN.

Die Knotenpunkte VIII und IX dienen nach Berechnung der letzten unbekannten Stabkraft wieder der Kontrolle.

VIII: $F_{S15} = + 80$ kN; $\quad F_{S14} = + 50$ kN.

IX: $\quad F_{S15} = -F_{S13} \cos\alpha = + 80$ kN, $\quad F_B = -F_{S12} - F_{S13} \sin\alpha = 130$ kN.

Ergebnisse:

Stab	1	2	3	4	5	6	7	8	9	10	11	12	13	14	15
F_S/kN	+ 80	+ 50	− 48,1	− 63,3	+ 55,6	− 64,8	+ 28,0	+ 80	− 4,0	− 90,7	+ 77,8	− 76,7	− 96,1	+ 50	+ 80

Beispiel 5-5: Für das Fachwerk Bild 5-16 sind alle Stabkräfte nach Cremona zu bestimmen.

Das Fachwerk ist statisch unbestimmt gelagert (a = 4). Lediglich die Vertikalkomponenten der Auflagerkräfte können ermittelt werden:

$$F_{Ay} = 77,5 \text{ kN}, \quad F_{By} = 122,5 \text{ kN}.$$

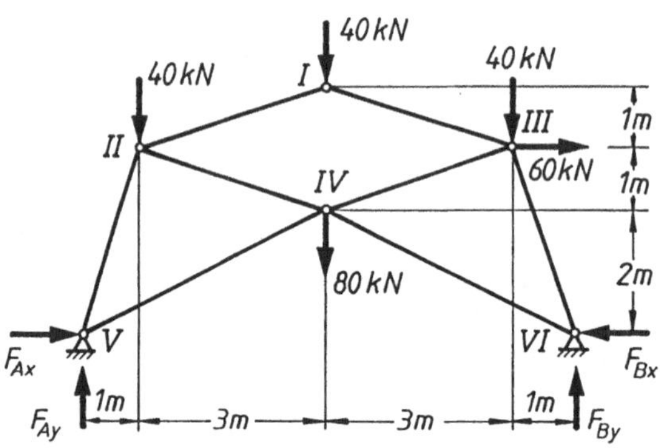

Bild 5-16

Durchlaufen wir die Knotenpunkte in der angegebenen Numerierung, so treten an jedem Knotenpunkt nicht mehr als zwei unbekannte Stabkräfte auf, die rechnerisch oder zeichnerisch ermittelt werden können. Es liegt also ein einfaches Fachwerk vor. Das geschlossene Krafteck für die Knotenpunkte V und VI liefert die Auflagerkräfte. Mit den oben berechneten Werten F_{Ax} und F_{Ay} haben wir somit eine Kontrolle. Eine weitere Kontrolle folgt aus $\Sigma F_y = 0$ am gesamten Fachwerk:

$$F_{Ax} + 60 \text{ kN} - F_{Bx} = 0$$

für die eingezeichneten Richtungen von F_{Ax} und F_{Bx}.

Beim Zeichnen des Cremona-Plans können wir wegen der unbekannten Auflagerkomponenten F_{Ax} und F_{Bx} nicht mit dem geschlossenen Krafteck der äußeren Kräfte beginnen. Wir zeichnen daher jede Belastungskraft erst dann ein, wenn wir das zugehörige Krafteck im Cremona-Plan konstruieren. Im Krafteck zum Knotenpunkt I beginnen wir natürlich die Konstruktion mit der bekannten Kraft 40 kN. Beim Krafteck II beginnen wir beim Umlaufsinn linksdrehend mit der bekannten Kraft F_{S1}, zeichnen danach 40 kN und schließen das Krafteck über F_{S3} und F_{S4} (Bild 5-17). Am Knotenpunkt III treffen wir beim Linksumlauf zunächst auf die Belastungskräfte 60 kN und 40 kN und danach auf die bekannte Stabkraft F_{S2}. Wir müssen im Cremonaplan die 60 und 40 kN vor F_{S2} zeichnen. Am Knotenpunkt IV sieht es zunächst etwas unklar aus. Hier treffen wir die

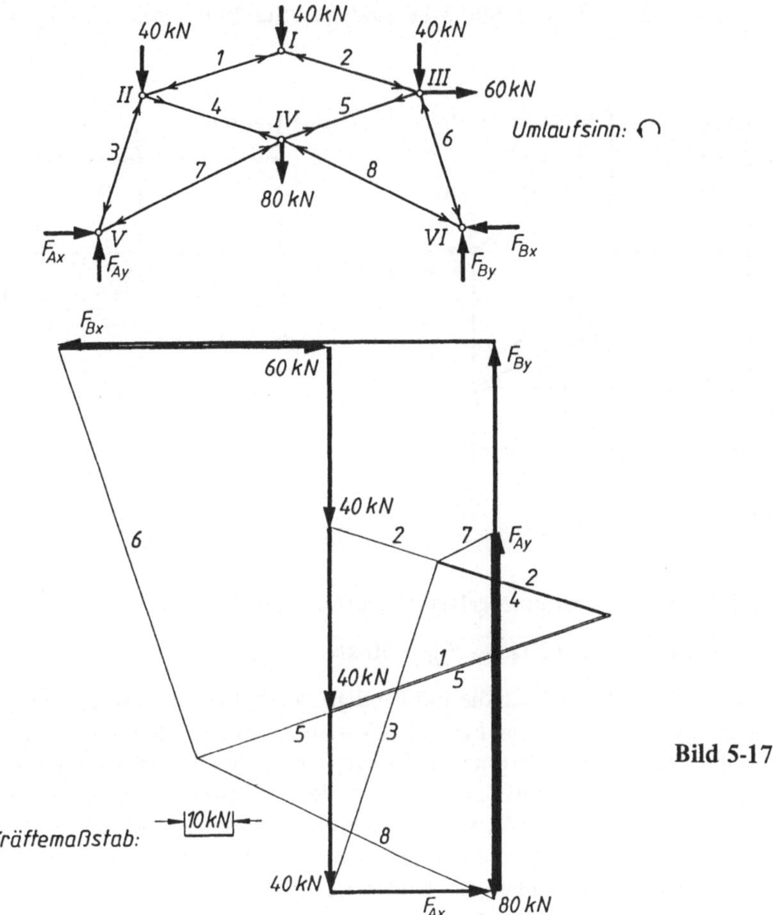

Bild 5-17

bekannten Kräfte F_{S5}, F_{S4} und 80 kN nicht in Folge an. Die Stabkräfte werden von der Belastungskraft durch die unbekannten Stabkräfte F_{S7} und F_{S8} getrennt. Wir beginnen die Konstruktion des Kraftecks IV mit F_{S5} und F_{S4}, die bereits im Cremona-Plan in richtiger Reihenfolge festliegen. Nach F_{S4} zeichnen wir die Wirkungslinie von F_{S7} und *vor* F_{S5} die von F_{S8}. Zwischen diese Wirkungslinien passen wir die Kraft 80 kN. (Wir hätten auch die 80 kN an F_{S4} zeichnen und das Krafteck über F_{S7} und F_{S8} schließen können. Dann würden aber einige Stabkräfte im Cremona-Plan doppelt auftreten, und die äußeren Kräfte würden kein geschlossenes Krafteck ergeben.)

Ergebnisse:

$$F_{Ax} = 35 \text{ kN}, \quad F_{Ay} = 78 \text{ kN}, \quad F_{Bx} = 95 \text{ kN}, \quad F_{By} = 122 \text{ kN}$$

Stab	1	2	3	4	5	6	7	8
F_S/kN	-64	-64	-76	$+38$	$+95$	-95	-13	-72

Beispiel 5-6: Für das Fachwerk Bild 5-18 sind alle Stabkräfte mit dem Knotenpunkt-verfahren zu berechnen.

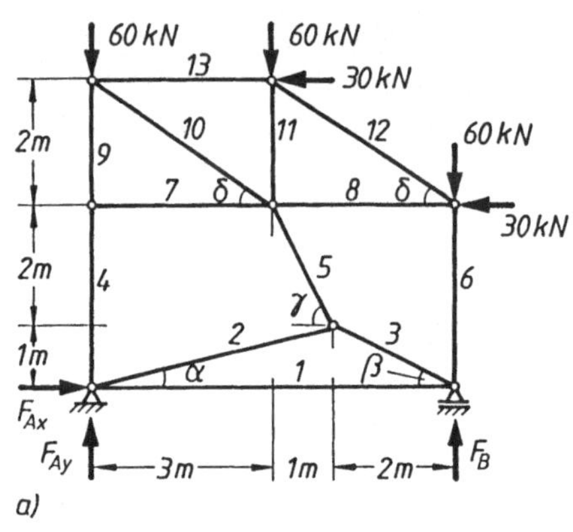

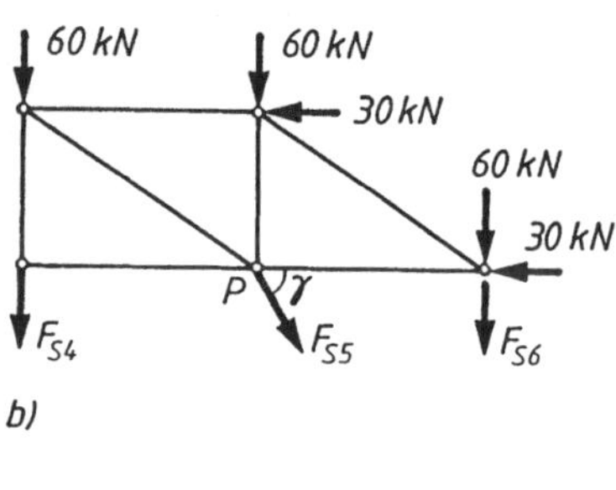

Bild 5-18

Das Fachwerk ist statisch bestimmt gelagert. Die Auflagerkräfte berechnen wir zu

$$F_{Ax} = 60\ \text{kN}, \quad F_{Ay} = 130\ \text{kN}, \quad F_B = 50\ \text{kN}.$$

Mit $k = 8$, $s = 13$ und $a = 3$ ist die notwendige Bedingung für statische Bestimmtheit erfüllt. Es liegt aber kein einfaches Fachwerk vor. In jedem Knotenpunkt treffen mindestens drei Stäbe zusammen. Wir erkennen zwar sehr schnell den Stab 7 als Nullstab (s. Abschnitt 5.3, Bild 5-4). Das hilft uns aber bei der Berechnung auch nicht weiter. Wir versuchen, Stabkräfte mit dem Ritterschen Schnittverfahren zu berechnen, um danach das Knotenpunktverfahren anzuwenden. Wir legen einen Schnitt durch die Stäbe 4, 5 und 6 und zeichnen den Lageplan der Kräfte für das obere Teilfachwerk (Bild 5-18b). Die Gleichgewichtsbedingungen ergeben:

$$\Sigma F_x = 0 \;\Rightarrow\; F_{S5} \cos \gamma = 60\ \text{kN},$$

$$\Sigma F_y = 0 \;\Rightarrow\; F_{S4} + F_{S5} \sin \gamma + F_{S6} = -180\ \text{kN},$$

$$\Sigma M^{(P)} = 0 \;\Rightarrow\; F_{S4} \cdot 3\ \text{m} - F_{S6} \cdot 3\ \text{m} = -30\ \text{kN} \cdot 2\ \text{m} = -60\ \text{kN m}.$$

Setzen wir F_{S5} aus der ersten Gleichung in die zweite Gleichung, so erhalten wir

$$F_{S4} + 60\ \text{kN} \cdot \tan \gamma + F_{S6} = -180\ \text{kN}$$

und mit $\tan \gamma = 2$

$$F_{S4} + F_{S6} = -300\ \text{kN}.$$

Die Momentengleichung dividieren wir durch 3 m:

$$F_{S4} - F_{S6} = -20\ \text{kN}.$$

Aus den letzten beiden Gleichungen folgt

$$F_{S4} = -160\ \text{kN}, \quad F_{S6} = -140\ \text{kN}.$$

Mit diesen bekannten Stabkräften können die weiteren Stabkräfte nach dem Knotenpunktverfahren berechnet werden. Bild 5-19 zeigt eine der möglichen Knotenpunktnumerierungen und den Lageplan der Kräfte an den einzelnen Knotenpunkten.

Wir berechnen zunächst die Winkel im Fachwerk (Bild 5-18):

$$\alpha = \text{arc tan } \frac{1}{4} = 14{,}03^\circ; \quad \beta = \text{arc tan } \frac{1}{2} = 26{,}57^\circ; \quad \gamma = \text{arc tan } \frac{2}{1} = 63{,}43^\circ;$$

$$\delta = \text{arc tan } \frac{2}{3} = 33{,}69^\circ.$$

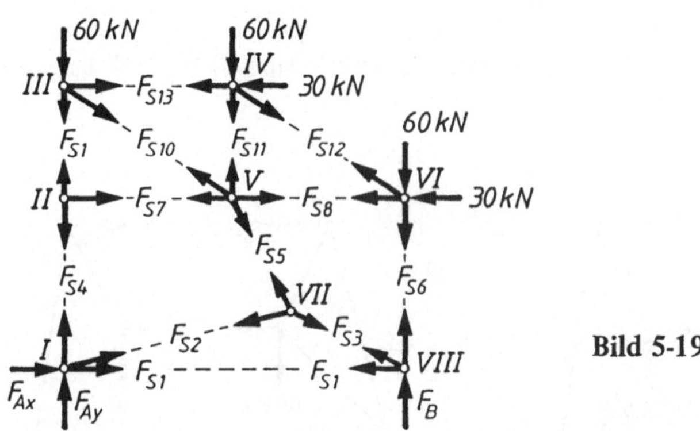

Bild 5-19

Aus $\Sigma F_x = 0$ und $\Sigma F_y = 0$ an jedem Knotenpunkt berechnen wir die zwei unbekannten Stabkräfte bzw. kontrollieren die bisherige Rechnung, wenn weniger als zwei unbekannte Stabkräfte vorhanden sind.

I: $F_{S1} + F_{S2} \cos\alpha = -F_{Ax}$,

$F_{S2} \sin\alpha = -F_{Ay} - F_{S4} \Rightarrow F_{S2} = +123{,}7 \text{ kN}; \quad F_{S1} = -180 \text{ kN}.$

II: $F_{S7} = 0; \quad F_{S9} = F_{S4} = -160 \text{ kN}.$

III: $F_{S10} \cos\delta + F_{S13} = 0$,

$F_{S10} \sin\delta = -60 - F_{S9} \Rightarrow F_{S10} = +180{,}3 \text{ kN}; \quad F_{S13} = -150 \text{ kN}.$

IV: $F_{S12} \cos\delta = 30 + F_{S13}$,

$F_{S11} + F_{S12} \sin\delta = -60 \Rightarrow F_{S12} = -144{,}2 \text{ kN}; \quad F_{S11} = +20 \text{ kN}.$

V: $F_{S5} \cos\gamma + F_{S8} = F_{S7} + F_{S10} \cos\delta$,

$F_{S5} \sin\gamma = F_{S10} \sin\delta + F_{S11} \Rightarrow F_{S5} = +134{,}2 \text{ kN}; \quad F_{S8} = +90 \text{ kN}.$

VI: $F_{S8} = -30 - F_{S12} \cos\delta = +90 \text{ kN}$,

$F_{S6} = -60 + F_{S12} \sin\delta = -140 \text{ kN}.$

VII: $F_{S3} \cos \beta - F_{S5} \cos \gamma = F_{S2} \cos \alpha,$

$F_{S3} \sin \beta - F_{S5} \sin \gamma = - F_{S2} \sin \alpha \Rightarrow F_{S3} = + 201{,}2 \text{ kN}; \quad F_{S5} = + 134{,}2 \text{ kN}.$

VIII: $F_{S1} = - F_{S3} \cos \beta = - 180 \text{ kN},$

$F_B = - F_{S3} \sin \beta - F_{S6} = 50 \text{ kN}.$

Ergebnisse:

Stab	1	3	3	4	5	6	7	8	9	10	11	12	13
F_S/kN	−180	+124	+201	−160	+134	−140	0	+90	−160	+180	+20	−144	−150

Beispiel 5-7: Für das in Bild 5-20 abgebildete Fachwerk sind alle Stabkräfte mit dem Cremona-Plan zu ermitteln.

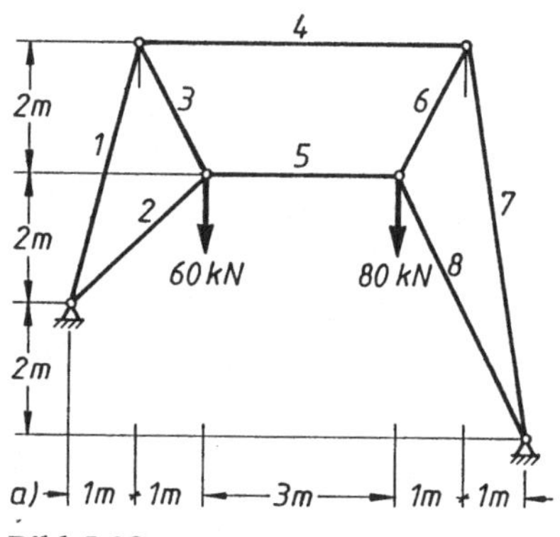
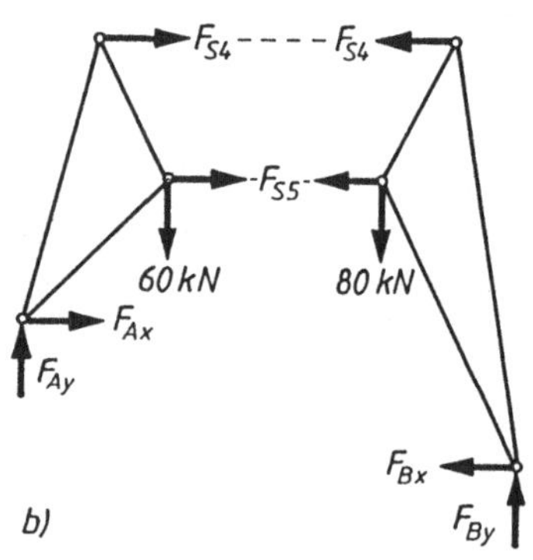

Bild 5-20

Das Fachwerk ist statisch unbestimmt gelagert, und die Stabkräfte können nicht aus den Gleichgewichtsbedingungen am gesamten Fachwerk bestimmt werden. Mit $k = 6$, $s = 8$ und $a = 4$ ist $2k = s + a$ erfüllt. Wir können mit der Zeichnung des Cremona-Plans in keinem Knotenpunkt beginnen, denn stets treffen wir mehr als zwei unbekannte Stabkräfte an. Wir legen einen Schnitt durch die Stäbe 4 und 5 und zeichnen die Lagepläne für die beiden Teilfachwerke (Bild 5-20b)). An einem Teilfachwerk treten stets vier unbekannte Kräfte auf (zwei Stabkräfte und zwei Auflagerkräfte). An beiden Teilen zusammen haben wir sechs unbekannte Kräfte. Da an jedem Teil drei Gleichgewichtsgleichungen aufgestellt werden können, haben wir mit $2 \cdot 3 = 6$ so viele Gleichungen wie Unbekannte. Bilden wir jeweils das Momentengleichgewicht um die Auflagerpunkte, so erhalten wir zwei Gleichungen für die beiden Stabkräfte F_{S4} und F_{S5}.

$$\Sigma M^{(A)} = 0 \Rightarrow F_{S4} \cdot 4 \text{ m} + F_{S5} \cdot 2 \text{ m} = - 60 \text{ kN} \cdot 2 \text{ m},$$

$$\Sigma M^{(B)} = 0 \Rightarrow F_{S4} \cdot 6 \text{ m} + F_{S5} \cdot 4 \text{ m} = - 80 \text{ kN} \cdot 4 \text{ m}.$$

Aus diesen beiden Gleichungen berechnen wir sehr einfach

$$F_{S4} = -40 \text{ kN}, \quad F_{S5} = +20 \text{ kN}$$

und hiermit die Auflagerkräfte (Richtungen wie in Bild 5-20b))

$$F_{Ax} = 20 \text{ kN}, \quad F_{Ay} = 60 \text{ kN}, \quad F_{Bx} = 20 \text{ kN}, \quad F_{By} = 80 \text{ kN}.$$

Mit diesen Kräften ist der Cremona-Plan leicht zu konstruieren (Bild 5-21). Zeichnen wir zuerst das geschlossene Krafteck aus den äußeren Kräften, so haben wir viele Kontroll-möglichkeiten.

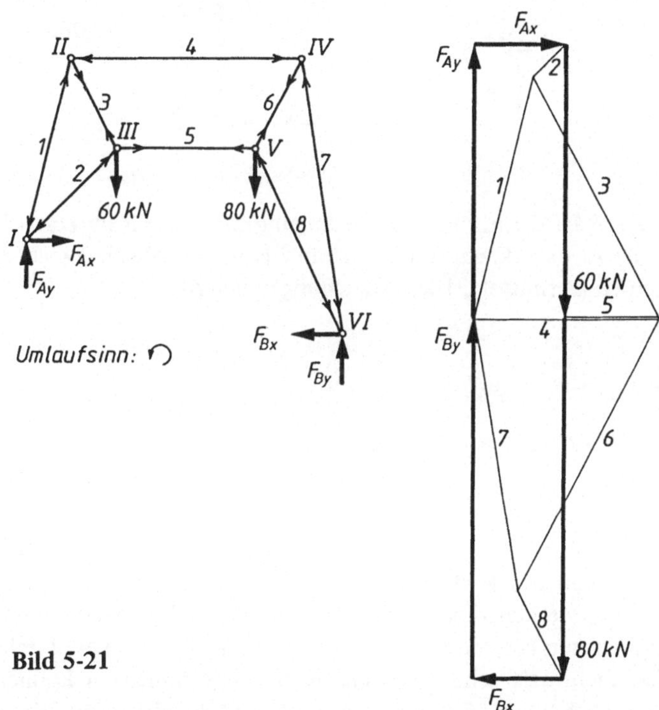

Bild 5-21

Ergebnisse:

Stab	1	2	3	4	5	6	7	8
F_S/kN	-55	-9	$+60$	-40	$+20$	$+67$	-60	-22

Beispiel 5-8: Für das Fachwerk Bild 5-22 sind alle Stabkräfte mit dem Knotenpunktverfahren und nach Cremona zu ermitteln.

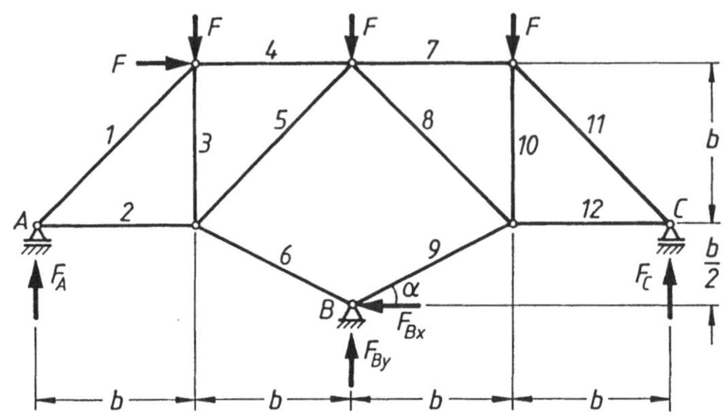

Bild 5-22

Mit $k = 8$, $s = 12$ und $a = 4$ ist die notwendige Bedingung $2\,k = s + a$ für statische Bestimmtheit erfüllt, aber die Auflagerkräfte lassen sich nicht aus den Gleichgewichtsbedingungen am gesamten Fachwerk ermitteln. Diese Gleichungen liefern

$$\Sigma F_x = 0 \Rightarrow F_{Bx} = F,$$

$$\Sigma F_y = 0 \Rightarrow F_A + F_{By} + F_C = 3\,F,$$

$$\Sigma M^{(B)} = 0 \Rightarrow F_C\,2\,b - F_A\,2\,b = F\,\frac{3}{2}\,b \quad \text{oder}$$

$$(1) \quad F_C - F_A = \frac{3}{4}\,F.$$

Wir versuchen durch Schneiden des Fachwerks eine weitere Gleichung für F_A und F_C aufzustellen. Wie man sieht, werden durch jeden Schnitt am Teilfachwerk mindestens vier unbekannte Kräfte auftreten (bei drei Kräften gehen die Wirkungslinien durch einen Punkt). Wir müssen also mehrmals schneiden, um Kräfte bestimmen zu können. Wir legen einen Schnitt durch die Stäbe 4, 5 und 6, einen zweiten Schnitt durch 4, 5 und 9 und betrachten die in Bild 5-23 dargestellten Lagepläne der Kräfte am Teilfachwerk. Insgesamt treten vier unbekannte Stabkräfte und zwei unbekannte Auflagerkräfte auf. Für diese sechs Kräfte stehen $2 \cdot 3 = 6$ Gleichgewichtsgleichungen zur Verfügung. Das Momentengleichgewicht in bezug auf die Punkte P und Q (Schnittpunkt der Wirkungslinien von F_{S5} und F_{S9}) liefert zwei Gleichungen für die drei unbekannten Kräfte F_A, F_C und F_{S4}. Mit (1) lassen sich diese Kräfte berechnen, wenn kein Ausnahmefall der Statik vorliegt (dieses ist dann der Fall, wenn der Punkt Q ins Unendliche rutscht, d. h. wenn der Stützpunkt B um $\frac{b}{2}$ tiefer gelegt wird). Wir berechnen zunächst die Länge a:

$$\tan \alpha = \frac{a - \frac{3}{2}\,b}{a} = \frac{\frac{b}{2}}{b} \Rightarrow a = 3\,b.$$

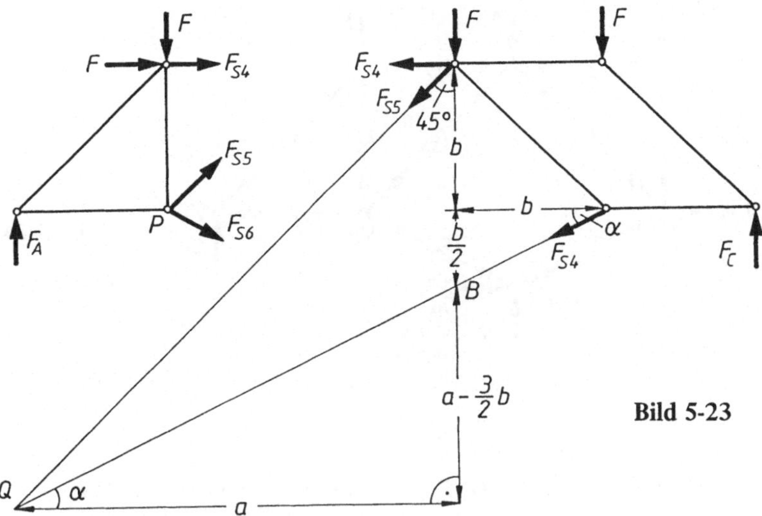

Aus dem Momentengleichgewicht erhalten wir

$$\Sigma M^{(P)} = 0 \;\Rightarrow\; F_A\, b + F_{S4}\, b = -F\,b \;\Rightarrow\; F_{S4} = -F - F_A,$$

$$\Sigma M^{(Q)} = 0 \;\Rightarrow\; F_C\, 5\, b + F_{S4}\, 3\, b = F\, 3\, b + F\, 4\, b \;\Rightarrow\; 5\, F_C + 3\, F_{S4} = 7\, F.$$

Aus den letzten beiden Gleichungen folgt

$$5\, F_C - 3\,(F + F_A) = 7\, F \quad \text{oder} \quad 5\, F_C - 3\, F_A = 10\, F.$$

Mit der Gleichung (1) erhalten wir

$$F_A = \frac{25}{8}\, F = 3{,}125\, F, \quad F_C = \frac{31}{8}\, F = 3{,}875\, F, \quad F_{S4} = -\frac{33}{8}\, F = -4{,}125\, F$$

und schließlich

$$F_{By} = 3\, F - F_A - F_C = -4\, F \quad \text{(also nach unten gerichtet).}$$

Bild 5-24 zeigt den Lageplan der Kräfte an jedem Knotenpunkt. Von den Auflagerkräften setzen wir nur F_A als bekannt voraus. Die weiteren Kräfte berechnen wir aus den Gleichgewichtsbedingungen an den betreffenden Knotenpunkten zur Kontrolle mit den oben ermittelten Werte.

I: $\quad F_{S1} \cos 45^\circ + F_{S2} = 0,$

$\quad\;\; F_{S1} \sin 45^\circ = -F_A \;\Rightarrow\; F_{S1} = -4{,}419\, F; \quad F_{S2} = +3{,}125\, F.$

II: $\quad F_{S4} = F_{S1} \cos 45^\circ - F = -4{,}125\, F,$

$\quad\;\; F_{S3} = -F - F_{S1} \cos 45^\circ = +2{,}125\, F.$

III: $\quad F_{S5} \cos 45^\circ + F_{S6} \cos \alpha = F_{S2},$

$\quad\;\; F_{S5} \sin 45^\circ - F_{S6} \sin \alpha = -F_{S3} \;\Rightarrow\; F_{S5} = -0{,}530\, F; \quad F_{S6} = +3{,}913\, F.$

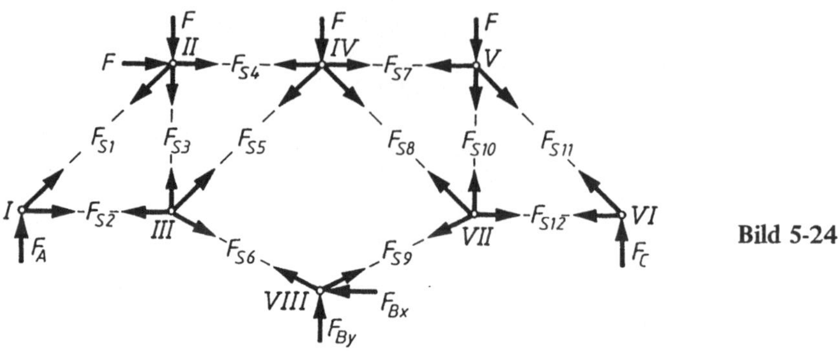

Bild 5-24

IV: $F_{S7} + F_{S8} \cos 45° = F_{S4} + F_{S5} \cos 45°$,

$F_{S8} \sin 45° = -F - F_{S5} \sin 45° \;\Rightarrow\; F_{S8} = -0{,}884\,F; \quad F_{S7} = -3{,}875\,F.$

V: $F_{S11} \cos 45° = F_{S7}$,

$F_{S10} + F_{S11} \sin 45° = -F \;\Rightarrow\; F_{S11} = -5{,}480\,F; \quad F_{S10} = +2{,}875\,F.$

VI: $F_{S12} = -F_{S11} \cos 45° = +3{,}87\,F, \quad F_C = -F_{S11} \sin 45° = 3{,}875\,F$ (Kontrolle).

VII: $F_{S9} \cos \alpha - F_{S12} = -F_{S8} \cos 45°$,

$F_{S9} \sin \alpha = F_{S8} \sin 45° + F_{S10} \;\Rightarrow\; F_{S9} = +5{,}031\,F; \quad F_{S12} = +3{,}875\,F.$

VIII: $F_{Bx} = -F_{S6} \cos \alpha + F_{S9} \cos \alpha = F, \quad F_{By} = -F_{S6} \sin \alpha - F_{S9} \sin \alpha = -4\,F.$

Ergebnisse:

Stab	1	2	3	4	5	6	7	8	9	10	11	12
F_S/F	$-4{,}419$	$+3{,}125$	$+2{,}125$	$-4{,}125$	$-0{,}530$	$+3{,}913$	$-3{,}875$	$-0{,}884$	$+5{,}031$	$+2{,}875$	$-5{,}480$	$+3{,}875$

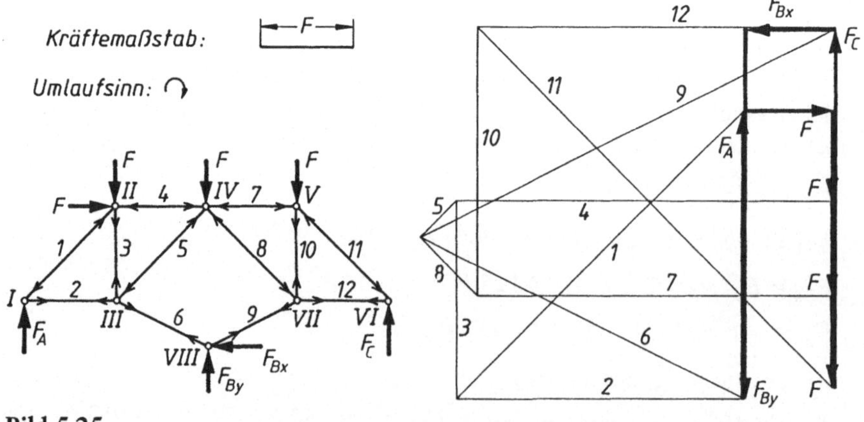

Bild 5-25

Beim Cremona-Plan beginnen wir wieder mit dem geschlossenen Krafteck der äußeren Kräfte (mit den ganz oben berechneten Auflagerkräften). Kontrollmöglichkeiten haben wir bei den Knotenpunkten VI, VII und VIII. Bild 5-25 zeigt den konstruierten Cremona-Plan. Die Kräfte stimmen natürlich innerhalb der zeichnerischen Genauigkeit mit den berechneten Werten überein.

5.7 Übungsaufgaben

Für die Fachwerke der Aufgaben 5-1 bis 5-8 sind die Auflagerreaktionen und alle Stabkräfte mit dem Knotenpunktverfahren oder/und nach Cremona zu bestimmen.

5-1:

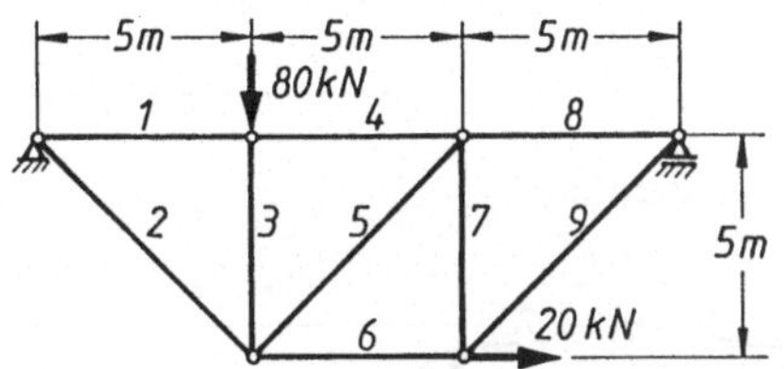

5-2:

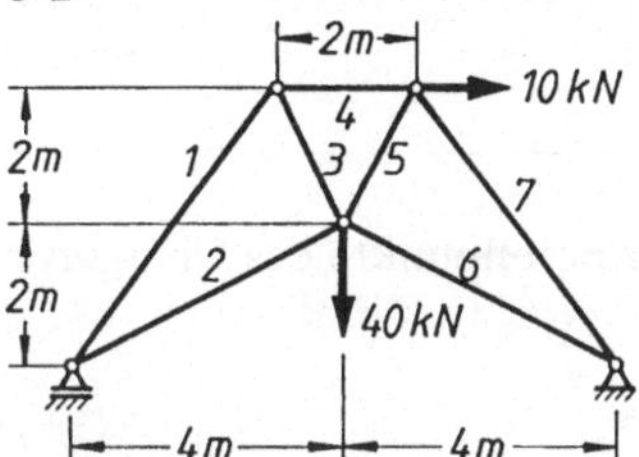

5-3:

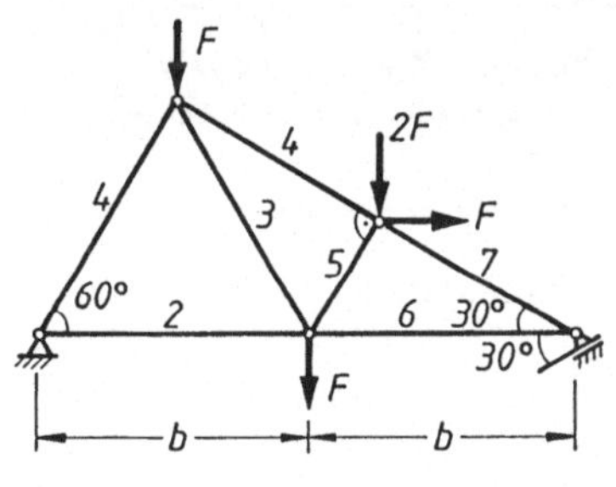

5-4:

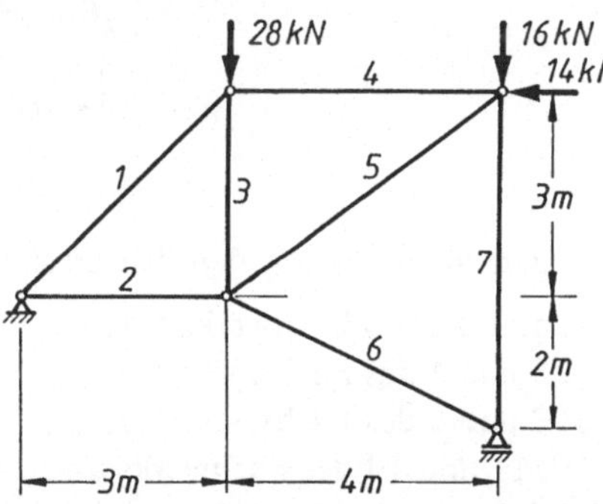

5-5:

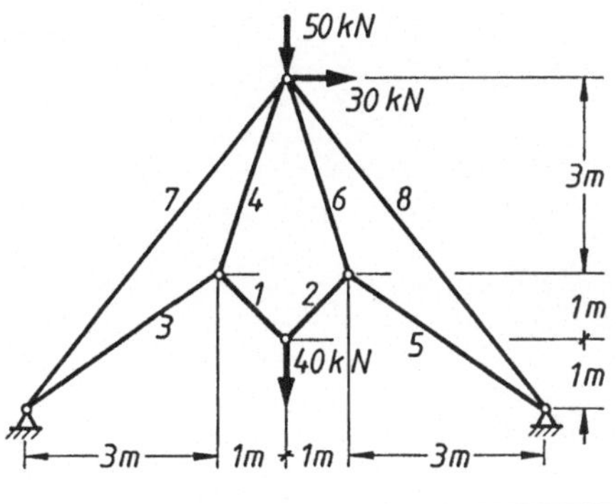

5-6:

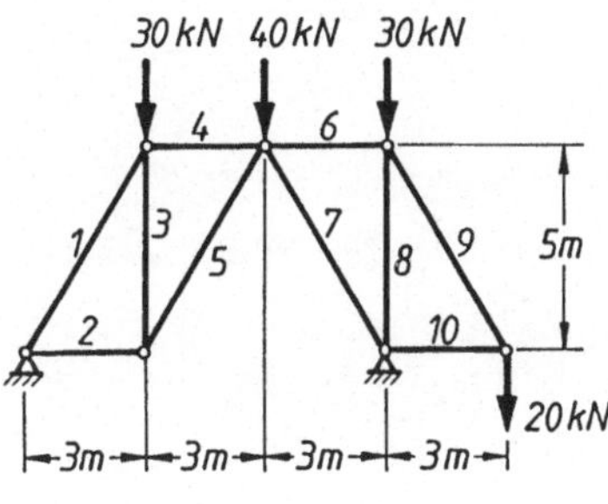

5-7:

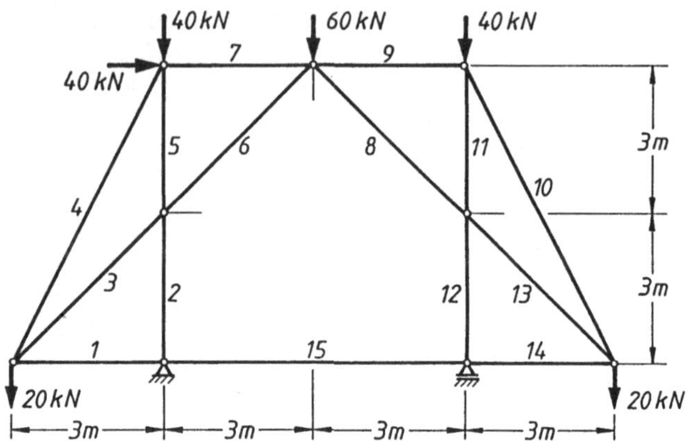

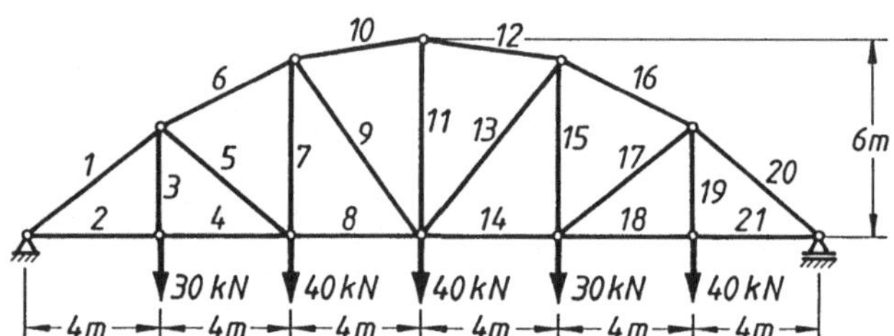

5-8: Die Knotenpunkte des Obergurtes liegen auf einer Parabel.

5-9: Berechnen Sie mit dem Ritterschen Schnittverfahren die Stabkräfte in den Stäben

a) 4, 5 und 6 des Fachwerks 5-1,
b) 2, 3 und 4 des Fachwerks 5-3,
c) 6, 7 und 8 des Fachwerks 5-6,
d) 10, 11 und 14 des Fachwerks 5-8.

6 Schnittgrößen am geraden Balken

6.1 Drei einführende Beispiele

Wir betrachten einen Balken mit einem Rechteckquerschnitt, der nach Bild 6-1 in der Symmetrieebene des Querschnitts durch zwei Kräfte belastet wird.

Die Auflagerkräfte berechnen wir zu F_A = 22 kN und F_B = 13 kN. Der Balken wird sich unter dem Einfluß der Kräfte verformen, er wird durchgebogen. In den oberen Schichten wird Druck und in den unteren Schichten Zug entstehen. Denken wir uns den Balken an einer Stelle x senkrecht zur Balkenachse geschnitten, so machen wir die in der Schnittfläche vorhandenen inneren Kräfte zu äußeren Kräften. Diese müssen mit den Belastungskräften und Auflagerkräften am Teilbalken im Gleichgewicht sein. Die inneren Kräfte treten nicht als Einzelkräfte auf, sondern sind über die Querschnittsfläche verteilte Kräfte. Die auf die Flächeneinheit bezogene Kraft nennt man Spannung. Sie wird z.B. in kN/cm^2 gemessen. Spannungen, die *in* der Fläche liegen, nennt man Schubspannungen und bezeichnet sie mit τ. Spannungen, die *senkrecht* zur Fläche stehen, nennt man Normalspannungen (Zug- oder Druckspannungen). Sie werden mit σ bezeichnet. Bild 6-1b) zeigt, wie diese Spannungen etwa in der Schnittfläche auftreten. Mit der Berechnung dieser Spannungen werden wir uns ausführlich in der Elastostatik beschäftigen. In diesem Abschnitt der Stereostatik werden wir die Vorarbeit dazu bereitstellen. Dazu denken wir uns die Schubspannungen τ zu einer resultierenden Kraft F_q und die Normalspannungen σ zu einem Moment M_b zusammengesetzt (die Resultierende der Spannungen σ ist Null, weil der Balken nur mit Kräften senkrecht zur x-Achse belastet wird). Man nennt

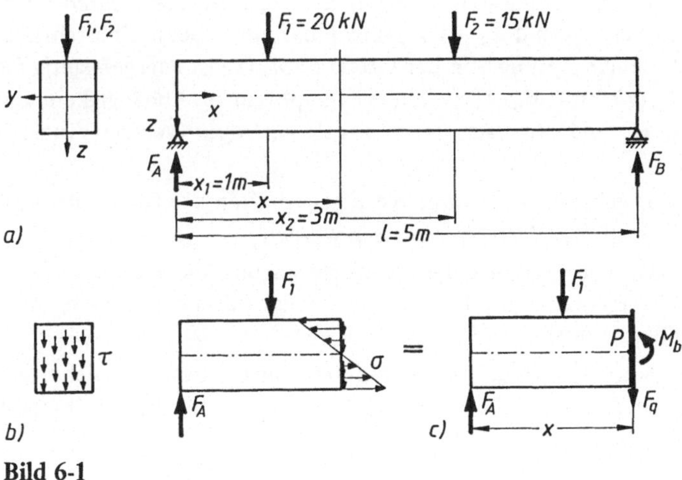

Bild 6-1

F_q die **Querkraft** und M_b das **Biegemoment** des Balkens an der Stelle x. Aus diesen Schnittgrößen werden wir in der Elastostatik die Spannungen ermitteln.

Die von x abhängigen Größen $F_q = F_q(x)$ und $M_b = M_b(x)$ berechnen wir aus den Gleichgewichtsbedingungen $\Sigma F_z = 0$ und $\Sigma M^{(P)} = 0$ am Teilbalken (Bild 6-1c). Als Punkt P wählen wir den Punkt auf der Achse des Balkens in der Schnittfläche. Die Berechnung führen wir intervallweise durch.

$0 \leqslant x \leqslant x_1$:

$$\Sigma F_z = 0 \Rightarrow F_q = F_A = 22 \text{ kN},$$

$$\Sigma M^{(P)} = 0 \Rightarrow M_b = F_A x, \text{ insbesondere}$$

$$M_{b1} = F_A x_1 = 22 \text{ kNm}.$$

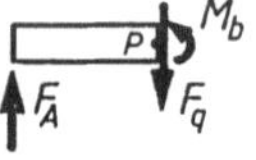

F_q ist konstant und M_b eine lineare Funktion von x, d. h. $M_b(x)$ ergibt in der graphischen Darstellung eine Gerade.

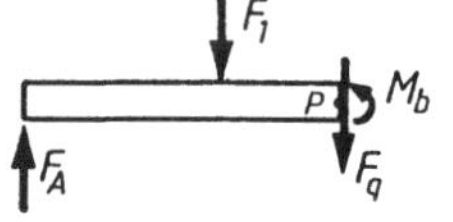

$x_1 \leqslant x \leqslant x_2$:

$$\Sigma F_z = 0 \Rightarrow F_q = F_A - F_1 = 2 \text{ kN} = \text{konst.},$$

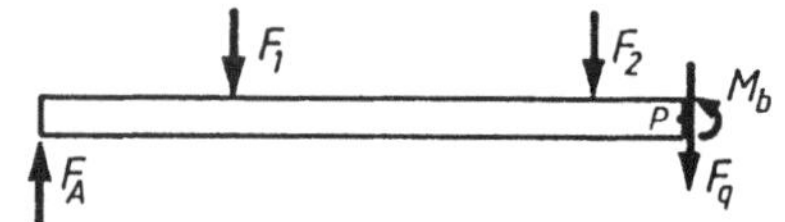

$$\Sigma M^{(P)} = 0 \Rightarrow M_b = F_A x - F_1(x - x_1) \text{ (lineare Funktion)},$$
insbesondere $M_{b2} = F_A x_2 - F_1(x_2 - x_1) = 26 \text{ kNm}.$

$x_2 \leqslant x \leqslant l$:

$$F_q = F_A - F_1 - F_2 = -13 \text{ kN} = \text{konst.},$$

$$M_b = F_A x - F_1(x - x_1) - F_2(x - x_2) \text{ (lineare Funktion)},$$
insbesondere $M_{bB} = M_B(l) = F_A l - F_1(l - x_1) - F_2(l - x_2) = 0.$

Während F_q zwischen den Einzellasten konstant ist, wird M_b stets durch eine lineare Funktion dargestellt. Für x_1 und x_2 ist F_q nicht definiert. Beim Überschreiten einer Einzellast F macht F_q einen Sprung von der Größe F. $M_b(x)$ ist dagegen stetig für alle x. Die Schnittgrößen $F_q(x)$ und $M_b(x)$ stellen wir graphisch in Abhängigkeit von x dar (Bild 6-2), wobei wir F_q und M_b nach unten positiv auftragen (genaue Vorzeichenfestsetzung folgt später).

Wir verweisen schon an dieser Stelle auf einige Eigenschaften der Querkraft- und Biegemomentenkurve, die wir später allgemein beweisen werden:

1) Wenn F_q positiv ist, dann nehmen die M_b-Werte zu und die M_b-Kurve fällt. Ist F_q negativ, so nehmen die M_b-Werte ab, die M_b-Kurve steigt (alles von links nach rechts in positiver x-Richtung betrachtet).

2) Das maximale Biegemoment $M_{b\,max} = 26 \text{ kNm}$ (ein für die Festigkeitslehre sehr wichtiger Wert) wird an der Stelle des Balkens angenommen, an der die Querkraft ihr Vorzeichen ändert (durch Null geht).

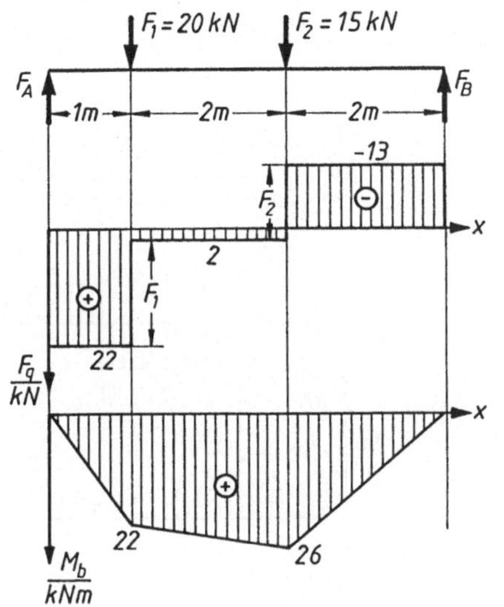

3) Bezeichnen wir mit $A_q(x)$ den Inhalt der Fläche zwischen der F_q-Kurve und der x-Achse von $x = 0$ bis zu einer Stelle x, so gilt

$$A_{q1} = A_q(x_1) = 22\ \text{kN} \cdot 1\ \text{m} = 22\ \text{kNm} = M_{b1},$$
$$A_{q2} = A_q(x_2) = A_{q1} + 2\ \text{kN} \cdot 2\ \text{m} = 26\ \text{kNm} = M_{b2},$$
$$A_{qB} = A_q(l) = A_{q2} + (-13\ \text{kN}) \cdot 2\ \text{m} = 0 = M_{bB}.$$

Man kann kurz sagen (wenn auch etwas ungenau):

Biegemoment = Querkraftfläche.

M_b kann demnach sehr einfach numerisch aus der Querkraftfläche berechnet werden. Die Berechnung von $A_{qB} = 0$ ist dabei eine sehr wirksame Rechenkontrolle.

Im zweiten Beispiel betrachten wir einen mit einer konstanten Streckenlast q belasteten Balken (Bild 6-3). Die Auflagerkräfte betragen $F_A = F_B = \dfrac{ql}{2}$. Zur Bestimmung der Schnittgrößen legen wir einen Schnitt im Abstand x vom linken Auflager und betrachten den Teilbalken. Aus den Gleichgewichtsbedingungen erhalten wir

$$F_q = F_A - qx, \quad M_b = F_A x - \frac{q}{2} x^2.$$

$F_q(x)$ ist jetzt eine lineare Funktion von x. In der graphischen Darstellung erhalten wir eine Gerade, die nicht mehr parallel zur x-Achse verläuft (wie im ersten Beispiel). Mit $F_q(0) = F_A = \dfrac{ql}{2}$ und $F_q(l) = F_A - ql = -\dfrac{ql}{2} = -F_B$ können wir diese Gerade leicht zeichnen. Sie geht bei $x = \dfrac{l}{2}$ durch die x-Achse, d.h. dort wird $F_q = 0$. Für $M_b = M_b(x)$ erhalten wir eine quadratische Funktion, die graphisch durch eine Parabel dargestellt

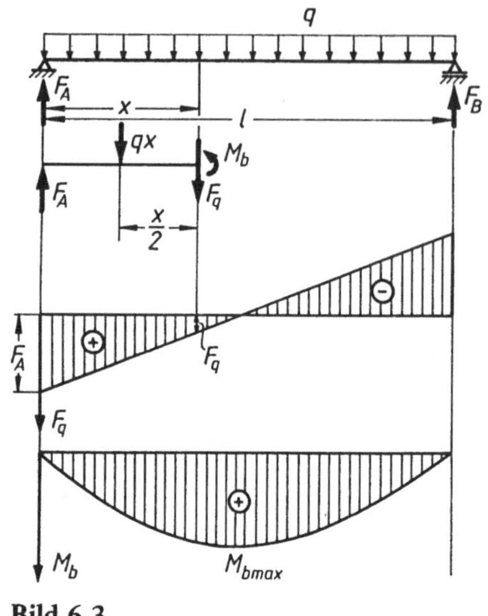

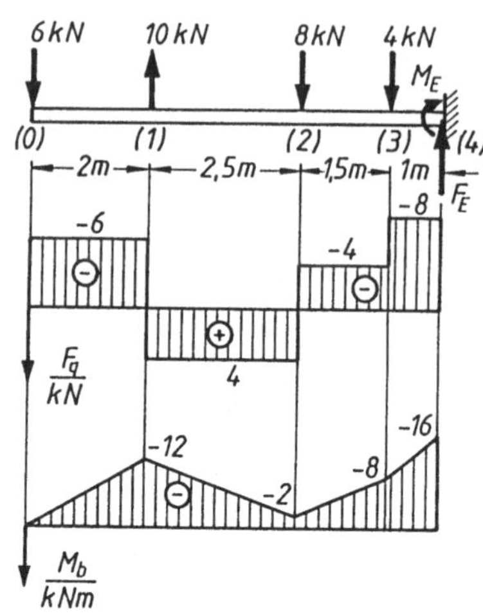

Bild 6-3   **Bild 6-4**

wird. Mit $M_b(0) = M_b(l) = 0$ folgt, daß der größte M_b-Wert in der Mitte für $x = \dfrac{l}{2}$ angenommen wird:

$$M_{b\,max} = F_A\,\frac{l}{2} - \frac{q}{2}\left(\frac{l}{2}\right)^2 = \frac{q\,l^2}{8}\,.$$

Überprüfen wir die drei Eigenschaften, die wir beim ersten Beispiel erkannt hatten. Wie man sofort sieht, gelten auch hier 1) und 2). Für die Querkraftfläche von $x = 0$ bis x (Trapezfläche) erhalten wir

$$A_q = \frac{1}{2}\,(F_A + F_q)\,x = \frac{1}{2}\,(F_A + F_A - qx)\,x = F_A x - \frac{q}{2}\,x^2 = M_b(x).$$

Als drittes Beispiel wählen wir einen rechts eingespannten Balken (Bild 6-4), der mit Einzelkräften belastet wird. Die Einspanngrößen ergeben sich zu $F_E = 8$ kN und $M_E = 16$ kNm.

Die Querkräfte in den einzelnen Intervallen können durch Schnitte zwischen den Einzellasten leicht berechnet und durch die F_q-Kurve dargestellt werden. Für die Biegemomente erhalten wir unter den Einzellasten mit der angeführten Numerierung (linksdrehend negativ, genaue Vorzeichenfestsetzung folgt später):

$$M_{b1} = -6\text{ kN} \cdot 2\text{ m} = -12\text{ kNm},$$

$$M_{b2} = -6\text{ kN} \cdot 4{,}5\text{ m} + 10\text{ kN} \cdot 2{,}5\text{ m} = -2\text{ kNm},$$

$$M_{b3} = -6\text{ kN} \cdot 6\text{ m} + 10\text{ kN} \cdot 4\text{ m} - 8\text{ kN} \cdot 1{,}5\text{ m} = -8\text{ kNm},$$

$$M_{b4} = -6\text{ kN} \cdot 7\text{ m} + 10\text{ kN} \cdot 5\text{ m} - 8\text{ kN} \cdot 2{,}5\text{ m} - 4\text{ kN} \cdot 1\text{ m} = -16\text{ kNm} = -M_E.$$

Der Leser kann leicht erkennen, daß die obigen Eigenschaften 1) und 3) auch bei diesem Beispiel erfüllt sind. Nur die Eigenschaft 2) muß hier etwa genauer untersucht werden. Nulldurchgänge der Querkraft haben wir an den Stellen (1) und (2). Hier nehmen die M_b-Werte lokale (relative) Extremwerte an. Der größte Wert für $|M_b(x)|$ wird aber an der Einspannstelle angenommen und beträgt $|M_b|_{max} = 16\ kN\,m$.

6.2 Vorzeichenfestsetzung

Wir betrachten jetzt einen beliebigen Balken mit irgendeiner Belastung (Bild 6-5a). Zur Bestimmung der Schnittgrößen legen wir an der Stelle x einen Schnitt und betrachten den linken Teilbalken (Bild 6-5b). Da wir hier auch Kräfte in x-Richtung haben, muß zu den bisherigen Schnittgrößen F_q und M_b eine weitere kommen, damit auch die Gleichgewichtsbedingung $\Sigma F_x = 0$ am Teilbalken erfüllt ist. Diese Kraft, die senkrecht zur Schnittfläche steht, also in x-Richtung zeigt, nennt man **Längskraft** und bezeichnet sie mit F_n.

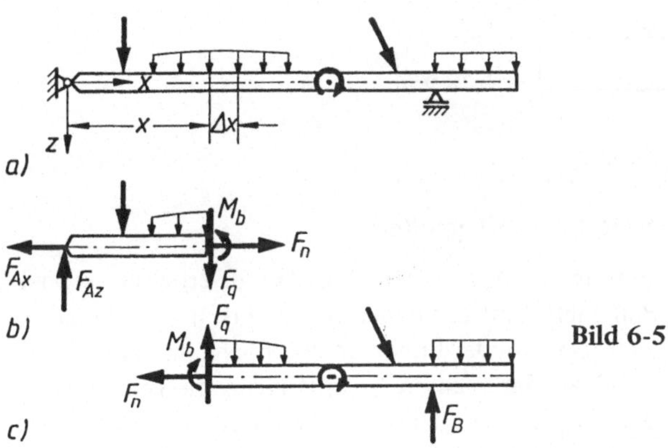

Damit die in Abschnitt 6.1 erkannten Eigenschaften zwischen F_q und M_b allgemein Gültigkeit besitzen, dürfen für die Schnittgrößen die Vorzeichen nicht willkürlich gewählt werden. Wir treffen die folgende

Vorzeichenfestsetzung:

Die Längskraft F_n wird positiv gerechnet, wenn sie am linken Teilbalken nach rechts, also in die positive x-Richtung weist.

Die Querkraft F_q wird positiv gerechnet, wenn sie am linken Teilbalken nach unten, also in die positive z-Richtung zeigt.

Das Biegemoment M_b wird positiv gerechnet, wenn es am linken Teilbalken linksdrehend ist.

Da das Biegemoment M_b mit den äußeren Kräften am Teilbalken im Momentengleichgewicht ist (und aus diesen Kräften ja auch berechnet wird), kann man auch sagen:

Das Biegemoment ist positiv, wenn das Moment der äußeren Kräfte am linken Teilbalken rechtsdrehend ist.

Statt des linken Teilbalkens hätten wir auch den rechten Teilbalken betrachten können (Bild 6-5c). In der obigen Vorzeichenfestsetzung müssen dann stets links und rechts vertauscht werden.

Für den Lernenden ist eine selbstgebastelte Schablone aus Papier, wie G. Schumpich sie in seinem Buch (Technische Mechanik, Teil 1, Verlag B. G. Teubner) angibt, beim Aufstellen der Gleichgewichtsgleichungen sehr hilfreich. An den linken Rand der Schablone zeichnet man die positiven Schnittgrößen. Diese Schablone bringt man dann nach Bild 6-6 an die Stelle des Balkens, für die die Schnittgrößen zu bestimmen sind. Durch Hin- und Herschieben der Schablone erspart man sich das häufigere Zeichnen des geschnittenen Teilbalkens.

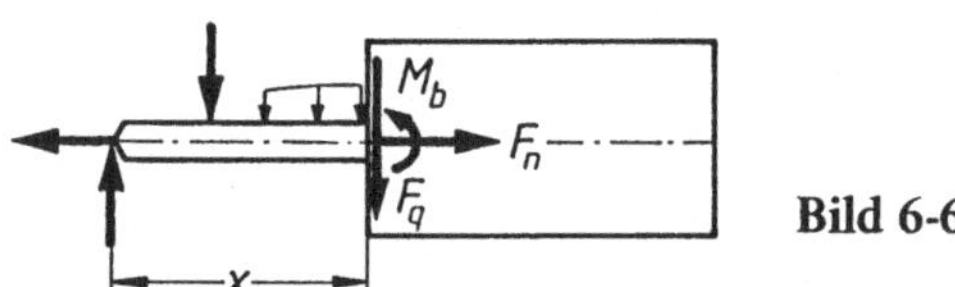

Bild 6-6

6.3 Beziehungen zwischen den Schnittgrößen

Um Aussagen über die Veränderungen von $F_q(x)$ und $M_b(x)$ zu erhalten, schneiden wir aus dem Balken Bild 6-5 ein Balkenelement der Länge Δx heraus, in dem keine Einzellast und kein äußeres Moment liegen möge. An der linken Schnittfläche haben wir die Schnittgrößen $F_n(x)$, $F_q(x)$, $M_b(x)$ und an der rechten Schnittfläche die geänderten Schnittgrößen $F_n(x + \Delta x)$, $F_q(x + \Delta x)$, $M_b(x + \Delta x)$. Die Streckenlast mit der beliebigen Belastungsintensität $q(x)$ ersetzen wir auf der Länge Δx durch eine mittlere Streckenlast $q_m = q(x_m)$ mit $x \leqslant x_m \leqslant x + \Delta x$. Die resultierende Kraft aus der Belastung wird dann $q_m \Delta x = q(x_m)\Delta x$. Sie möge die in Bild 6-7 eingezeichnete Lage (gestrichelt gezeichnet) mit $0 \leqslant \overline{\Delta x} \leqslant \Delta x$ annehmen.

Die Gleichgewichtsbedingungen am Balkenelement liefern uns:

$$\Sigma F_z = 0 \;\Rightarrow\; F_q(x + \Delta x) - F_q(x) + q(x_m)\Delta x = 0,$$
$$\Sigma M^{(\mathrm{P})} = 0 \;\Rightarrow\; M_b(x + \Delta x) - M_b(x) - F_q(x)\Delta x + q(x_m)\Delta x\,\overline{\Delta x} = 0.$$

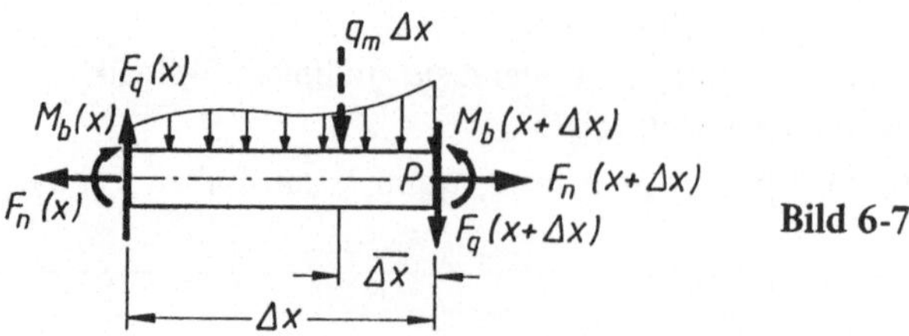

Bild 6-7

Wir dividieren diese Gleichungen durch Δx und erhalten

$$\frac{F_q(x + \Delta x) - F_q(x)}{\Delta x} = \frac{\Delta F_q}{\Delta x} = -q(x_m),$$

$$\frac{M_b(x + \Delta x) - M_b(x)}{\Delta x} = \frac{\Delta M_b}{\Delta x} = F_q(x) - q(x_m)\,\overline{\Delta x}.$$

Für den Grenzübergang $\Delta x \to 0$ gehen die Differenzenquotienten von F_q und M_b in die Ableitungen dieser Funktionen über. Mit $x_m \to x$ und $\overline{\Delta x} \to 0$ für $\Delta x \to 0$ erhalten wir

$$\boxed{\quad \frac{dF_q}{dx} = -q(x); \qquad \frac{dM_b}{dx} = F_q(x). \quad} \tag{6.1}$$

Aus diesen Beziehungen können wir die Eigenschaften 1) und 2) für die Beispiele im Abschnitt 6.1 sofort erkennen:

$$F_q > 0 \;\Rightarrow\; \frac{dM_b}{dx} > 0, \text{ d.h. die } M_b\text{-Werte nehmen zu und die } M_b\text{-Kurve fällt}$$
$$\text{(wegen der Auftragung positiver } M_b \text{ nach unten),}$$

$$F_q < 0 \;\Rightarrow\; \frac{dM_b}{dx} < 0, \text{ d.h. die } M_b\text{-Werte nehmen ab und die } M_b\text{-Kurve steigt.}$$

Für einen Vorzeichenwechsel von F_q (bei einer stetigen Funktion $F_q(x)$ bei $F_q = 0$) geht die M_b-Kurve vom Fallen ins Steigen oder umgekehrt über. Dort nimmt $M_b(x)$ einen (lokalen oder relativen) Extremwert an. In der Elastostatik interessiert vor allen Dingen der betragsmäßig größte M_b-Wert. Wir setzen daher für einen Balken der Länge l fest

$$M_{b\,\text{max}} = \underset{0 \leqslant x \leqslant l}{\text{Max}}\ |M_b(x)|. \tag{6.2}$$

Dieser Wert ist dort zu finden, wo F_q einen Vorzeichenwechsel besitzt, am Rand des Balkens (s. drittes Beispiel in 6.1) oder wo die M_b-Werte einen Sprung besitzen (s. die späteren Beispiele).

Bei den Herleitungen der Gleichungen (6.1) haben wir ein Balkenelement betrachtet, das nur durch eine Streckenlast belastet wurde. Untersuchen wir noch, was bei einer Belastung durch eine Einzelkraft und ein Moment (z.B. ein Kräftepaar) passiert, wenn wir diese Größen überschreiten. Wir legen Schnitte kurz vor und hinter den Belastungsgrößen. Bezeichnen wir die Schnittgrößen links am Balkenelement mit dem Index l und rechts mit r, so geht aus Bild 6-8 die Änderung der Schnittgrößen hervor.

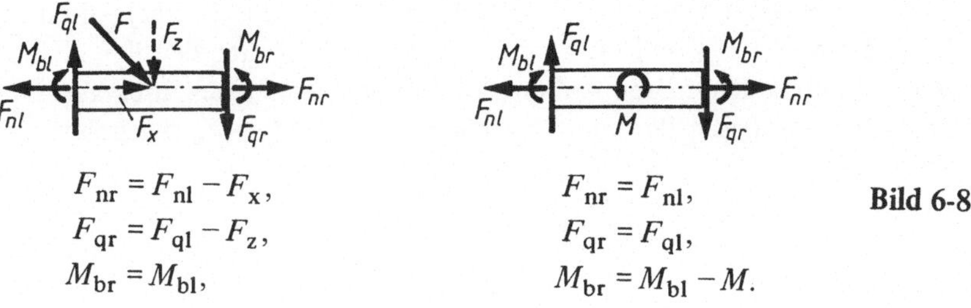

$$\begin{aligned} F_{nr} &= F_{nl} - F_x, \\ F_{qr} &= F_{ql} - F_z, \\ M_{br} &= M_{bl}, \end{aligned} \qquad\qquad \begin{aligned} F_{nr} &= F_{nl}, \\ F_{qr} &= F_{ql}, \\ M_{br} &= M_{bl} - M. \end{aligned} \qquad\qquad \textbf{Bild 6-8}$$

Fassen wir noch einmal einige Ergebnisse zusammen:

$q(x)$	$F_q(x)$	$M_b(x)$
Null, nur Einzelkräfte und Momente	konst., Sprung unter einer Einzellast	linear (Gerade), Knick unter einer Einzellast, Sprung unter einem Moment
konst.	linear (Gerade)	quadratisch (Parabel)
linear	quadratisch (Parabel)	Funktion dritten Grades (kub. Parabel)

Durch Integration der zweiten Gleichung aus (6.1) von x_1 bis x_2 erhalten wir, sofern M_b in diesem Intervall keinen Sprung nach Bild 6-8 besitzt,

$$\Delta M_b = M_b(x_2) - M_b(x_1) = \int_{x_1}^{x_2} F_q(x)\,dx. \tag{6.3}$$

Deuten wir das Integral als Querkraftfläche, so haben wir die Eigenschaft 3) aus Abschnitt 6.1. Die Änderung des Biegemoments ist gleich dem Inhalt der Fläche zwischen F_q-Kurve und x-Achse von x_1 bis x_2. Von dieser Eigenschaft macht man zweckmäßig Gebrauch, wenn ein Balken nur durch Einzelkräfte belastet wird. Die Querkraftkurve ist dann als Stufenkurve mit Sprüngen unter den Einzelkräften sehr leicht zu ermitteln. Die Berechnung der M_b-Werte ist nach (6.3) lediglich die Berechnung von Rechteckflächen. Der gesamte Flächeninhalt bis zum rechten Ende des Balkens muß mit dem Biegemoment an dieser Stelle übereinstimmen. Es muß sich also Null ergeben für einen rechts gelenkig gelagerten Balken oder für ein freies Balkenende, wenn dort keine Momentenbelastung vorhanden ist. Bei einem rechts eingespannten Balken muß der Querkraftflächenwert mit dem Einspannmoment übereinstimmen. Diese sehr wirksamen Rechenkontrollen sollte man stets durchführen.

Wie man bei einer Belastung mit Einzelkräften und einer Streckenlast vorgehen kann, zeigen wir an dem einfachen Beispiel des Balkens Bild 6-9. Wir ersetzen die Streckenlast intervallweise zwischen den Einzellasten durch ihre resultierende Einzelkraft (gestrichelt gezeichnet). Für den so belasteten Balken lassen sich die Querkraft- und Biegemomentenwerte sehr einfach berechnen und ihre Kurven leicht zeichnen (dünn ausgezogen). Am Anfang und am Ende eines Intervalls stimmen diese F_q- und M_b-Werte mit den Werten für die verteilte Last überein. Wir brauchen also nur die entsprechenden Punkte bei der F_q-Kurve durch eine Gerade und bei der M_b-Kurve durch eine Parabel miteinander zu verbinden, um die wahre F_q- und M_b-Kurve zu erhalten. Die Geraden der „Ersatzbiegemomentenkurve" sind zudem in den Anfangs- und Endpunkten eines Intervalls Tangenten an die Parabel, denn in diesen Punkten stimmen die Werte $M_b' = F_q$ der Ersatzkurve und der wahren Kurve überein.

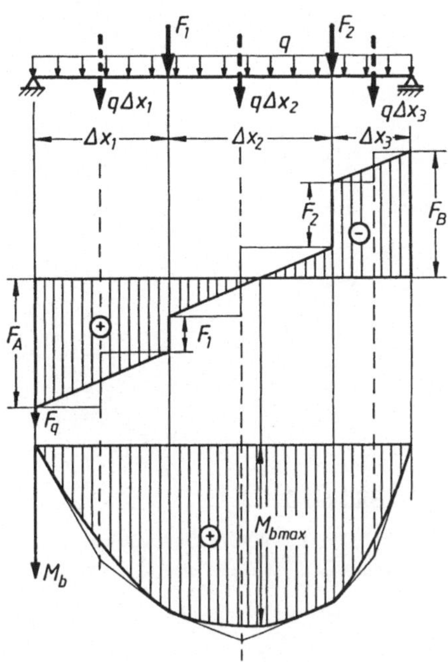

Bild 6-9

6.4 Beispiele

Für die Beispiele 6-1 bis 6-10 sind die Schnittgrößenkurven zu zeichnen. Charakteristische F_q- und M_b-Werte, insbesondere $M_{b\,max}$, sind zu berechnen.

Beispiel 6-1: Für den Balken mit Kragarm (Bild 6-10) berechnen wir zunächst die Auflagerkräfte:

$$\Sigma M^{(A)} = 0 \Rightarrow F_B \cdot 4{,}4\,\text{m} = 15 \cdot 0{,}8 - 8 \cdot 1{,}4 + 10 \cdot 2{,}6 + 12 \cdot 3{,}6 + 6 \cdot 5{,}4\,\text{kN/m},$$

$$\Sigma F_z = 0 \quad \Rightarrow F_A = 15 - 8 + 10 + 12 + 6)\,\text{kN} - F_B,$$

$$F_B = 23{,}27\,\text{kN}, \quad F_A = 11{,}73\,\text{kN}.$$

Mit den Auflagerkräften ist die F_q-Kurve für die Belastung mit den Einzelkräften einfach zu zeichnen. Zwischen den Einzellasten ist F_q konstant, und beim Überschreiten einer Einzellast F_k macht die Querkraft einen Sprung von der Größe $-F_k$. Die M_b-Werte werden zweckmäßig aus der Querkraftfläche mit Berücksichtigung der Vorzeichenfestsetzung berechnet. Am rechten freien Ende erhalten wir mit den gerundeten Werten $M_b = 0{,}01$ kN m $\cong$ 0. Schließlich lesen wir aus allen Werten ab:

$$M_{b\,max} = 13{,}1\,\text{kN m unter der Last 10 kN}.$$

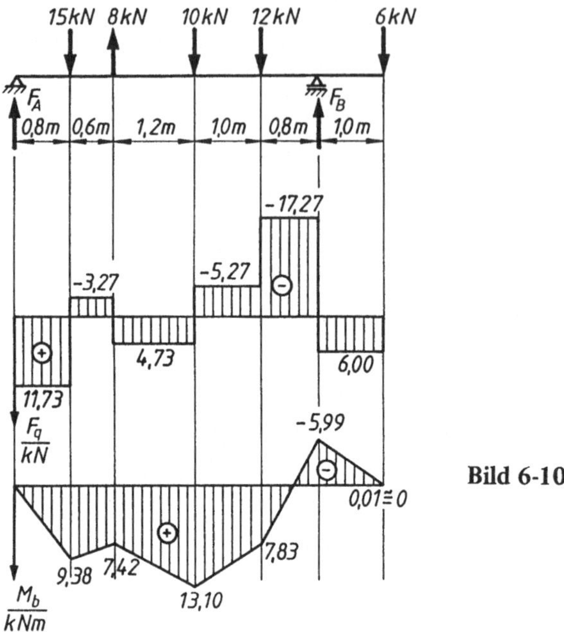

Bild 6-10

Beispiel 6-2: Für den Balken Bild 6-11 ersetzen wir die Streckenlast intervallweise durch Einzellasten: 15 kN/m · 6 m = 90 kN und 20 kN/m · 4 m = 80 kN und ermitteln hiermit die Auflagerkräfte

$$F_A = 99 \text{ kN} \quad \text{und} \quad F_B = 121 \text{ kN}.$$

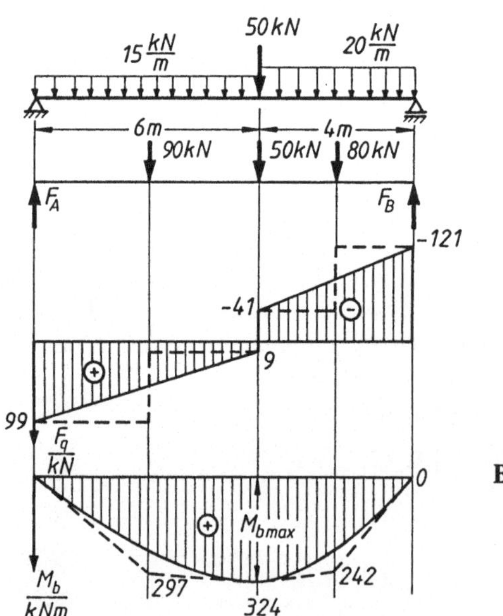

Bild 6-11

Für die Einzelkräfte berechnen wir die F_q-Werte und zeichnen die Ersatz-F_q-Kurve (Stufenkurve, gestrichelt gezeichnet). Die M_b-Werte werden aus der Querkraftfläche bestimmt, wobei $M_b = 0$ am rechten Auflager als Kontrolle dient. Die wahre F_q- und M_b-Kurve wird wie in Abschnitt 6.3 beschrieben gezeichnet. Unter der Einzellast von 50 kN besitzt die F_q-Kurve einen Sprung und die M_b-Kurve einen Knick. Da unter dieser Einzellast die Querkraft F_q das Vorzeichen wechselt, wird dort $M_{b\,max} = 324$ kNm angenommen.

Beispiel 6-3: Auch bei dem Balken Bild 6-12 ersetzen wir wie im vorhergehenden Beispiel die Streckenlast intervallweise durch die Einzellasten

$$10 \text{ kN/m} \cdot 3 \text{ m} = 30 \text{ kN}, \quad 6 \text{ kN/m} \cdot 1 \text{ m} = 6 \text{ kN}, \quad 8 \text{ kN/m} \cdot 1 \text{ m} = 8 \text{ kN}$$

(im Bild gestrichelt gezeichnet). Aus den Gleichgewichtsbedingungen ermitteln wir die Auflagerkräfte

$$F_A = 21,6 \text{ kN}, \quad F_B = 42,4 \text{ kN}.$$

Für die Belastung mit den Einzelkräften berechnen wir die F_q- und M_b-Werte und zeichnen die Ersatzschnittkurven (gestrichelt gezeichnet). Hieraus erhalten wir sofort die wahre F_q- und M_b-Kurve. Wir sehen, daß die F_q-Kurve im Intervall $1,5 \text{ m} < x < 3 \text{ m}$ und am

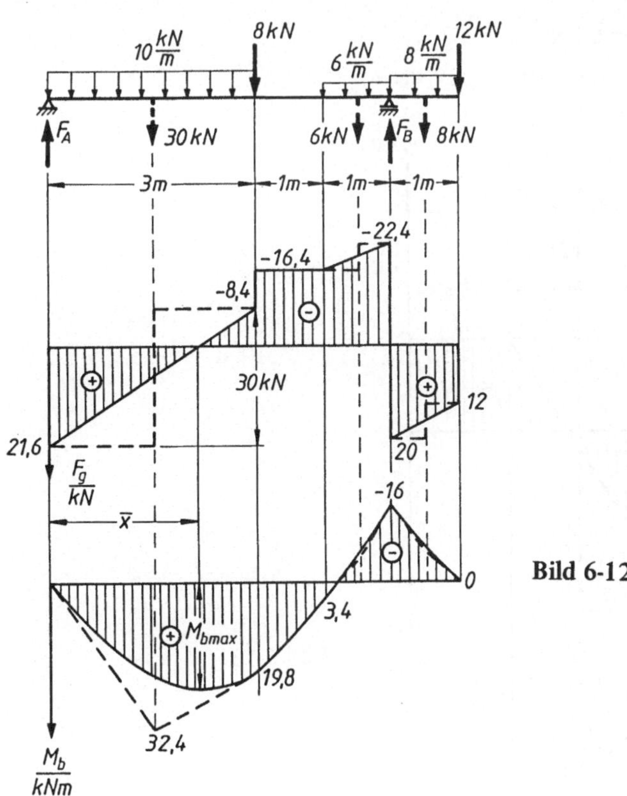

Bild 6-12

Auflager B einen Nulldurchgang besitzt. An einer dieser Schnittstellen wird $M_{b\,max}$ auftreten. Da bei $x = 3$ m $\;M_b = 19,8$ kNm bereits größer als $|M_{bB}| = 16$ kNm ist, wird $M_{b\,max}$ links von $x = 3$ m angenommen. Wir berechnen den Wert $\bar{x}$, für den $F_q = 0$ wird, aus der gezeichneten F_q-Kurve mit dem Strahlensatz:

$$\frac{\bar{x}}{21,6 \text{ kN}} = \frac{3 \text{ m}}{30 \text{ kN}} \;\Rightarrow\; \bar{x} = \frac{3 \cdot 21,6}{30} = 2,16 \text{ m}.$$

$M_{b\,max}$ erhalten wir aus der Querkraftfläche (Dreiecksfläche) von $x = 0$ bis $\bar{x} = 2,16$ m zu

$$M_{b\,max} = \frac{1}{2} F_A \bar{x} = \frac{1}{2} \cdot 21,6 \text{ kN} \cdot 2,16 \text{ m} = 23,3 \text{ kNm}.$$

Wir hätten auch an der Stelle $\bar{x}$ einen Schnitt legen und mit $F_q = 0$ aus den Gleichgewichtsbedingungen am Teilbalken $\bar{x}$ und $M_{b\,max}$ berechnen können:

$$F_q = F_A - q\bar{x} = 0 \;\Rightarrow\; \bar{x} = \frac{F_A}{q} = \frac{21,6 \text{ kN}}{10 \text{ kN/m}} = 2,16 \text{ m},$$

$$M_{b\,max} = F_A \bar{x} - q\bar{x}\,\frac{\bar{x}}{2} = \frac{F_A^2}{q} - \frac{q}{2}\,\frac{F_A^2}{q} = \frac{F_A^2}{2q} = 23,3 \text{ kNm}.$$

Beispiel 6-4: Für den eingespannten Balken (Bild 6-13) berechnen wir die Einspanngrößen

$$F_A = -8 + 24 - 10 = 6 \text{ kN},$$
$$M_A = -8 \cdot 1,5 + 24 \cdot 3,5 - 10 \cdot 6 = 12 \text{ kNm}.$$

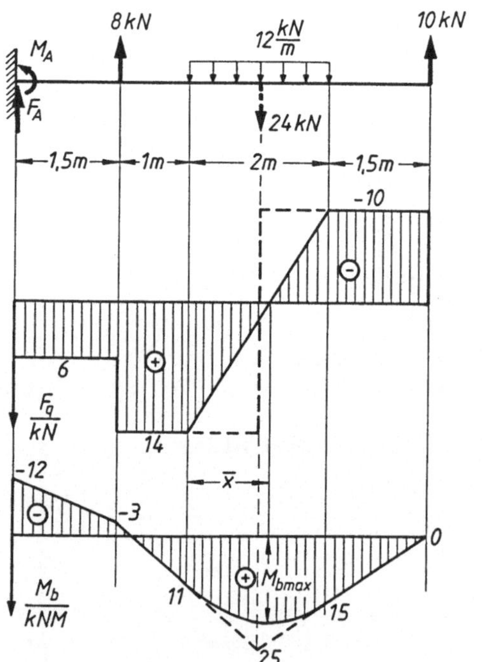

Bild 6-13

Mit diesen Größen können die F_q- und M_b-Kurve leicht gezeichnet und ihre charakteristischen Werte berechnet werden. Die M_b-Werte werden wieder aus der Querkraftfläche mit $M_b(0) = -M_A = -12$ kNm und der Kontrolle $M_b = 0$ am rechten freien Ende ermittelt. Aus den M_b-Werten ist zu erkennen, daß $M_{b\,max}$ im Intervall der Streckenlast liegt. Wir berechnen die eingezeichnete Größe $\overline{x}$ (für die $F_q = 0$ wird) aus der Geometrie:

$$\frac{\overline{x}}{14\ \text{kN}} = \frac{2\ \text{m}}{24\ \text{kN}} \Rightarrow \overline{x} = \frac{2 \cdot 14}{24} = 1,167\ \text{m}.$$

$M_{b\,max}$ bestimmen wir aus der Querkraftfläche von $x = 0$ bis $x = 2,5 + \overline{x}$ zu

$$M_{b\,max} = 11 + \frac{14 \cdot \overline{x}}{2} = 19,2\ \text{kNm}.$$

Wir hätten $M_{b\,max}$ auch aus der rechten Querkraftfläche berechnen können:

$$M_{b\,max} = \frac{1}{2}\,(2 - \overline{x}) \cdot 10 + 10 \cdot 1,5 = 19,2\ \text{kNm}.$$

Beispiel 6-5: Für den Balken Bild 6-14 ersetzen wir die Dreieckslast durch eine Einzellast von der Größe

$$\frac{1}{2} \cdot 12\ \text{kN/m} \cdot 3\ \text{m} = 18\ \text{kN}.$$

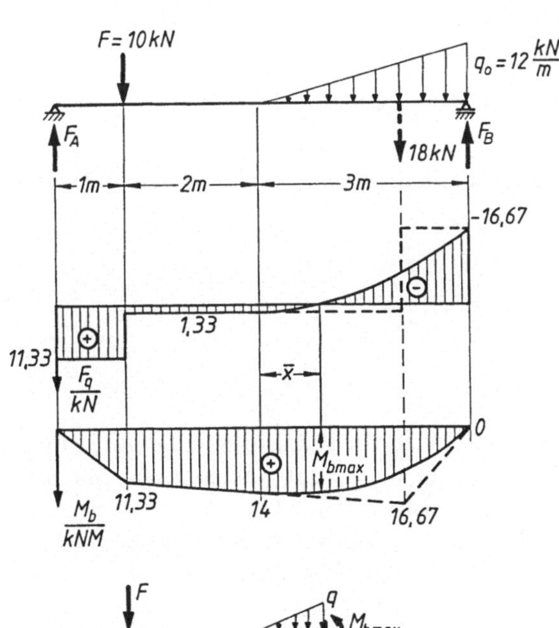

Bild 6-14

Sie greift im Abstand 1 m vom rechten Auflager B an. Für die Auflagerkräfte erhalten wir somit

$$F_A = 11,33 \text{ kN}, \quad F_B = 16,67 \text{ kN}.$$

Für die Belastung mit den beiden Einzelkräften 10 kN und 18 kN berechnen wir die F_q- und die M_b-Werte (Kontrolle: $M_b = 0$ bei B) und zeichnen ihre Kurven. Die wahre F_q-Kurve ist unter der Dreiecksbelastung eine Parabel, die in der Mitte des Balkens (in der Spitze des Dreiecks) wegen $F_q' = -q = 0$ ihren Scheitelpunkt besitzt. Der stärkste Anstieg der Parabel liegt am Auflager B. Das maximale Biegemoment wird an der Stelle des Balkens angenommen, für die die Querkraft $F_q = 0$ wird. Es beträgt nach der Zeichnung ungefähr 14 kNm. Wir wollen $M_{b\,\text{max}}$ exakt berechnen. Messen wir $\bar{x}$ von der Spitze der Dreiecksbelastung aus, so erhalten wir nach Bild 6-14

$$\frac{q}{x} = \frac{q_0}{3 \text{ m}} = 4 \frac{\text{kN}}{\text{m}^2} \Rightarrow q = 4 \frac{\text{kN}}{\text{m}^2}\, \bar{x},$$

$$F_q = F_A - F - \frac{1}{2} q \bar{x} = 1,333 \text{ kN} - 2 \frac{\text{kN}}{\text{m}^2}\, \bar{x}^2 = 0.$$

Aus der letzten Gleichung berechnen wir

$$\bar{x} = \sqrt{\frac{1,333}{2}} = 0,816 \text{ m}$$

und hiermit

$$M_{b\,\text{max}} = F_A (3 \text{ m} + \bar{x}) - F(2 \text{ m} + \bar{x}) - \frac{1}{2} q \bar{x}\, \frac{\bar{x}}{3},$$

$$M_{b\,\text{max}} = 11,33 \cdot 3,816 - 10 \cdot 2,816 - \frac{2}{3} \cdot 0,816^3 = 14,71 \text{ kNm}.$$

Beispiel 6-6: Für die Auflagerkräfte des Gerberträgers der Gesamtlänge $l = 20$ m (Bild 6-15) erhalten wir

$$F_C = \frac{1}{2} q c = 80 \text{ kN}.$$

Hiermit berechnen wir

$$F_B = 266,7 \text{ kN}, \quad F_A = 53,3 \text{ kN}.$$

Wir ersetzen die Streckenlast in den Intervallen der Länge a, b und c durch Einzellasten 180, 60 und 160 kN und zeichnen hierfür die Schnittgrößenkurven. Mit $M_b = 0$ im Gelenkpunkt und im rechten Auflager erhalten wir zwei sehr wirksame Kontrollen. Aus den Ersatzkurven sind die wahre F_q- und M_b-Kurve sehr leicht zu zeichnen, denn am Anfang und am Ende eines Intervalls besteht Übereinstimmung der jeweiligen F_q- und M_b-Werte. Ferner sind die Geraden der F_q-Ersatzkurve Tangenten an die M_b-Kurve. Aus den quantitativ berechneten Größen erhalten wir sofort

$$M_{b\,\text{max}} = 330 \text{ kNm} \quad \text{am Auflager } B.$$

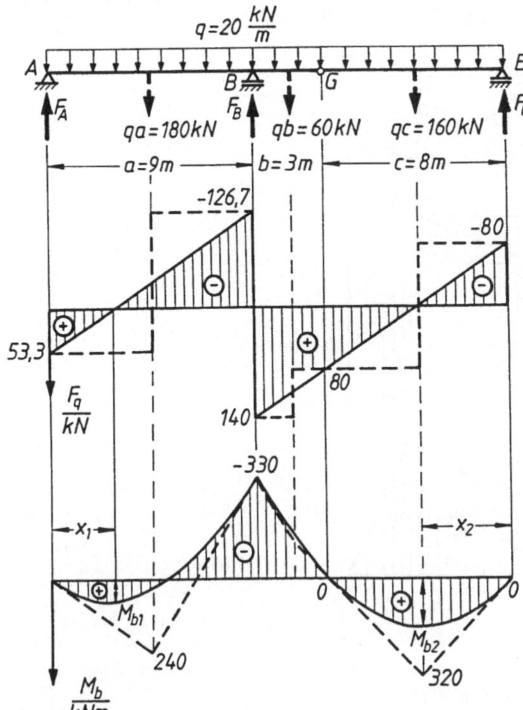

Zur Übung wollen wir auch noch die relativen Extremwerte M_{b1} und M_{b2} (die maximalen Biegemomente im Feld) berechnen. Aus der Zeichnung lesen wir ab

$$\frac{x_1}{53,3 \text{ kN}} = \frac{9 \text{ m}}{180 \text{ kN}} \Rightarrow x_1 = 2{,}67 \text{ m} \quad \text{und} \quad x_2 = 4 \text{ m}.$$

Mit diesen Werten erhalten wir aus der Querkraftfläche

$$M_{b1} = \frac{1}{2} \cdot 53{,}3 \text{ kN} \cdot 2{,}67 \text{ m} = 71{,}2 \text{ kNm},$$

$$M_{b2} = \frac{1}{2} \cdot 80 \text{ kN} \cdot 4 \text{ m} = 160 \text{ kNm}.$$

Beispiel 6-7: Für den Gerberträger Bild 6-16 berechnen wir die Auflagerkräfte zu

$$F_A = 20 \text{ kN}, \quad F_B = 46{,}67 \text{ kN}, \quad F_C = 63{,}33 \text{ kN}.$$

Aus den berechneten F_q- und M_b-Werten (aus der Querkraftfläche mit der Kontrolle $M_b = 0$ im Gelenkpunkt und am rechten freien Ende) lesen wir ab

$$M_{b \, max} = 72 \text{ kNm} \quad \text{am Auflager } C.$$

Der Nulldurchgang von F_q zwischen den Auflagern B und C interessiert hier nicht, da an dieser Stelle das Biegemoment betragsmäßig kleiner als $|M_{bB}|$ und $|M_{bC}| = M_{b \, max}$ ist.

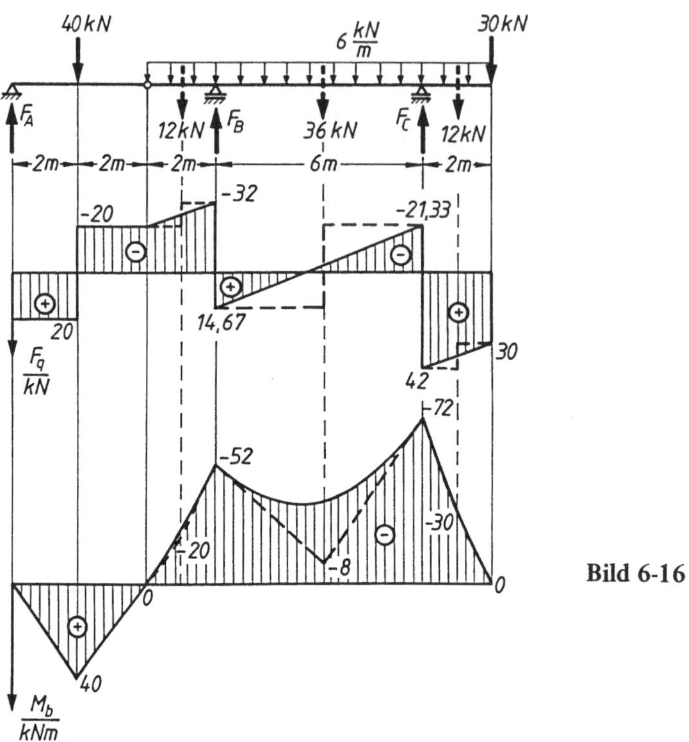

Bild 6-16

Beispiel 6-8: Für den links fest eingespannten Gerberträger Bild 6-17 zerlegen wir die Kräfte in ihre x- und z-Komponenten:

$$F_{1x} = F_1 \cos 60° = 20 \text{ kN}, \qquad F_{1z} = F_1 \sin 60° = 34,64 \text{ kN},$$
$$F_{2x} = F_2 \cos 30° = 43,30 \text{ kN}, \qquad F_{2z} = F_2 \sin 30° = 25 \text{ kN}.$$

Aus dem Lageplan der Kräfte berechnen wir die Auflagerreaktionen (Kräfte in kN, Längen in m):

$$F_{Gx} = F_{2x} = 43,30 \text{ kN}, \qquad\qquad F_B = F_{Gz} = \frac{1}{2} F_{2z} = 12,5 \text{ kN},$$
$$F_{Ax} = F_{Gx} + F_{1x} = 63,30 \text{ kN}, \qquad F_{Az} = -F_{1z} + 16 + F_{Gz} = -6,14 \text{ kN},$$
$$M_A = -F_{1z} \cdot 1 + 16 \cdot 3 + F_{Gz} \cdot 4 = 63,36 \text{ kNm}.$$

Die Querkräfte berechnen wir in der üblichen Weise von links nach rechts und die Biegemomente aus der Querkraftfläche mit $M_b(0) = -M_A = -63,4$ kNm und den Kontrollen $M_b = 0$ in G und B. Aus den so ermittelten Werten erhalten wir

$$M_{b\,max} = M_b(1\,m) = 69,5 \text{ kNm}.$$

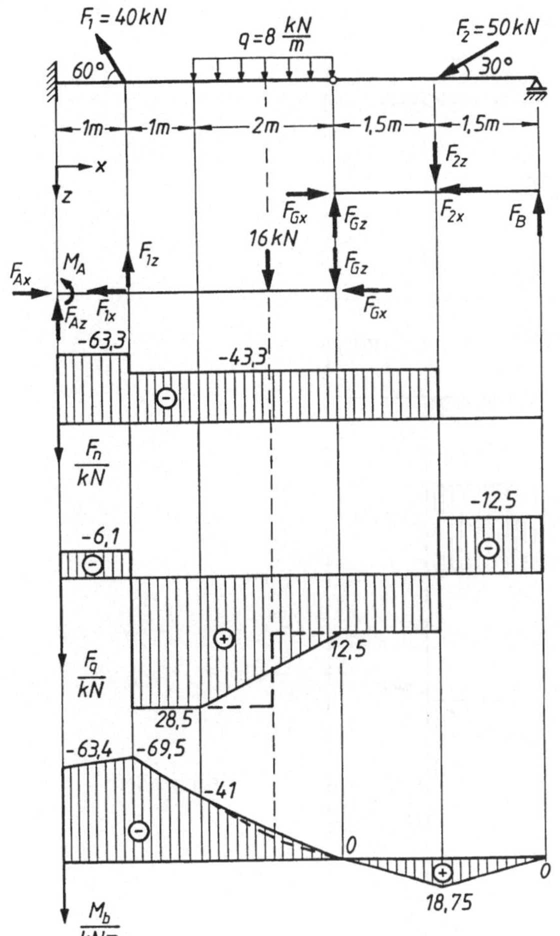

Bild 6-17

Beispiel 6-9: Der waagerechte Balken Bild 6-18 wird in A durch ein festes Gelenk und in B durch den Pendelstab CB gestützt. Mit den Gleichgewichtsbedingungen erhalten wir aus dem Lageplan der Kräfte (Längen in m, Kräfte in kN):

$$F_{Bz} \cdot 4 = 32 \cdot 2 + 10 \cdot 5 \;\Rightarrow\; F_{Bz} = 28,5 \text{ kN}, \quad F_{Bx} = \frac{4}{3}\,F_{Bz} = 38 \text{ kN},$$

$$F_{Ax} = F_{Bx} = 38 \text{ kN}, \quad F_{Az} = 42 - F_{Bz} = 13,5 \text{ kN}.$$

Zwischen den Punkten A und B beträgt die Längskraft $F_n = 38$ kN und $F_n = 0$ rechts von B.

Aus den Ersatzkurven für die Querkraft und das Biegemoment zeichnen wir die F_q- und die M_b-Kurve für die Streckenlast. Das maximale Biegemoment kann im Innern des Feldes oder als Stützmoment $|M_{bB}| = 10$ kNm am Auflager B angenommen werden.

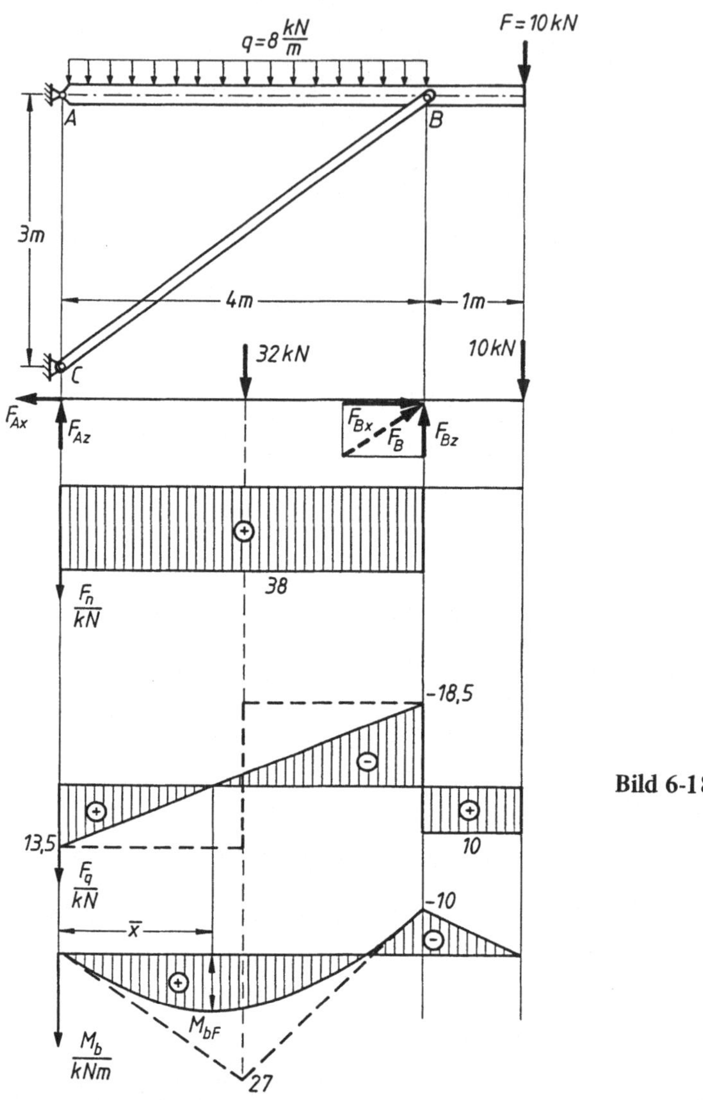

Bild 6-18

Wir berechnen M_{bF}, indem wir zunächst $\overline{x}$ aus der Geometrie der F_q-Kurve aus der Bedingung $F_q = 0$ bestimmen:

$$\frac{\overline{x}}{13{,}5\ \text{kN}} = \frac{4\ \text{m}}{32\ \text{kN}} \;\Rightarrow\; \overline{x} = 1{,}6875\ \text{m}.$$

Mit diesem Wert wird

$$M_{bF} = \frac{1}{2}\,F_{Az}\,\overline{x} = 11{,}39\ \text{kNm} = M_{b\,\text{max}}.$$

Beispiel 6-10: Für den nach Bild 6-19 in A und B gestützten Träger berechnen wir die Auflagerkräfte aus den Gleichgewichtsbedingungen.

$$\Sigma M^{(A)} = 0 \Rightarrow F_{\mathrm B} \sin 30° \cdot 4 + F_{\mathrm B} \cos 30° \cdot 0{,}8 = 10 \cdot 1 + 12 \cdot 2{,}5 + 8 \cdot 6$$
$$\Rightarrow F_{\mathrm B} = 32{,}68 \text{ kN},$$

$$F_{\mathrm{Bx}} = 28{,}30 \text{ kN}, \quad F_{\mathrm{Bz}} = 16{,}34 \text{ kN}, \quad F_{\mathrm{Ax}} = 28{,}30 \text{ kN}, \quad F_{\mathrm{Az}} = 13{,}66 \text{ kN}.$$

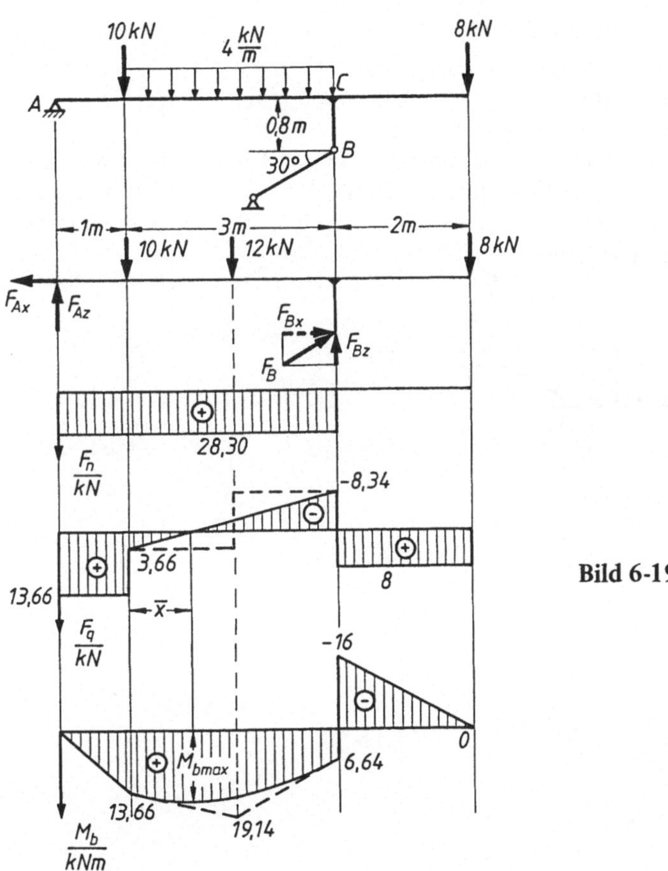

Bild 6-19

Zwischen den Punkten A und C erhalten wir die Längskraft $F_n = 28{,}30$ kN und rechts von C $F_n = 0$. Die F_q-Kurve ist aus den Einzelkräften und der Streckenlast leicht zu zeichnen. Die M_b-Werte berechnen wir von A bis C aus der Querkraftfläche. Beim Überschreiten des Punktes C ist das Moment der exzentrisch angreifenden Kraft $F_{\mathrm{Bx}} = 28{,}30$ kN zu berücksichtigen. Die Biegemomentenkurve besitzt an dieser Stelle einen Sprung. Denken wir uns einen Schnitt etwas rechts von C gelegt, so kommt zum Moment 6,64 kNm der vertikalen Kräfte das Moment $-28{,}30$ kN $\cdot$ 0,8 m $= -22{,}64$ kNm (negativ, weil am linken Teilbalken linksdrehend) der Horizontalkraft F_{Bx} hinzu. Insgesamt beträgt also das Biegemoment etwas rechts von C $6{,}64 - 22{,}64 = -16$ kNm. Mit diesem Wert und der letzten Querkraftfläche 8 kN · 2 m = 16 kNm erhalten wir die Kontrolle $M_b = 0$ am rechten Ende des Balkens. Das maximale Biegemoment kann bei C oder im Innern des Feldes an der Stelle $\bar{x}$ auftreten, für die $F_q = 0$ wird. Wir berechnen $\bar{x}$ aus

$$\frac{\bar{x}}{3{,}66 \text{ kN}} = \frac{3 \text{ m}}{12 \text{ kN}} \Rightarrow \bar{x} = 0{,}915 \text{ m}$$

und hiermit

$$M_{bF} = 13{,}66 + \frac{1}{2} \, 3{,}66 \cdot 0{,}915 = 15{,}33 \text{ kNm}.$$

Damit wird $M_{b\,max} = 16 \text{ kNm}$.

Beispiel 6-11: Der rechts eingespannte Träger (Bild 6-20) der Länge l wird durch eine Trapezlast und links durch eine Einzellast der Größe $F = \frac{1}{2} \, q_0 l$ belastet. Für gegebene q_0 und l sind die Querkraft und das Biegemoment in Abhängigkeit von x darzustellen und inbesondere $M_{b\,max}$ zu berechnen.

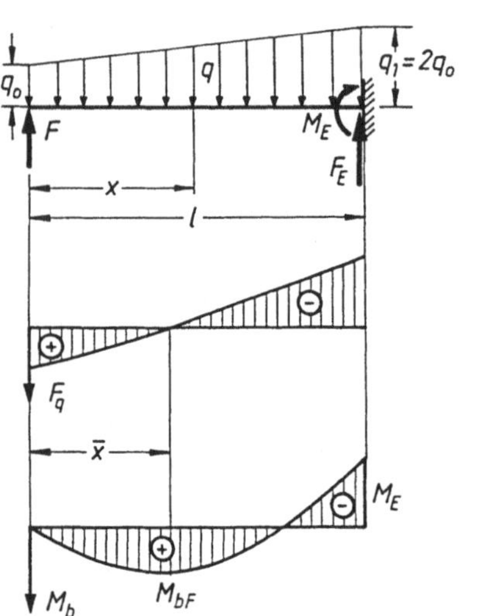

Bild 6-20

Die Belastungsintensität an der Stelle x beträgt q. Wir ermitteln sie geometrisch mit dem Strahlensatz:

$$\frac{q - q_0}{x} = \frac{q_1 - q_0}{l} = \frac{q_0}{l} \Rightarrow q = q_0 \left(\frac{x}{l} + 1 \right).$$

Nach (6.1) gilt

$$\frac{dF_q}{dx} = -q(x) = -q_0 \left(\frac{x}{l} + 1 \right) \quad \text{und} \quad \frac{dM_b}{dx} = F_q(x).$$

Durch Integration bestimmen wir hieraus

$$F_q(x) = -q_0\left(\frac{x^2}{2l} + x + C_1\right)$$

und

$$M_b(x) = -q_0\left(\frac{x^3}{6l} + \frac{x^2}{2} + C_1 x + C_2\right).$$

Die Integrationskonstanten C_1 und C_2 berechnen wir aus den bekannten Größen von F_q und M_b für das freie Ende $x = 0$ des Balkens:

$$F_q(0) = F = \frac{1}{2}q_0 l \quad \text{und} \quad M_b(0) = 0.$$

Hiermit erhalten wir

$$-q_0 C_1 = \frac{1}{2}q_0 l \quad \text{und} \quad -q_0 C_2 = 0,$$

also

$$C_1 = -\frac{l}{2} \quad \text{und} \quad C_2 = 0.$$

Damit können wir die Querkraft und das Biegemoment als Funktion von x angeben:

$$F_q = -\frac{q_0 l}{2}\left(\frac{x^2}{l^2} + 2\frac{x}{l} - 1\right),$$

$$M_b = -\frac{q_0 l^2}{6}\left(\frac{x^3}{l^3} + 3\frac{x^2}{l^2} - 3\frac{x}{l}\right).$$

Insbesondere erhalten wir für die Einspanngrößen

$$F_E = -F_q(l) = q_0 l \quad \text{und} \quad M_E = -M_b(l) = \frac{q_0 l^2}{6}.$$

Das maximale Biegemoment wird an der Einspannstelle oder an der Stelle angenommen, für die die Querkraft Null wird. Wir berechnen $\bar{x}$ aus

$$\frac{\bar{x}^2}{l^2} + 2\frac{\bar{x}}{l} - 1 = 0 \;\Rightarrow\; \bar{x} = (\sqrt{2} - 1)\,l = 0{,}414\,l,$$

$$M_{bF} = -\frac{q_0 l^2}{6}\,(0{,}414^3 + 3 \cdot 0{,}414^2 - 3 \cdot 0{,}414) = 0{,}657\,\frac{q_0 l^2}{6}.$$

Damit wird das maximale Biegemoment

$$M_{b\,max} = \frac{q_0 l^2}{6}$$

an der Einspannung angenommen.

Beispiel 6-12: Ein Balken wird mit fünf gleich großen Kräften F in gleichen Abständen b belastet (Bild 6-21). Setzt man die Auflager an die Enden des Balkens, so erhalten wir die in Bild 6-21 gestrichelt gezeichnete Biegemomentenkurve mit dem größten Biegemoment in der Mitte:

$$M_{\mathrm{bo\,max}} = F_A 2b - F2b - Fb = \frac{5}{2} F2b - F2b - Fb = 2Fb.$$

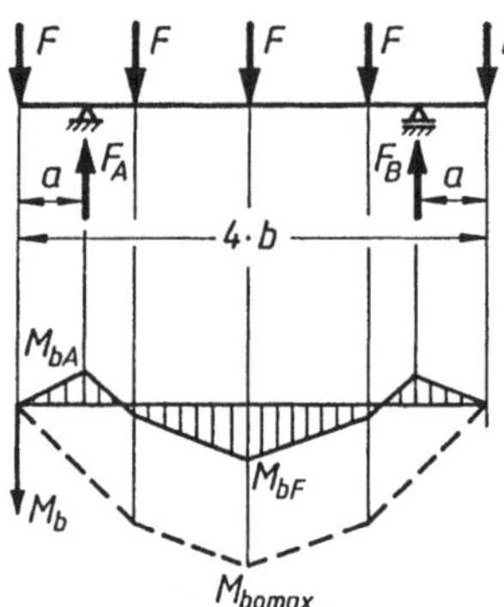

Bild 6-21

Rücken wir beide Auflager um die Länge a nach innen, so wird das maximale Feldmoment M_{bF} kleiner und am Auflager tritt ein Stützmoment M_{bA} auf. Am günstigsten wird man a so wählen, daß $|M_{\mathrm{bA}}| = M_{\mathrm{bF}}$ wird. Dann wird das maximale Biegemoment am kleinsten. Für diese günstigste Auflagerstellung (im Sinne der Mechanik) wollen wir a berechnen. Mit $F_A = \frac{5}{2} F$ (unabhängig von a) wird

$$M_{\mathrm{bF}} = F_A (2b - a) - F2b - Fb = 2Fb - \frac{5}{2} Fa.$$

Mit $|M_{\mathrm{bA}}| = Fa$ folgt aus $|M_{\mathrm{bA}}| = M_{\mathrm{bF}}$

$$Fa = 2Fb - \frac{5}{2} Fa \;\Rightarrow\; a = \frac{4}{7} b$$

und damit

$$M_{\mathrm{b\,max}} = \frac{4}{7} Fb = \frac{2}{7} M_{\mathrm{bo\,max}} = 28{,}6\,\% \text{ von } M_{\mathrm{bo\,max}}.$$

Beispiel 6-13: Ein Balken der Länge l wird mit einer konstanten Streckenlast q belastet. Wie ist a zu wählen, damit das maximale Biegemoment ein Minimum annimmt. Dieses $M_{\mathrm{b\,max}}$ ist mit $M_{\mathrm{bo\,max}} = \dfrac{ql^2}{8}$ für $a = 0$ (Auflager an den Enden) zu vergleichen.

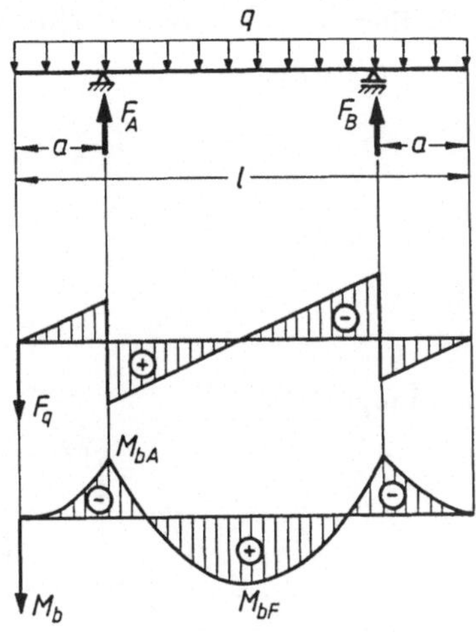

Bild 6-22

Aus der skizzierten M_b-Kurve (Bild 6-22) erkennt man, daß $M_{b\,max}$ den kleinsten Wert annimmt, wenn $|M_{bA}| = M_{bF}$ wird, denn für ein wachsendes a nimmt $|M_{bA}|$ zu und M_{bF} ab und umgekehrt. Legen wir einen Schnitt im Abstand $x = a$ und $x = \frac{l}{2}$, so erhalten wir mit $F_A = F_B = \dfrac{ql}{2}$

$$|M_{bA}| = qa\,\frac{a}{2} = \frac{q}{2}\,a^2 \quad\text{und}\quad M_{bF} = F_A\left(\frac{l}{2} - a\right) - \frac{ql}{2}\,\frac{l}{4} = \frac{ql^2}{8} - \frac{ql}{2}\,a.$$

Aus $|M_{bA}| = M_{bF}$ folgt

$$\frac{q}{2}\,a^2 = \frac{ql^2}{8} - \frac{ql}{2}\,a \quad\text{oder}$$

$$a^2 + la - \frac{l^2}{4} = 0 \;\Rightarrow\; a = -\frac{l}{2} + \sqrt{\frac{l^2}{4} + \frac{l^2}{4}} = \frac{l}{2}\,(\sqrt{2} - 1) = 0{,}207\,l.$$

Hiermit wird

$$M_{b\,max} = \frac{q}{2}\,0{,}207^2 l^2 = 0{,}172\,\frac{ql^2}{8} = 17{,}2\ \%\ \text{von}\ M_{bo\,max}.$$

Beispiel 6-14: Für den Gerberträger im Beispiel 6-6 (Bild 6-15) sollen das innere Auflager B und der Gelenkpunkt G so gewählt werden, daß das maximale Biegemoment ein Minimum wird. (Die äußeren Auflager A und C sollen festgehalten werden.)

Die günstigste Wahl von B und G wird offensichtlich erreicht, wenn $M_{b1} = |M_{bB}| = M_{b2}$ (s. Bild 6-15) wird. Die Parabelbögen links und rechts von B müssen dann spiegelbildlich liegen, d.h. es muß $a = b + c = \frac{l}{2}$ sein. Damit ist die Bedingung $M_{b1} = M_{b2}$ erfüllt. Wegen der Symmetrie oder aus $\Sigma M^{(B)} = 0$ folgt für die äußeren Auflagerkräfte

$$F_A = F_C = \frac{qc}{2} \, .$$

Für das Stützmoment in B erhalten wir

$$M_{bB} = F_A \frac{l}{2} - \frac{ql}{2} \frac{l}{4} = \frac{qcl}{4} - \frac{ql^2}{8} = \frac{ql}{4} \left(c - \frac{l}{2} \right).$$

x_1 und M_{b1} berechnen wir nach nebenstehender Abbildung:

$$F_q = F_A - qx_1 = 0 \;\Rightarrow\; x_1 = \frac{F_A}{q} = \frac{c}{2},$$

$$M_{b1} = F_A x_1 - qx_1 \frac{x_1}{2} = \frac{qc}{2} \frac{c}{2} - \frac{q}{2} \frac{c^2}{4} = \frac{qc^2}{8} \, .$$

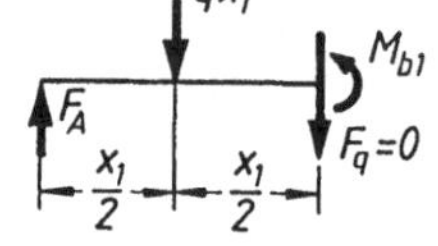

Aus $M_{b1} = |M_{bB}| = - M_{bB}$ folgt mit den obigen Darstellungen

$$\frac{qc^2}{8} = - \frac{ql}{4} \left(c - \frac{l}{2} \right),$$

$$c^2 + 2lc - l^2 = 0 \;\Rightarrow\; c = -l + \sqrt{l^2 + l^2} = (\sqrt{2} - 1) \, l$$

und

$$b = \frac{l}{2} - c = (1{,}5 - \sqrt{2}) \, l.$$

Das kleinste maximale Biegemoment wird somit

$$M_{b\,max} = \frac{q}{8} (\sqrt{2} - 1)^2 \, l^2 = 0{,}0214 \, ql^2 \, .$$

Mit den Zahlenwerten $l = 20$ m und $q = 20$ kN/m des Beispiels 6-6 erhalten wir

$$a = 10 \text{ m}, \quad b = 1{,}72 \text{ m}, \quad c = 8{,}28 \text{ m},$$

$M_{b\,max} = 172$ kNm (gegenüber 300 kNm im Beispiel 6-6).

6.5 Übungsaufgaben

Zeichnen Sie für die Balken der Aufgaben 6-1 bis 6-10 die Schnittgrößenkurven, und berechnen Sie das maximale Biegemoment $M_{b\,max} = \text{Max} \, |M_b(x)|$.

6-1:   **6-2:**

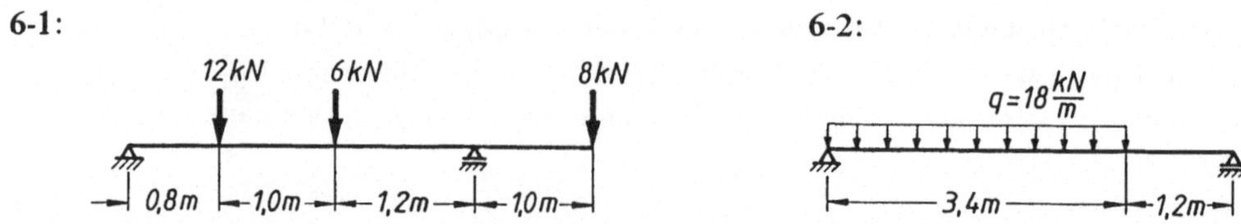

6-3:

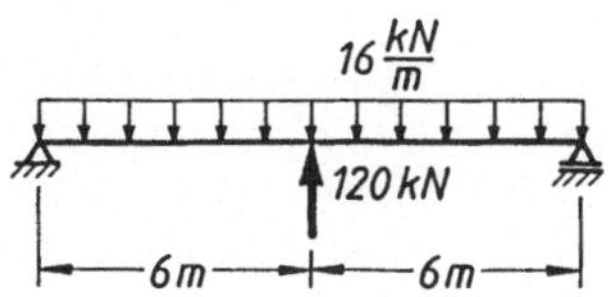

6-4:

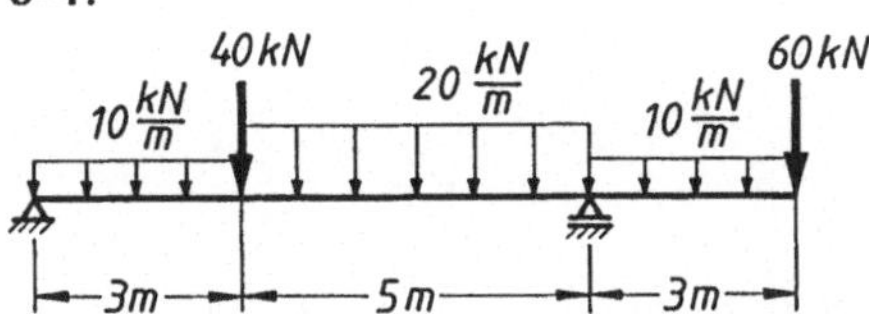

6-5:

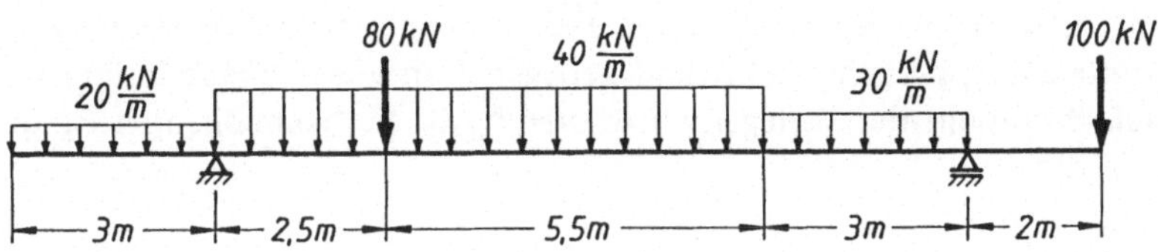

6-6:

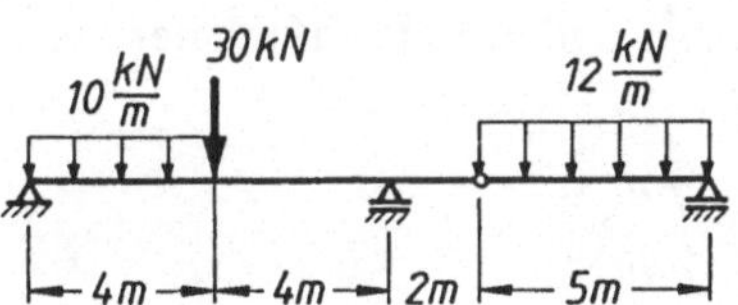

6-7:

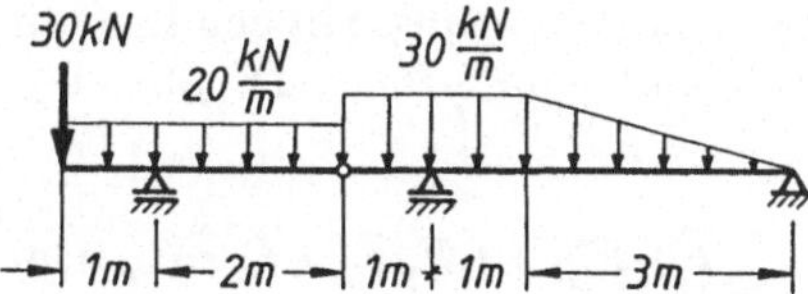

6-8:

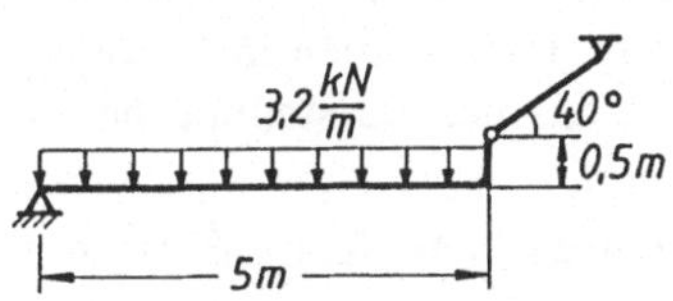

6-9:

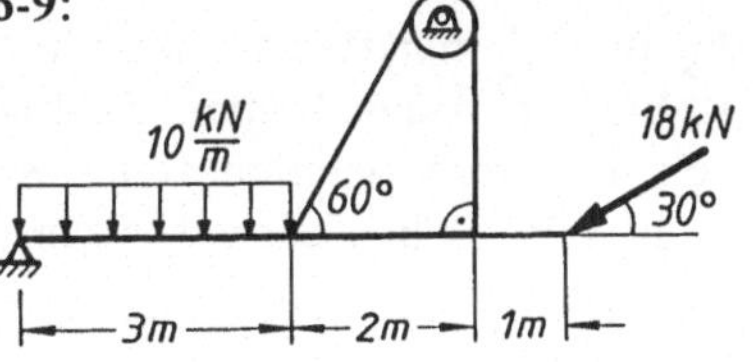

6-10:

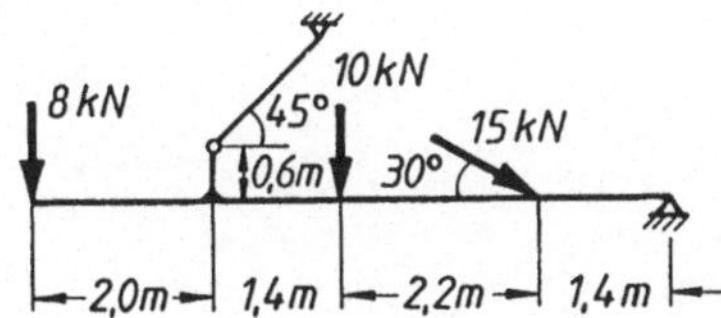

6-11: Bestimmen Sie die günstigste Auflagerstellung, d.h., a für $M_{b\,max}$ = Minimum. Berechnen Sie für diesen Wert $M_{b\,max}$, und vergleichen Sie $M_{b\,max}$ mit $M_{bo\,max}$ für $a = 0$.

a)

b) Wie unter a) mit 9 Kräften im Abstand b.

c)

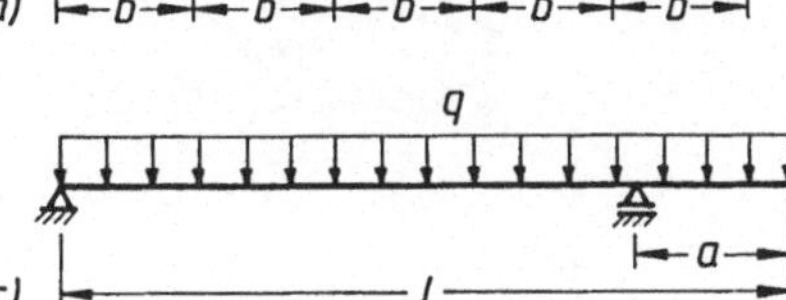

7 Kräfte im Raum

7.1 Kräfte an einem Punkt

Wir betrachten eine Kraft $\vec{F}$, die im Punkt P mit den Koordinaten x, y, z angreift (Bild 7-1). Zur Festlegung dieser Kraft legen wir durch $\vec{F}$ eine Ebene, die senkrecht zur (im allgemeinen horizontalen) x, y-Ebene steht, und zerlegen $\vec{F}$ in dieser Ebene in ihre vertikale und horizontale Komponente. Zerlegen wir weiter $\vec{F}_h$ in die Komponenten $\vec{F}_x$ und $\vec{F}_y$, so können wir F durch

$$\vec{F} = \vec{F}_x + \vec{F}_y + \vec{F}_z \qquad (7.1)$$

darstellen. $\vec{F}_x$, $\vec{F}_y$ und $\vec{F}_z$ heißen die *vektoriellen Komponenten* der Kraft $\vec{F}$ nach der x, y- und z-Richtung. Mit den Einheitsvektoren $\vec{e}_x$, $\vec{e}_y$ und $\vec{e}_z$ in Richtung der drei Achsen des Koordinatensystems schreiben wir

$$\vec{F} = F_x \vec{e}_x + F_y \vec{e}_y + F_z \vec{e}_z \quad \text{oder kürzer} \quad \vec{F} = \begin{pmatrix} F_x \\ F_y \\ F_z \end{pmatrix}. \qquad (7.2)$$

F_x, F_y und F_z nennt man die Koordinaten oder auch die skalaren Komponenten des Kraftvektors $\vec{F}$. Diese können positiv oder negativ sein. (Wir werden im folgenden stets nur von den Komponenten von $\vec{F}$ sprechen. Es wird aus der Darstellung hervorgehen, ob wir die vektoriellen oder die skalaren Komponenten meinen.)

Für den Betrag der durch ihre drei Komponenten gegebenen Kraft $\vec{F}$ lesen wir aus Bild 7-1 ab

$$F = |\vec{F}| = \sqrt{F_h^2 + F_z^2} \quad \text{und mit} \quad F_h^2 = F_x^2 + F_y^2$$

$$\boxed{F = |\vec{F}| = \sqrt{F_x^2 + F_y^2 + F_z^2}\,.} \qquad (7.3)$$

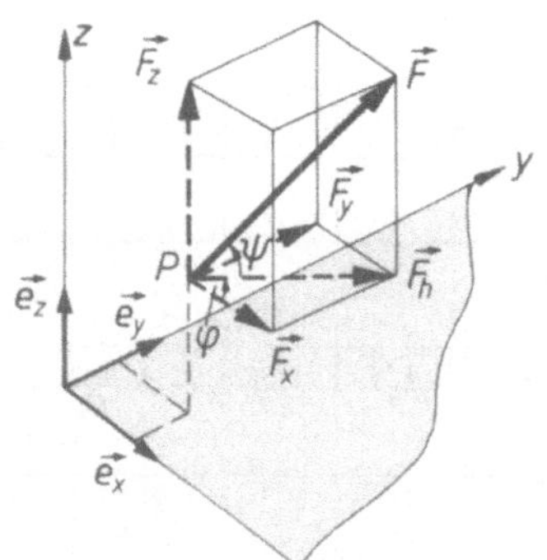

Bild 7-1

Statt durch die drei Komponenten können wir die Kraft $\vec{F}$ auch festlegen durch den Betrag F, den Drehwinkel φ (Azimut), den $\vec{F}_\mathrm{h}$ mit der x-Richtung durch P bildet, und den Kippwinkel ψ (Neigung), den $\vec{F}$ mit $\vec{F}_\mathrm{h}$ bildet (Bild 7-1). Aus der Zeichnung lesen wir mit $F_\mathrm{h} = F \cos \psi$ für die Komponenten ab

$$F_\mathrm{x} = F \cos \psi \cos \varphi; \quad F_\mathrm{y} = F \cos \psi \sin \varphi; \quad F_\mathrm{z} = F \sin \psi . \tag{7.4}$$

Sind die Komponenten der Kraft gegeben, so werden φ und ψ nach

$$\tan \varphi = \frac{F_\mathrm{y}}{F_\mathrm{x}} , \qquad \tan \psi = \frac{F_\mathrm{z}}{\sqrt{F_\mathrm{x}^2 + F_\mathrm{y}^2}} \tag{7.5}$$

berechnet.

Bei vielen Problemen (s. die späteren Beispiele) ist von einer Kraft ihre Wirkungslinie durch zwei Punkte P_1 und P_2 gegeben (Bild 7-2). Mit dem bekannten Vektor

$$\vec{d} = \overrightarrow{P_1 P_2} = \vec{r}_2 - \vec{r}_1$$

können wir dann die Kraft durch $\vec{F} = \lambda \vec{d}$ darstellen. Dabei ist λ ein skalarer positiver oder negativer Faktor, der bei konkreten Aufgaben aus der weiter unten formulierten Gleichgewichtsbedingung bestimmt wird. Mit dem Einheitsvektor $\vec{e} = \dfrac{\vec{d}}{|\vec{d}|} = \dfrac{\vec{d}}{d}$ erhalten wir die Darstellung

$$\vec{F} = \lambda \vec{d} = \lambda |\vec{d}| \, \vec{e} = F \vec{e} \quad \text{mit} \quad F = \lambda |\vec{d}| . \tag{7.6}$$

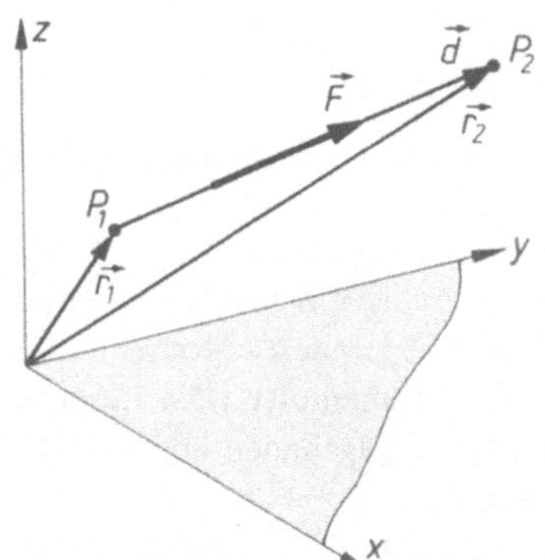

Bild 7-2

Hierin wird entgegen der Festsetzung nach (7.3) F positiv oder negativ gerechnet, je nachdem ob $\vec{F}$ dieselbe Richtung besitzt wie $\vec{d}$ oder entgegengesetzt gerichtet ist (F ist die skalare Komponente von $\vec{F}$ in bezug auf den Vektor $\vec{d}$).

Greifen an einem gemeinsamen Punkt n Kräfte $\vec{F}_\mathrm{k}$ ($k = 1, 2, \dots , n$) an, so können wir diese Kräfte wie im Abschnitt 1 zu einer Resultierenden zusammenfassen:

$$\vec{F}_\mathrm{R} = \sum_{1}^{n} \vec{F}_\mathrm{k} \quad \text{oder kürzer geschrieben} \quad \vec{F}_\mathrm{R} = \Sigma \vec{F}_\mathrm{k} . \tag{7.7}$$

Sind die Kräfte $\vec{F}_k$ durch ihre Komponenten F_{kx}, F_{ky}, F_{kz} gegeben, so wird

$$\vec{F}_R = \sum \begin{pmatrix} F_{kx} \\ F_{ky} \\ F_{kz} \end{pmatrix} = \begin{pmatrix} \sum F_{kx} \\ \sum F_{ky} \\ \sum F_{kz} \end{pmatrix} \text{, also}$$

$$F_{Rx} = \sum F_{kx}; \quad F_{Ry} = \sum F_{ky}; \quad F_{Rz} = \sum F_{kz}. \tag{7.8}$$

Befindet sich der Punkt, an dem die n Kräfte angreifen, in Ruhe (oder in gleichförmiger Bewegung), so muß $\vec{F}_R = \vec{0}$ werden. Die Gleichgewichtsbedingung für Kräfte an einem Punkt lautet somit

$$\boxed{\sum \vec{F}_k = \vec{0}} \tag{7.9}$$

oder in Komponenten

$$\boxed{\sum F_{kx} = 0; \quad \sum F_{ky} = 0; \quad \sum F_{kz} = 0.} \tag{7.9'}$$

Wie in der ebenen Statik werden wir die letzten Gleichungen noch kürzer in der Form

$$\boxed{\sum F_x = 0; \quad \sum F_y = 0; \quad \sum F_z = 0} \tag{7.9''}$$

schreiben (gelesen: Summe alle F_x gleich Null usw.).

7.2 Das Moment einer Kraft in bezug auf einen Punkt

In Abschnitt 2 haben wir das Moment einer Kraft als das Drehvermögen in bezug auf einen Punkt eingeführt und für das Moment die Darstellung (2.3) erhalten. Bei einer räumlichen Betrachtung würden wir nach Bild 2-8 besser sagen, die Kraft F besitzt in bezug auf eine z-Achse durch 0, die mit der x- und y-Achse ein rechtwinkliges Rechtssystem bildet, ein Moment von der Größe $Fh = F_y x - F_x y$. Dieses Moment zählen wir positiv, wenn es in Richtung der positiven z-Achse rechtsdrehend ist. (Der Leser beachte, daß diese Vorzeichenfestsetzung mit der in Abschnitt 2.5 gegebenen übereinstimmt, da in Bild 2-8 die z-Achse aus der Zeichenebene herausweist.)

Wir betrachten jetzt eine Kraft $\vec{F}$, die in einem Punkt $P(x, y, z)$ im Raum angreift (Bild 7-3). Wir zerlegen $\vec{F}$ in ihre Komponenten in Richtung der Koordinatenachsen. Diese Kraftkomponenten stehen jeweils senkrecht auf den Ebenen durch zwei Koordinatenachsen und besitzen ein Moment in bezug auf diese Achsen. Zum Beispiel steht F_x senkrecht auf der y, z-Ebene und besitzt in bezug auf die y-Achse ein Moment von der Größe $F_x z$ (rechtsdrehend) und in bezug auf die z-Achse ein Moment $F_x y$ (linksdrehend). In bezug auf die x-Achse besitzt F_x kein Moment (bzw. ein Moment von der Größe Null), denn F_x vermag keine Drehung um die x-Achse zu bewirken.

> *Festsetzung:* Wir zählen ein Moment in bezug auf eine Achse positiv, wenn es in Richtung der positiven Achse eine Rechtsschraube bildet.

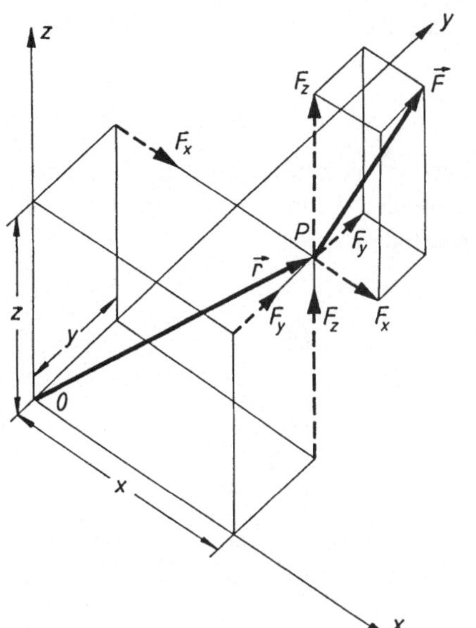

Bild 7-3

Aus Bild 7-3 lesen wir für das Moment der Kraft $\vec{F}$ in bezug auf die Koordinatenachsen ab:

$$M_x = F_z\,y - F_y\,z,$$
$$M_y = F_x\,z - F_z\,x, \tag{7.10}$$
$$M_z = F_y\,x - F_x\,y.$$

Diese drei Größen können wir als Komponenten eines Vektors $\vec{M}^{(0)}$ auffassen, den wir als den Momentenvektor (oder auch kurz als das Moment) der Kraft $\vec{F}$ in bezug auf den Koordinatenanfangspunkt 0 bezeichnen. Schreiben wir

$$\vec{r} = \begin{pmatrix} x \\ y \\ z \end{pmatrix} \quad \text{und} \quad \vec{F} = \begin{pmatrix} F_x \\ F_y \\ F_z \end{pmatrix},$$

so erkennen wir, daß aus diesen beiden Vektoren der Momentenvektor $\vec{M}^{(0)}$ berechnet werden kann. Bilden wir nach den Regeln der Vektorrechnung das vektorielle Produkt

$$\vec{r} \times \vec{F} = \begin{vmatrix} \vec{e}_x & x & F_x \\ \vec{e}_y & y & F_y \\ \vec{e}_z & z & F_z \end{vmatrix} = \begin{pmatrix} F_z\,y - F_y\,z \\ F_x\,z - F_z\,x \\ F_y\,x - F_x\,y \end{pmatrix}, \tag{7.11}$$

so erhalten wir genau die Komponenten, die durch (7.10) festgelegt sind. Wir können also das Moment der Kraft $\vec{F}$ in bezug auf den Ursprung 0 durch

$$\boxed{\vec{M}^{(0)} = \vec{r} \times \vec{F}} \tag{7.12}$$

darstellen. Der Momentenvektor $\vec{M}^{(0)}$ steht damit senkrecht auf der Ebene, die durch $\vec{r}$ und $\vec{F}$ aufgespannt wird (Bild 7-4). Er besitzt die Größe

$$|\vec{M}^{(0)}| = |\vec{r}|\,|\vec{F}|\,\sin\varphi = Fh,$$

wenn h das Lot von 0 auf die Wirkungslinie von $\vec{F}$ bedeutet. Damit ein Momentenvektor sofort von einem Kraftvektor unterschieden werden kann, hat es sich in der Mechanik eingebürgert, ihn durch einen Doppelpfeil darzustellen.

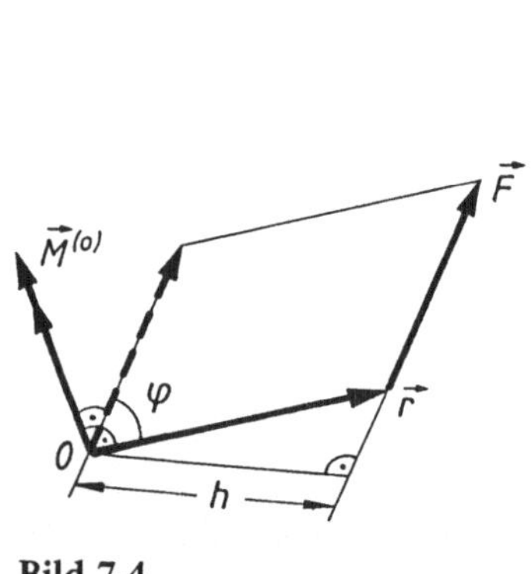

Bild 7-4

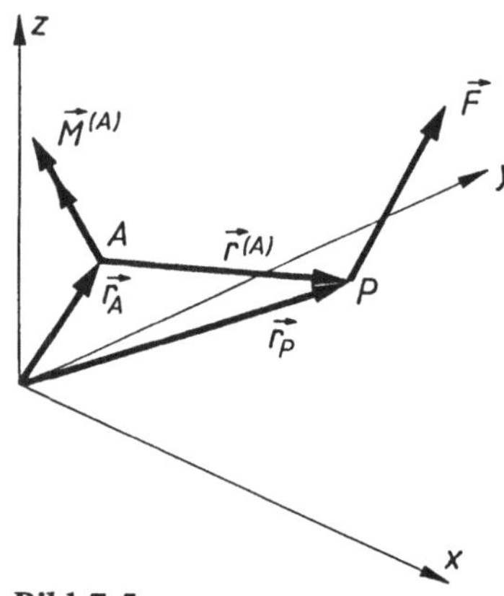

Bild 7-5

Ist A ein beliebiger Punkt mit dem Ortsvektor $\vec{r}_A$ und ist P mit dem Ortsvektor $\vec{r}_P$ ein Punkt auf der Wirkungslinie der Kraft $\vec{F}$ (Bild 7-5), so erhalten wir nach den vorstehenden Überlegungen das Moment von $\vec{F}$ in bezug auf den Punkt A zu

$$\vec{M}^{(A)} = \vec{r}^{(A)} \times \vec{F} \quad \text{mit} \quad \vec{r}^{(A)} = \vec{r}_P - \vec{r}_A. \tag{7.13}$$

Die Komponenten dieses Vektors stellen die Momente von $\vec{F}$ in bezug auf die $x^{(A)}, y^{(A)}$, $z^{(A)}$-Achsen dar, die parallel zu den x, y, z-Achsen durch den Punkt A laufen. Bei einfacher Geometrie lassen sich diese Momente für die Achsen leicht aus dem Lageplan der Kräfte ablesen. Bei etwas schwierigerer Geometrie berechnen wir $\vec{M}^{(A)}$ als Vektorprodukt nach den Gesetzen der Mathematik mit der Determinantendarstellung nach (7.11).

7.3 Das Moment einer Kraft in bezug auf eine Achse

Nach (7.10) können wir das Moment einer Kraft in bezug auf die Koordinatenachsen berechnen. Bei manchen Aufgaben ist es vorteilhaft, das Moment einer Kraft in bezug auf eine beliebige Achse AB zu bestimmen (Bild 7-6). Wir bezeichnen mit $\vec{r}^{(A)}$ den Vektor von A nach P und mit $\vec{e}$ den Einheitsvektor von A in Richtung B. Das Moment der Kraft $\vec{F}$ in

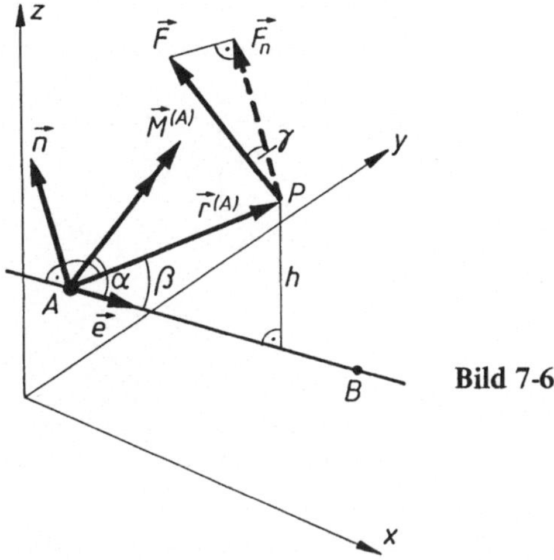

Bild 7-6

bezug auf den Punkt A ist nach (7.13) $\vec{M}^{(A)} = \vec{r}^{(A)} \times \vec{F}$. Von diesem Momentenvektor erhalten wir die Komponente M_{AB} in bezug auf die Achse AB bzw. in Richtung $\vec{e}$ nach Bild 7-6 zu

$$M_{AB} = |\vec{M}^{(A)}| \cos\alpha = |\vec{M}^{(A)}| \, |\vec{e}| \cos\alpha.$$

Die rechte Seite können wir als Skalarprodukt aus den Vektoren $\vec{M}^{(A)}$ und $\vec{e}$ schreiben:

$$M_{AB} = \vec{M}^{(A)} \cdot \vec{e} = (\vec{r}^{(A)} \times \vec{F}) \cdot \vec{e}.$$

Für M_{AB} können wir noch eine andere Darstellung geben. Der Normalenvektor $\vec{n}$, der auf der Ebene durch die Gerade AB und den Punkt P senkrecht steht, lautet $\vec{n} = \vec{e} \times \vec{r}^{(A)}$ ($\vec{n}$ ist kein Einheitsvektor). Ist $\vec{F}_n$ die Komponente von $\vec{F}$ in Richtung $\vec{n}$ und h das Lot von P auf AB, so erhalten wir (Bild 7-6)

$$M_{AB} = F_n h = F_n |\vec{r}^{(A)}| \sin\beta = F_n |\vec{e}| \, |\vec{r}^{(A)}| \sin\beta = |\vec{F}| \cos\gamma \, |\vec{n}|,$$
$$M_{AB} = \vec{n} \cdot \vec{F} = (\vec{e} \times \vec{r}^{(A)}) \cdot \vec{F}.$$

Beide Darstellungen für M_{AB} zusammen liefern

$$\boxed{M_{AB} = (\vec{r}^{(A)} \times \vec{F}) \cdot \vec{e} = (\vec{e} \times \vec{r}^{(A)}) \cdot \vec{F}.} \tag{7.14}$$

Die aus den drei Vektoren $\vec{e}$, $\vec{r}^{(A)}$ und $\vec{F}$ nach dieser Vorschrift berechnete Größe nennt man in der Mathematik das Spatprodukt dieser Vektoren, das z.B. mit $\langle \vec{e}, \vec{r}^{(A)}, \vec{F} \rangle$ bezeichnet wird. Sind

$$\vec{a} = \begin{pmatrix} a_x \\ a_y \\ a_z \end{pmatrix}, \qquad \vec{b} = \begin{pmatrix} b_x \\ b_y \\ b_z \end{pmatrix}, \qquad \vec{c} = \begin{pmatrix} c_x \\ c_y \\ c_z \end{pmatrix}$$

drei beliebige Vektoren mit ihren Komponentendarstellungen in einem rechtwinkligen x, y, z-Koordinatensystem, so wird das Spatprodukt am bequemsten aus der Determinante

$$\langle \vec{a}, \vec{b}, \vec{c} \rangle = (\vec{a} \times \vec{b}) \cdot \vec{c} = (\vec{c} \times \vec{a}) \cdot \vec{b} = (\vec{b} \times \vec{c}) \cdot \vec{a} = \begin{vmatrix} a_x & b_x & c_x \\ a_y & b_y & c_y \\ a_z & b_z & c_z \end{vmatrix} \qquad (7.15)$$

berechnet.

7.4 Gleichgewichtsbedingungen

In der ebenen Statik hatten wir gesehen, daß wir eine Kraft parallel zu ihrer Wirkungslinie verschieben dürfen, wenn wir ein Versetzungsmoment hinzufügen (s. Abschnitt 3.3). Wir untersuchen jetzt diesen Fall allgemein im Raum.

Eine Kraft $\vec{F}$ greift in P an, und A sei ein beliebiger Punkt. Nach Bild 7-7a) fügen wir im Punkt A die beiden Kräfte $\vec{F}$ und $-\vec{F}$ hinzu, deren Wirkung sich in der Stereostatik aufhebt. Die Kraft $\vec{F}$ in P und die Kraft $-\vec{F}$ in A bilden ein Kräftepaar, das durch das Moment $\vec{M}^{(A)} = \vec{r}^{(A)} \times \vec{F}$ ersetzt werden kann. Die Kraft $\vec{F}$ in P ist somit äquivalent der Kraft $\vec{F}$ in A und dem Moment $\vec{M}^{(A)}$ (Bild 7-7b)), das auch hier als Versetzungsmoment bezeichnet wird.

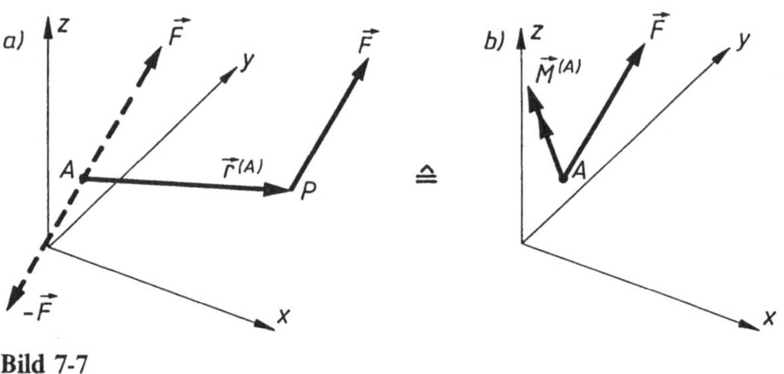

Bild 7-7

Wirken auf einen Körper n Kräfte $\vec{F}_k$ ($k = 1, 2, \ldots, n$), so können wir alle Kräfte in einen beliebigen Punkt A verschieben, indem wir die Versetzungsmomente $\vec{M}_k^{(A)} = \vec{r}_k^{(A)} \times \vec{F}_k$ hinzufügen, wobei $\vec{r}_k^{(A)}$ den Vektor von A nach einem Punkt der Wirkungslinie von $\vec{F}_k$ bedeutet. Das dann in A zentrale Kräftesystem kann zu einer resultierenden Kraft $\vec{F}_R$ und alle Momente $\vec{M}_k^{(A)}$ zu einem resultierenden Moment $\vec{M}_R^{(A)}$ zusammengefaßt werden:

$$\vec{F}_R = \sum_{k=1}^{n} \vec{F}_k, \qquad \vec{M}_R^{(A)} = \sum_{k=1}^{n} \vec{M}_k^{(A)} = \sum_{k=1}^{n} \vec{r}_k^{(A)} \times \vec{F}_k. \qquad (7.16)$$

Das Kräftesystem befindet sich im Gleichgewicht (d.h. der Körper ist unter der Wirkung der Kräfte $\vec{F}_k$ beschleunigungsfrei), wenn die resultierende Kraft $\vec{F}_R$ und das resultierende Moment $\vec{M}_R^{(A)}$ verschwinden:

$$\sum_{k=1}^{n} \vec{F}_k = \vec{0}; \qquad \sum_{k=1}^{n} \vec{M}_k^{(A)} = \vec{0}. \tag{7.17}$$

In skalarer Komponentenform lauten die Gleichgewichtsgleichungen (in der Kurzschreibweise ohne Summationsindex k)

$$\begin{aligned} \Sigma F_x = 0; \qquad & \Sigma F_y = 0; \qquad && \Sigma F_z = 0; \\ \Sigma M_x^{(A)} = 0; \qquad & \Sigma M_y^{(A)} = 0; \qquad && \Sigma M_z^{(A)} = 0. \end{aligned} \tag{7.17'}$$

In der räumlichen Statik stehen sechs unabhängige Gleichgewichtsgleichungen zur Verfügung, d.h. eine Aufgabe ist statisch bestimmt, wenn nicht mehr als sechs Reaktionsgrößen auftreten (s. hierzu die Beispiele).

Die Momentengleichgewichtsbedingung $\Sigma \vec{M}_k^{(A)} = \vec{0}$ ist abhängig vom Bezugspunkt A (im Gegensatz zu $\Sigma \vec{F}_k = \vec{0}$). Es gilt der

> **Satz:** Sind die Gleichungen (7.17) erfüllt, so ist auch $\Sigma \vec{M}_k^{(B)} = \vec{0}$ für jeden Punkt B.

Beweis: Nach Bild 7-8 gilt $\vec{r}_k^{(B)} = \vec{r}_k^{(A)} - \vec{r}_{AB}$ und somit

$$\vec{M}_k^{(B)} = \vec{r}_k^{(B)} \times \vec{F}_k = \vec{r}_k^{(A)} \times \vec{F}_k - \vec{r}_{AB} \times \vec{F}_k.$$

Da $\vec{r}_k^{(A)} \times \vec{F}_k = \vec{M}_k^{(A)}$ und $\vec{r}_{AB}$ von k unabhängig ist, ergibt die Summation über alle k

$$\Sigma \vec{M}_k^{(B)} = \Sigma \vec{M}_k^{(A)} - \vec{r}_{AB} \times \Sigma \vec{F}_k = \vec{0}.$$

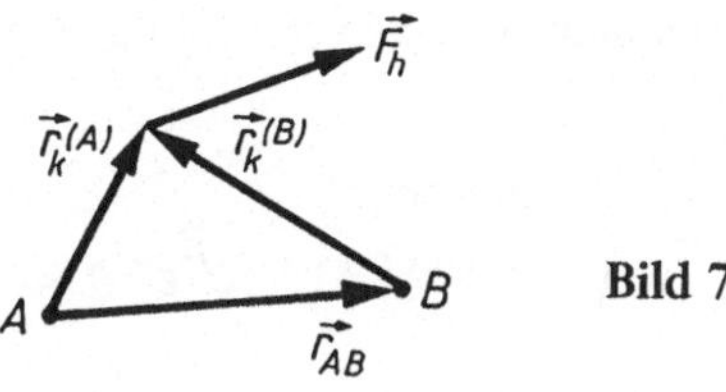

Bild 7-8

7.5 Beispiele

Beispiel 7-1: An einer senkrechten Wand sind in den Punkten A, B und C Stäbe gelenkig befestigt und in P miteinander verbunden (Bild 7-9a)). In P hängt eine Masse m. Die horizontal liegenden Stäbe AP und BP bilden in P einen rechten Winkel. Es sind die Stabkräfte zu ermitteln.

Gegeben: $a = 2{,}20$ m, $b = 2{,}80$ m, $c = 3{,}80$ m, $m = 250$ kg.

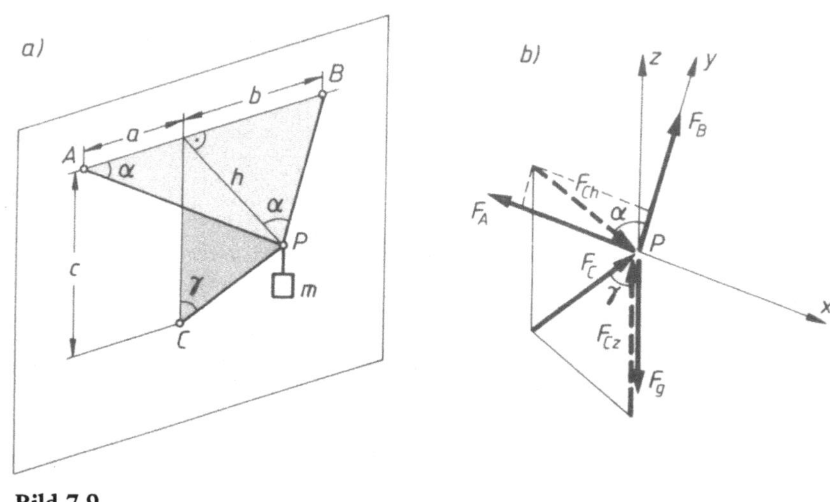

Bild 7-9

Aus der Geometrie der Anordnung erhalten wir (Höhensatz)

$$h = \sqrt{ab} = 2{,}48 \text{ m},$$

$$\tan\alpha = \frac{h}{a} \;\Rightarrow\; \alpha = 48{,}45°, \quad \tan\gamma = \frac{h}{c} \;\Rightarrow\; \gamma = 33{,}15°.$$

Bild 7-9b) zeigt den Lageplan der Kräfte, wobei wir in den Stäben AP und BP eine Zugkraft und in CP eine Druckkraft angenommen haben. Mit der horizontalen Komponente $F_{\text{Ch}} = F_{\text{C}} \sin\gamma$ von $\vec{F}_{\text{C}}$ lassen sich die Kräfte in dem x, y, z-System folgendermaßen darstellen:

$$\vec{F}_{\text{A}} = F_{\text{A}} \begin{pmatrix} -1 \\ 0 \\ 0 \end{pmatrix}, \quad \vec{F}_{\text{B}} = F_{\text{B}} \begin{pmatrix} 0 \\ 1 \\ 0 \end{pmatrix}, \quad \vec{F}_{\text{C}} = F_{\text{C}} \begin{pmatrix} \sin\gamma \sin\alpha \\ -\sin\gamma \cos\alpha \\ \cos\gamma \end{pmatrix}, \quad \vec{F}_{\text{g}} = F_{\text{g}} \begin{pmatrix} 0 \\ 0 \\ -1 \end{pmatrix}.$$

Die Gleichgewichtsbedingungen (7.9) liefern

$$\Sigma F_{\text{x}} = 0 \;\Rightarrow\; -F_{\text{A}} + F_{\text{C}} \sin\gamma \sin\alpha = 0,$$

$$\Sigma F_{\text{y}} = 0 \;\Rightarrow\; F_{\text{B}} - F_{\text{C}} \sin\gamma \cos\alpha = 0,$$

$$\Sigma F_{\text{z}} = 0 \;\Rightarrow\; F_{\text{C}} \cos\gamma - F_{\text{g}} = 0.$$

Aus der letzten Gleichung berechnen wir

$$F_C = \frac{F_g}{\cos\gamma} = 2{,}93 \text{ kN}$$

und hiermit $F_A = 1{,}20$ kN, $F_B = 1{,}06$ kN.

Beispiel 7-2: Nach Bild 7-10a) wird eine Last (Gewichtskraft F_g) an einem Seil über eine Rolle, die an einem gleichseitigen Dreibock befestigt ist, aus einem Schacht gehoben. Es sind die Kräfte in den Beinen des Dreibocks bei gesperrter Winde zu berechnen.
Gegeben: $l = AP = BP = CP = 3{,}50$ m, $h = 3{,}00$ m, $\gamma = 60°$, $F_g = 4{,}80$ kN.

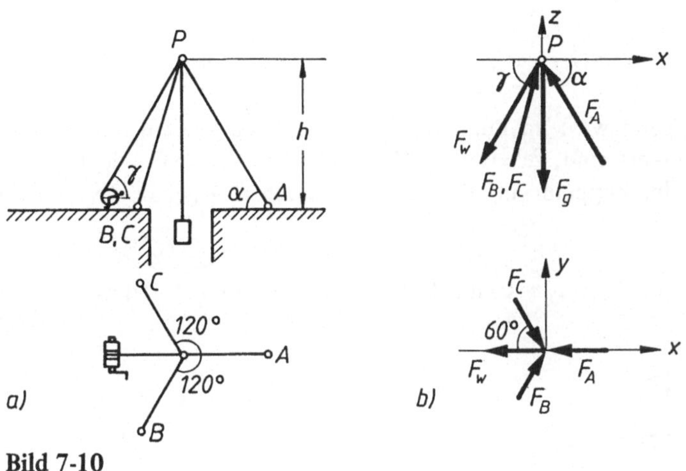

Bild 7-10

Wir berechnen zunächst den Neigungswinkel der Dreibockbeine:

$$\sin\alpha = \frac{h}{l} \Rightarrow \alpha = 59{,}0°.$$

Bild 7-10b) zeigt den Lageplan der Kräfte in vertikaler und horizontaler Ansicht. Alle Stabkräfte im Dreibock wurden dabei als Druckkräfte angenommen. Aus $\Sigma F_y = 0$ oder aus der Symmetrie der Anordnung folgt $F_B = F_C$. Die Horizontalkomponente dieser Kräfte beträgt $F_B \cos\alpha$ und die Vertikalkomponente $F_B \sin\alpha$. Für die Kräfte erhalten wir für das eingezeichnete Koordinatensystem die Komponentendarstellung (beachten Sie, daß wir den Kraftvektor durch Multiplikation des Betrages der Kraft mit einem Einheitsvektor in Richtung der Kraft erhalten)

$$\vec{F}_g = F_g \begin{pmatrix} 0 \\ 0 \\ -1 \end{pmatrix}, \quad \vec{F}_w = F_g \begin{pmatrix} -\cos\gamma \\ 0 \\ -\sin\gamma \end{pmatrix}, \quad \vec{F}_A = F_A \begin{pmatrix} -\cos\alpha \\ 0 \\ \sin\alpha \end{pmatrix},$$

$$\vec{F}_B = F_B \begin{pmatrix} \cos\alpha\cos 60° \\ \cos\alpha\sin 60° \\ \sin\alpha \end{pmatrix}, \quad \vec{F}_C = F_B \begin{pmatrix} \cos\alpha\cos 60° \\ -\cos\alpha\sin 60° \\ \sin\alpha \end{pmatrix}.$$

Das Komponentengleichgewicht liefert

$$\Sigma F_x = 0 \;\Rightarrow\; -F_A \cos\alpha + 2F_B \cos\alpha \cos 60° - F_g \cos\gamma = 0,$$
$$\Sigma F_z = 0 \;\Rightarrow\; F_A \sin\alpha + 2F_B \sin\alpha - F_g - F_g \sin\gamma = 0.$$

Division dieser Gleichungen durch $\cos\alpha$ bzw. $\sin\alpha$ führt auf das Gleichungssystem

$$-F_A + F_B = \frac{\cos\gamma}{\cos\alpha} F_g = 0{,}971\, F_g,$$

$$F_A + 2F_B = \frac{1+\sin\gamma}{\sin\alpha} F_g = 2{,}177\, F_g$$

mit der Lösung

$$F_A = 0{,}079\, F_g = 0{,}38 \text{ kN}, \qquad F_B = F_C = 1{,}049\, F_G = 5{,}04 \text{ kN}.$$

Beispiel 7-3: Ein Zeppelin wird im Punkt P durch drei Seile, die auf dem Erdboden in A_1, A_2 und A_3 verankert sind, gehalten (Bild 7-11a)). Die Kraft (Gewichts-, Auftriebs- und Windkraft), die der Zeppelin auf P ausübt, sei durch $\vec{F}$ gegeben. Es sind die Seilkräfte zu ermitteln.

Gegeben: $A_1(8, 0, 0)$ m, $A_2(-2, 6, 0)$ m, $A_3(-7, -3, 0)$ m, $P(0, 0, 10)$ m, $\vec{F} = \begin{pmatrix} 6 \\ 4 \\ 50 \end{pmatrix}$ kN.

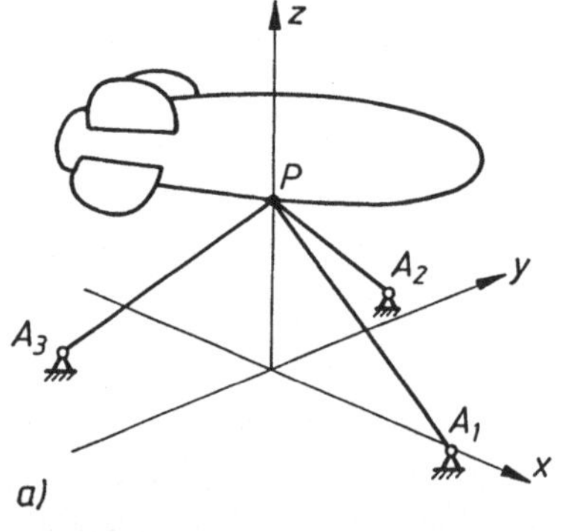

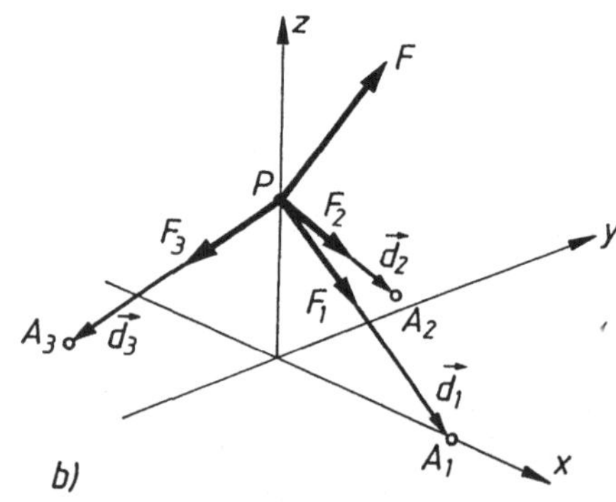

Bild 7-11

Die Richtungen der Seilkräfte (Bild 7-11b)) sind durch die Vektoren

$$\vec{d}_1 = \overrightarrow{PA_1} = \begin{pmatrix} 8 \\ 0 \\ -10 \end{pmatrix} \text{m}, \quad \vec{d}_2 = \overrightarrow{PA_2} = \begin{pmatrix} -2 \\ 6 \\ -10 \end{pmatrix} \text{m}, \quad \vec{d}_3 = \overrightarrow{PA_3} = \begin{pmatrix} -7 \\ -3 \\ -10 \end{pmatrix} \text{m}$$

festgelegt. Für die Seilkräfte machen wir die Ansätze

$$\vec{F}_k = \lambda_k \vec{d}_k = F_k \frac{\vec{d}_k}{|\vec{d}_k|} \quad (k = 1, 2, 3),$$

wobei die Faktoren λ_k in kN/m gemessen werden. Aus der Gleichgewichtsbedingung $\vec{F}_1 + \vec{F}_2 + \vec{F}_3 + \vec{F} = \vec{0}$ erhalten wir für die unbekannten Faktoren λ_1, λ_2 und λ_3 das Gleichungssystem

$$8\lambda_1 - 2\lambda_2 - 7\lambda_3 + 6 = 0,$$
$$6\lambda_2 - 3\lambda_3 + 4 = 0,$$
$$-10\lambda_1 - 10\lambda_2 - 10\lambda_3 + 50 = 0.$$

Multiplizieren wir die dritte Gleichung mit $\frac{8}{10}$ und addieren sie zur ersten Gleichung, so wird

$$-10\lambda_2 - 15\lambda_3 + 46 = 0.$$

Addieren wir zu dieser Gleichung die mit -5 multiplizierte zweite Gleichung, so erhalten wir

$$-40\lambda_2 + 26 = 0, \quad \text{d.h. } \lambda_2 = \frac{13}{20} \text{ kN/m}$$

und damit

$$\lambda_3 = \frac{79}{30} \text{ kN/m} \quad \text{und} \quad \lambda_1 = \frac{103}{60} \text{ kN/m}$$

Die Größe der Seilkräfte berechnen wir aus $F_k = \lambda_k \, |\vec{d}_k|$ zu

$$F_1 = \frac{103}{60} \sqrt{8^2 + 10^2} = 23,0 \text{ kN},$$

$$F_2 = \frac{13}{20} \sqrt{2^2 + 6^2 + 10^2} = 7,8 \text{ kN},$$

$$F_3 = \frac{79}{30} \sqrt{7^2 + 3^2 + 10^2} = 33,1 \text{ kN}.$$

Beispiel 7-4: Ein Körper mit der Masse m liegt reibungsfrei auf einer schiefen Ebene und wird nach Bild 7-12a) durch ein Seil AC und eine Kraft F in x-Richtung im Gleichgewicht gehalten. F, die Seilkraft F_S und die Normalkraft F_n sind zu berechnen.

Gegeben: $a = 50$ cm, $b = 40$ cm, $c = 20$ cm, $l = 50$ cm, $h = 40$ cm, $m = 5{,}0$ kg.

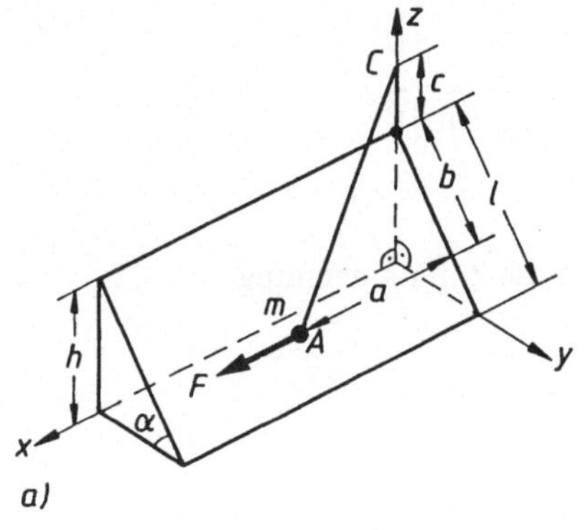

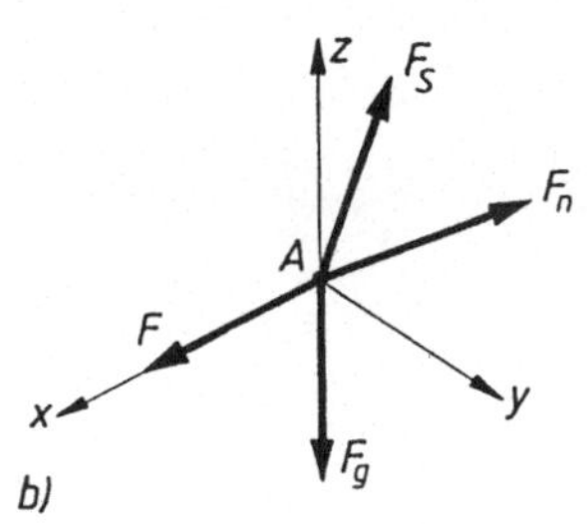

Bild 7-12

Wir lesen zunächst die Koordinaten der Punkte A und C für das eingezeichnete x-, y-, z-System aus Bild 7-12a) ab:

$$A\,(a,\, b\,\cos\alpha,\, h - b\,\sin\alpha) \quad \text{und} \quad C\,(0, 0, h + c).$$

Mit

$$\vec{d} = \overrightarrow{AC} = \begin{pmatrix} -a \\ -b\,\cos\alpha \\ c + b\,\sin\alpha \end{pmatrix} \quad \text{und dem Normaleneinheitsvektor } \vec{n} = \begin{pmatrix} 0 \\ \sin\alpha \\ \cos\alpha \end{pmatrix}$$

können wir die Kräfte folgendermaßen festlegen (Bild 7-12b):

$$\vec{F}_{\mathrm{S}} = \lambda\vec{d} = \lambda \begin{pmatrix} -a \\ -b\,\cos\alpha \\ c + b\,\sin\alpha \end{pmatrix}, \quad \vec{F}_{\mathrm{n}} = F_{\mathrm{n}} \begin{pmatrix} 0 \\ \sin\alpha \\ \cos\alpha \end{pmatrix}, \quad \vec{F} = F \begin{pmatrix} 1 \\ 0 \\ 0 \end{pmatrix}, \quad \vec{F}_{\mathrm{g}} = F_{\mathrm{g}} \begin{pmatrix} 0 \\ 0 \\ -1 \end{pmatrix}.$$

Die Gleichgewichtsbedingungen (7.9) liefern

$$\Sigma F_{\mathrm{x}} = 0 \;\Rightarrow\; -\lambda a + F = 0,$$
$$\Sigma F_{\mathrm{y}} = 0 \;\Rightarrow\; -\lambda b\,\cos\alpha + F_{\mathrm{n}}\,\sin\alpha = 0,$$
$$\Sigma F_{\mathrm{z}} = 0 \;\Rightarrow\; \lambda\,(c + b\,\sin\alpha) + F_{\mathrm{n}}\,\cos\alpha - F_{\mathrm{g}} = 0.$$

Multiplizieren wir die zweite Gleichung mit $-\cos\alpha$, die dritte mit $\sin\alpha$ und addieren beide Gleichungen, so erhalten wir

$$\lambda\,(b\,\cos^2\alpha + c\,\sin\alpha + b\,\sin^2\alpha) - F_{\mathrm{g}}\,\sin\alpha = 0$$

und somit

$$\lambda = \frac{\sin\alpha}{b + c\,\sin\alpha}\,F_{\mathrm{g}} = \frac{1}{\dfrac{b}{\sin\alpha} + c}\,F_{\mathrm{g}}.$$

Mit diesem Wert berechnen wir aus den ersten beiden obigen Gleichungen

$$F = \lambda a = \frac{a}{\dfrac{b}{\sin\alpha} + c}\,F_{\mathrm{g}} \quad \text{und} \quad F_{\mathrm{n}} = \frac{\lambda b}{\tan\alpha} = \frac{b}{\tan\alpha\left(\dfrac{b}{\sin\alpha} + c\right)}\,F_{\mathrm{g}}.$$

Schließlich wird die Seilkraft

$$F_{\mathrm{S}} = \lambda|\vec{d}| = \frac{F_{\mathrm{g}}}{\dfrac{b}{\sin\alpha} + c}\,\sqrt{a^2 + (b\,\cos\alpha)^2 + (c + b\,\sin\alpha)^2}\,.$$

Mit $\sin\alpha = \dfrac{h}{l} = \dfrac{4}{5}$, $\cos\alpha = \dfrac{3}{5}$ und $\tan\alpha = \dfrac{4}{3}$ liefert die Zahlenrechnung

$$\lambda = 0{,}701\ \mathrm{N/cm}, \quad F = 35{,}0\ \mathrm{N}, \quad F_{\mathrm{n}} = 21{,}0\ \mathrm{N}, \quad F_{\mathrm{S}} = 53{,}3\ \mathrm{N}.$$

Beispiel 7-5: Drei Federn mit den Federkonstanten c_k $(k = 1, 2, 3)$ sind in der x, y-Ebene befestigt und im Koordinatenursprung P_0 spannungsfrei miteinander verbunden (Bild 7-13a)). Welche Kraft $\vec{F}$ muß in P_0 angreifen, um diesen Punkt in $P(x, y, z)$ zu überführen? Wie groß sind dann die Federkräfte?

Gegeben: $P_1(20, 0, 0)$ cm, $P_2(-15, 5, 0)$ cm, $P_3(-8, -10, 0)$ cm, $P(4, -2, 12)$ cm, $c_1 = 80$ N/cm, $c_2 = 30$ N/cm, $c_3 = 50$ N/cm.

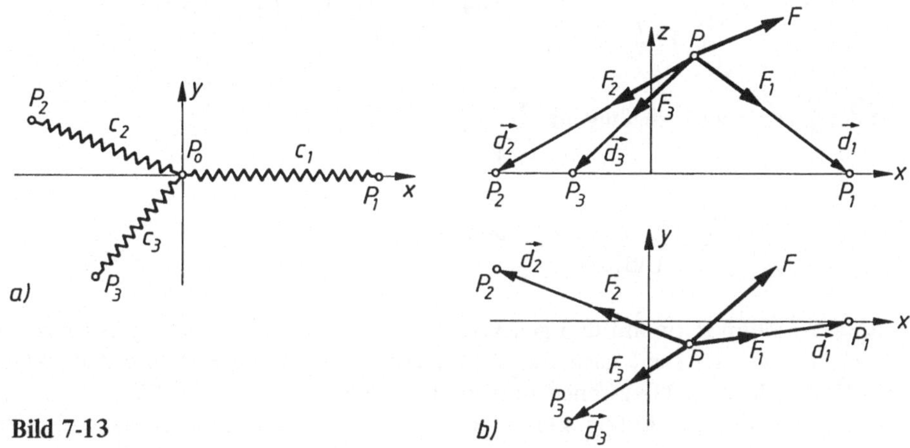

Bild 7-13

Die Längen der Federn im spannungslosen Zustand (Bild 7-13a)) betragen

$$l_{01} = 20 \text{ cm}, \quad l_{02} = \sqrt{15^2 + 5^2} = 15{,}81 \text{ cm}, \quad l_{03} = \sqrt{8^2 + 10^2} = 12{,}81 \text{ cm}$$

und im ausgelenkten Zustand (Bild 7-13b))

$$l_1 = \sqrt{16^2 + 2^2 + 12^2} = 20{,}62 \text{ cm}, \quad l_2 = \sqrt{19^2 + 7^2 + 12^2} = 23{,}57 \text{ cm},$$

$$l_3 = \sqrt{12^2 + 8^2 + 12^2} = 18{,}76 \text{ cm}.$$

Damit werden die Längenänderungen

$$\Delta l_1 = l_1 - l_{01} = 0{,}62 \text{ cm}, \quad \Delta l_2 = l_2 - l_{02} = 7{,}73 \text{ cm}, \quad \Delta l_3 = l_3 - l_{03} = 5{,}96 \text{ cm}$$

und die Größen der Federkräfte

$$F_1 = c_1 \Delta l_1 = 49{,}2 \text{ N}, \quad F_2 = c_2 \Delta l_2 = 231{,}8 \text{ N}, \quad F_3 = c_3 \Delta l_3 = 297{,}8 \text{ N}.$$

Mit den Vektoren $\vec{d}_k = \overrightarrow{PP_k}$ und den Einheitsvektoren $\vec{e}_k = \dfrac{\vec{d}_k}{|\vec{d}_k|}$ ergeben sich die Federkräfte in vektorieller Darstellung zu

$$\vec{F}_k = F_k \vec{e}_k = F_k \frac{\vec{d}_k}{|\vec{d}_k|} = \frac{F_k}{l_k} \vec{d}_k.$$

Mit

$$\vec{d}_1 = \begin{pmatrix} 16 \\ -2 \\ -12 \end{pmatrix}, \quad \vec{d}_2 = \begin{pmatrix} -19 \\ 7 \\ -12 \end{pmatrix}, \quad \vec{d}_3 = \begin{pmatrix} -12 \\ -8 \\ -12 \end{pmatrix} \text{cm}$$

erhalten wir die Federkräfte

$$\vec{F}_1 = 2{,}389 \begin{pmatrix} 16 \\ -2 \\ -12 \end{pmatrix} \text{N}, \quad \vec{F}_2 = 9{,}847 \begin{pmatrix} -19 \\ 7 \\ -12 \end{pmatrix} \text{N}, \quad \vec{F}_3 = 15{,}871 \begin{pmatrix} -12 \\ -8 \\ -12 \end{pmatrix} \text{N}.$$

Aus der Gleichgewichtsbedingung $\sum\limits_{k=1}^{3} \vec{F}_k + \vec{F} = \vec{0}$ folgt

$$\vec{F} = -\sum_{k=1}^{3} \vec{F}_k = \begin{pmatrix} 339{,}3 \\ 62{,}8 \\ 337{,}3 \end{pmatrix} \text{N} \quad \text{und} \quad F = |\vec{F}| = 482{,}5 \text{ N}.$$

Beispiel 7-6: Ein Stativ mit drei gleich langen Beinen der Länge l wird in seiner Spitze P mit F_g belastet. Es steht nach Bild 7-14a) mit seinen drei Füßen in den Punkten A, B und C auf einem reibungsfreien horizontalen Fußboden. Um ein Wegrutschen zu verhindern, sind die drei Fußpunkte A, B und C durch Fäden miteinander verbunden. Es sind die Kräfte in den Stativbeinen und den Fäden zu bestimmen.

Bezeichnen wir die Stabkräfte im Stativ mit F_A, F_B, F_C und die Fadenkräfte mit F_{AB}, F_{AC}, F_{BC} (s. Lageplan der Kräfte Bild 7-14b)), so folgt aus der Symmetrie der Anordnung sofort

$$F_B = F_C \quad \text{und} \quad F_{AB} = F_{AC}.$$

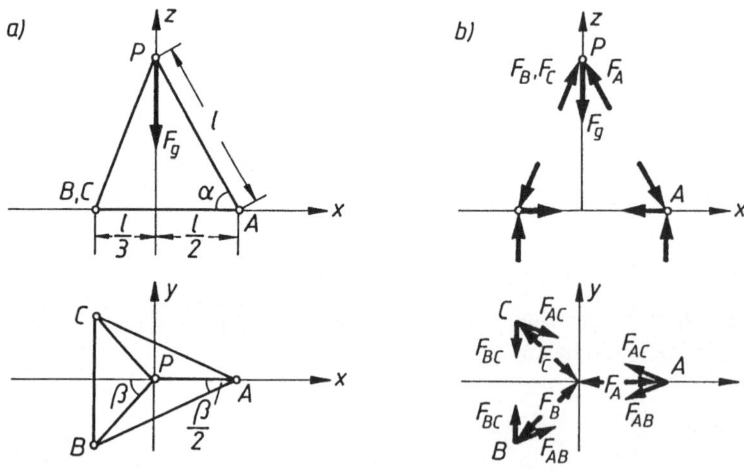

Bild 7-14

Das Kräftegleichgewicht am Punkt P liefert

$$\Sigma F_x = 0 \;\Rightarrow\; -F_A \cos\alpha + 2F_B \cos\alpha \cos\beta = 0,$$
$$\Sigma F_z = 0 \;\Rightarrow\; F_A \sin\alpha + 2F_B \sin\alpha = F_g.$$

Aus diesem Gleichungssystem erhalten wir mit $\cos\alpha = \dfrac{l/2}{l} = \dfrac{1}{2}$, $\sin\alpha = \dfrac{1}{2}\sqrt{3}$ und $\cos\beta = \dfrac{l/3}{l/2} = \dfrac{2}{3}$

$$F_A = \frac{4}{5\sqrt{3}}\,F_g = 0{,}462\,F_g, \qquad F_B = F_C = \frac{\sqrt{3}}{5}\,F_g = 0{,}346\,F_g.$$

Aus der Gleichgewichtsbedingung $\Sigma F_x = 0$ am Punkt A folgt

$$2F_{AB} \cos\frac{\beta}{2} = F_{Ah} = \frac{2}{5\sqrt{3}}\,F_g$$

und mit $\cos\dfrac{\beta}{2} = \sqrt{\dfrac{1}{2}\,(1 + \cos\beta)} = \sqrt{\dfrac{5}{6}}$

$$F_{AB} = F_{AC} = \frac{1}{5}\sqrt{\frac{2}{5}}\,F_g = 0{,}126\,F_g.$$

Schließlich liefert $\Sigma F_y = 0$ für den Punkt B

$$F_{BC} + F_{AB} \sin\frac{\beta}{2} - F_{Bh} \sin\beta = 0.$$

Mit

$$\sin\beta = \sqrt{1 - \cos^2\beta} = \frac{\sqrt{5}}{3} \quad \text{und} \quad \sin\frac{\beta}{2} = \sqrt{\frac{1}{2}\,(1 - \cos\beta)} = \frac{1}{\sqrt{6}}$$

und den obigen Werten für F_{AB} und F_{Bh} erhalten wir nach einer kleinen Rechnung die Fadenkraft

$$F_{BC} = \frac{1}{10}\sqrt{\frac{3}{5}}\,F_g = 0{,}0775\,F_g.$$

Beispiel 7-7: Eine homogene Rechteckplatte (Gewichtskraft F_g) hängt horizontal nach Bild 7-15 an drei senkrechten Seilen. Im Punkt $P(x, y)$ wirkt senkrecht zur Platte nach unten die Kraft F. Es sind die Seilkräfte zu bestimmen.

Gegeben: $F_g = 480$ N, $F = \frac{1}{4}\,F_g$, $a = 30$ cm, $b = 40$ cm, $c = 30$ cm, $x = 20$ cm, $y = 24$ cm.

Zusatzfrage: In welchen Punkten $P(x, y)$ muß F senkrecht zur Platte nach unten angreifen, damit alle drei Seilkräfte gleich groß werden? Für welchen Punkt wird F ein Minimum?

Von den sechs skalaren Gleichgewichtsgleichungen (7.9′) sind drei stets erfüllt:

$$\Sigma F_x = 0, \quad \Sigma F_y = 0, \quad \Sigma M_z = 0.$$

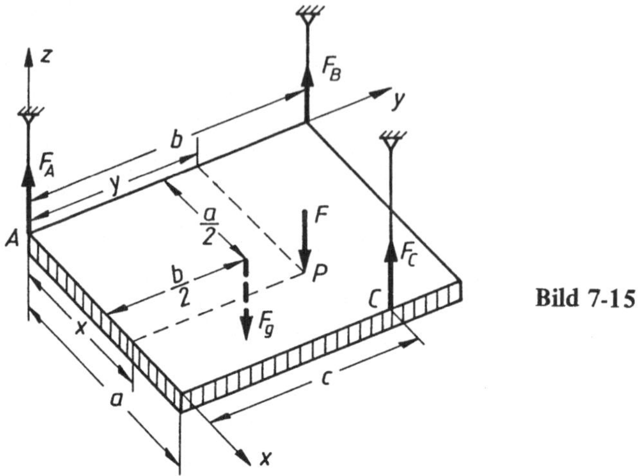

Bild 7-15

Es bleiben also noch drei Gleichungen für die drei unbekannten Seilkräfte F_A, F_B und F_C übrig. Wir beginnen mit dem Momentengleichgewicht um die y- und x-Achse und bilden dann das Komponentengleichgewicht in z-Richtung:

$$\Sigma M_y = 0 \Rightarrow -F_C a + F_g \frac{a}{2} + Fx = 0,$$

$$\Sigma M_x = 0 \Rightarrow F_B b + F_C c - F_g \frac{b}{2} - Fy = 0,$$

$$\Sigma F_z = 0 \Rightarrow F_A + F_B + F_C - F_g - F = 0.$$

Aus diesen Gleichungen erhalten wir der Reihe nach mit den gegebenen Werten

$$F_C = 320 \, \text{N}, \quad F_B = 72 \, \text{N}, \quad F_A = 208 \, \text{N}.$$

Für die Zusatzfrage lauten die obigen Gleichungen mit $F_C = F_B = F_A$

$$F_A \, a = F_g \frac{a}{2} + Fx, \quad F_A (b + c) = F_g \frac{b}{2} + Fy, \quad 3F_A = F_g + F.$$

Multiplizieren wir die ersten beiden Gleichungen mit 3 und setzen für $3F_A$ den Term der dritten Gleichung ein, so erhalten wir

$$(F_g + F) \, a = \frac{3a}{2} F_g + 3xF,$$

$$(F_g + F) (b + c) = \frac{3b}{2} F_g + 3yF$$

oder nach F aufgelöst

$$F = \frac{\dfrac{a}{2}}{a - 3x} F_g \quad \text{und} \quad F = \frac{c - \dfrac{b}{2}}{3y - b - c} F_g.$$

Aus der Forderung $F > 0$ (d.h. F senkrecht nach unten) folgt

$$0 \leqslant x < \frac{a}{3} \quad \text{und} \quad \frac{b+c}{3} < y \leqslant b \quad \left(\text{für } c > \frac{b}{2}\right).$$

Durch Gleichsetzen der beiden Terme für F erhalten wir die gesuchte Relation für die Variablen x und y:

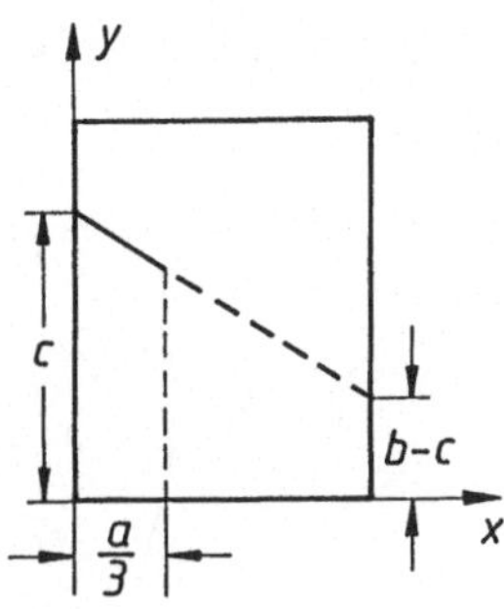

$$\frac{\frac{a}{2}}{a - 3x} = \frac{c - \frac{b}{2}}{3y - b - c}$$

oder geordnet

$$y = -\frac{2c - b}{a} x + c \quad \text{mit} \quad 0 \leqslant x < \frac{a}{3}.$$

Die Punkte, in denen F senkrecht zur Platte nach unten angreifen muß, um in allen drei Seilen gleich große Kräfte hervorzurufen, liegen auf einem Geradenstück, das in nebenstehender Abbildung ausgezogen gezeichnet ist. Zum Beispiel wird für $x = \frac{a}{6}$

$$F = F_{\text{g}} \quad \text{und} \quad F_{\text{A}} = F_{\text{B}} = F_{\text{C}} = \frac{2}{3} F_{\text{g}}.$$

Insbesondere wird F ein Minimum, wenn x am kleinsten oder y am größten wird, also für $x = 0$ oder $y = c$. Für $F_{\min} = \frac{1}{2} F_{\text{g}}$ betragen die Seilkräfte $F_{\text{A}} = F_{\text{B}} = F_{\text{C}} = \frac{1}{2} F_{\text{g}}$.

Beispiel 7-8: Ein Balken mit der Länge l und der in der Mitte des Balkens angreifenden Gewichtskraft F_{g} steht in der vertikalen x, z-Ebene und ist um den Winkel φ geneigt zur z-Achse. Am oberen Ende des Balkens wirkt eine Kraft F in Richtung des Vektors $\vec{a}$. Der Balken ist in A fest drehbar gelagert und wird in B und C durch Seile gehalten (Bild 7-16a)). Es sind die Seilkräfte und die Auflagerkraft in A zu bestimmen.

$$\text{Gegeben: } F_{\text{g}} = 1{,}2 \text{ kN}, F = 5{,}4 \text{ kN}, \vec{a} = \begin{pmatrix} 2 \\ 2 \\ -1 \end{pmatrix}, \varphi = 15°, l = 6 \text{ m}, AB = \frac{l}{2}, AC = \frac{3}{4} l.$$

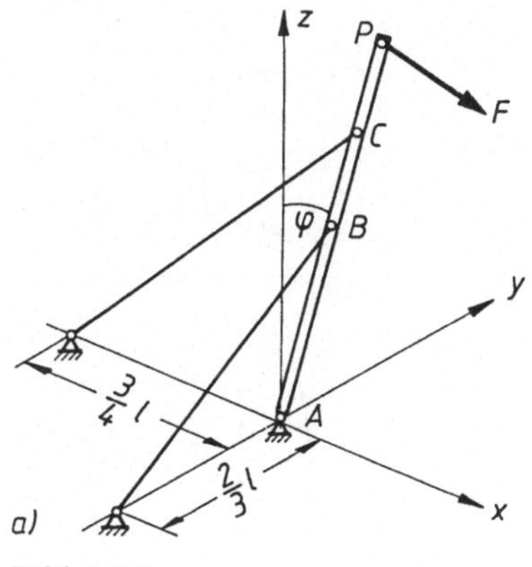

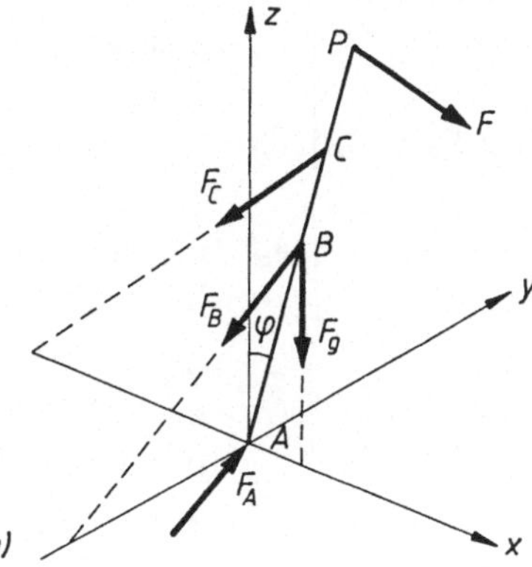

Bild 7-16

Mit $|\vec{a}| = 3$ und der Geometrie nach Bild 7-16 schreiben wir die Kräfte in Vektorform folgendermaßen:

$$\vec{F} = \lambda_F\,\vec{a} = 1{,}8\ \text{N} \begin{pmatrix} 2 \\ 2 \\ -1 \end{pmatrix}, \quad \vec{F}_g = F_g \begin{pmatrix} 0 \\ 0 \\ -1 \end{pmatrix}, \quad \vec{F}_A = \begin{pmatrix} F_{Ax} \\ F_{Ay} \\ F_{Az} \end{pmatrix},$$

$$\vec{F}_B = \lambda_B \begin{pmatrix} -\dfrac{l}{2}\sin\varphi \\[2mm] -\dfrac{2}{3}\,l \\[2mm] -\dfrac{l}{2}\cos\varphi \end{pmatrix}, \quad \vec{F}_C = \lambda_C \begin{pmatrix} -\dfrac{3}{4}\,l - \dfrac{3}{4}\,l\sin\varphi \\[2mm] 0 \\[2mm] -\dfrac{3}{4}\,l\cos\varphi \end{pmatrix},$$

Unbekannt sind hierin λ_B, λ_C und die drei Kraftkomponenten F_{Ax}, F_{Ay} und F_{Az}, also fünf Größen. Von den sechs skalaren Gleichgewichtsgleichungen sind die drei Momentengleichgewichtsgleichungen nicht unabhängig voneinander, denn das Moment in bezug auf die Balkenachse ist stets Null. Somit bleiben also fünf Gleichungen für die fünf Unbekannten, d.h. die Aufgabe ist statisch bestimmt.

Wir bilden das Momentengleichgewicht in bezug auf den Punkt A, denn dann fallen F_{Ax}, F_{Ay} und F_{Az} heraus. Wir berechnen die einzelnen Momente nach (7.12) mit (7.11). $\vec{r}_P$, $\vec{r}_B$ usw. sind die Ortsvektoren zu den Angriffspunkten der Kräfte am Balken.

$$\vec{r}_P \times \vec{F} = \lambda_F \begin{vmatrix} \vec{e}_x & l\sin\varphi & 2 \\ \vec{e}_y & 0 & 2 \\ \vec{e}_z & l\cos\varphi & -1 \end{vmatrix} = \lambda_F \begin{pmatrix} -2\,l\cos\varphi \\ l\,(\sin\varphi + 2\cos\varphi) \\ 2\,l\sin\varphi \end{pmatrix},$$

$$\vec{r}_g \times \vec{F}_g = F_g \begin{vmatrix} \vec{e}_x & \dfrac{l}{2}\sin\varphi & 0 \\[2mm] \vec{e}_y & 0 & 0 \\[2mm] \vec{e}_z & \dfrac{l}{2}\cos\varphi & -1 \end{vmatrix} = F_g \begin{pmatrix} 0 \\[2mm] \dfrac{l}{2}\sin\varphi \\[2mm] 0 \end{pmatrix},$$

$$\vec{r}_B \times \vec{F}_B = \lambda_B \begin{vmatrix} \vec{e}_x & \dfrac{l}{2}\sin\varphi & -\dfrac{l}{2}\sin\varphi \\[2mm] \vec{e}_y & 0 & -\dfrac{2}{3}\,l \\[2mm] \vec{e}_z & \dfrac{l}{2}\cos\varphi & -\dfrac{l}{2}\cos\varphi \end{vmatrix} = \lambda_B \begin{pmatrix} \dfrac{1}{3}\,l^2\cos\varphi \\[2mm] 0 \\[2mm] -\dfrac{1}{3}\,l^2\sin\varphi \end{pmatrix},$$

$$\vec{r}_C \times \vec{F}_C = \lambda_C \begin{vmatrix} \vec{e}_x & \dfrac{3}{4}\,l\sin\varphi & -\dfrac{3}{4}\,l - \dfrac{3}{4}\,l\sin\varphi \\[2mm] \vec{e}_y & 0 & 0 \\[2mm] \vec{e}_z & \dfrac{3}{4}\,l\cos\varphi & -\dfrac{3}{4}\,l\cos\varphi \end{vmatrix} = \lambda_C \begin{pmatrix} 0 \\[2mm] -\dfrac{9}{16}\,l^2\cos\varphi \\[2mm] 0 \end{pmatrix}.$$

Aus

$$\Sigma \vec{M}^{(A)} = \vec{r}_P \times \vec{F} + \vec{r}_g \times \vec{F}_g + \vec{r}_B \times \vec{F}_B + \vec{r}_C \times \vec{F}_C = \vec{0}$$

folgen die drei skalaren Gleichungen

$$-2\,l\,\lambda_F \cos\varphi + \lambda_B \frac{l^2}{3} \cos\varphi = 0,$$

$$l\,(\sin\varphi + 2\cos\varphi)\,\lambda_F + \frac{l}{2}\sin\varphi\,F_g - \lambda_C \frac{9}{16}\,l^2 \cos\varphi = 0,$$

$$2\,l\,\lambda_F \sin\varphi - \lambda_B \frac{l^2}{3}\sin\varphi = 0$$

mit den Lösungen

$$\lambda_B = \frac{6}{l}\,\lambda_F \quad \text{und} \quad \lambda_C = \frac{16}{9\,l}\,[(\tan\varphi + 2)\,\lambda_F + \frac{1}{2}\tan\varphi \cdot F_g].$$

Wir sehen, daß die erste und die dritte Gleichung denselben Wert für λ_B liefert, d.h. diese Gleichungen sind abhängig voneinander. Mit λ_B und λ_C können wir die Seilkräfte berechnen.

$$F_B = \lambda_B \sqrt{\frac{l^2}{4}\sin^2\varphi + \frac{4}{9}\,l^2 + \frac{l^2}{4}\cos^2\varphi} = \frac{6}{l}\,\lambda_F \sqrt{\frac{l^2}{4} + \frac{4}{9}\,l^2},$$

$$F_B = \frac{6}{l}\,\lambda_F \frac{5}{6}\,l = 5\,\lambda_F = 9,0\ \text{kN (unabhängig von } F_g \text{ und } \varphi!),$$

$$F_C = \lambda_C \sqrt{\frac{9}{16}\,l^2\,(1 + \sin\varphi)^2 + \frac{9}{16}\,l^2 \cos^2\varphi} = \lambda_C \frac{3}{4}\,l\,\sqrt{2 + 2\sin\varphi},$$

$$F_C = \frac{4}{3}\,[(\tan\varphi + 2)\,\lambda_F + \frac{1}{2}\tan\varphi \cdot F_g]\,\sqrt{2(1 + \sin\varphi)} = 8,98\ \text{kN}.$$

Aus dem Kräftegleichgewicht $\Sigma \vec{F} = \vec{0}$ erhalten wir mit den obigen vektoriellen Darstellungen der Kräfte

$$F_{Ax} = -2\,\lambda_F + \lambda_B \frac{l}{2}\sin\varphi + \lambda_C \frac{3}{4}\,l\,(1 + \sin\varphi),$$

$$F_{Ay} = -2\,\lambda_F + \lambda_B \frac{2}{3}\,l = 2\,\lambda_F,$$

$$F_{Az} = \lambda_F + F_g + \lambda_B \frac{l}{2}\cos\varphi + \lambda_C \frac{3}{4}\,l\cos\varphi.$$

Mit $\lambda_B = \dfrac{10,8\ \text{kN}}{l}$ und $\lambda_C = \dfrac{7,543\ \text{kN}}{l}$ werden

$$F_{Ax} = 4,92\ \text{kN}, \quad F_{Ay} = 3,6\ \text{kN}, \quad F_{Az} = 13,68\ \text{kN}.$$

Beispiel 7-9: Der in Bild 7-17a) dargestellte zweifach rechtwinklig gebogene Stab ist in den Punkten A und B frei drehbar gelagert und wird in C durch ein Seil gehalten. Für die Belastungskräfte F_1, F_2 und F_3, die alle denselben Betrag haben, ist die Seilkraft zu berechnen.

Zusatzfrage: Wo ist der Punkt D in der y, z-Ebene zu wählen, damit die Seilkraft möglichst klein wird?

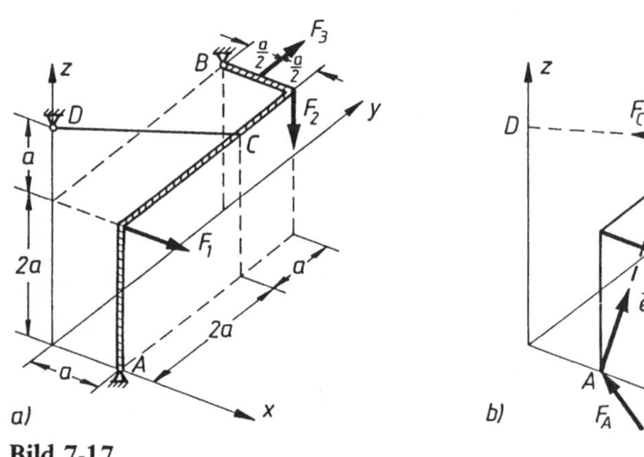

Bild 7-17

Die vektorielle Darstellung der Kräfte lautet

$$\vec{F}_C = \lambda_C \begin{pmatrix} -1 \\ -2 \\ 1 \end{pmatrix}, \quad \vec{F}_1 = F \begin{pmatrix} 1 \\ 0 \\ 0 \end{pmatrix}, \quad \vec{F}_2 = F \begin{pmatrix} 0 \\ 0 \\ -1 \end{pmatrix}, \quad \vec{F}_3 = F \begin{pmatrix} 0 \\ 1 \\ 0 \end{pmatrix},$$

$$\vec{F}_A = \begin{pmatrix} F_{Ax} \\ F_{Ay} \\ F_{Az} \end{pmatrix}, \quad \vec{F}_B = \begin{pmatrix} F_{Bx} \\ F_{By} \\ F_{Bz} \end{pmatrix}.$$

Wie wir sofort sehen, ist die Aufgabe statisch unbestimmt, denn für die sieben unbekannten Größen λ_C, F_{Ax} bis F_{Bz} stehen nur sechs unabhängige Gleichungen zur Verfügung. Trotzdem können wir die Seilkraft F_C berechnen, indem wir das Momentengleichgewicht in bezug auf die Achse AB bilden, für die von den unbekannten Kräften nur F_C einen Anteil besitzt. Wir bestimmen zunächst den Einheitsvektor von A nach B mit

$$\overrightarrow{AB} = \begin{pmatrix} -a \\ 3a \\ 2a \end{pmatrix} \quad \text{und} \quad |\overrightarrow{AB}| = \sqrt{a^2 + 9a^2 + 4a^2} = \sqrt{14}\,a \quad \text{zu}$$

$$\vec{e} = \frac{1}{\sqrt{14}} \begin{pmatrix} -1 \\ 3 \\ 2 \end{pmatrix}.$$

Bezeichnen wir mit $\vec{r}_C$ und $\vec{r}_k$ ($k = 1, 2, 3$) die von A nach den Angriffspunkten der Kräfte F_C und F_k gezogenen Vektoren, so lautet die Momentengleichgewichtsbedingung in bezug auf die Achse AB mit (7.14)

$$(\vec{r}_C \times \vec{F}_C) \cdot \vec{e} + \left(\sum_{k=1}^{3} \vec{r}_k \times \vec{F}_k \right) \vec{e} = \vec{0}.$$

Aus der Zeichnung (Bild 7-17b)) abzulesen oder auch leicht zu berechnen ist

$$\Sigma \vec{r}_k \times \vec{F}_k = Fa \begin{pmatrix} -5 \\ 2 \\ -\frac{1}{2} \end{pmatrix} \quad \text{und damit } (\Sigma \vec{r}_k \times \vec{F}_k) \cdot \vec{e} = \frac{10 Fa}{\sqrt{14}}.$$

Mit

$$(\vec{r}_C \times \vec{F}_C) \cdot \vec{e} = \frac{\lambda_C a}{\sqrt{14}} \begin{vmatrix} 0 & -1 & -1 \\ 2 & -2 & 3 \\ 2 & 1 & 2 \end{vmatrix} = -\frac{8 \lambda_C a}{\sqrt{14}}$$

wird

$$-\frac{8 \lambda_C a}{\sqrt{14}} + \frac{10 Fa}{\sqrt{14}} = 0, \quad \text{d.h.} \quad \lambda_C = \frac{5}{4} F \quad \text{und}$$

$$F_C = \lambda_C \sqrt{1^2 + 2^2 + 1^2} = \frac{5}{4} \sqrt{6} F = 3,062 F.$$

Wollten wir die Reaktionskraft $\vec{F}_B$ aus dem Momentengleichgewicht aller Kräfte in bezug auf den Punkt A berechnen, so erhalten wir nach einer kleinen Rechnung das Gleichungssystem

$$3 F_{Bz} - 2 F_{By} + 6 \lambda_C - 5 F = 0,$$
$$F_{Bz} + 2 F_{Bx} - 2 \lambda_C + 2 F = 0,$$
$$-F_{By} - 3 F_{Bx} + 2 \lambda_C - \tfrac{1}{2} F = 0.$$

Diese drei Gleichungen sind hinsichtlich der drei Unbekannten F_{Bx}, F_{By} und F_{Bz} linear abhängig. Multiplizieren wir die zweite Gleichung mit -3, die dritte mit -2 und addieren alle Gleichungen, so wird

$$8 \lambda_C - 10 F = 0, \quad \text{also wie oben} \quad \lambda_C = \frac{5}{4} F.$$

Die Komponenten der Kraft $\vec{F}_B$ lassen sich nicht aus dem Gleichungssystem bestimmen. Damit die Seilkraft möglichst klein wird, muß $\vec{F}_C$ senkrecht auf der Ebene ABC stehen, denn dann wird der Hebelarm von $\vec{F}_C$ am größten. $\vec{F}_C$ muß also die Richtung des Normalenvektors

$$\vec{n} = \vec{r}_C \times \vec{e} = \frac{a}{\sqrt{14}} \begin{vmatrix} \vec{e}_x & 0 & -1 \\ \vec{e}_y & 2 & 3 \\ \vec{e}_z & 2 & 2 \end{vmatrix} = \frac{a}{\sqrt{14}} \begin{pmatrix} -2 \\ -2 \\ 2 \end{pmatrix} = \frac{2a}{\sqrt{14}} \begin{pmatrix} -1 \\ -1 \\ 1 \end{pmatrix}$$

besitzen. Mit dem Ansatz (mit anderem λ_C als oben)

$$\vec{F}_C = \lambda_C \begin{pmatrix} -1 \\ -1 \\ 1 \end{pmatrix}$$

erhalten wir ähnlich wie oben

$$(\vec{r}_C \times \vec{F}_C) \cdot \vec{e} = -\frac{6\,\lambda_C\,a}{\sqrt{14}} \; .$$

Die Momentengleichgewichtsbedingung in bezug auf die Achse AB liefert

$$-\frac{6\,\lambda_C\,a}{\sqrt{14}} + \frac{10\,F}{\sqrt{14}} = 0, \quad \text{d.h.} \quad \lambda_C = \frac{5}{3}\,F$$

und damit die minimale Seilkraft

$$F_{C\,\text{min}} = \lambda_C \sqrt{1^2 + 1^2 + 1^2} = \frac{5}{3}\sqrt{3}\,F = 2{,}887\,F.$$

Die Koordinaten des Punktes $D\,(0, y, z)$ bestimmen wir aus

$$\vec{CD} = \mu \begin{pmatrix} -1 \\ -1 \\ 1 \end{pmatrix} = \vec{AD} - \vec{AC} = \begin{pmatrix} -a \\ y \\ z \end{pmatrix} - \begin{pmatrix} 0 \\ 2a \\ 2a \end{pmatrix} = \begin{pmatrix} -a \\ y - 2a \\ z - 2a \end{pmatrix}$$

zu

$$-\mu = -a, \ -\mu = y - 2a, \ \mu = z - 2a \ \Rightarrow \ y = a, \ z = 3a.$$

$F_{C\,\text{min}}$ hätten wir auch folgendermaßen ermitteln können. Aus dem Momentengleichgewicht um AB

$$(\vec{r}_C \times \vec{F}_C) \cdot \vec{e} = -\Sigma\,(\vec{r}_k \times \vec{F}_k) \cdot \vec{e} = -\frac{10\,Fa}{\sqrt{14}} \quad \text{(s. oben)}$$

folgt mit $(\vec{r}_C \times \vec{F}_C) \cdot \vec{e} = (\vec{e} \times \vec{r}_C) \cdot \vec{F}_C$ nach (7.14) und $\vec{e} \times \vec{r}_C = \dfrac{a}{\sqrt{14}} \begin{pmatrix} 2 \\ 2 \\ -2 \end{pmatrix}$

$$\frac{a}{\sqrt{14}} \begin{pmatrix} 2 \\ 2 \\ -2 \end{pmatrix} \vec{F}_C = -\frac{10\,Fa}{\sqrt{14}} \quad \text{oder} \quad \begin{pmatrix} -1 \\ -1 \\ 1 \end{pmatrix} \vec{F}_C = 5\,F.$$

Ist φ der Winkel zwischen den Vektoren $\begin{pmatrix} -1 \\ -1 \\ 1 \end{pmatrix}$ und $\vec{F}_C$, so wird

$$\begin{pmatrix} -1 \\ -1 \\ 1 \end{pmatrix} \vec{F}_C = \sqrt{3}\,F_C \cos\varphi = 5\,F$$

und F_C ein Minimum für $\cos\varphi = 1$, also

$$F_\mathrm{C\,min} = \frac{5}{\sqrt{3}}\,F \quad \text{(wie oben).}$$

Beispiel 7-10: Eine Tür mit dem Eigengewicht m ist in zwei Angeln A und B auf einer senkrechten Achse gelagert (Bild 7-18a)). In B kann keine vertikale Kraft aufgenommen werden (Halslager). Durch ein Seil in C, das über eine Rolle an der Wand läuft und ein Gewicht m_0 trägt, ist die Tür selbstschließend. Beim Öffnen wirkt am Türknauf eine Kraft F_D senkrecht zur Tür. Für die Öffnungswinkel $\varphi = 0°,\ 45°,\ 90°$ sind F_D und die Reaktionskräfte in den Angeln zu bestimmen.

Gegeben: $m = 25$ kg, $m_0 = 15$ kg, $a = 25$ cm, $b = 90$ cm, $c = \frac{b}{2}$, $d = 75$ cm, $e = 80$ cm, $h = 160$ cm.

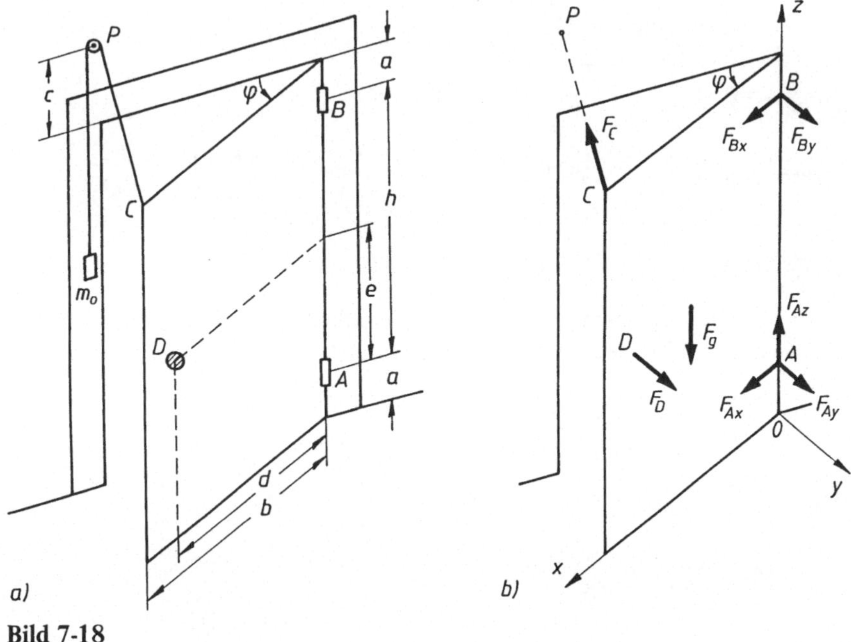

Bild 7-18

Bild 7-18b) zeigt den Lageplan der Kräfte. Dabei sind $F_\mathrm{g} = mg$ und $F_\mathrm{C} = m_0 g$ bekannt. Das Koordinatensystem legen wir mechanisch sinnvoll so, daß die geöffnete Tür in der x, z-Ebene liegt. Hiermit erhalten wir für die Kräfte

$$\vec{F}_\mathrm{g} = F_\mathrm{g}\begin{pmatrix}0\\0\\-1\end{pmatrix}, \quad \vec{F}_\mathrm{D} = F_\mathrm{D}\begin{pmatrix}0\\1\\0\end{pmatrix}, \quad \vec{F}_\mathrm{A} = \begin{pmatrix}F_\mathrm{Ax}\\F_\mathrm{Ay}\\F_\mathrm{Az}\end{pmatrix}, \quad \vec{F}_\mathrm{B} = \begin{pmatrix}F_\mathrm{Bx}\\F_\mathrm{By}\\0\end{pmatrix}.$$

Um die Komponenten von $\vec{F}_C$ zu bekommen, bestimmen wir zunächst den Einheitsvektor vom Punkt C zum Punkt P. Aus Bild 7-18 lesen wir ab

$$\vec{CP} = \vec{OP} - \vec{OC} = \begin{pmatrix} b\cos\varphi \\ -b\sin\varphi \\ a+h+c \end{pmatrix} - \begin{pmatrix} b \\ 0 \\ a+h \end{pmatrix} = \begin{pmatrix} b\cos\varphi - b \\ -b\sin\varphi \\ c \end{pmatrix} = b\begin{pmatrix} \cos\varphi - 1 \\ -\sin\varphi \\ \frac{1}{2} \end{pmatrix}$$

und damit

$$|\vec{CP}|^2 = b^2\left((\cos\varphi - 1)^2 + \sin^2\varphi + \frac{1}{4}\right) = b^2\left(\frac{9}{4} - 2\cos\varphi\right),$$

$$\vec{F}_C = F_C\,\frac{\vec{CP}}{|\vec{CP}|} = \frac{F_C}{\sqrt{\frac{9}{4} - 2\cos\varphi}}\begin{pmatrix} \cos\varphi - 1 \\ -\sin\varphi \\ \frac{1}{2} \end{pmatrix}.$$

Das Momentengleichgewicht in bezug auf die Koordinatenachsen durch den Punkt A liefert mit der Abkürzung $w = \sqrt{\frac{9}{4} - 2\cos\varphi}$

$$\Sigma M_z^{(A)} = 0 \;\Rightarrow\; F_D\,d - \frac{F_C}{w}\sin\varphi \cdot b = 0,$$

$$\Sigma M_y^{(A)} = 0 \;\Rightarrow\; F_{Bx}\,h + F_g\,\frac{b}{2} + \frac{F_C}{w}(\cos\varphi - 1)(h+a) - \frac{F_C}{w}\frac{1}{2}\,b = 0,$$

$$\Sigma M_x^{(A)} = 0 \;\Rightarrow\; -F_{By}\,h - F_D\,e + \frac{F_C}{w}\sin\varphi \cdot (h+a) = 0.$$

Aus diesem Gleichungssystem berechnen wir die unbekannten Kräfte zweckmäßig folgendermaßen (wobei wir kleine algebraische Umformungen unterschlagen haben):

$$F_D \;= \frac{b\sin\varphi}{d\,w}\,F_C,$$

$$F_{Bx} = \frac{b}{h}\left[\frac{F_C}{w}\left(\frac{1}{2} - \frac{h+a}{b}(\cos\varphi - 1)\right) - \frac{1}{2}F_g\right],$$

$$F_{By} = \frac{(h+a)\,d - e\,b}{b\,h}\,F_D.$$

Aus dem Kräftegleichgewicht $\Sigma\vec{F} = \vec{0}$ erhalten wir die Gleichungen zur Bestimmung der Komponenten von $\vec{F}_A$:

$$\Sigma F_x = 0 \;\Rightarrow\; F_{Ax} + F_{Bx} + \frac{F_C}{w}(\cos\varphi - 1) = 0,$$

$$\Sigma F_y = 0 \;\Rightarrow\; F_{Ay} + F_{By} + F_D - \frac{F_C}{w}\sin\varphi = 0,$$

$$\Sigma F_z = 0 \;\Rightarrow\; F_{Az} - F_g + \frac{F_C}{2w} = 0.$$

Die Zahlenrechnung liefert für die oben gegebenen Werte (alle Kräfte in N):

φ	F_D	F_{Bx}	F_{By}	F_{Ax}	F_{Ay}	F_{Az}
0°	0	13,8	0	$-13,8$	0	98,1
45°	136,6	30,8	63,3	16,3	$-86,1$	164,8
90°	117,7	72,0	54,6	26,1	$-74,2$	196,2

(Die größte Kraft beim Öffnen der Tür ist bei $\varphi = 52,4°$ mit $F_{D\,max} = 137,9$ N aufzuwenden. Leser mit Kenntnissen der Differentialrechnung oder der Programmiertechnik mögen dieses bestätigen.)

Beispiel 7-11: Zwei Stangen AG und BG sind nach Bild 7-19a) in A und B frei drehbar befestigt und in G gelenkig miteinander verbunden. Die mit den Kräften F_1, F_2 und F_3 belastete Stabverbindung wird in C durch ein Seil gehalten. Es sind die Seilkraft, die Gelenkkraft in G und die Auflagerkräfte in A und B zu berechnen.

Gegeben: a, $F_1 = F_2 = F_3 = F$.

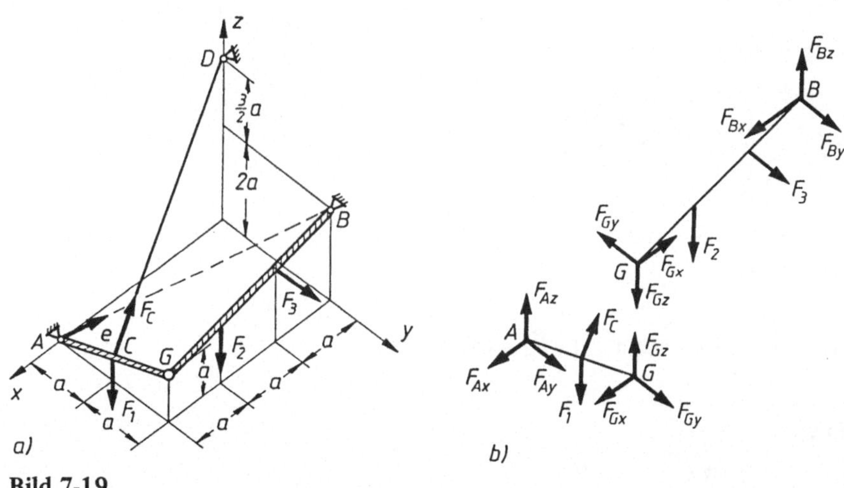

Bild 7-19

Die gesamte Stabverbindung ist statisch unbestimmt, denn für die sechs unbekannten Kraftkomponenten in A und B und die Seilkraft F_C stehen nur sechs Gleichgewichtsgleichungen zur Verfügung. Wir müssen berücksichtigen, daß die Stäbe in G gelenkig verbunden sind.

Bild 7-19b) zeigt den Lageplan der Kräfte für die Stäbe AG und BG. Insgesamt haben wir zehn unbekannte Kräfte. Da das Momentengleichgewicht in bezug auf die jeweilige Stabachse stets erfüllt ist (weil alle Kräfte an der Stabachse angreifen), bleiben für jeden Stab noch fünf Gleichgewichtsgleichungen übrig. Es stehen also zehn Gleichungen für die zehn Unbekannten zur Verfügung.

Zweckmäßig bestimmen wir zunächst aus dem Momentengleichgewicht um die Achse AB für die gesamte Stabverbindung die Seilkraft F_C. Anteil am Moment um AB haben die Kräfte F_1, F_2, F_3 und F_C. Bezeichnen wir das Moment dieser Kräfte in bezug auf den Punkt A mit $\vec{M}_0^{(A)}$, so wird

$$\vec{M}_0^{(A)} = \begin{pmatrix} -1 - 2 - \frac{5}{3} \\ -1 \\ -2 \end{pmatrix} Fa + \vec{r}_C^{(A)} \times \vec{F}_C,$$

wobei wir den ersten Term (Moment der Kräfte F_1, F_2, F_3) anschaulich aus Bild 7-19a) ablesen konnten. Mit

$$\vec{r}_C^{(A)} = \begin{pmatrix} 0 \\ 1 \\ \frac{1}{2} \end{pmatrix} a \quad \text{und dem Ansatz} \quad \vec{F}_C = \lambda_C \frac{\overrightarrow{CD}}{a} = \lambda_C \begin{pmatrix} -3 \\ -1 \\ 3 \end{pmatrix}$$

wird

$$\vec{r}_C^{(A)} \times \vec{F}_C = \lambda_C a \begin{pmatrix} \frac{7}{2} \\ -\frac{3}{2} \\ 3 \end{pmatrix}$$

und somit

$$\vec{M}_0^{(A)} = \begin{pmatrix} -\frac{14}{3} F + \frac{7}{2} \lambda_C \\ -F - \frac{3}{2} \lambda_C \\ -2F + 3 \lambda_C \end{pmatrix} a.$$

Von diesem Moment muß die Komponente $M_{AB} = \vec{M}_0^{(A)} \cdot \vec{e}$ in Richtung der Achse AB Null werden. Mit

$$\overrightarrow{AB} = \begin{pmatrix} -3 \\ 2 \\ 2 \end{pmatrix} a \quad \text{und} \quad |\overrightarrow{AB}| = \sqrt{17}\, a$$

erhalten wir

$$\vec{e} = \frac{1}{\sqrt{17}} \begin{pmatrix} -3 \\ 2 \\ 2 \end{pmatrix}$$

und

$$M_{AB} = \frac{a}{\sqrt{17}} \left[\left(-\frac{14}{3} F + \frac{7}{2} \lambda_C \right)(-3) + \left(-F - \frac{3}{2} \lambda_C \right) 2 + (-2F + 3\lambda_C) 2 \right] = 0.$$

Hieraus berechnen wir

$$\lambda_C = \frac{16}{15} F, \quad \vec{F}_C = \frac{16}{15} F \begin{pmatrix} -3 \\ -1 \\ 3 \end{pmatrix} \quad \text{und} \quad F_C = \lambda_C \sqrt{19} = \frac{16}{15} \sqrt{19}\, F = 4{,}65\, F.$$

Zur Berechnung der Gelenkkraft und der Auflagerkräfte betrachten wir die Lagepläne der Kräfte für die Stäbe AG und BG (Bild 7-19b)). Wir bilden das Momentengleichgewicht in bezug auf den Punkt A für den Stab AG:

$$\Sigma \vec{M}^{(A)} = \begin{pmatrix} -1 \\ 0 \\ 0 \end{pmatrix} Fa + \begin{pmatrix} \frac{7}{2} \\ -\frac{3}{2} \\ 3 \end{pmatrix} \frac{16}{15} Fa + \begin{pmatrix} 0 \\ 2a \\ a \end{pmatrix} \times \begin{pmatrix} F_{Gx} \\ F_{Gy} \\ F_{Gz} \end{pmatrix} = \vec{0}.$$

Hieraus erhalten wir für die Komponenten der Gelenkkraft $\vec{F}_G$ das Gleichungssystem

$$-F + \frac{7}{2} \cdot \frac{16}{15} F + 2 F_{Gz} - F_{Gy} = 0,$$

$$-\frac{3}{2} \cdot \frac{16}{15} F + F_{Gx} = 0,$$

$$3 \cdot \frac{16}{15} F - 2 F_{Gx} = 0.$$

Die zweite und die dritte Gleichung sind voneinander abhängig (wegen $M_{AG} = 0$) und liefern beide

$$F_{Gx} = \frac{8}{5} F.$$

F_{Gy} und F_{Gz} lassen sich aus dem Gleichungssystem nicht bestimmen. Hierzu bilden wir das Momentengleichgewicht in bezug auf den Punkt B für den Stab BG und beachten dabei, daß jetzt die Gelenkkraft mit $-\vec{F}_G$ anzusetzen ist. Aus

$$\Sigma \vec{M}^{(B)} = \begin{pmatrix} \frac{1}{3} \\ 2 \\ 1 \end{pmatrix} Fa + \begin{pmatrix} 3a \\ 0 \\ -a \end{pmatrix} \times \begin{pmatrix} -F_{Gx} \\ -F_{Gy} \\ -F_{Gz} \end{pmatrix} = \vec{0}$$

erhalten wir die skalaren Gleichungen

$$\frac{1}{3} F - F_{Gy} = 0,$$

$$2F + 3 F_{Gz} + F_{Gx} = 0,$$

$$F - 3 F_{Gy} = 0.$$

Hier sind die erste und die dritte Gleichung voneinander abhängig und liefern

$$F_{Gy} = \frac{1}{3} F.$$

Aus der zweiten Gleichung erhalten wir mit $F_{Gx} = \frac{8}{5} F$

$$F_{Gz} = -\frac{6}{5} F.$$

Mit den so berechneten Werten für F_{Gy} und F_{Gz} überprüfen wir zur Kontrolle die obige erste Gleichung für $\Sigma M^{(A)} = 0$.

Die Komponenten der Auflagerkräfte in A und B bestimmen wir sehr einfach aus dem Kräftegleichgewicht $\Sigma\vec{F}=\vec{0}$ für die Stäbe AG und BG. Nach einer kleinen Rechnung erhalten wir

$$F_{Ax}=\frac{8}{5}\,F, \qquad F_{Ay}=\frac{11}{5}\,F, \qquad F_{Az}=-F,$$

$$F_{Bx}=\frac{8}{5}\,F, \qquad F_{By}=-\frac{2}{3}\,F, \qquad F_{Bz}=-\frac{1}{5}\,F.$$

Mit allen Kräften könnten wir noch zur Kontrolle $\Sigma M^{(G)}$ (oder für einen beliebigen anderen Punkt) für die gesamte Stabverbindung berechnen und überprüfen, ob wir den Nullvektor erhalten. (Nach meiner Rechnung hat die Kontrolle gestimmt.)

Beispiel 7-12: Eine horizontal liegende, homogene Rechteckplatte mit konstanter Dicke wird durch sechs Stäbe nach Bild 7-20a) gestützt. Es sind alle Stabkräfte für die Belastung durch die Eigengewichtskraft F_g und die Kräfte F_1 und F_2 zu bestimmen.
Gegeben: a, $F_g=F_1=F$, $F_2=2F$.

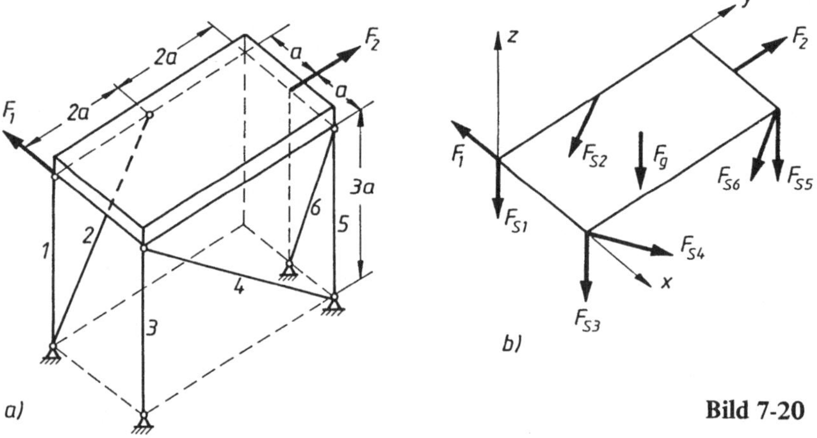

Bild 7-20

Wir nehmen alle Stabkräfte als Zugkräfte an und zeichnen den Lageplan der Kräfte (Bild 7-20b)). Die vektorielle Darstellung aller Kräfte lesen wir für das eingezeichnete x, y, z-Koordinatensystem aus Bild 7-20 ab:

$$\vec{F}_g=F\begin{pmatrix}0\\0\\-1\end{pmatrix}, \quad \vec{F}_1=F\begin{pmatrix}-1\\0\\0\end{pmatrix}, \quad \vec{F}_2=2F\begin{pmatrix}0\\1\\0\end{pmatrix}, \quad \vec{F}_{S1}=\lambda_1\begin{pmatrix}0\\0\\-1\end{pmatrix},$$

$$\vec{F}_{S2}=\lambda_2\begin{pmatrix}0\\-2\\-3\end{pmatrix}, \quad \vec{F}_{S3}=\lambda_3\begin{pmatrix}0\\0\\-1\end{pmatrix}, \quad \vec{F}_{S4}=\lambda_4\begin{pmatrix}0\\4\\-3\end{pmatrix},$$

$$\vec{F}_{S5}=\lambda_5\begin{pmatrix}0\\0\\-1\end{pmatrix}, \quad \vec{F}_{S6}=\lambda_6\begin{pmatrix}-1\\0\\-3\end{pmatrix}.$$

Die unbekannten Faktoren λ_1 bis λ_6 berechnen wir aus den Gleichgewichtsbedingungen $\Sigma \vec{F} = \vec{0}$ und $\Sigma \vec{M}^{(0)} = \vec{0}$.

(1) $\quad \Sigma F_x = 0 \;\Rightarrow\; -\lambda_6 - F_1 = 0,$

(2) $\quad \Sigma F_y = 0 \;\Rightarrow\; -2\lambda_2 + 4\lambda_4 + 2F_2 = 0,$

(3) $\quad \Sigma F_z = 0 \;\Rightarrow\; -\lambda_1 - 3\lambda_2 - \lambda_3 - 3\lambda_4 - \lambda_5 - 3\lambda_6 - F_g = 0,$

(4) $\quad \Sigma M_x^{(0)} = 0 \;\Rightarrow\; -3\lambda_2\,2a - \lambda_5\,4a - 3\lambda_6\,4a - F_g\,2a = 0,$

(5) $\quad \Sigma M_y^{(0)} = 0 \;\Rightarrow\; \lambda_3\,2a + 3\lambda_4\,2a + \lambda_5\,2a + 3\lambda_6\,2a + F_g\,a = 0,$

(6) $\quad \Sigma M_z^{(0)} = 0 \;\Rightarrow\; 4\lambda_4\,2a - \lambda_6\,4a + F_2\,a = 0.$

Aus diesen Gleichungen berechnen wir $\lambda_6, \lambda_4, \lambda_2, \lambda_5, \lambda_3, \lambda_1$ in der Reihenfolge der Gleichungen (1), (6), (2), (4), (5), (3) zu

$$\lambda_6 = -F_1 = -F, \quad \lambda_4 = -\frac{3}{4}F, \quad \lambda_2 = \frac{1}{2}F, \quad \lambda_5 = \frac{7}{4}F, \quad \lambda_3 = 3F, \quad \lambda_1 = -2F.$$

Damit werden die Stabkräfte (positiv: Zug, negativ: Druck)

$$F_{S1} = -2F, \quad F_{S2} = \frac{\sqrt{13}}{2}F, \quad F_{S3} = 3F, \quad F_{S4} = -\frac{15}{4}F,$$

$$F_{S5} = \frac{7}{4}F, \quad F_{S6} = -\sqrt{10}\,F.$$

Beispiel 7-13: Eine homogene, starre Rechteckplatte (Eigengewichtskraft F_g) wird im Punkt P mit der senkrechten Kraft F belastet. Die Platte liegt horizontal und ist in ihren vier Eckpunkten P_1 bis P_4 auf senkrechten elastischen Federn gelagert (Bild 7-21a)). Es sind die Stützkräfte (Federkräfte) zu bestimmen. Die Stauchungen der Federn sollen als klein angenommen werden. Im spannungslosen Zustand haben alle Federn dieselbe Länge.

Gegeben: $F_g = 400\,\text{N}$, $F = 800\,\text{N}$, $a = 90\,\text{cm}$, $b = 120\,\text{cm}$, $x = \frac{2}{3}a$, $y = \frac{1}{4}b$, $c_1 = c_3 = 2c_4$, $c_2 = 3c_4$.

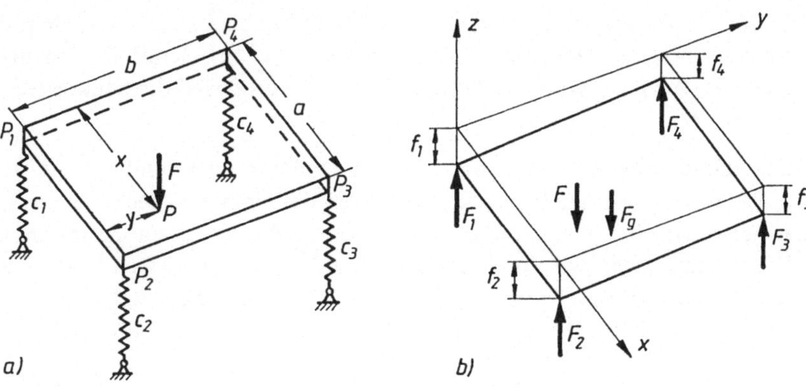

Bild 7-21

Die Lagerung der Platte auf vier senkrechten Stützen ist statisch unbestimmt, denn von den sechs skalaren Gleichgewichtsgleichungen sind drei stets erfüllt: $\Sigma F_x = 0$, $\Sigma F_y = 0$, $\Sigma M_z = 0$. Die drei restlichen Gleichungen liefern (Bild 7-21b)):

$$\Sigma F_z = 0 \Rightarrow F_1 + F_2 + F_3 + F_4 = F_g + F,$$

$$\Sigma M_x = 0 \Rightarrow (F_3 + F_4)b = F_g \frac{b}{2} + Fy \Rightarrow F_3 + F_4 = \frac{1}{2} F_g + \frac{1}{4} F,$$

$$\Sigma M_y = 0 \Rightarrow (F_2 + F_3)a = F_g \frac{a}{2} + Fx \Rightarrow F_2 + F_3 = \frac{1}{2} F_g + \frac{2}{3} F.$$

Aus diesen drei Gleichungen können die vier unbekannten Kräfte nicht berechnet werden. Eine weitere Gleichung gewinnen wir mit einer Aussage über die Verformungen der Federn. Sind f_1 bis f_4 die Verkürzungen der Federn infolge der Beanspruchung durch die Kräfte F_1 bis F_4 (Bild 7-21b)), so gilt wegen der Starrheit der Platte:

$$\text{Absenkung der Platte in der Mitte} = \frac{f_1 + f_3}{2} = \frac{f_2 + f_4}{2},$$

also $f_1 + f_3 = f_2 + f_4$.

Hieraus folgt mit $f_k = \dfrac{F_k}{c_k}$ $(k = 1, 2, 3, 4)$ die gesuchte vierte Gleichung für die Kräfte F_1 bis F_4:

$$\frac{F_1}{c_1} + \frac{F_3}{c_3} = \frac{F_2}{c_2} + \frac{F_4}{c_4}.$$

Mit den gegebenen Relationen der Federkonstanten folgt hieraus

$$F_1 + F_3 = \frac{2}{3} F_2 + 2 F_4.$$

Mit den obigen Gleichungen erhalten wir nach einer kleinen Zwischenrechnung

$$F_1 = 329\,\text{N}, \quad F_2 = 471\,\text{N}, \quad F_3 = 262\,\text{N}, \quad F_4 = 138\,\text{N}.$$

Beispiel 7-14: Eine homogene Kreisplatte mit dem Radius r und der Gewichtskraft F_g hängt nach Bild 7-22a) an drei senkrechten Seilen derselben Länge l. In jedem der drei Aufhängepunkte am Kreis wirkt in demselben Drehsinn eine Kraft F tangential zum Kreis. Um welchen Winkel φ wird die Platte gedreht? Wie groß sind die Seilkräfte?

Gegeben: F_g, $F = \frac{1}{4} F_g$, $l = \frac{3}{2} r$.

Wir zeichnen die Kreisscheibe vor und nach der Drehung im Grund- und Aufriß. Die Punkte A_0, B_0 und C_0 vor der Drehung liegen nach der Drehung angehoben in A, B und C. Die drei Seilkräfte sind gleich groß, so daß es ausreicht, wenn wir sie für ein Seil betrachten. Die x-Achse legen wir durch den Mittelpunkt M der gedrehten Scheibe und den Punkt A, die y-Achse in der Kreisebene senkrecht dazu und die z-Achse senkrecht zur Platte durch M (Bild 7-22b)). Für das Seil durch die Punkte A und P gilt

$$\overrightarrow{AP} = \begin{pmatrix} r\cos\varphi - r \\ -r\sin\varphi \\ h \end{pmatrix} \quad \text{und} \quad |\overrightarrow{AP}| = l.$$

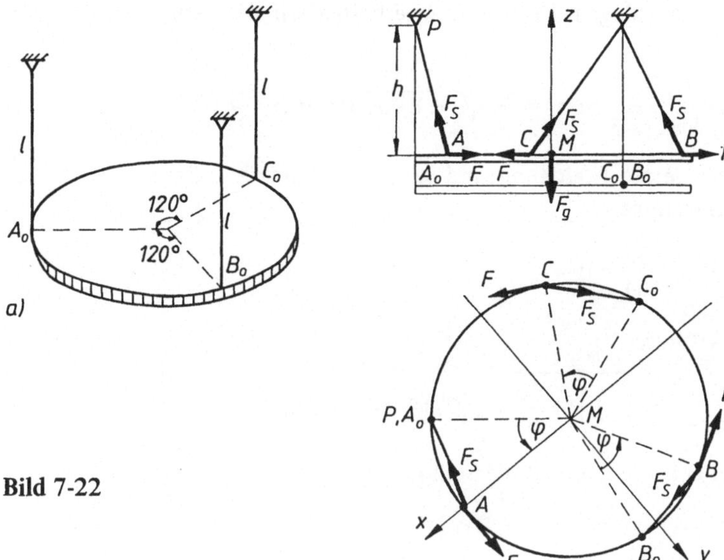

Bild 7-22

Aus der letzten Bedingung bestimmen wir h:

$$|\overrightarrow{AP}|^2 = r^2 (\cos\varphi - 1)^2 + r^2 \sin^2\varphi + h^2 = l^2 = \frac{9}{4} r^2 \,,$$

$$h = r \ \sqrt{\frac{1}{4} + 2\cos\varphi}.$$

Damit können wir die Seilkraft $\vec{F}_\mathrm{S}$ in Abhängigkeit von φ darstellen:

$$\vec{F}_\mathrm{S} = F_\mathrm{S} \frac{\overrightarrow{AP}}{l} = \frac{r}{l} F_\mathrm{S} \begin{pmatrix} \cos\varphi - 1 \\ -\sin\varphi \\ \sqrt{\frac{1}{4} + 2\cos\varphi} \end{pmatrix} = \frac{2}{3} F_\mathrm{S} \begin{pmatrix} \cos\varphi - 1 \\ -\sin\varphi \\ \sqrt{\frac{1}{4} + 2\cos\varphi} \end{pmatrix} .$$

Aus der Gleichgewichtsbedingung $\Sigma F_z = 0$ folgt

$$3 F_{\mathrm{S}z} - F_\mathrm{g} = 0 \;\Rightarrow\; 3 \cdot \frac{2}{3} F_\mathrm{S} \sqrt{\frac{1}{4} + 2\cos\varphi} = F_\mathrm{g}\,,$$

$$F_\mathrm{S} = \frac{F_\mathrm{g}}{2\sqrt{\frac{1}{4} + 2\cos\varphi}} = \frac{F_\mathrm{g}}{\sqrt{1 + 8\cos\varphi}} \,.$$

In dieser Darstellung ist der Winkel φ noch unbekannt. Das Momentengleichgewicht um die z-Achse liefert

$$3 F_{\mathrm{S}y} \, r + 3 F r = 0 \;\Rightarrow\; F_{\mathrm{S}y} + F = 0 \;\Rightarrow\; -\frac{2}{3} F_\mathrm{S} \sin\varphi + F = 0.$$

Setzen wir für F_S den obigen Term ein, so erhalten wir die gesuchte Gleichung für φ. Mit $F = \frac{1}{4} F_g$ wird

$$\frac{1}{4} F_g = \frac{2}{3} \frac{F_g}{\sqrt{1 + 8\cos\varphi}} \sin\varphi \;\Rightarrow\; \frac{3}{8} \sqrt{1 + 8\cos\varphi} = \sin\varphi.$$

Quadrieren wir die letzte Gleichung und setzen für $\sin^2\varphi = 1 - \cos^2\varphi$, so erhalten wir die quadratische Gleichung

$$\cos^2\varphi + \frac{9}{8} \cos\varphi - \frac{55}{64} = 0$$

für $\cos\varphi$ mit der Lösung

$$\cos\varphi = -\frac{9}{16} \underset{(-)}{+} \sqrt{\left(\frac{9}{16}\right)^2 + \frac{55}{64}} = 0{,}5218 \;\Rightarrow\; \varphi = 58{,}5°.$$

Mit diesem Winkel φ berechnen wir die Seilkraft zu

$$F_S = 0{,}440 \, F_g.$$

7.6 Übungsaufgaben

7-1: Eine Last (Gewichtskraft $F_g = 800\,\text{N}$) hängt im Punkt P_0 an zwei Seilen, die an einer senkrechten Wand in gleich hohen Punkten A und B befestigt sind und in P_0 einen rechten Winkel miteinander bilden. Die Last wird durch eine Kraft F, die stets senkrecht zur Wand steht, in einen Abstand $c = 1{,}80\,\text{m}$ von der Wand gebracht. Berechnen Sie F und die Seilkräfte.

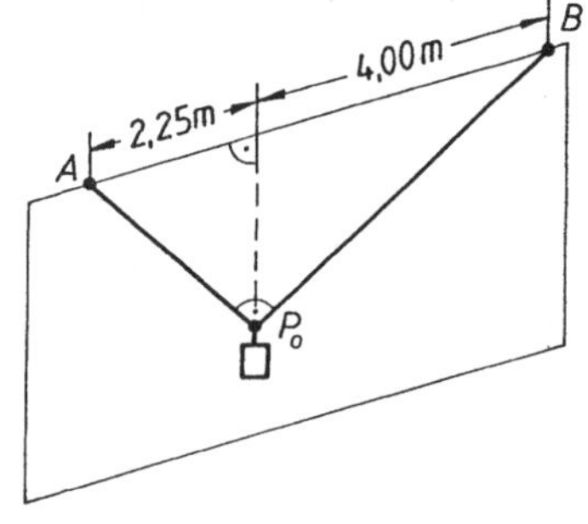

7-2: Ein Schwimmkran soll die Last $m = 2800\,\text{kg}$ heben. Im Windenzug PW entsteht aufgrund der Rollenanordnung eine Windenkraft $F_w = \frac{1}{4} F_g$. Ermitteln Sie die Stabkräfte F_A, F_B und die Seilkraft F_C.

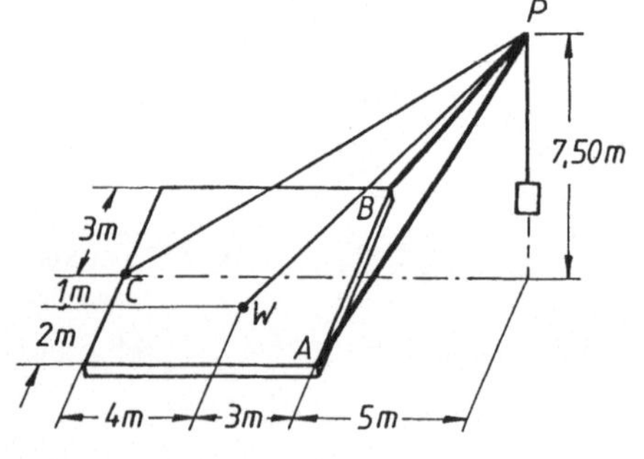

7-3: Ein einfaches räumliches ideales Fachwerk wird durch die Kräfte $F_1 = 25$ kN und $F_2 = 40$ kN belastet. Diese Kräfte gehen in Richtung der Vektoren

$$\vec{a}_1 = \begin{pmatrix} 1 \\ 2 \\ -3 \end{pmatrix} \quad \text{bzw.} \quad \vec{a}_2 = \begin{pmatrix} 0 \\ -2 \\ -1 \end{pmatrix}.$$

Berechnen Sie alle Stabkräfte.

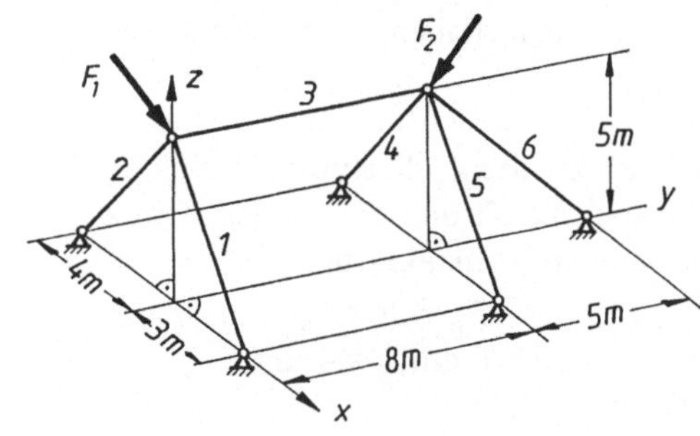

7-4: Drei gleiche Federn sind im Punkt P_0 miteinander verbunden und liegen spannungsfrei wie abgebildet in der x, y-Ebene. In den Punkten P_1, P_2 und P_3 sind sie gelenkig befestigt. Um wieviel wird der Punkt P_0 angehoben, wenn auf ihn eine Kraft F in Richtung der z-Achse wirkt? Wie groß sind dann die Federkräfte und die Verlängerungen der Federn?

Gegeben: $l_0 = 30$ cm, $c = 50$ kN/cm, $F = 400$ N.

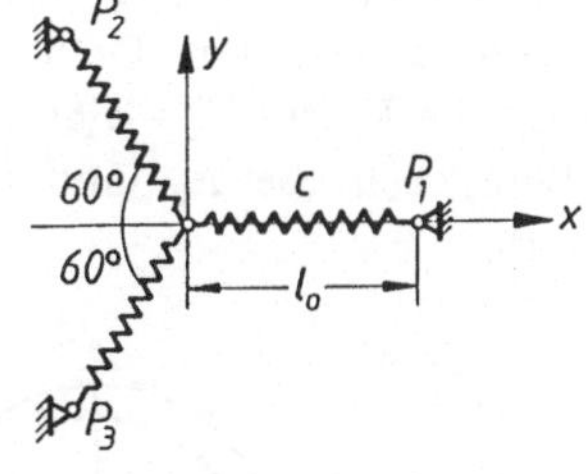

7-5: Ein Gewicht ($F_g = 510$ N) liegt reibungsfrei auf einer schiefen Ebene und wird nach nebenstehender Abbildung von zwei Seilen, die in A und B befestigt sind, gehalten. Bestimmen Sie die Seilkräfte und die Normalkraft.

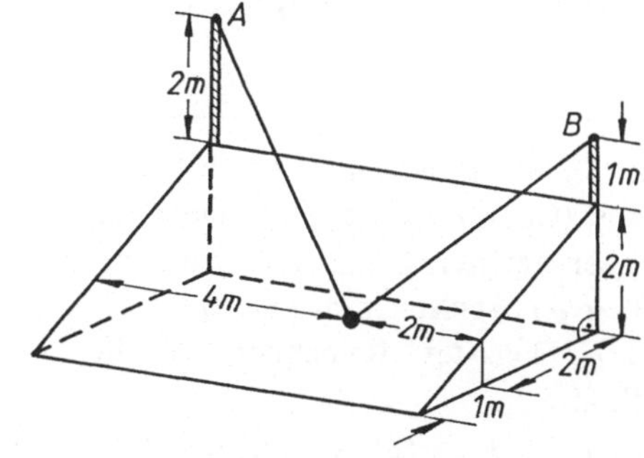

7-6: Zwei gleiche Klötze mit der Gewichtskraft F_g besitzen eine Bohrung und können sich reibungsfrei auf dünnen Stäben bewegen. Der eine Stab liegt in der y, z-Ebene und der andere Stab geht durch die x-Achse parallel zur z-Achse (Richtung der Erdschwere). Die beiden Klötze sind

durch einen Faden miteinander verbunden und werden in P_2 durch eine
Kraft F in Richtung des Stabes in
Ruhe gehalten. Bestimmen Sie F,
die Fadenkraft und die auf die Klötze
wirkenden Normalkräfte.

Gegeben: $F_g = 200\,\text{N}$, $\alpha = 30°$,
$a = 8\,\text{dm}$, $b = 6\,\text{dm}$, $c = 4\,\text{dm}$.

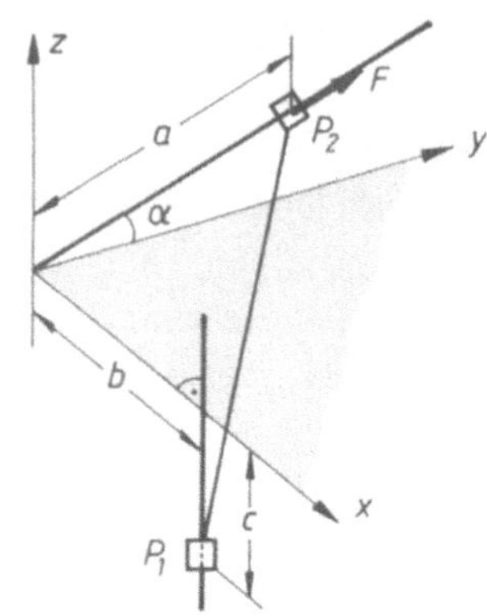

7-7: An den Zahnrädern einer Welle,
die sich mit konstanter Drehzahl
dreht, wirken die Kräfte $F_1 = 4{,}50\,\text{kN}$
und F_2. Berechnen Sie F_2 und die
Auflagerkräfte.

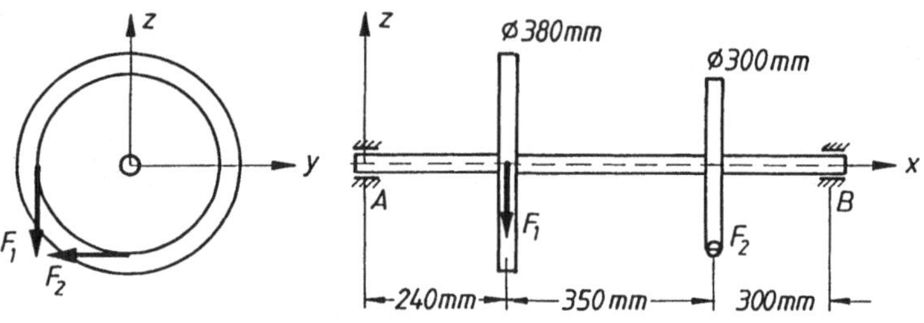

7-8: Eine homogene kreisförmige
Platte (Gewichtskraft F_g) hängt an
drei senkrechten Seilen und wird mit
den zwei senkrechten Kräften F_1
und F_2 belastet. Berechnen Sie die
Seilkräfte.

Gegeben: $F_g = 440\,\text{N}$, $F_1 = 360\,\text{N}$,
$F_2 = 280\,\text{N}$, $r = 60\,\text{cm}$, $\alpha = 45°$,
$\beta = 30°$.

Zusatzfrage: Wie ist der Winkel α zu
wählen, damit im Seil (B) keine Kraft
auftritt?

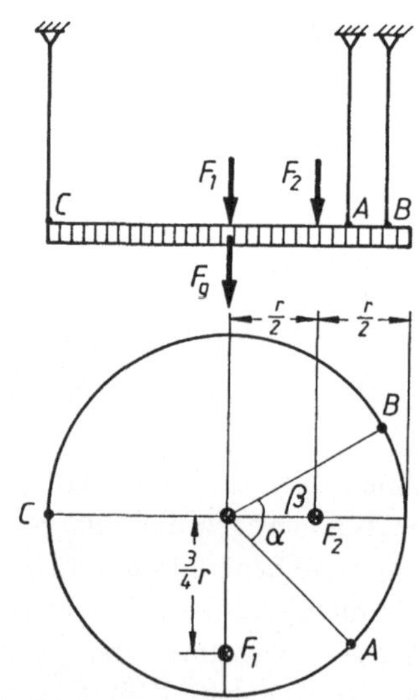

7-9: Eine rechteckige Luke, die eine waagerechte Öffnung schließt, wird durch eine Seilkraft nach nebenstehender Abbildung geschlossen. Berechnen Sie diese Seilkraft in Abhängigkeit des Öffnungswinkels φ.

Gegeben: F_g, $b = 2a$, $h = \frac{3}{2}\,a$.

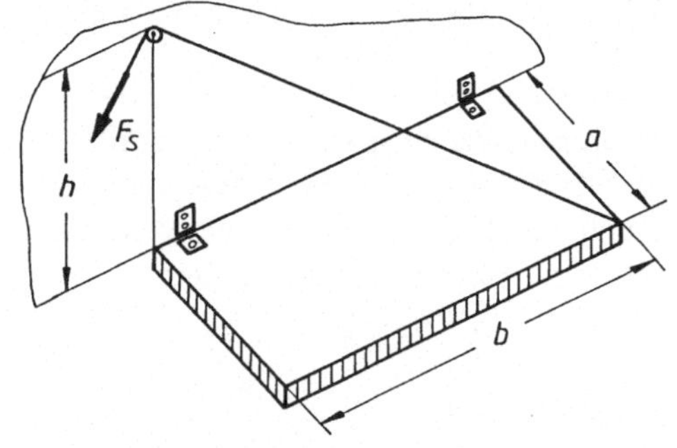

7-10: Eine Last m wird über ein Seil, das an einer Walze aufgewickelt wird, mit konstanter Geschwindigkeit gehoben. Die Walze wird über einen Riementrieb von einem Motor angetrieben. Der Riemen sei so gespannt, daß die Kraft im gezogenen Riemen 60 % der Kraft im ziehenden Riemen beträgt. Berechnen Sie die Riemenkräfte, das Moment des Motors und die Reaktionskräfte in den Lagern A und B.

Gegeben: $m = 800$ kg, $a = 200$ mm, $b = 300$ mm, $c = 100$ mm, $d = 200$ mm, $D = 360$ mm, $d_0 = 140$ mm, $h = 500$ mm, $e = 200$ mm.

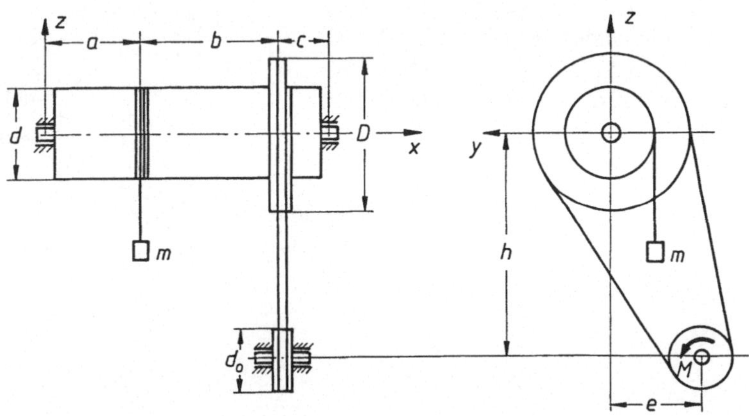

7-11: Ein starrer Rahmen mit zwei parallelen Schenkeln ist in den Punkten A und B an einer senkrechten Wand gelenkig gelagert. Er wird durch die Kräfte F_1 und F_2 belastet und durch ein Seil CD im Gleichgewicht gehalten. Berechnen Sie die Seilkraft.

Gegeben: $a = 93$ cm, $F_1 = F_2 = F = 4$ kN.

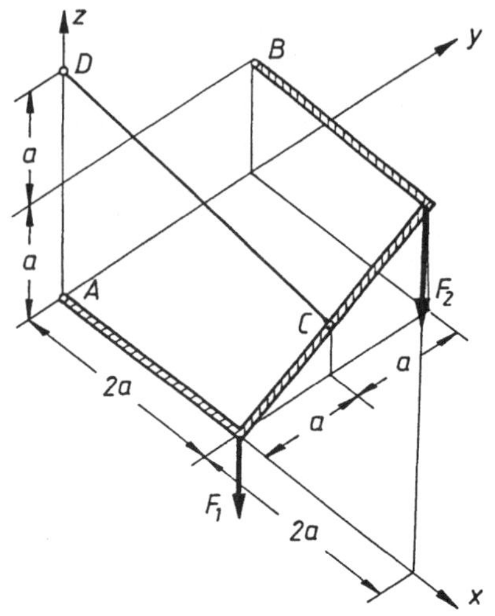

7-12: An einem Ladebaum wirken die Eigengewichtskraft $F_g = 3{,}80$ kN und die Last $F = 8{,}25$ kN. Der Baum ist in A gelenkig gelagert und wird durch die beiden Seile CE und BD im Gleichgewicht gehalten. Berechnen Sie die Seilkräfte und die Auflagerkraft in A.

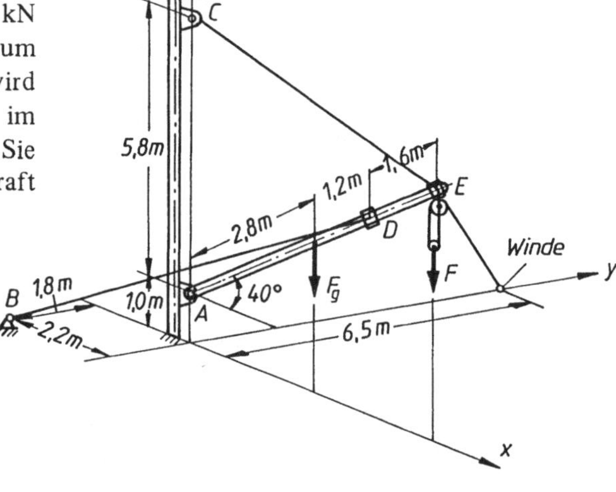

7-13: Eine homogene Stange der Länge l und der Gewichtskraft F_g steht in A auf dem waagerechten Fußboden und lehnt in B an einer senkrechten Wand. Sie wird durch die beiden Seile AC und BD gehalten. Fußboden und Wand sollen als vollkommen glatt angenommen werden. Wie ist b zu wählen, damit an der Stange Kräftegleichgewicht besteht? Berechnen Sie für dieses b die Seilkräfte und die Normalkräfte in A und B.

Gegeben: a, F_g, $l = 3a$.

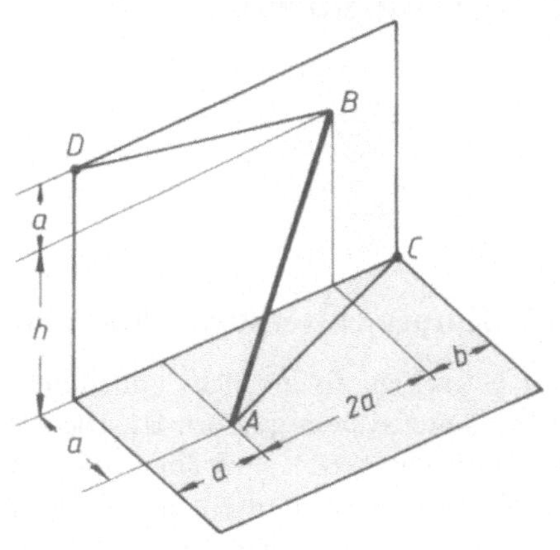

7-14: Zwei (gewichtslose) Stäbe sind in A und B gelenkig gelagert und in G gelenkig miteinander verbunden. Sie werden gehalten durch ein Seil, dessen Enden jeweils in der Mitte der Stäbe befestigt sind und das um eine Rolle (Radius = 0) in C läuft. Berechnen Sie für die in G angreifende senkrechte Kraft F die Seilkraft und die Auflagerkräfte in A und B.

Gegeben: $a = 1,25$ m, $F = 10$ kN (führen Sie die Rechnung zunächst allgemein durch).

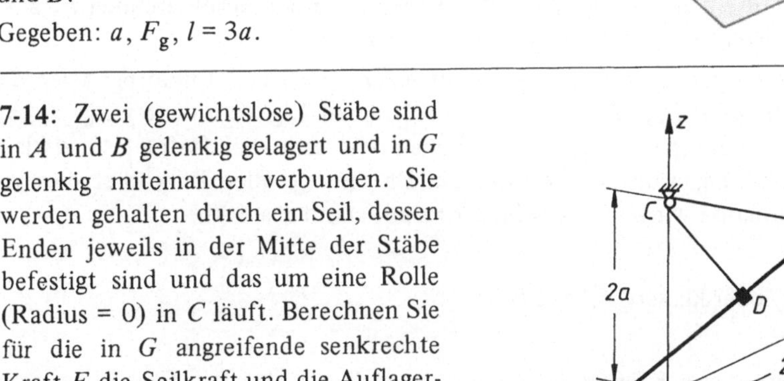

8 Schwerpunkt

8.1 Körperschwerpunkt, Massenmittelpunkt

Wir betrachten einen (nicht unbedingt homogenen) Körper, dessen Lage in einem x, y, z-Koordinatensystem gegeben ist. Die z-Achse liege parallel zur Richtung der Schwerkraft. Die Gewichtskräfte sind über den gesamten Körper verteilte Kräfte, die alle dieselbe Richtung (senkrecht nach unten) besitzen. Wir fragen nach der Resultierenden F_g aller Gewichtskräfte, insbesondere nach ihrer geometrischen Lage.

Wir denken uns den Körper aus n Teilkörpern aufgebaut. Für jeden Teilkörper seien die resultierende Gewichtskraft F_{gk} ($k = 1, 2, ..., n$) und deren Lagekoordinaten x_k, y_k, z_k bekannt. Ein solcher Teilkörper wird in vielen Fällen sehr, sehr klein (infinetesimal klein oder „unendlich klein") gewählt werden müssen. Da die F_{gk} aller Teilkörper dieselbe Richtung besitzen, erhalten wir für die Größe der Resultierenden sofort

$$F_g = \sum_{k=1}^{n} F_{gk} \quad \text{oder kürzer} \quad F_g = \Sigma F_{gk}\,.$$

Das statische Moment dieser Kraft in bezug auf eine beliebige Achse muß genauso groß sein wie die Summe aller Momente der verteilten Gewichtskräfte F_{gk}. Für die y- und x-Achse erhalten wir nach Bild 8-1 somit

$$x_s F_g = \Sigma x_k F_{gk}\,; \quad y_s F_g = \Sigma y_k F_{gk}\,.$$

Die Momente in bezug auf die z-Achse liefern uns keine Aussage, da alle Kräfte parallel zur z-Achse laufen und das Moment Null besitzen.

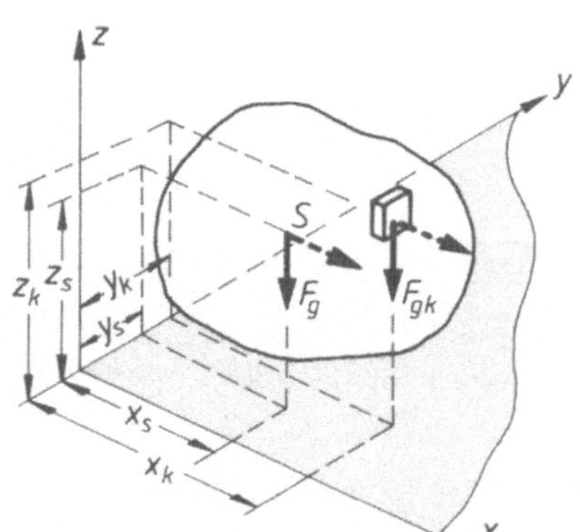

Bild 8-1

Aus den obigen Gleichungen können x_s und y_s berechnet werden, d. h. die zur z-Achse parallele Wirkungslinie von F_g ist damit bekannt. Diese Wirkungslinie bezeichnen wir als eine *Schwerachse* des Körpers. Weitere Schwerachsen erhalten wir, indem wir uns den Körper gedreht denken. Drehen wir z. B. den Körper um 90° um die y-Achse, so zeigt die x-Achse in die Richtung der Erdschwere und alle Gewichtskräfte weisen jetzt in die x-Achse. In Bild 8-1 haben wir diese Kräfte gestrichelt eingezeichnet. Der Momentensatz in bezug auf die y-Achse liefert

$$z_s F_g = \Sigma z_k F_{gk}.$$

Die Momente um die z-Achse ergeben für y_s wieder dieselbe Gleichung wie oben. Damit ist eine zweite Schwerachse bestimmt. Der Schnittpunkt S der Schwerachsen wird als *Schwerpunkt* des Körpers bezeichnet. In diesem Punkt dürfen wir die resultierende Gewichtskraft F_g angreifen lassen. Sie übt dieselbe statische Wirkung aus wie die verteilten Gewichtskräfte. Die Koordinaten des Schwerpunktes berechnen wir nach den folgenden Formeln:

$$\boxed{F_g = \Sigma F_{gk}; \quad x_s = \frac{\Sigma x_k F_{gk}}{F_g}; \quad y_s = \frac{\Sigma y_k F_{gk}}{F_g}; \quad z_s = \frac{\Sigma z_k F_{gk}}{F_g}} \tag{8.1}$$

Bei einer Grenzwertbetrachtung für $n \to \infty$ und $F_{gk} \to 0$ gehen die obigen Summen in Integrale über:

$$x_s = \frac{\int x\, dF_g}{F_g}; \quad y_s = \frac{\int y\, dF_g}{F_g}; \quad z_s = \frac{\int z\, dF_g}{F_g}. \tag{8.1'}$$

Die endlichen Summen nach (8.1) werden wir immer dann benutzen, wenn sich der Körper in endlich viele Teilkörper zerlegen läßt, von denen die Schwerpunkte bereits bekannt sind. Ist diese Zerlegung nicht möglich, so muß man auf die Integrale nach (8.1') zurückgreifen. Besitzt ein Körper eine Symmetrieachse, so ist diese stets eine Schwerachse. Mit der Vektorschreibweise

$$\vec{r} = \begin{pmatrix} x \\ y \\ z \end{pmatrix} \quad \text{und} \quad \vec{r}_s = \begin{pmatrix} x_s \\ y_s \\ z_s \end{pmatrix}$$

können wir die Formeln zur Berechnung der Schwerpunktkoordinaten auch folgendermaßen darstellen:

$$\vec{r}_s = \frac{\Sigma \vec{r}_k F_{gk}}{F_g} \quad \text{bzw.} \quad \vec{r}_s = \frac{\int \vec{r}\, dF_g}{F_g}. \tag{8.1''}$$

Dieses ist natürlich nur eine Kurzschreibweise. Zur Berechnung der Schwerpunktkoordinaten müssen wir stets wieder auf (8.1) bzw. (8.1') zurückgreifen.

Die Gewichtskräfte können wir aus den Massen berechnen: $F_{gk} = m_k g$ und $F_g = m g$ mit $m = \Sigma m_k$. Damit erhalten wir zur Berechnung des Schwerpunktes die Formeln

$$\vec{r}_s = \frac{\Sigma \vec{r}_k m_k}{m} \quad \text{bzw.} \quad \vec{r}_s = \frac{\int \vec{r}\, dm}{m}. \tag{8.2}$$

Den Schwerpunkt einer Massenverteilung nennt man auch den *Massenmittelpunkt*.

Veranschaulichen können wir uns den Schwerpunkt, indem wir den Körper an einem
Faden aufhängen. In der Gleichgewichtslage muß der Schwerpunkt S, in dem wir uns
F_g angreifend denken können, senkrecht unter dem Aufhängepunkt liegen (Bild 8-2a)).
Eine Lage nach Bild 8-2b) kann nicht angenommen werden, sie widerspricht dem Momentengleichgewicht. Auf diese Weise läßt sich experimentell eine Schwerachse des Körpers
bestimmen. Wählt man einen anderen Aufhängepunkt, so erhält man eine zweite Schwerachse und damit die Lage des Schwerpunktes.

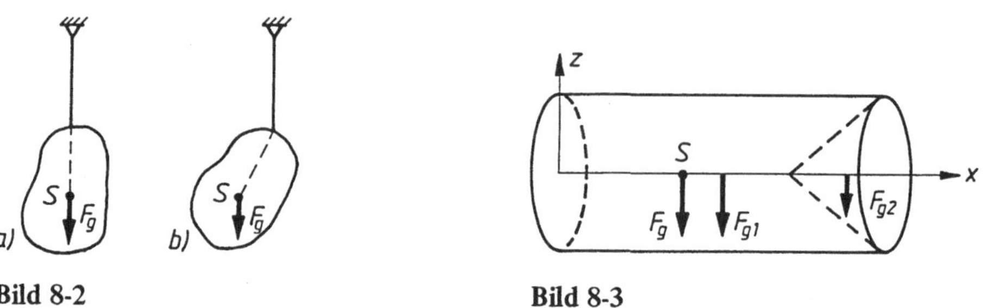

Bild 8-2   **Bild 8-3**

In (8.1) bzw. in (8.2) können die F_{gk} bzw. die m_k auch negativ gerechnet werden. Wir
zeigen dieses an einem einfachen Beispiel. Aus einem Zylinder ist ein Kegel herausgefräst
worden (Bild 8-3). Wir bezeichnen die Gewichtskraft und die Schwerpunktkoordinate für
den ungefrästen Zylinder mit F_{g1} und x_1, für den Kegel mit F_{g2} und x_2 und für den
gefrästen Körper mit F_g und x_s. Denken wir uns den Zylinder zusammengesetzt aus dem
gefrästen Körper und dem Kegel, so könnten wir x_1 nach den folgenden Formeln berechnen:

$$F_{g1} = F_g + F_{g2} \quad \text{und} \quad x_1 F_{g1} = x_s F_g + x_2 F_{g2}.$$

Für die gesuchte Schwerpunktkoordinate x_s des gefrästen Körpers erhalten wir somit

$$x_s = \frac{x_1 F_{g1} - x_2 F_{g2}}{F_{g1} - F_{g2}}. \tag{8.3}$$

Diese Formel stimmt mit (8.1) überein, wenn wir dort die Gewichtskraft des herausge-
schnittenen Körpers negativ rechnen. Allgemein gilt:

In den Formeln (8.1) bzw. (8.2) sind die Gewichtskräfte bzw. Massen heraus-
geschnittener Körperteile negativ zu setzen.

8.2 Linienschwerpunkt

Wir stellen uns einen homogenen Draht mit sehr kleiner konstanter Querschnittsfläche
vor. Die Gewichtskraft pro Längeneinheit ist dann konstant. Nennen wir diese Konstante
q, so werden die Gewichtskräfte $F_{gk} = q l_k$ und $F_g = q l$. Dabei ist l_k die Länge eines Teil-

bogens und $l = \Sigma l_k$ die gesamte Bogenlänge des Drahtes. In den Formeln (8.1) zur Berechnung des Schwerpunktes kürzt sich der im Zähler und Nenner gemeinsame Faktor q heraus, und wir erhalten

$$x_s = \frac{\Sigma x_k\, l_k}{l}; \quad y_s = \frac{\Sigma y_k\, l_k}{l}; \quad z_s = \frac{\Sigma z_k\, l_k}{l} \quad \text{mit} \quad l = \Sigma l_k. \tag{8.4}$$

Den nach (8.4) berechneten Punkt nennt man *Linienschwerpunkt*. Er hängt nur von der Geometrie der Kurve ab. Die l_k und l kann man sich als „*Linienkräfte*" nach Bild 8-4 veranschaulicht denken.

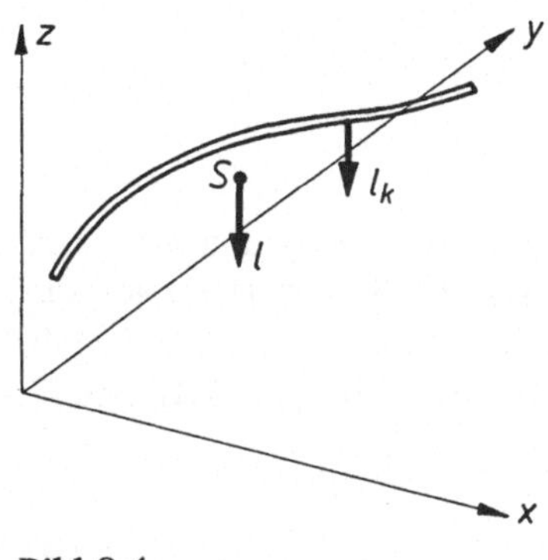

Bild 8-4

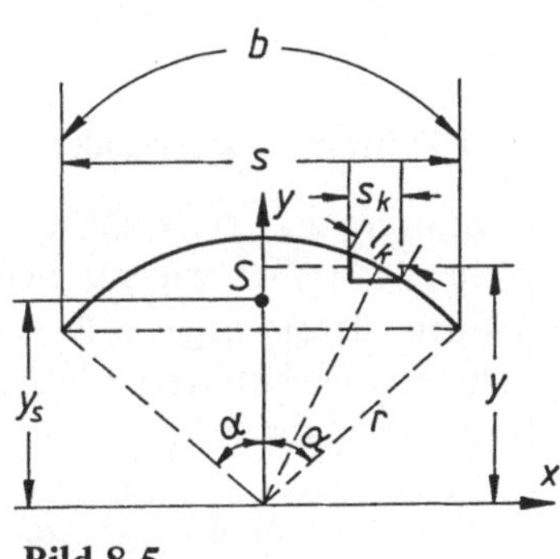

Bild 8-5

Wir wollen die Koordinaten des Schwerpunktes eines Kreisbogens in der x,y-Ebene (Bild 8-5) berechnen. Selbstverständlich liegt der Schwerpunkt auf der Symmetrieachse, also $x_s = 0$. Für ein sehr kleines Bogenelement l_k folgt aus der Ähnlichkeit der schraffierten Dreiecke (streng genommen wird das eine Dreieck mit der gekrümmten Hypotenuse l_k gebildet)

$$\frac{l_k}{s_k} = \frac{r}{y_k}, \quad \text{d.h.} \quad y_k\, l_k = r\, s_k$$

und somit nach (8.4)

$$y_s = \frac{\Sigma y_k\, l_k}{b} = \frac{\Sigma r\, s_k}{b} = \frac{r\, \Sigma s_k}{b} = \frac{r\, s}{b},$$

wobei wir für die Länge des Kreisbogens $l = b$ gesetzt haben und s die Länge der Sehne bedeutet. Anschaulich formuliert:

$$y_s = \frac{\text{Radius} \cdot \text{Sehne}}{\text{Bogen}} = \frac{r\, s}{b}. \tag{8.5}$$

Mit dem Winkel α wird $s = 2\,r \sin \alpha$ und $b = 2\,r\alpha$ (α im Bogenmaß) und damit

$$y_s = r\,\frac{\sin \alpha}{\alpha}. \tag{8.5'}$$

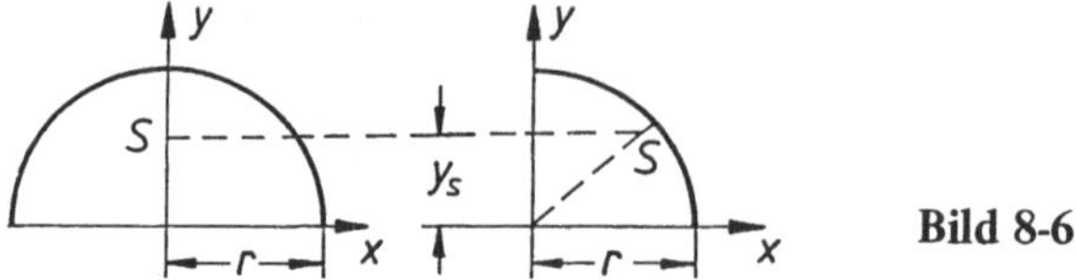

Bild 8-6

Insbesondere erhalten wir für einen Halb- oder Vierteilkreisbogen (Bild 8-6, die Schwerpunkte beider Bögen liegen für die gezeichnete Lage in gleicher Höhe)

$$y_s = \frac{2}{\pi} r = 0{,}637\, r = \frac{1}{\pi}\, d = 0{,}318\, d. \tag{8.5''}$$

8.3 Flächenschwerpunkt

Der Schwerpunkt einer ebenen Fläche ist in der Elastostatik von sehr großer Bedeutung. Anschaulich stellen wir uns eine homogene Scheibe von sehr kleiner Dicke vor, die in der x,y-Ebene liegen möge, z. B. eine Blechscheibe oder eine Pappscheibe (Bild 8-7). Ist q die konstante Gewichtskraft pro Flächeneinheit, so erhalten wir mit $F_{gk} = q\, A_k$ und $F_g = q\, A$ aus (8.1) mit $A = \Sigma A_k$

$$\boxed{x_s = \frac{\Sigma x_k A_k}{A}; \quad y_s = \frac{\Sigma y_k A_k}{A}}. \tag{8.6}$$

Die A_k und A stellen wir uns als *„Flächenkräfte"* vor (s. Bild 8-7). Die Summen $\Sigma x_k A_k$ und $\Sigma y_k A_k$ sind dann die statischen Momente dieser Flächenkräfte oder die *Flächenmomente erster Ordnung.* Wir erinnern noch einmal daran, daß in den Formeln (8.6) für herausgeschnittene Flächen negative Flächeninhalte (oder Flächenkräfte) einzusetzen sind und daß eine Symmetrieachse stets eine Schwerachse ist. Anwendungen zu den obigen Formeln werden in den Beispielen gebracht. Hier wollen wir nur zwei einfache Flächen betrachten, bei denen wir die Schwerpunkte ohne die Formeln (8.6) bestimmen können.

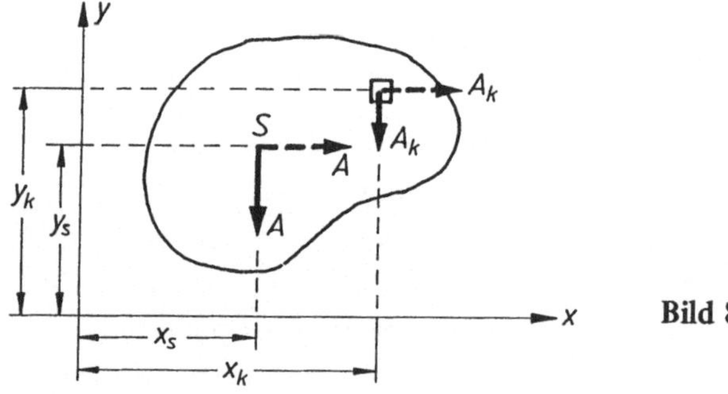

Bild 8-7

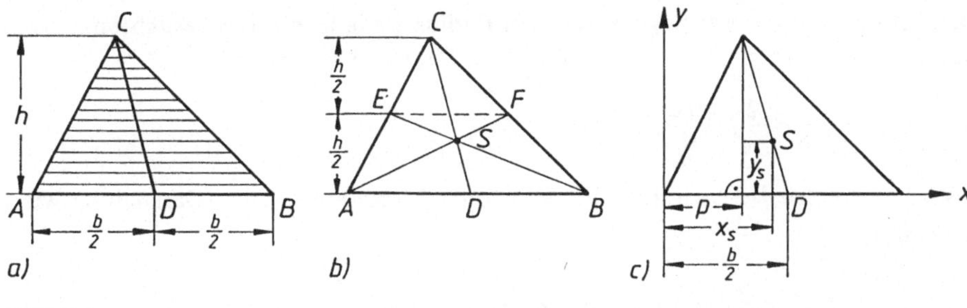

Bild 8-8

Wir betrachten ein Dreieck mit der Grundseite b und der Höhe h. Diese Dreiecksfläche läßt sich in sehr viele kleine Streifen parallel zur Grundseite b zerlegen (Bild 8-8a)). Da die Schwerpunkte aller Streifen auf der Seitenhalbierenden CD liegen, muß auch der Schwerpunkt der Dreiecksfläche auf CD liegen. Dasselbe gilt für eine Streifeneinteilung parallel zur Seite CA oder CB. Jede Seitenhalbierende ist also eine Schwerachse, d. h. der gesuchte Schwerpunkt S ist der Schnittpunkt der drei Seitenhalbierenden. (Da es nur einen Schwerpunkt geben kann, haben wir hier nebenbei einen mechanischen Beweis für den geometrischen Satz, daß die drei Seitenhalbierenden sich in einem Punkt schneiden, gefunden). Da EF parallel zu AB läuft und $\frac{1}{2}$ so groß wie AB ist, folgt aus den Ähnlichkeitssätzen (Bild 8-8b))

$$SB : SE = AB : EF = 2 : 1 = SA : SF = SC : SD \quad \text{oder} \quad CD : SD = 3 : 1.$$

Damit erhalten wir nach Bild 8-8c) mit den Strahlensätzen

$$y_\mathrm{s} : h = DS : DC = 3 : 1 \quad \text{und} \quad (x_\mathrm{s} - p) : (h - y_\mathrm{s}) = \left(\frac{b}{2} - p\right) : h$$

und hieraus schließlich

$$x_\mathrm{s} = \frac{1}{3}\,(b + p); \quad y_\mathrm{s} = \frac{h}{3} \quad \text{(Schwerpunkt einer Dreiecksfläche).} \tag{8.7}$$

Die Fläche eines Kreisausschnitts (Kreissektors) zerlegen wir in lauter kleine Kreisausschnitte (Bild 8-9a)), die wir als kleine Dreiecke ansehen können. Deren Schwerpunkte liegen alle im Abstand $\frac{2}{3}\,r$ vom Mittelpunkt entfernt.

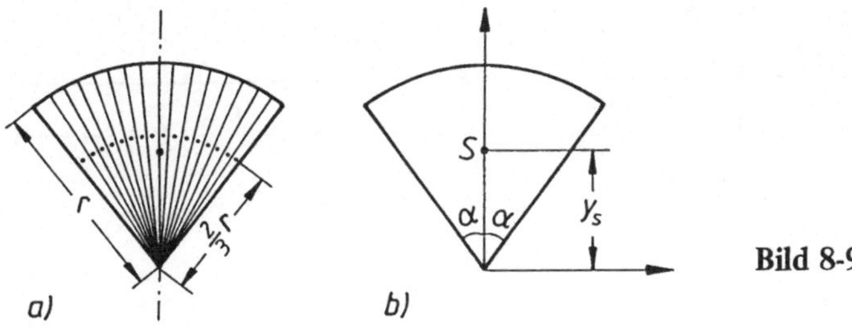

Bild 8-9

Der Schwerpunkt dieses Bogens mit dem Radius $\frac{2}{3} r$ fällt mit dem gesuchten Schwerpunkt des Kreisausschnitts zusammen (Bild 8-9b)). Mit (8.5) wird somit

$$y_s = \frac{2}{3} r \frac{s}{b} = \frac{2}{3} r \frac{\sin \alpha}{\alpha}. \tag{8.8}$$

Insbesondere erhalten wir für die Halb- oder Viertelkreisfläche (Darstellung wie in Bild 8-6) mit $\alpha = \frac{\pi}{2}$

$$y_s = \frac{4}{3\pi} r = \frac{2}{3\pi} d \quad \text{oder} \quad y_s = 0{,}424\, r = 0{,}212\, d. \tag{8.8'}$$

Für beliebig krummlinig begrenzte Flächen wird man im allgemeinen auf Integralformeln zurückgreifen. Betrachten wir z. B. in einem x, y-Koordinatensystem nach Bild 8-10 eine Fläche von $x = a$ bis $x = b$, die nach oben durch die Kurve $y = f(x)$ und nach unten durch die x-Achse begrenzt wird. Wir zerlegen die Fläche in Flächenstreifen parallel zur y-Achse mit der sehr kleinen Breite dx. Der Schwerpunkt dieses Streifens liegt dann in der Höhe $\frac{y}{2}$. Für die nach unten bzw. rechts angetragenen Flächenkräfte $dA = y\, dx$ erhalten wir mit den Hebelarmen x bzw. $\frac{y}{2}$ zur Berechnung der Schwerpunktkoordinaten x_s und y_s die Darstellung

$$A = \int_a^b y\, dx; \quad x_s A = \int_a^b x\, y\, dx; \quad y_s A = \frac{1}{2} \int_a^b y^2\, dx. \tag{8.9}$$

Für die Fläche nach Bild 8-11, die von der Parabel $y = \frac{h}{\sqrt{b}} \sqrt{x}$ begrenzt wird, erhalten wir mit (8.9) durch eine einfache Integration die Ergebnisse

$$A = \frac{2}{3} b h; \quad x_s = \frac{3}{5} b; \quad y_s = \frac{3}{8} h. \tag{8.10}$$

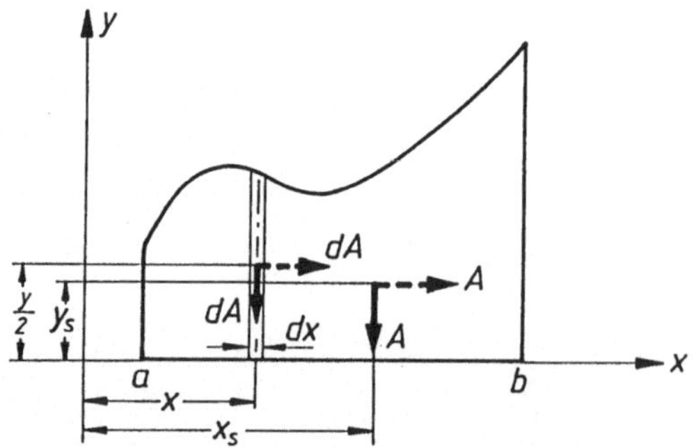

Bild 8-10

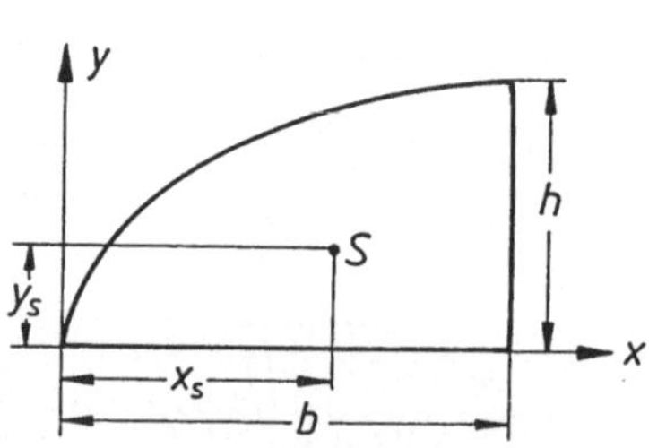

Bild 8-11

8.4 Volumen- und Oberflächenschwerpunkt

Für einen homogenen Körper, der aus Teilkörpern mit dem Volumen V_k und der Schwerpunktlage (x_k, y_k, z_k) zusammengesetzt ist, erhalten wir nach (8.1) mit $F_{gk} = q\,V_k$ und $F_g = q\,V$ (q = konstante Gewichtskraft pro Volumen) die Schwerpunktkoordinaten

$$x_s = \frac{\Sigma x_k V_k}{V}; \quad y_s = \frac{\Sigma y_k V_k}{V}; \quad z_s = \frac{\Sigma z_k V_k}{V}. \tag{8.11}$$

Den durch diese Koordinaten bestimmten Punkt nennt man *Volumenschwerpunkt*.

Für die Summation unendlich vieler Teilvolumina bringen wir als Beispiel den Rotationskörper. Die Fläche unter der Kurve $y = f(x)$ von $x = a$ bis $x = b$ rotiere um die x-Achse (Bild 8-12). Wir zerlegen den Rotationskörper, dessen Schwerpunkt selbstverständlich auf der x-Achse liegt, in kleine Scheiben mit dem mittleren Radius y und der sehr kleinen Dicke dx. Eine Scheibe besitzt das Volumen (oder die „Volumenkraft") $dV = \pi y^2\, dx$ und in bezug auf den Koordinatenursprung das Moment $x\, dV = \pi x\, y^2\, dx$. Durch Summation aller Teile erhalten wir

$$V = \pi \int_a^b y^2\, dx; \quad x_s V = \pi \int_a^b x\, y^2\, dx. \tag{8.12}$$

Wir betrachten hierzu die beiden Körper Kegel und Halbkugel. Der Kegel entsteht durch Rotation einer rechtwinkligen Dreiecksfläche um eine ihrer Katheten. Nach Bild 8-13 wird $y = r - \frac{r}{h}x$ und damit nach (8.12)

$$x_s V = \pi \int_0^h x\, r^2 \left(1 - \frac{r}{h}x\right)^2 dx.$$

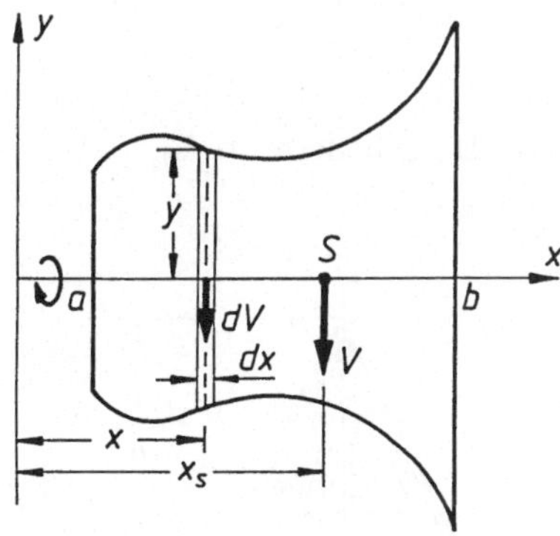

Bild 8-12

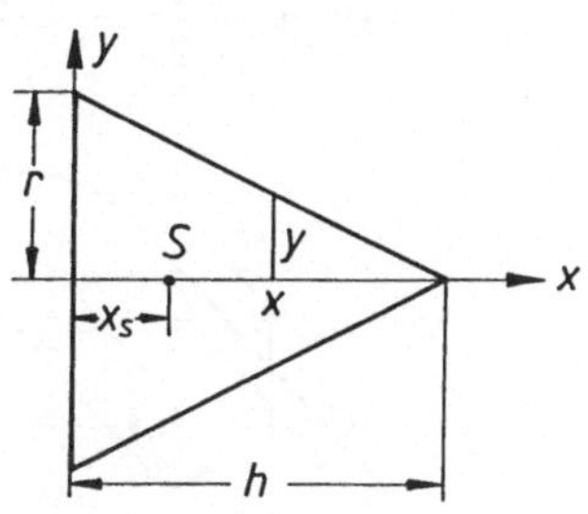

Bild 8-13

Mit $V = \frac{\pi}{3} r^2 h$ erhalten wir nach Auswertung des Integrals und einer kleinen Zwischenrechnung

$$x_s = \frac{h}{4} \quad \text{(Volumenschwerpunkt eines Kegels)}. \tag{8.13}$$

Dieses Ergebnis gilt auch für eine Pyramide mit beliebiger Grundfläche (der Beweis verläuft allerdings ein klein wenig anders).

Bei der Halbkugel rotiert eine Viertelkreisfläche um die x-Achse (Bild 8-14). Mit $y^2 = r^2 - x^2$
wird

$$x_s V = \pi \int\limits_0^r (r^2 x - x^3)\, dx = \frac{\pi}{4} r^4.$$

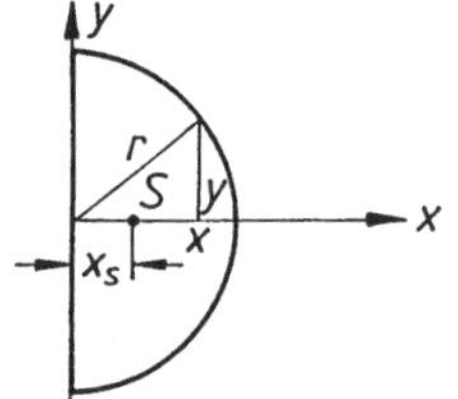

Bild 8-14

Mit $V = \frac{2}{3} \pi r^3$ erhalten wir

$$x_s = \frac{3}{8} r \quad \text{(Volumenschwerpunkt einer Halbkugel)}. \tag{8.14}$$

Den Schwerpunkt einer sehr dünnen gewölbten Schale bezeichnet man als Oberflächen-
oder Mantelflächenschwerpunkt. Die Berechnung eines solchen Schwerpunktes ist im
allgemeinen eine nicht immer ganz einfache Integrationsaufgabe. Wir wollen hier nur
einige einfache Fälle betrachten.

Für die Mantelfläche eines Halbzylinders nach Bild 8-15a) erhalten wir mit (8.5″) für
einen Halbkreisbogen

$$x_s = 0; \quad y_s = \frac{l}{2}; \quad z_s = \frac{2}{\pi} r \quad \text{(Schwerpunkt eines Halbzylindermantels)}. \tag{8.15}$$

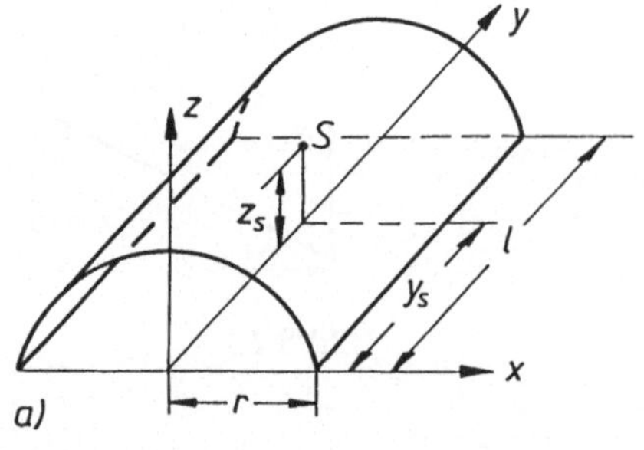
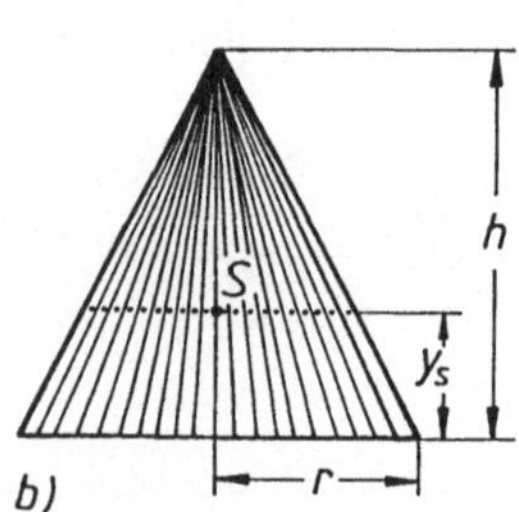

Bild 8-15

Um den Schwerpunkt eines Kegelmantels zu bestimmen, zerlegen wir die Fläche nach Bild 8-15b) in viele kleine „Dreiecke". Deren Schwerpunkte liegen alle in der Höhe $\frac{h}{3}$ über der Grundfläche, also erhalten wir auch

$$y_s = \frac{h}{3} \quad \text{(Schwerpunkt eines Kegelmantels).} \tag{8.16}$$

Die Schwerpunktlage einer Halbkugelfläche finden wir durch folgende Überlegung. Wir berechnen zunächst den Volumenschwerpunkt einer Hohlhalbkugel nach Bild 8-16. Für $x \to r$ erhalten wir hieraus die Lage des Schwerpunktes der Halbkugelfläche. Mit (8.11) und (8.14) erhalten wir (für die innere Halbkugel wird das Volumen negativ gerechnet)

$$V = \frac{2}{3}\pi r^3 - \frac{2}{3}\pi x^3 = \frac{2}{3}\pi(r^3 - x^3), \quad y_s V = \frac{2}{3}\pi r^3 \cdot \frac{3}{8}r - \frac{2}{3}\pi x^3 \cdot \frac{3}{8}x = \frac{\pi}{4}(r^4 - x^4)$$

und somit

$$y_s = \frac{3}{8}\frac{r^4 - x^4}{r^3 - x^3}\;.$$

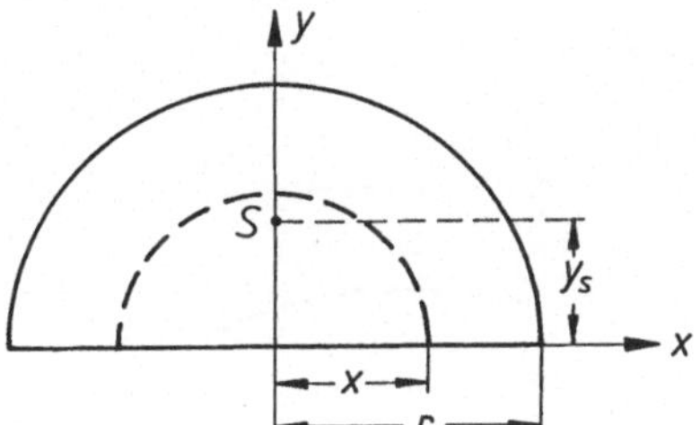

Bild 8-16

Für $x \to r$ erhalten wir zunächst für y_s den unbestimmten Ausdruck $\frac{0}{0}$. Schreiben wir nach den Gesetzen der Algebra

$$r^3 - x^3 = (r-x)(r^2 + rx + x^2), \quad r^4 - x^4 = (r-x)(r^3 + r^2 x + rx^2 + x^3),$$

so wird

$$y_s = \frac{3}{8}\frac{r^3 + r^2 x + rx^2 + x^3}{r^2 + rx + x^2}\;.$$

Hieraus erhalten wir für $x = r$

$$y_s = \frac{r}{2} \quad \text{(Schwerpunkt einer Halbkugelfläche).} \tag{8.17}$$

8.5 Stabilität

Wir betrachten einen Körper, der mit seiner gewölbten Fläche nach Bild 8-17a) auf einer anderen gewölbten Fläche liegt (z. B. eine Halbkugel auf einem Halbzylinder). Die auf den Körper wirkenden Kräfte sind im Gleichgewicht. Wie man aus der Erfahrung weiß, muß der Körper trotzdem nicht in Ruhe bleiben. Eine kleine Störung (z. B. Erschütterung, kurzer Windstoß), wie sie im täglichen Leben gar nicht zu vermeiden ist, kann bewirken, daß der obere Körper sich eine andere Gleichgewichtslage sucht. Wir sagen, der Körper befindet sich im **stabilen** Gleichgewicht, wenn er bei einer *kleinen* Veränderung seiner Lage in seine ursprüngliche Gleichgewichtslage zurückkehrt. Tut er dieses nicht, so nennen wir seine ursprüngliche Lage eine **instabile** (oder labile) Gleichgewichtslage (s. hierzu auch die früheren Beispiele 2-12 und 3-10). Um zu untersuchen, ob stabiles oder instabiles Gleichgewicht herrscht, denken wir uns den Körper um einen kleinen Winkel $\Delta \varphi$ gedreht (Bild 8-17b)). Wir setzen dabei voraus, daß die Berührungsflächen rauh genug sind, um ein Rutschen des Körpers auf der Unterlage zu verhindern. Der Körper rollt also auf der unteren Fläche ab. Ist in der gedrehten Lage das Moment der Gewichtskraft, die im Schwerpunkt S angreift, in bezug auf den Auflagepunkt P linksdrehend (bzw. rechtsdrehend, wenn der Körper zur anderen Seite bewegt wird), so wird der Körper in seine ursprüngliche Lage zurückgeführt. Diese ist dann eine stabile Gleichgewichtslage. Ein rechtsdrehendes Moment dagegen bringt den Körper nicht in seine alte Lage zurück. Der Körper sucht sich dann eine neue Gleichgewichtslage.

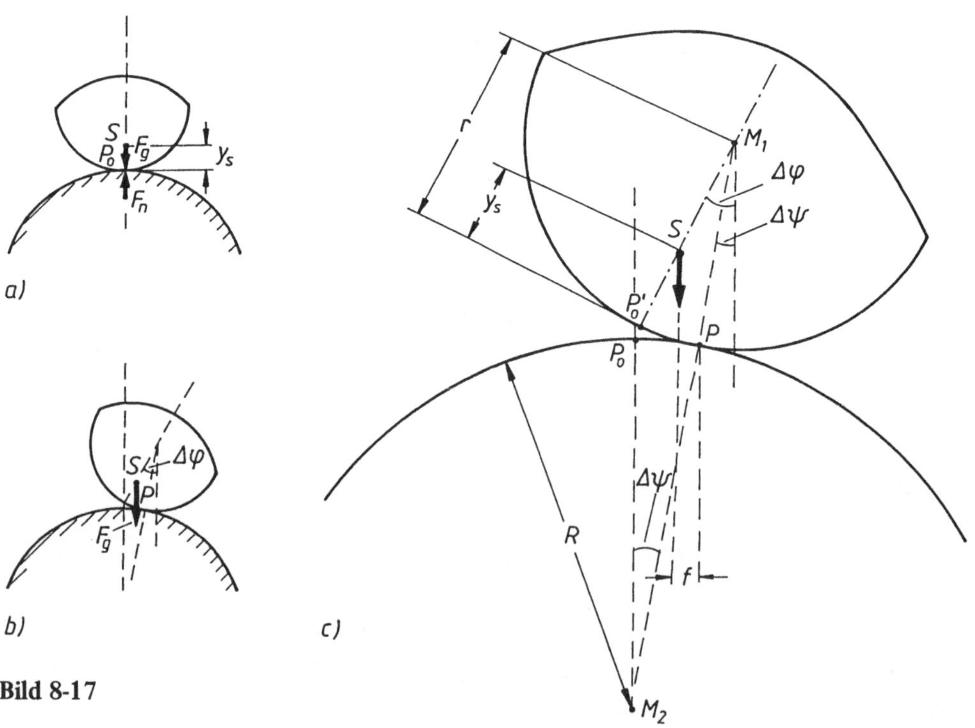

Bild 8-17

Wir wollen annehmen, daß die gewölbten Flächen Kugel- oder Zylinderflächen mit den Radien r und R sind. Für eine kleine Drehung lesen wir aus Bild 8-17c) für die gleichlangen Bögen $\widehat{P_0P} = \widehat{P_0'P}$ (Rollbedingung) ab:

$$R\,\Delta\psi = r(\Delta\varphi - \Delta\psi), \quad \text{d.h.} \quad \Delta\psi = \frac{r}{r+R}\,\Delta\varphi.$$

Für den Hebelarm f der Gewichtskraft in bezug auf P wird mit $\tan\Delta\varphi \cong \Delta\varphi$ und $\tan\Delta\psi \cong \Delta\psi$

$$f = (r - y_s)\,\Delta\varphi - r\,\Delta\psi = \left(r - y_s - \frac{r^2}{r+R}\right)\Delta\varphi, \quad f = \left(\frac{rR}{r+R} - y_s\right)\Delta\varphi.$$

Für $\Delta\varphi > 0$ ist das Moment von F_g in bezug auf P linksdrehend, falls $f > 0$ wird, also erhalten wir für

$$y_s < \frac{rR}{r+R} \quad \text{stabiles Gleichgewicht,}$$

$$y_s > \frac{rR}{r+R} \quad \text{instabiles Gleichgewicht.} \tag{8.18}$$

Wir betrachten zwei Sonderfälle:

1) Die Unterlage ist eine ebene Fläche. Mit $R = \infty$ lautet die Stabilitätsbedingung

$$y_s < r, \tag{8.19}$$

d.h. der Schwerpunkt des Körpers liegt unterhalb des Mittelpunktes der gewölbten Fläche. Dieses ist auch sofort anschaulich aus Bild 8-18 zu erkennen.

2) Die Auflagefläche des Körpers ist eine ebene Fläche. Mit $r = \infty$ ist die Gleichgewichtslage stabil für

$$y_s < R. \tag{8.20}$$

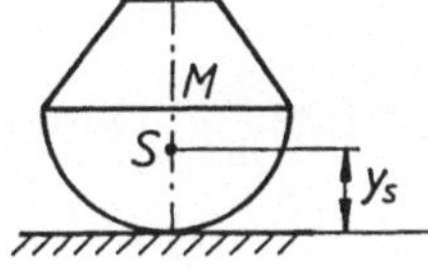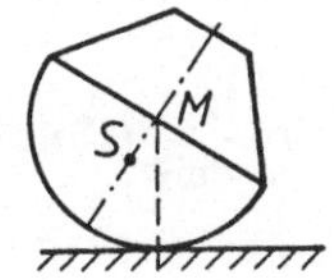

Bild 8-18

8.6 Beispiele

Beispiel 8-1: Ein halbzylindrischer Behälter aus Kunststoff (Dichte ρ_k, Dicke t_k) trägt über $\frac{3}{4}$ der Länge einen Deckel aus Holz (ρ_h, t_h). Wo liegt der Schwerpunkt des Körpers im eingezeichneten Koordinatensystem (Bild 8-19)?

Gegeben: $\rho_k = 1{,}35\ \frac{\text{kg}}{\text{dm}^3}$, $t_k = 6\ \text{mm}$, $\rho_h = 0{,}78\ \frac{\text{kg}}{\text{dm}^3}$, $t_h = 8\ \text{mm}$, $r = 850\ \text{mm}$,

$l = 3000\ \text{mm}$ (die Dicken t sollen als klein gegenüber r und l angesehen werden).

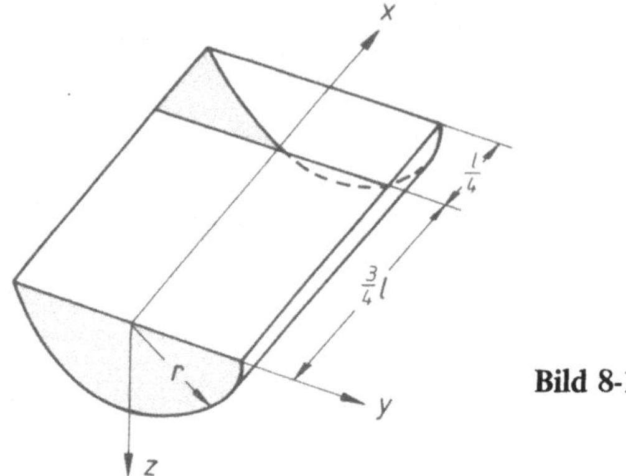

Bild 8-19

Wegen der Symmetrie liegt der Schwerpunkt in der x, z-Ebene, also $y_s = 0$. Wir berechnen für die einzelnen Teile des Behälters die Massen und Schwerpunkte.

Halbzylinder: $\quad m_1 = \rho_k\, \pi\, r\, l\, t_k = 64{,}89\ \text{kg}, \quad x_1 = 1{,}5\ \text{m}, \quad z_1 = \dfrac{2}{\pi}\, r = 0{,}541\ \text{m};$

Seitenflächen: $\quad m_2 = \rho_k\, \pi r^2\, t_k = 18{,}89\ \text{kg}, \quad x_2 = 1{,}5\ \text{m}, \quad z_2 = \dfrac{4}{3\,\pi}\, r = 0{,}361\ \text{m};$

Rechteckdeckel: $m_3 = \rho_h\, 2\, r\, \dfrac{3}{4}\, l\, t_h = 23{,}87\ \text{kg}, \quad x_3 = 2{,}25\ \text{m}, \quad z_3 = 0.$

Mit der Gesamtmasse $m = 107{,}14\ \text{kg}$ erhalten wir aus

$$x_s\, m = \Sigma x_k\, m_k = 178{,}62\ \text{kg m} \quad \text{und} \quad z_s\, m = \Sigma z_k\, m_k = 41{,}75\ \text{kg m}$$

die Schwerpunktkoordinaten

$$x_s = 1667\ \text{mm}; \quad z_s = 390\ \text{mm}.$$

Beispiel 8-2: Einem Würfel aus Holz mit der Kantenlänge a ist eine gleichseitige Pyramide aus Kunststoff aufgesetzt. Der Würfel besitzt eine zylindrische Bohrung der Länge $\frac{2}{3}\, a$, die nach Bild 8-20 parallel zur Grundfläche und zwei Seitenflächen verläuft. Es ist die Lage des Körperschwerpunktes zu bestimmen.

Gegeben: a, Höhe der Pyramide: $h = a$, $\rho_h = 0{,}76\ \dfrac{\text{kg}}{\text{dm}^3}$ (Holz), $\rho_k = 1{,}32\ \dfrac{\text{kg}}{\text{dm}^3}$ (Kunststoff).

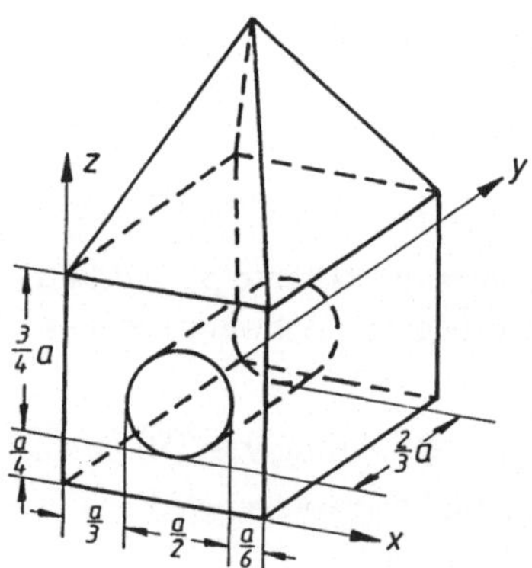

Bild 8-20

Für die Massen der einzelnen Körper erhalten wir:

$$\text{Würfel: } m_1 = \rho_h\, a^3, \quad \text{Pyramide: } m_2 = \frac{1}{3}\, \rho_k\, a^3,$$

$$\text{herausgebohrter Zylinder: } m_3 = -\rho_h\, \pi\, \frac{a^2}{4}\, \frac{2}{3}\, a = -\frac{\pi}{6}\, \rho_h\, a^3.$$

Die Berechnung der Schwerpunktkoordinaten führen wir nach (8.2) durch. Für die Körper Würfel, Pyramide, Zylinder lesen wir die Schwerpunktkoordinaten für das eingezeichnete Koordinatensystem unmittelbar aus Bild 8-20 ab. Die Rechnung führen wir in einer Tabelle durch.

Körper	m_k	x_k	y_k	z_k	$x_k m_k$	$y_k m_k$	$z_k m_k$
Würfel	$\rho_h\, a^3$	$\dfrac{a}{2}$	$\dfrac{a}{2}$	$\dfrac{a}{2}$	$\dfrac{1}{2}\rho_h\, a^4$	$\dfrac{1}{2}\rho_h\, a^4$	$\dfrac{1}{2}\rho_h\, a^4$
Pyramide	$\dfrac{1}{3}\rho_k\, a^3$	$\dfrac{a}{2}$	$\dfrac{a}{2}$	$\dfrac{5}{4}a$	$\dfrac{1}{6}\rho_k\, a^4$	$\dfrac{1}{6}\rho_k\, a^4$	$\dfrac{5}{12}\rho_k\, a^4$
Zylinder	$-\dfrac{\pi}{6}\rho_h\, a^3$	$\dfrac{7a}{12}$	$-\dfrac{a}{3}$	$\dfrac{a}{2}$	$-\dfrac{7\pi}{72}\rho_h\, a^4$	$-\dfrac{\pi}{18}\rho_h\, a^4$	$-\dfrac{\pi}{12}\rho_h\, a^4$

Mit den Summen

$$m = \Sigma m_k = \left[\left(1 - \frac{\pi}{6}\right)\rho_h + \frac{1}{3}\rho_k\right] a^3 = 0{,}802\, \frac{\text{kg}}{\text{dm}^3}\, a^3,$$

$$x_s\, m = \Sigma x_k m_k = \left[\left(\frac{1}{2} - \frac{7\pi}{72}\right)\rho_h + \frac{1}{6}\rho_k\right] a^4 = 0{,}368\, \frac{\text{kg}}{\text{dm}^3}\, a^4,$$

$$y_s\, m = \Sigma y_k m_k = \left[\left(\frac{1}{2} - \frac{\pi}{18}\right)\rho_h + \frac{1}{6}\rho_k\right] a^4 = 0{,}467\, \frac{\text{kg}}{\text{dm}^3}\, a^4,$$

$$z_s\, m = \Sigma z_k m_k = \left[\left(\frac{1}{2} - \frac{\pi}{12}\right)\rho_h + \frac{5}{12}\rho_k\right] a^4 = 0{,}731\, \frac{\text{kg}}{\text{dm}^3}\, a^4$$

erhalten wir die Schwerpunktkoordinaten

$$x_s = 0{,}459\, a; \quad y_s = 0{,}583\, a; \quad z_s = 0{,}911\, a.$$

Beispiel 8-3: Für das Fachwerk nach Bild 8-21 ist der Schwerpunkt zu berechnen. Für die Stäbe sind die Massen pro Längeneinheit $m_k' = m_k/l_k$ gegeben.

Stab	1	2	3	4	5
$m_k'\left[\dfrac{\text{kg}}{\text{m}}\right]$	24	45	68	32	68

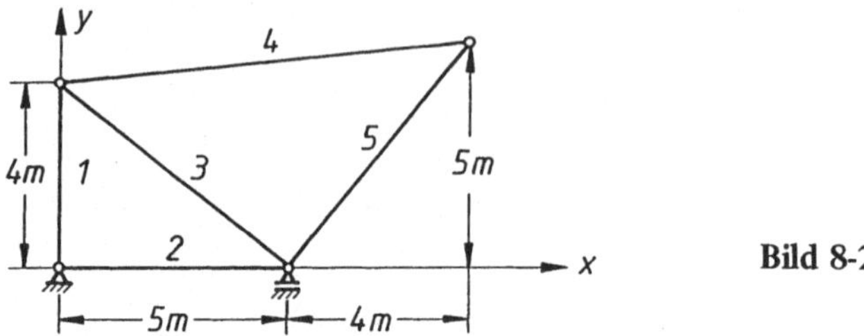

Die Längen l_k der Stäbe lesen wir unmittelbar aus Bild 8-21 ab oder berechnen sie nach dem Satz des Pythagoras. Der Schwerpunkt eines Stabes liegt in seiner Mitte und kann daher auch unmittelbar aus der Zeichnung abgelesen werden. Die Berechnung des Massenschwerpunktes führen wir in der folgenden Tabelle durch (alle Massen in kg und alle Längen in m).

Stab	m_k'	l_k	m_k	x_k	y_k	$x_k\,m_k$	$y_k\,m_k$
1	24	4	96	0	2	0	192
2	45	5	225	2,5	0	562,5	0
3	68	6,40	435,4	2,5	2	1088,5	870,8
4	32	9,06	289,8	4,5	4,5	1304,0	1304,0
5	68	6,40	435,4	7	2,5	3047,9	1088,5
Σ	–	–	1481,6	–	–	6002,9	3455,3

Mit den Werten der Tabelle erhalten wir

$$x_s = \frac{6002,9 \text{ kg m}}{1481,6 \text{ kg}} = 4,05 \text{ m}; \quad z_s = \frac{3455,3 \text{ kg m}}{1481,6 \text{ kg}} = 2,33 \text{ m}.$$

Beispiel 8-4: Beim Stanzen eines Blechstückes möchte man möglichst erreichen, daß die Kraft pro Längeneinheit überall an den zu stanzenden Linien gleich groß wird. Dann muß der Mittelpunkt des Stempels über dem Linienschwerpunkt (Druckmittelpunkt) des gestanzten Blechstückes liegen. Für das Blech nach Bild 8-22 ist der Druckmittelpunkt zu berechnen.

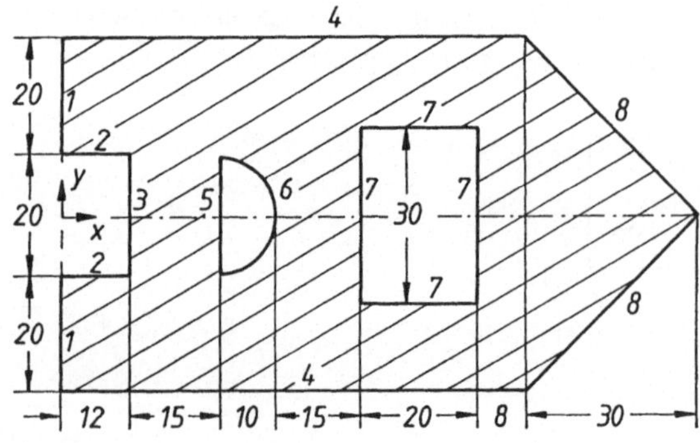

Bild 8-22

Der Linienschwerpunkt liegt auf der x-Achse, die Symmetrielinie ist. Es ist also nur x_s nach $l = \Sigma\, l_k$ und $x_s\, l = \Sigma\, x_k\, l_k$ zu ermitteln. Mit der in Bild 8-22 angegebenen Numerierung der Linien führen wir die Berechnung von x_s in der folgenden Tabelle durch.

k	l_k/cm	x_k/cm	$x_k\, l_k/\text{cm}^2$
1	4	0	0
2	2,4	0,6	1,44
3	2	1,2	2,4
4	16	4	64
5	2	2,7	5,4
6	3,142	3,337	10,48
7	10	6,2	62
8	4,243	9,5	40,31
Σ	43,78		186,03

Für die Lage des Druckmittelpunktes erhalten wir

$$x_s = \frac{186{,}03\ \text{cm}^2}{43{,}78\ \text{cm}} = 4{,}25\ \text{cm} = 42{,}5\ \text{mm}.$$

Beispiel 8-5: Ein homogener Draht der Länge $l = 400$ mm soll nach Bild 8-23 so zu einem Kreisausschnitt geformt werden, daß der Schwerpunkt auf der Sehne des Kreisbogens liegt. Wie sind α und r zu wählen?

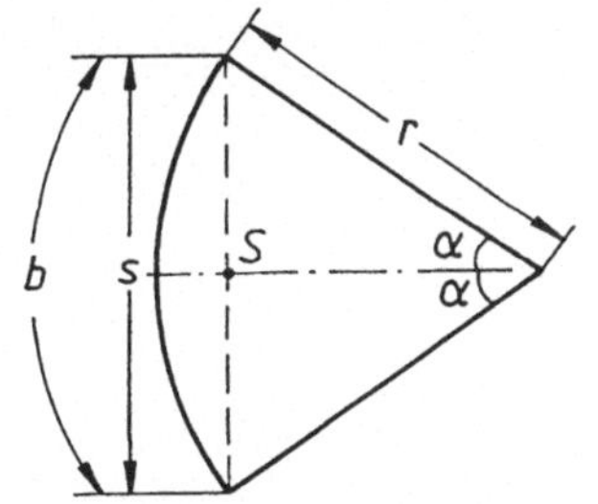

Bild 8-23

In bezug auf den Schwerpunkt S muß das Moment des Kreisbogens b gleich dem Moment der beiden Radien sein. Mit (8.5) erhalten wir

$$b\left(r\,\frac{s}{b} - r\cos\alpha\right) = 2\,r\,\frac{r}{2}\cos\alpha.$$

Mit $b = 2\,r\,\alpha$ und $s = 2\,r\sin\alpha$ (α im Bogenmaß) wird

$$2\,r^2\sin\alpha - 2\,r^2\,\alpha\cos\alpha = r^2\cos\alpha.$$

Division durch $2\,r^2\cos\alpha$ liefert für α die transzendente Gleichung

$$\tan\alpha - \alpha = \frac{1}{2},$$

deren Lösung wir durch Probieren oder durch Iteration zu

$$\alpha = 0{,}975 = 55{,}9°$$

bestimmen. Aus $l = 2\,r + 2\,r\,\alpha$ berechnen wir den Radius:

$$r = \frac{l}{2\,(1 + \alpha)} = 101{,}3 \text{ mm.}$$

Beispiel 8-6: Für die in Bild 8-24 dargestellte Fläche sind die Koordinaten des Flächenschwerpunktes für das eingezeichnete x, y-System zu berechnen.

Die gesamte Fläche wird aus Teilflächen aufgebaut, für die die Flächeninhalte und die Lage der Schwerpunkte sich nach bekannten Formeln berechnen lassen. Die Schwerpunktkoordinaten x_s und y_s werden dann nach (8.6) berechnet. Die Rechnung wird in einer Tabelle durchgeführt.

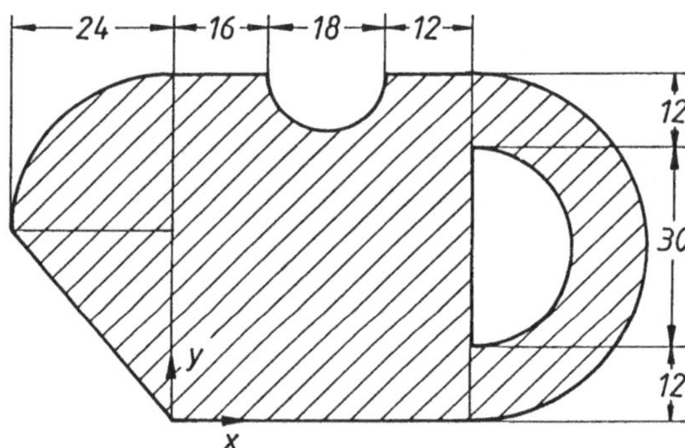

Bild 8-24

Mit den Summenwerten aus der Tabelle erhalten wir

$$x_s = 23{,}7 \text{ mm}; \quad y_s = 27{,}1 \text{ mm.}$$

Teil	A_k/cm^2	x_k/cm	y_k/cm	$x_k A_k/\text{cm}^3$	$y_k A_k/\text{cm}^3$
	4,524	$-1,019$	4,019	$-4,608$	18,180
	3,6	$-0,8$	2	$-2,88$	7,2
	24,84	2,3	2,7	57,132	67,068
	$-1,272$	2,5	5,018	$-3,181$	$-6,385$
	11,451	5,746	2,7	65,797	30,918
	$-3,534$	5,237	2,7	$-18,508$	$-9,543$
$\sum$	39,608	$-$	$-$	93,752	107,438

Beispiel 8-7: Für die schraffierte Fläche Bild 8-25 sind die Schwerpunktkoordinaten x_s und y_s zu berechnen.

Gegeben: r.

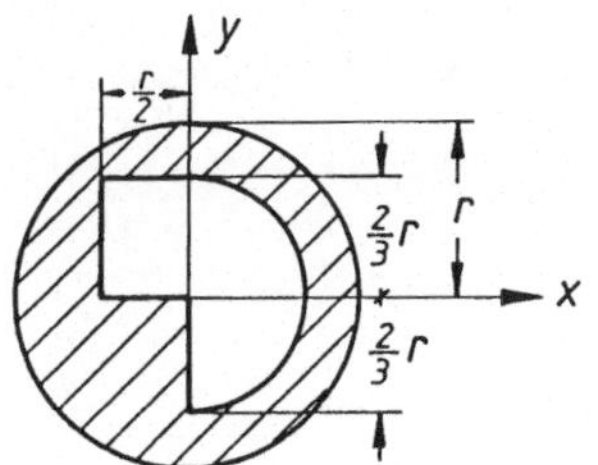

Bild 8-25

Teil	A_k	x_k	y_k	$x_k A_k$	$y_k A_k$
(Kreis)	πr^2	0	0	0	0
(Rechteck)	$-\dfrac{1}{3} r^2$	$-\dfrac{1}{4} r$	$\dfrac{1}{3} r$	$\dfrac{1}{12} r^3$	$-\dfrac{1}{9} r^3$
(Halbkreis)	$-\dfrac{2\pi}{9} r^2$	$\dfrac{4 r}{3 \pi} \cdot \dfrac{2}{3} r$	0	$-\dfrac{16}{81} r^3$	0
$\sum$	$\dfrac{7\pi - 3}{9} r^2$	–	–	$\left(\dfrac{1}{12} - \dfrac{16}{81}\right) r^3$	$-\dfrac{1}{9} r^3$

Ergebnis: $\quad x_s = \dfrac{\dfrac{3}{4} - \dfrac{16}{9}}{7\pi - 3}\, r = -0{,}0541\, r; \quad y_s = -\dfrac{1}{7\pi - 3}\, r = -0{,}0527\, r.$

Beispiel 8-8: Aus einer Fläche wird nach Bild 8-26 ein Rechteck mit einem Dreieck der Höhe h herausgeschnitten. Wie ist h zu wählen, damit der Flächenschwerpunkt S mit der Spitze P des Dreiecks zusammenfällt?

Gegeben: a, b.

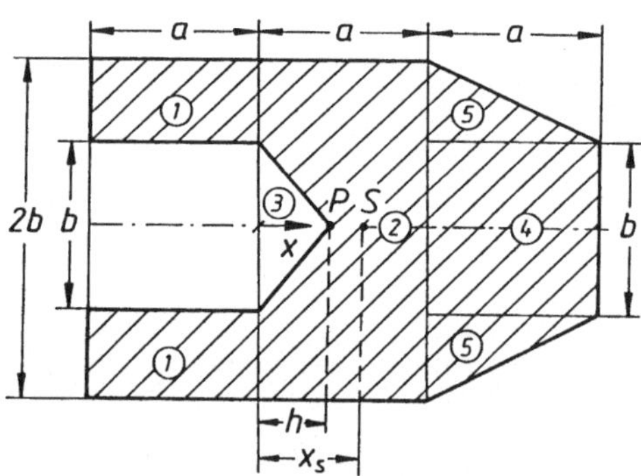

Bild 8-26

Zusatzfrage: Für welches h liegt der Schwerpunkt am weitesten nach rechts?
Mit den numerierten Flächen erhalten wir die folgende Tabelle:

k	A_k	x_k	$x_k A_k$
1	$a\,b$	$-\dfrac{1}{2}\,a$	$-\dfrac{1}{2}\,a^2\,b$
2	$2\,a\,b$	$\dfrac{1}{2}\,a$	$a^2\,b$
3	$-\dfrac{1}{2}\,b\,h$	$\dfrac{1}{3}\,h$	$-\dfrac{1}{6}\,b\,h^2$
4	$a\,b$	$\dfrac{3}{2}\,a$	$\dfrac{3}{2}\,a^2\,b$
5	$\dfrac{1}{2}\,a\,b$	$\dfrac{4}{3}\,a$	$\dfrac{2}{3}\,a^2\,b$
Σ	$\dfrac{9}{2}\,a\,b-\dfrac{1}{2}\,b\,h$	$-$	$\dfrac{8}{3}\,a^2\,b-\dfrac{1}{6}\,b\,h^2$

Aus $x_s A = \Sigma\, x_k A_k$ folgt mit den obigen Werten

$$\left(\frac{9}{2}\,a\,b-\frac{1}{2}\,b\,h\right)x_s = \frac{8}{3}\,a^2\,b-\frac{1}{6}\,b\,h^2$$

oder nach Division durch $\dfrac{b}{2}$

$$(9\,a-h)\,x_s = \frac{1}{3}\,(16\,a^2-h^2).$$

Für $x_s = h$ erhalten wir für h die quadratische Gleichung

$$h^2 - \frac{27}{2}\,h + 8\,a^2 = 0$$

mit der Lösung

$$h = \frac{27}{4}\,a\ \underline{(+)}\ \sqrt{\left(\frac{27}{4}\,a\right)^2 - 8\,a^2}\,,$$

$$h = \frac{27-\sqrt{601}}{4}\,a = 0{,}621\,a\,.$$

Für die Zusatzfrage müssen wir h so wählen, daß

$$x_s = \frac{1}{3}\,\frac{16\,a^2-h^2}{9\,a-h}$$

ein Maximum wird. Die Ableitung von x_s nach der Veränderlichen h muß Null werden.

$$\frac{dx_s}{dh} = \frac{1}{3}\,\frac{(9\,a-h)\,(-2\,h)-(16\,a^2-h^2)\,(-1)}{(9\,a-h)^2} = 0 \ \text{ für } \ x_{s\,max}.$$

Für h erhalten wir die Gleichung

$$h^2 - 18\,a\,h + 16\,a^2 = 0$$

mit der Lösung

$$h = 9\,a\,\underline{(+)}\,\sqrt{81\,a^2 - 16\,a^2}\,,$$

$$h = (9 - \sqrt{65})\,a = 0{,}938\,a\,.$$

Nach einer kleinen Zwischenrechnung wird

$$x_{\text{smax}} = \frac{2}{3}\,(9 - \sqrt{65})\,a = \frac{2}{3}\,h = 0{,}625\,a\,.$$

Ohne Differentialrechnung können wir die Zusatzfrage auch durch folgende Überlegung lösen. Nehmen wir an, der Schwerpunkt S nimmt für ein h die Lage x_s an. Wenn wir jetzt um ein kleines Δh die schraffierte Fläche (Bild 8-27) herausschneiden, so ändert auch S seine Lage ein wenig. Liegt der Schwerpunkt $\overline{S}$ der schraffierten Fläche links von S, so hat sich S nach rechts bewegt. Diese Bewegung von S nach rechts hört auf, wenn $\overline{S}$ mit S zusammenfällt. Liegt S links von $\overline{S}$, so wird jede neu herausgeschnittene Fläche den Schwerpunkt S nach links verschieben. x_{smax} wird demnach für $S = \overline{S}$ angenommen, d. h.

$$x_{\text{smax}} = h - \frac{h}{3} = \frac{2}{3}\,h \quad \text{(wie oben).}$$

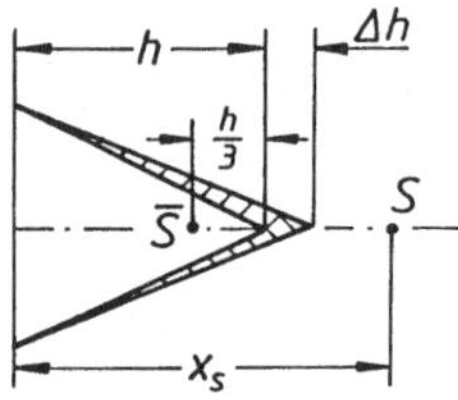

Bild 8-27

Beispiel 8-9: Ein Hohlkörper besteht aus einem Zylindermantel mit einem Kegelmantel. Er ist auf eine Rechteckplatte geschweißt, von der die Halbkreisfläche unter dem Zylinder herausgeschnitten wurde (Bild 8-28). Alle Teile bestehen aus dünnem Blech derselben Dicke. Es sind die Schwerpunktkoordinaten zu berechnen.

Gegeben: d (Durchmesser des Zylinders), $h_\text{z} = d$, $h_\text{k} = \frac{2}{3}\,d$.

Die Mantellinie des Kegels beträgt

$$s = \sqrt{\left(\frac{d}{2}\right)^2 + \left(\frac{2}{3}\,d\right)^2} = \frac{5}{6}\,d,$$

die Mantelfläche

$$A_\text{K} = \pi\,r\,s = \frac{5}{12}\,\pi\,d^2$$

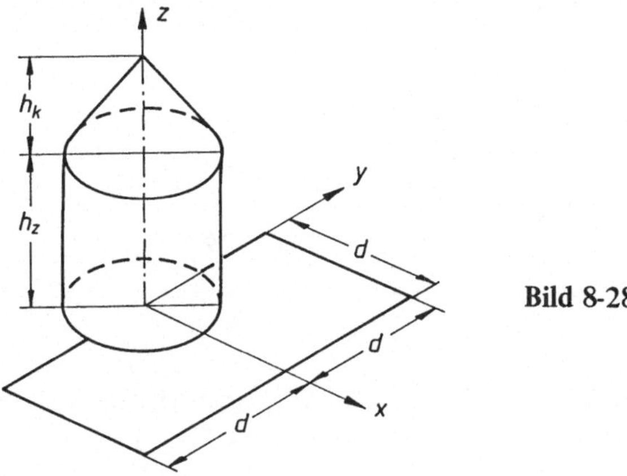

Bild 8-28

und ihre Schwerpunktshöhe

$$z_{\mathrm{k}} = h_{\mathrm{z}} + \frac{1}{3}\, h_{\mathrm{k}} = \frac{11}{9}\, d.$$

Wegen der Symmetrie liegt der Gesamtschwerpunkt in der x, z-Ebene. Die Berechnung nach $x_{\mathrm{s}}A = \Sigma\, x_{\mathrm{k}}\, A_{\mathrm{k}}$ und $z_{\mathrm{s}}A = \Sigma\, z_{\mathrm{k}}\, A_{\mathrm{k}}$ führen wir in einer Tabelle durch.

Teil	A_{k}	x_{k}	z_{k}	$x_{\mathrm{k}} A_{\mathrm{k}}$	$z_{\mathrm{k}} A_{\mathrm{k}}$
Zylinder	πd^2	0	$\dfrac{1}{2}d$	0	$\dfrac{\pi}{2}d^3$
Kegel	$\dfrac{5}{12}\pi d^2$	0	$\dfrac{11}{9}d$	0	$\dfrac{55}{108}\pi d^3$
Rechteck	$2\,d^2$	$\dfrac{1}{2}d$	0	d^3	0
Halbkreis	$-\dfrac{\pi}{8}d^2$	$\dfrac{2}{3\pi}d$	0	$-\dfrac{1}{12}d^3$	0
Σ	$\left(2 + \dfrac{31}{24}\pi\right)d^2$	–	–	$\dfrac{11}{12}d^3$	$\dfrac{109}{108}\pi d^3$

Für die Schwerpunktkoordinaten erhalten wir

$$x_{\mathrm{s}} = \frac{11}{24 + \dfrac{31}{2}\pi}\, d = 0{,}151\, d; \quad y_{\mathrm{s}} = 0; \quad z_{\mathrm{s}} = \frac{109\,\pi}{108\left(2 + \dfrac{31}{24}\pi\right)} = 0{,}523\, d.$$

Beispiel 8-10: Ein homogener Zylinder wird durch einen Längsschnitt in zwei gleiche Hälften geteilt und nach Bild 8-29a) gelagert. Um die beiden Hälften zusammenzuhalten, wird ein Seil mit den angehängen Massen m_0 um die glatte Zylinderoberfläche gelegt. Wie groß muß m_0 mindestens sein, damit die beiden Hälften nicht auseinanderklappen?
Gegeben: r, m (Masse einer Zylinderhälfte).

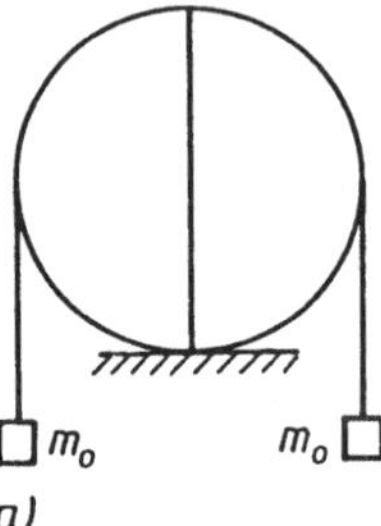
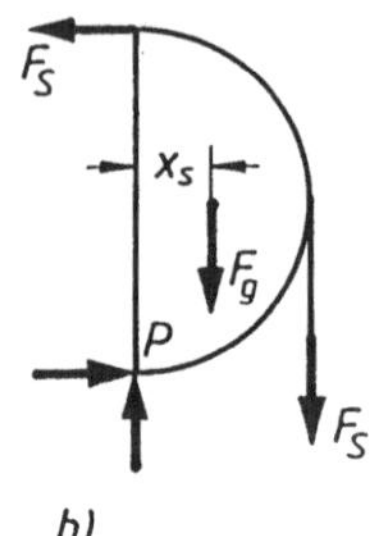

Bild 8-29

Bild 8-29b) zeigt den Lageplan der Kräfte, kurz nachdem die beiden Hälften sich in der Schnittfläche voneinander gelöst haben. Mit $x_s = \dfrac{4}{3\pi}\, r$ folgt aus $\Sigma M^{(P)} = 0$

$$F_S\, 2\, r - F_S\, r - F_g\, \frac{4}{3\pi}\, r = 0$$

und hieraus

$$F_S = \frac{4}{3\pi}\, F_g\,.$$

Division durch g liefert die Masse

$$m_0 = \frac{4}{3\pi}\, m.$$

Beispiel 8-11: Auf einen homogenen Halbzylinder der Dichte ρ_1 ist nach Bild 8-30 ein homogener Quader der Dichte ρ_2 geklebt. Wie groß darf h höchstens werden, damit die senkrechte Lage eine stabile Gleichgewichtslage wird?

Gegeben: r, l, a) $\rho_1 = \rho_2$, b) $\rho_1 = 2\,\rho_2$.

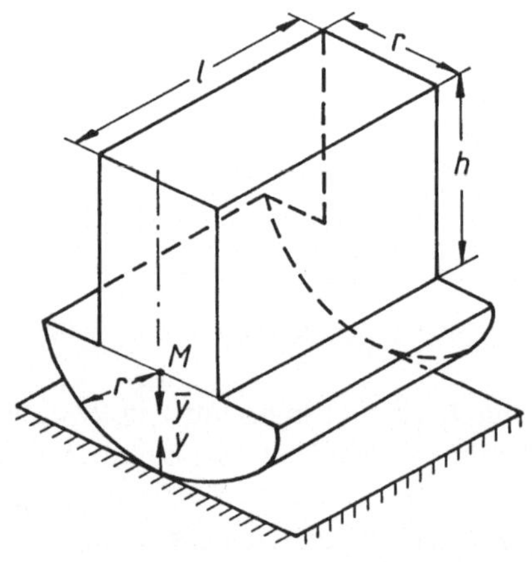

Bild 8-30

Nach (8.19) lautet die Stabilitätsbedingung für einen Körper auf einer ebenen Unterlage $y_s < r$ (der Schwerpunkt muß tiefer als der Mittelpunkt des Halbkreises liegen). Zählen wir die $\bar{y}$-Achse von M aus senkrecht nach unten, so muß $\bar{y}_s > 0$ für stabiles Gleichgewicht sein. Dabei ist $\bar{y}_s$ die Schwerpunktkoordinate der Fläche aus Halbkreis und Rechteck. Es wird

$$\left(\rho_1 \, \frac{\pi}{2} \, r^2 + \rho_2 \, rh \right) \bar{y}_s = \rho_1 \, \frac{\pi}{2} \, r^2 \, \frac{4}{3\pi} \, r + \rho_2 \, rh \left(-\frac{h}{2} \right).$$

Mit $\bar{y}_s > 0$ erhalten wir nach Division durch r

$$\frac{2}{3} \rho_1 \, r^2 - \frac{1}{2} \rho_2 \, h^2 > 0$$

und hieraus

$$h < 2 \, \sqrt{\frac{\rho_1}{3\,\rho_2}} \; r \text{ für Stabilität.}$$

$$\rho_1 = \rho_2 : \; h < \frac{2}{\sqrt{3}} \, r = 1{,}155 \, r,$$

$$\rho_1 = 2\,\rho_2 : \; h < 2 \sqrt{\frac{2}{3}} \, r = 1{,}633 \, r.$$

Beispiel 8-12: Auf einer Halbkugel liegt nach Bild 8-31 ein homogener Körper, der aus einem Zylinder mit draufgesetztem Kegel besteht. Für welche h besteht stabiles Gleichgewicht?

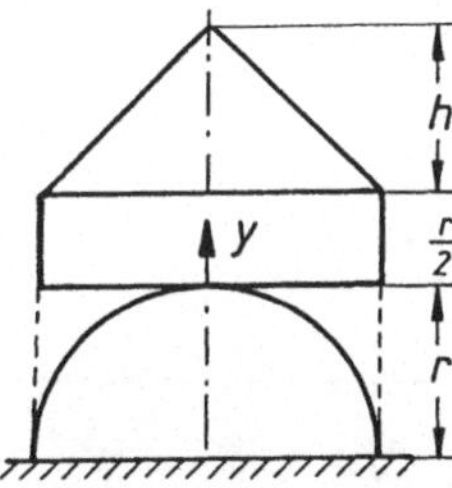

Bild 8-31

Nach (8.20) ist die senkrechte Lage stabil für $y_s < r$. Für die Schwerpunktkoordinate y_s für den Zylinder mit dem Kegel erhalten wir

$$\left(\pi r^2 \, \frac{r}{2} + \frac{\pi}{3} \, r^2 h \right) y_s = \pi r^2 \, \frac{r}{2} \cdot \frac{r}{4} + \frac{\pi}{3} \, r^2 h \left(\frac{r}{2} + \frac{h}{4} \right).$$

Mit $y_s < r$ und Division durch πr^2 folgt hieraus die Ungleichung

$$\left(\frac{r}{2} + \frac{h}{3} \right) r > \frac{1}{8} r^2 + \frac{h}{3} \left(\frac{r}{2} + \frac{h}{4} \right)$$

oder

$$h^2 - 2\,r\,h - \frac{9}{2}\,r^2 < 0.$$

Aus dem Verlauf der in h quadratischen Funktion erkennen wir, daß die obige Ungleichung bis zur positiven Nullstelle der quadratischen Gleichung erfüllt ist:

$$h < r + \sqrt{r^2 + \frac{9}{2}\,r^2}\,,$$

$$h < \left(1 + \sqrt{\frac{11}{2}}\right) r = 3{,}345\ r.$$

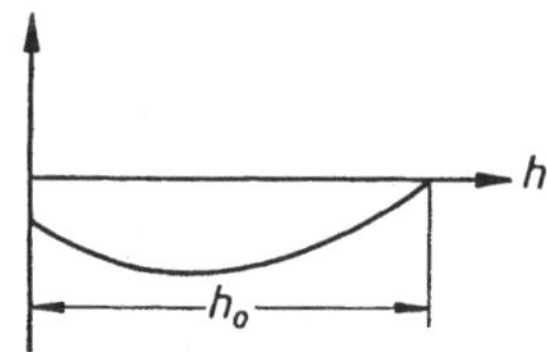

8.7 Übungsaufgaben

8-1: Berechnen Sie die Lage des Schwerpunktes eines Körpers, der aus einem Zylinder mit ausgefrästem Kegel und draufgesetzter Halbkugel besteht.

Gegeben: r, $\rho_z = 2\,\rho_{hk}$.

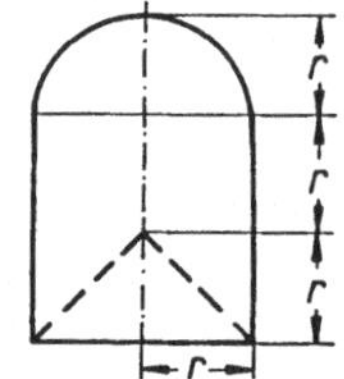

8-2: Wie ist h zu wählen, damit der Linienschwerpunkt des abgebildeten Linienzuges die Lage $x_s = 3\,b$ annimmt?

Gegeben: b.

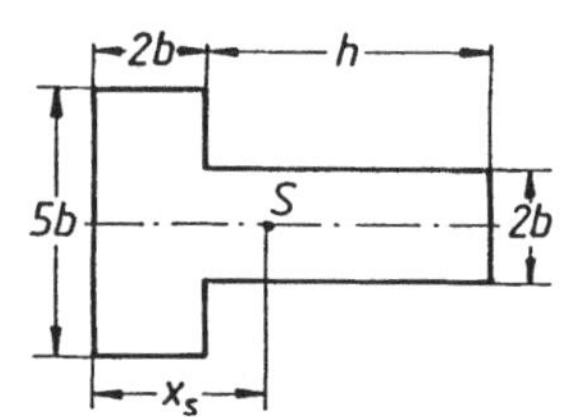

8-3: Eine kreisförmige Platte wird an drei Seilen in A, B und C aufgehängt. An Federwaagen werden die Seilkräfte F_A, F_B und F_C gemessen. In welchem Punkt P auf dem Umfang ist eine Masse m_0 anzubringen, damit der Schwerpunkt aus Platte und Masse m_0 in den Mittelpunkt der Kreisplatte fällt? Wie groß ist m_0 zu wählen?

Gegeben: r, $F_A = 95{,}7$ N, $F_B = 101{,}6$ N, $F_C = 94{,}2$ N.

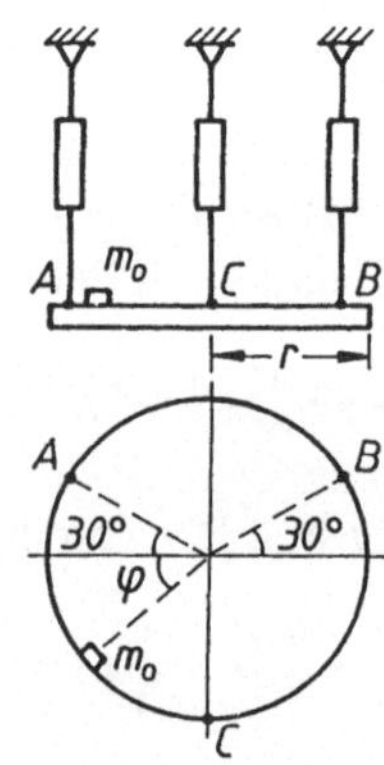

8-4: Berechnen Sie die Koordinaten des Schwerpunktes des abgebildeten Fachwerks. Alle Stäbe sind aus gleichem Material und besitzen dieselbe Querschnittsfläche.

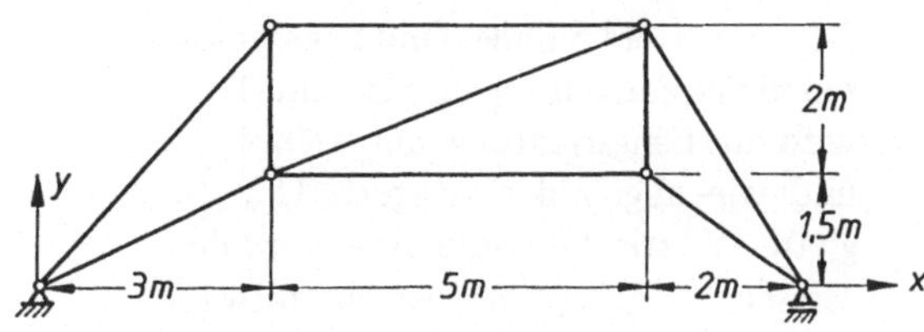

8-5: Berechnen Sie die Schwerpunktkoordinaten der schraffierten Fläche.

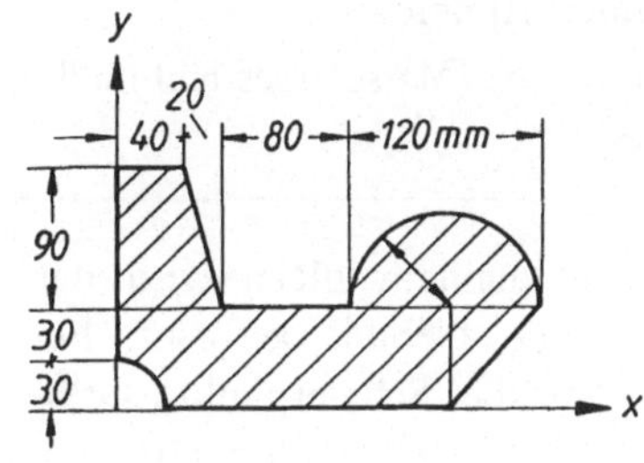

8-6: Ein Betonklotz für den Sims eines Hauses mit dem abgebildeten Querschnitt liegt auf einer Mauer. Wie groß muß b mindestens sein, damit der Klotz nicht kippt?

Gegeben: r.

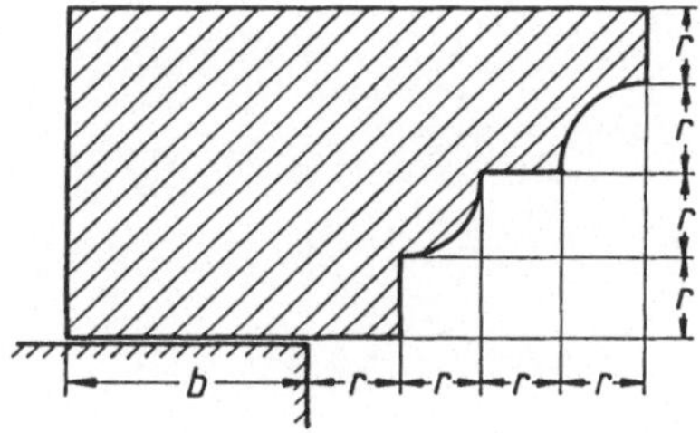

8-7: Berechnen Sie die Koordinaten des Schwerpunktes der abgebildeten Fläche für das eingezeichnete Koordinatensystem.

Gegeben: r.

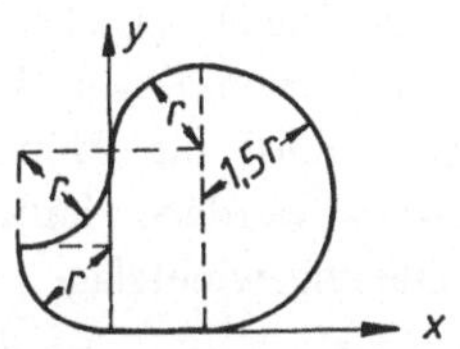

8-8: Aus einem Kreiszylinder wird nach nebenstehender Abbildung ein zweiter Zylinder herausgebohrt. Wie ist b zu wählen, damit der Schwerpunkt des homogenen Körpers die Lage $x_s = 0{,}55\,h$ annimmt?

Gegeben: d, h.

Zusatzfrage: Für welches b liegt der Schwerpunkt am weitesten nach rechts? Wie groß ist dann $x_{s\,\mathrm{max}}$?

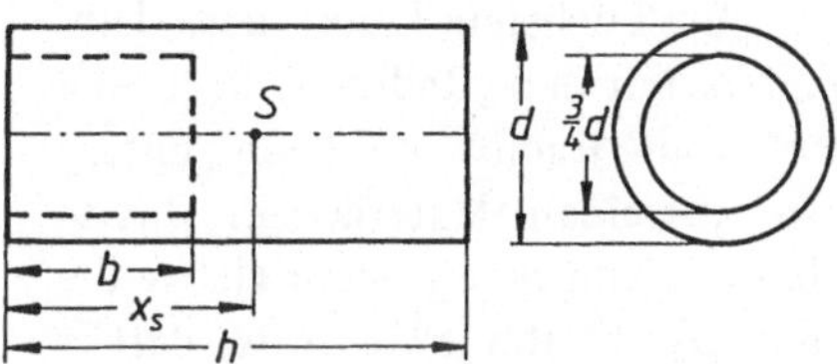

8-9: Ein Hohlzylinder (mit abgeschlossenen Seitenflächen) aus dünnem Blech wird in Längsrichtung aufgeschnitten und wie abgebildet gelagert. Um die glatte Oberfläche wird ein Seil mit den Massen m_0 gelegt. Wie ist m_0 zu wählen, damit die beiden Hälften nicht auseinanderklappen?

Gegeben: r, m (Masse eines Hohlhalbzylinders).

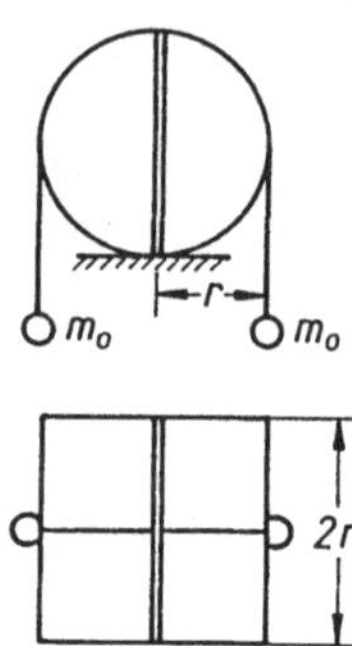

8-10: Aus dünnem Blech wird das nebenstehende Gebilde geformt. Berechnen Sie die Schwerpunktkoordinaten.

Gegeben: r.

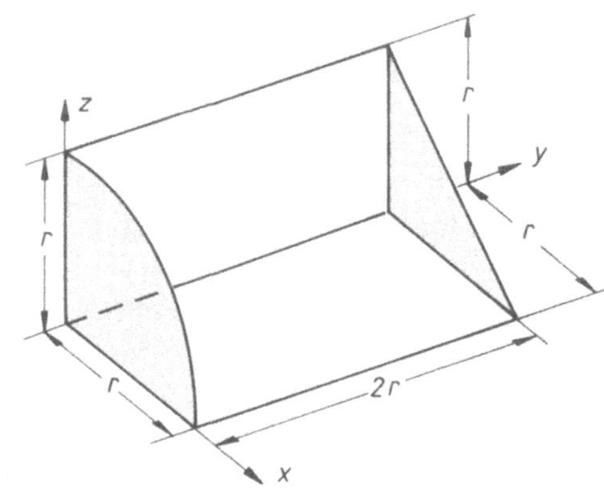

8-11: Ein Körper besteht aus einer homogenen Halbkugel (Dichte ρ_1) und einem homogenen Kegel (Dichte ρ_2). Wie groß darf die Höhe des Kegels höchstens werden, damit die senkrechte Gleichgewichtslage stabil ist?

Gegeben: r, $\rho_1 = \frac{3}{2}\rho_2$.

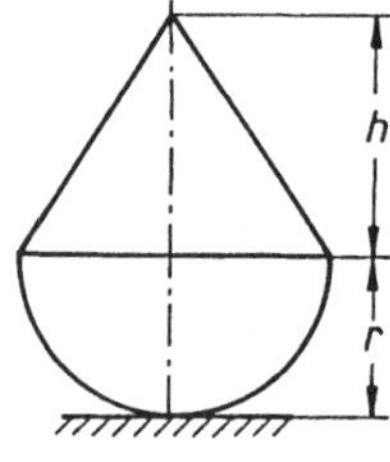

8-12: Im höchsten Punkt des Halbzylinders mit dem Radius R liegt eine Kugel vom Radius r, deren untere Hälfte aus einem Material der Dichte ρ_1 besteht und deren obere Hälfte die Dichte ρ_2 besitzt. Wie groß darf r höchstens werden, damit die senkrechte Gleichgewichtslage stabil ist?

Gegeben: a) R, $\rho_1 = 2\rho_2$,
b) R, $\rho_2 = 0$.

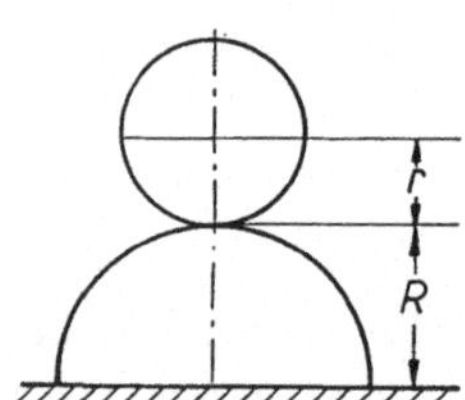

9 Haftung und Reibung

9.1 Reibungsgesetze

Wenn sich zwei Körper mit vollkommen glatten Oberflächen berühren, so üben sie Druckkräfte aufeinander aus, die in die Richtung der Normalen der Berührungsebene fallen. Bei rauhen Oberflächen werden diese Kräfte im allgemeinen nicht die Richtung der Normalen besitzen (Bild 9-1a)). Die Kraft, die von einem Körper auf den anderen ausgeübt wird, können wir in zwei Komponenten in Richtung der Normalen und senkrecht dazu zerlegen (Bild 9-1b)). Die erste Komponente nennen wir *Normalkraft* und die zweite, die also in der Berührungsebene liegt, *Haftungs-* oder *Reibungskraft*. Die Körper können dabei zueinander in Ruhe sein oder auch aufeinander gleiten. Im ersten Fall spricht man von der Haftungskraft F_h (zuweilen, wenn auch nicht ganz korrekt, Haftreibungskraft genannt) und im zweiten Fall von der Reibungskraft F_r (genauer: Gleitreibungskraft).

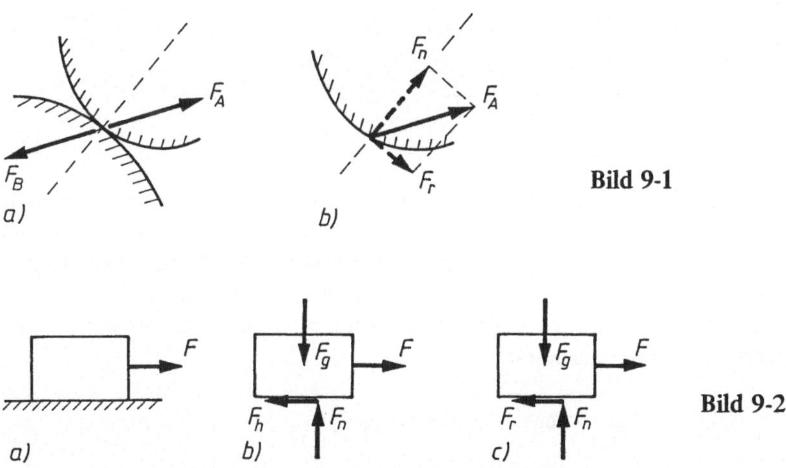

Bild 9-1

Bild 9-2

Um die Gesetze zur Bestimmung der Haftungs- und Reibungskräfte zu ermitteln, machen wir folgendes Experiment. Ein Klotz mit der Gewichtskraft F_g, gemessen z. B. $F_g = 18{,}4$ N, liegt auf einer waagerechten rauhen Ebene (Bild 9-2a)). Lassen wir auf den Klotz eine waagerechte Kraft F wirken, so zeigt die Erfahrung, daß der Klotz bis zu einer Kraft F_0, z. B. $F_0 = 4{,}6$ N, in Ruhe bleibt. Bild 9-2b) zeigt den Lageplan der Kräfte für den Ruhezustand. Aus den Gleichgewichtsbedingungen ergeben sich die Haftungskraft $F_h = F < F_0 = F_{h0}$ und die Normalkraft $F_n = F_g$. F_{h0} nennt man die Grenzhaftungskraft. Erreicht F den Wert F_0, so wird der Klotz in Bewegung gesetzt (Bild 9-2c)). Die Haftungskraft reicht nicht mehr aus, um den Klotz in Ruhe zu halten. Um die Bewegung mit konstanter Geschwindigkeit fortzusetzen, kann erfahrungsgemäß die Kraft wieder etwas kleiner gemacht werden, z. B. F = 3,9 N. Für eine größere Kraft als 3,9 N wird der Klotz beschleunigt. In diesem Fall gelten nicht mehr die Gesetze der Statik, sondern der Kinetik. Wir wollen hier unter Bewegung stets eine unbeschleunigte, eine gleichförmige Bewegung verstehen. Für diesen Fall beträgt in unserem Beispiel die Reibungskraft F_r = 3,9 N.

Die Größe der Grenzhaftungskraft F_{h0} und der Reibungskraft F_r hängt selbstverständlich von der Rauhigkeit der Berührungsfläche der Körper ab. Sie hängt weiter ab von der Normalkraft, mit der der Körper gegen die Unterlage gepreßt wird. Legen wir in unserem Versuch auf den Klotz einen zweiten Klotz mit derselben Gewichtskraft, so wird die Normalkraft verdoppelt (Bild 9-3a)). Es zeigt sich, daß dann auch F_{h0} und F_r doppelt so groß werden. Die Bewegung wird eingeleitet bei F_0 = F_{h0} = 2 · 4,6 = 9,2 N und mit konstanter Geschwindigkeit fortgesetzt bei F = F_r = 2 · 3,9 = 7,8 N. F_{h0} und F_r sind also direkt proportional zu F_n. Für die obigen Zahlenwerte wird

$$\frac{F_{h0}}{F_n} = \mu_0 = 0,25 \quad \text{und} \quad \frac{F_r}{F_n} = \mu = 0,21.$$

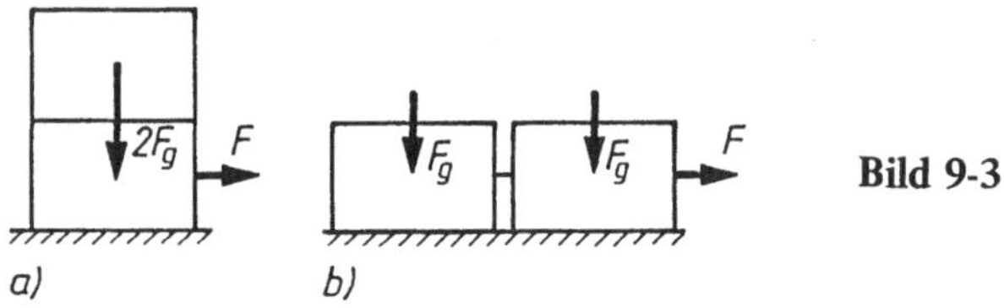

Bild 9-3

μ_0 bzw. μ nennt man die *Haftungs-* bzw. *Reibungsziffer* (oder auch -koeffizient). Es ist stets $\mu_0 > \mu$. Die Ziffern sind von der Größe der Berührungsfläche unabhängig, wie z. B. der Versuch mit zwei hintereinandergekoppelten Klötzen zeigt (Bild 9-3b)). In der Praxis wird die Reibungsziffer μ als nicht abhängig von der Geschwindigkeit angesehen, was ganz streng genommen nicht immer gilt. Die obigen Ergebnisse fassen wir zusammen in dem **Coulombschen**[1] **Reibungsgesetz**. Es gilt

$$
\boxed{
\begin{array}{ll}
F_h < F_{h0} = \mu_0\,F_n & \text{für den Ruhezustand,} \\[4pt]
F_h = F_{h0} = \mu_0\,F_n & \text{für den Beginn der Bewegung,} \\[4pt]
F_r = \mu\,F_n & \text{für den Bewegungszustand.}
\end{array}
}
\tag{9.1}
$$

Zu beachten ist weiterhin, daß die Reibungskraft F_r entgegengesetzt zur relativen Gleitgeschwindigkeit des Körpers gerichtet ist. Für die Haftungskraft kann im allgemeinen nicht von vornherein die Richtung angegeben werden. Ihre Größe und Richtung werden bei statisch bestimmten Aufgaben aus den Gleichgewichtsbedingungen der Statik bestimmt. μ_0 und μ können nur durch Experimente bestimmt werden. Da sie sehr stark von der Oberflächenbeschaffenheit abhängen, schwanken die in Tabellen angegebenen Werte ebenfalls sehr stark.

---

[1] Charles Coulomb (1736–1806), französischer Physiker

Wir betrachten noch einmal den Klotz nach Bild 9-2. Was passiert, wenn wir auf den Klotz eine Kraft F wirken lassen, die der Bedingung

$$\mu F_n \leqslant F < \mu_0 F_n$$

genügt? Hierauf kann keine eindeutige Antwort gegeben werden. Bewegt sich aus irgendwelchen Gründen der Klotz, bevor F auf ihn wirkte, so wird er sich auch weiterhin bewegen. Und zwar beschleunigt für $F > \mu F_n$ und mit konstanter Geschwindigkeit für $F = \mu F_n$. Befand der Klotz sich vor dem Einwirken von F in Ruhe, so müßte er nach (9.1) bei $F = F_h < \mu_0 F_n$ in Ruhe bleiben. Dieses wird bei idealen Bedingungen auch der Fall sein. In der Praxis aber kann durch irgendeine kurze Einwirkung (z.B. Erschütterung durch einen vorbeifahrenden Lastwagen) der Ruhezustand vorübergehend gestört werden, und der Klotz bewegt sich einen kurzen Augenblick. Dann gilt sofort das Reibungsgesetz in der Form $F_r = \mu F_n$. Da nun $F \geqslant \mu F_n = F_r$ ist, bleibt der Klotz in Bewegung, er kommt nicht von allein wieder zur Ruhe. Dieses würde aber bei einer Kraft $F < \mu F_n$ der Fall sein. Wir sagen daher, der Klotz bleibt mit Sicherheit in Ruhe für $F < \mu F_n$. Dieses ist bei den späteren Beispielen zu beachten, wenn mit Sicherheit (oder Gewißheit) der Ruhezustand eines Körpers unter dem Einfluß von Kräften erhalten bleiben soll. Es ist in diesem Fall mit dem Gleitreibungskoeffizienten μ statt mit dem Haftungskoeffizienten μ_0 zu rechnen.

Bei der Bewegung eines Körpers in einer Keilnut tritt eine scheinbare Erhöhung der Reibungsziffer μ auf. Um einen Körper auf waagerechter Unterlage gleichförmig zu bewegen, muß eine Kraft $F = \mu F_n = \mu F_g$ aufgebracht werden. Welche Kraft ist erforderlich, um den Klotz nach Bild 9-4 in einer Keilnut zu bewegen? Aus den Gleichgewichtsbedingungen der Statik erhalten wir

$$F = 2 F_r \quad \text{und} \quad F_g = 2 F_n \cos \alpha .$$

Mit dem Reibungsgesetz $F_r = \mu F_n$ für das Gleiten folgt

$$F = \frac{\mu}{\cos \alpha} F_g = \mu' F_g .$$

Man nennt

$$\mu' = \frac{\mu}{\cos \alpha} > \mu \tag{9.2}$$

auch die Reibungsziffer der Keilnut.

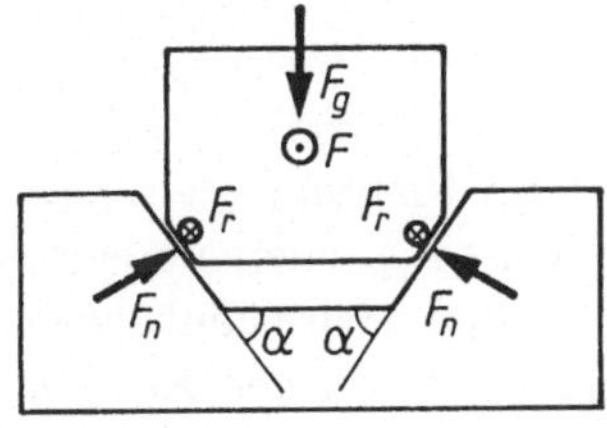

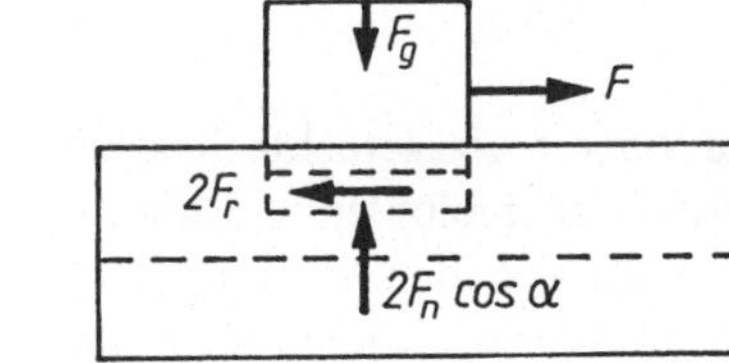

Bild 9-4

9.2 Haftungs- und Reibungswinkel

Wir haben in Abschnitt 9.1 die Kraft, die von einer rauhen Unterlage auf einen Körper ausgeübt wird, in die Normalkraft und Haftungs- bzw. Reibungskraft zerlegt. Wir können aber auch mit der Resultierenden F_A rechnen. Betrachten wir hierzu wieder den Klotz nach Bild 9-5a). Die Kraft F_A, die von der Unterlage auf den Klotz ausgeübt wird, bildet mit der Normalen den Winkel α. Dann gilt für den Ruhezustand nach (9.1)

$$\tan \alpha = \frac{F_h}{F_n} < \mu_0 \, .$$

Führen wir durch

$$\tan \rho_0 = \mu_0$$

den Haftungswinkel ρ_0 ein, so folgt

$$\tan \alpha < \tan \rho_0 \, , \text{d. h.} \ \alpha < \rho_0 \, .$$

Im Zustand der Ruhe muß also der Winkel, den die Kraft F_A mit der Normalen bildet, kleiner als ρ_0 sein.

Die Bewegung wird eingeleitet, wenn

$$\tan \alpha = \frac{F_{h0}}{F_n} = \mu_0 = \tan \rho_0 \, , \quad \text{also} \quad \alpha = \rho_0 \, ,$$

wird. Entsprechend gilt für das Gleiten des Klotzes auf der Unterlage

$$\tan \alpha = \frac{F_r}{F_n} = \mu = \tan \rho \, , \quad \text{d. h.} \quad \alpha = \rho \, ,$$

wenn ρ den Reibungswinkel (oder Gleitreibungswinkel) bedeutet. Mit den Winkeln ρ_0 und ρ lassen sich die Reibungsgesetze (9.1) auch folgendermaßen formulieren:

$$
\begin{array}{ll}
\alpha < \rho_0 & \text{für den Ruhezustand,} \\
\alpha = \rho_0 & \text{für den Beginn der Bewegung,} \\
\alpha = \rho & \text{für den Bewegungszustand.}
\end{array}
\qquad (9.3)
$$

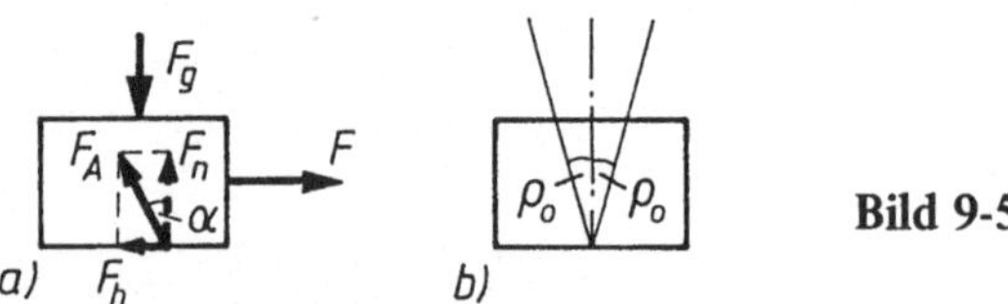

Lassen wir in Bild 9-5 die waagerechte Kraft F in beliebiger Richtung (z. B. nach links) auf den Klotz wirken, so bleibt er in Ruhe, wenn die Kraft F_A innerhalb eines Kegels liegt, der mit der Normalen den Winkel ρ_0 bildet (Bild 9-5b)). Man nennt diesen Kegel den *Haftungskegel* und entsprechend den mit ρ gebildeten Kegel den *Reibungskegel*. Soll der Klotz mit Sicherheit in Ruhe bleiben, so muß nach den Bemerkungen in Abschnitt 9.1 die Kraft innerhalb des Reibungskegels liegen.

Das folgende kleine Experiment zeigt noch einmal sehr deutlich, was wir meinen, wenn wir sagen ‚der Körper befindet sich mit Sicherheit in Ruhe'. Auf einem geneigten Brett ruht ein Klotz mit der Gewichtskraft F_g (Bild 9-6). Aus dem Kräftegleichgewicht folgt $F_h = F_g \sin\alpha$ und $F_n = F_g \cos\alpha$. Mit $F_h < \mu_0 F_n$ wird $\tan\alpha < \mu_0 = \tan\rho_0$, oder $\alpha < \rho_0$. Bei einem Neigungswinkel $\alpha = \rho_0$ beginnt der Klotz sich zu bewegen. Wählen wir den Neigungswinkel so, daß $\rho \leqslant \alpha < \rho_0$ gilt, so müßte ein in Ruhe befindlicher Klotz auch in Ruhe bleiben. Klopfen wir aber auf das Brett, so wird eine Bewegung eingeleitet und wegen $\alpha \geqslant \rho$ auch fortgesetzt. Erst für $\alpha < \rho$ kommt der Klotz von allein wieder zur Ruhe.

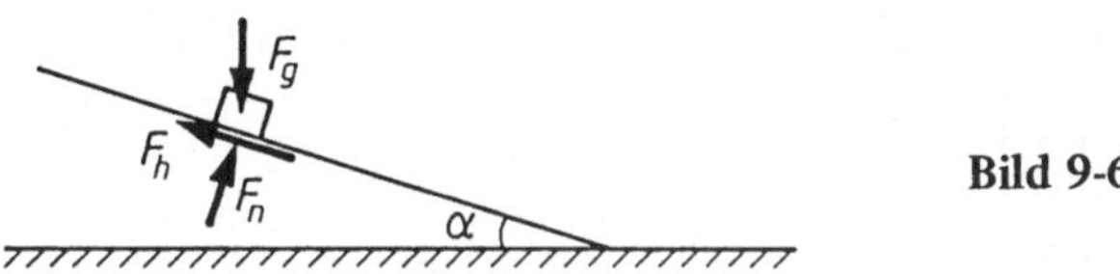

Bild 9-6

9.3 Seilreibung

Über die rauhe Oberfläche eines festen Zylinders ist ein Seil gelegt, an dem die Kräfte F_1 und F_2 wirken (Bild 9-7a)). Um das Seil nach rechts über den Zylinder zu ziehen, ist eine Kraft $F_2 > F_1$ erforderlich. Diese Kraft wollen wir für eine vorgegebene Kraft F_1 und den Umschlingungswinkel α berechnen. Die Reibungsziffer zwischen Seil und Zylinder betrage μ.

Die Kräfte F_1 und F_2 pressen das Seil gegen den Zylinder, und zwar am stärksten in P_2 und am schwächsten in P_1. Durch diese Normalkräfte werden beim Gleiten des Seiles über den Zylinder Reibungskräfte erzeugt. Um den Einfluß dieser Kräfte auf die von P_1 bis P_2 veränderliche Seilkraft F zu ermitteln, denken wir uns ein kleines Stück des Seiles von φ bis $\varphi + \Delta\varphi$ herausgeschnitten (Bild 9-7b)). ΔF_n bzw. ΔF_r sind die auf das kleine Seil-

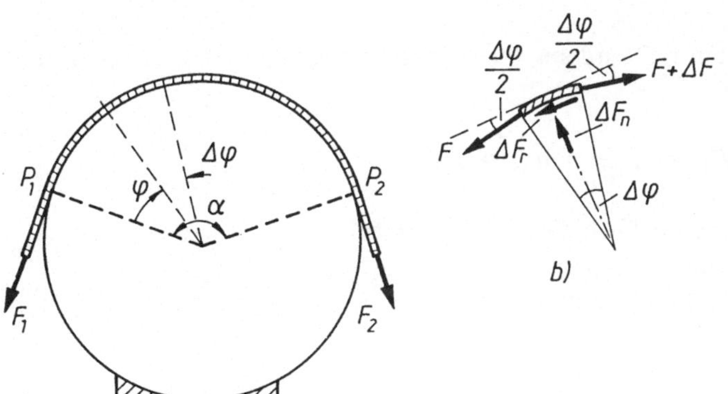

Bild 9-7

stück wirkende Normal- bzw. Reibungskraft. Die Seilkräfte wirken jeweils in Richtung des Seiles. Das Kräftegleichgewicht in Richtung der mittleren Tangente und ihrer Normalen liefert

$$\Delta F_{\mathrm{r}} + F\cos\frac{\Delta\varphi}{2} - (F + \Delta F)\cos\frac{\Delta\varphi}{2} = 0 \;\Rightarrow\; \Delta F_{\mathrm{r}} = \Delta F\cos\frac{\Delta\varphi}{2}\,,$$

$$\Delta F_{\mathrm{n}} = F\sin\frac{\Delta\varphi}{2} + (F + \Delta F)\sin\frac{\Delta\varphi}{2} = 2\left(F + \frac{\Delta F}{2}\right)\sin\frac{\Delta\varphi}{2}\,.$$

Hiermit folgt aus dem Reibungsgesetz $\Delta F_{\mathrm{r}} = \mu\,\Delta F_{\mathrm{n}}$ für Gleiten des Seiles

$$\Delta F\cos\frac{\Delta\varphi}{2} = \mu\,2\left(F + \frac{\Delta F}{2}\right)\sin\frac{\Delta\varphi}{2}$$

oder nach Division durch $\Delta\varphi$ und $\cos\dfrac{\Delta\varphi}{2}$

$$\frac{\Delta F}{\Delta\varphi} = \mu\left(F + \frac{\Delta F}{2}\right)\frac{\tan\dfrac{\Delta\varphi}{2}}{\dfrac{\Delta\varphi}{2}}\,.$$

Für $\Delta\varphi \to 0$ erhalten wir hieraus mit

$$\lim_{\Delta\varphi\to 0}\frac{\Delta F}{\Delta\varphi} = \frac{dF}{d\varphi}\,,\qquad \lim_{\Delta\varphi\to 0}\left(F + \frac{\Delta F}{2}\right) = F,\qquad \lim_{\Delta\varphi\to 0}\frac{\tan\dfrac{\Delta\varphi}{2}}{\dfrac{\Delta\varphi}{2}} = 1$$

die Differentialgleichung

$$\frac{dF}{d\varphi} = \mu F$$

für die gesuchte Seilkraft $F = F(\varphi)$. Wir lösen die Differentialgleichung durch Trennung der Veränderlichen und anschließenden Integration:

$$\int\frac{dF}{F} = \mu\int d\varphi \;\Rightarrow\; \ln F = \mu\varphi + C.$$

Die Integrationskonstante C wird aus der Anfangsbedingung $F = F_1$ für $\varphi = 0$ zu $C = \ln F_1$ bestimmt. Damit wird

$$\ln F = \mu\varphi + \ln F_1 \;\Rightarrow\; \ln\frac{F}{F_1} = \mu\varphi \;\Rightarrow\; F = F_1\,e^{\mu\varphi}.$$

Für $\varphi = \alpha$ erhalten wir schließlich die gesuchte Kraft

$$\boxed{F_2 = F_1\,e^{\mu\alpha}} \qquad (\alpha\text{ im Bogenmaß}). \tag{9.4}$$

Wollen wir das Seil nach links über den Zylinder ziehen, so ist $F_1 > F_2$ und in (9.4) sind die Indizes zu vertauschen:

$$F_1 = F_2\, e^{\mu\alpha}.$$

Ein Gleiten des Seiles rechtsherum auf dem Zylinder wird mit Gewißheit nicht eintreten, falls

$$F_2 < F_1\, e^{\mu\alpha}$$

bleibt. Entsprechend kann das Seil nicht nach links über den Zylinder gezogen werden für

$$F_1 < F_2\, e^{\mu\alpha}, \quad \text{d.h.} \quad F_1\, e^{-\mu\alpha} < F_2\,.$$

Aus den obigen Ungleichungen folgt die Ruhebedingung für das Seil:

$$e^{-\mu\alpha} < \frac{F_2}{F_1} < e^{\mu\alpha}. \tag{9.5}$$

9.4 Roll- und Fahrwiderstand

Eine Walze auf einer schiefen Ebene (Bild 9-8a)) müßte nach unseren bisherigen Betrachtungen sich stets abwärts bewegen, weil in bezug auf die Berührungslinie A ein rechtsdrehendes Moment der Gewichtskraft F_g auftritt. Die Reaktionskraft in A kann mit F_g nie im Gleichgewicht sein. Aus der Erfahrung weiß man aber, daß bei einem nicht allzu großen Neigungswinkel eine Walze sehr wohl auf einer schiefen Ebene liegen bleiben kann. Das liegt daran, daß die Berührung nicht in einer Linie, sondern infolge der Deformation in einer Fläche stattfindet (Bild 9-8b)). Dadurch kann zwischen F_g und F_A Gleichgewicht hergestellt werden.

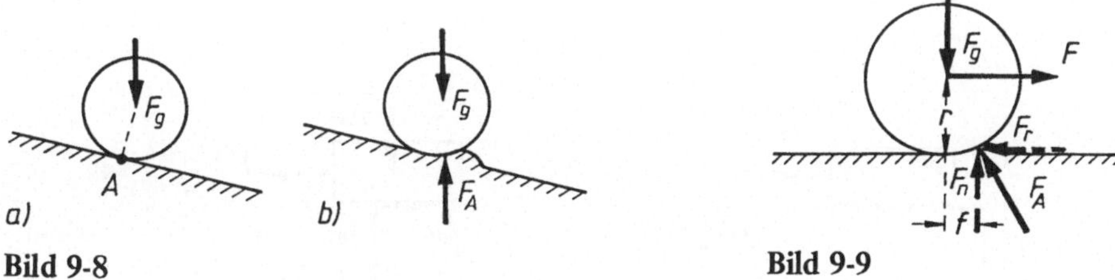

Bild 9-8

Bild 9-9

Ähnlich verhält es sich beim Ziehen einer Walze auf einer waagerechten Bahn (Bild 9-9). Die Kraft F_A greift etwas rechts vom tiefsten Punkt der Walze an. Für eine Bewegung mit konstanter Geschwindigkeit gelten die Gleichgewichtsbedingungen

$$F_r = F, \quad F_n = F_g, \quad F_r\, r = F_n\, f,$$

also

$$F = F_r = \frac{f}{r}\, F_n\,. \tag{9.6}$$

F_r nennt man die Widerstandskraft beim Rollen und f den Rollwiderstandskoeffizienten. f kann nur experimentell ermittelt werden. Es beträgt z. B. für ein Eisenbahnwagenrad auf der Schiene $f \cong 0,5$ mm.

Schreiben wir (9.6) in der Form

$$F_r = \mu_r F_n, \tag{9.6'}$$

so nennt man μ_r auch den *Rollreibungskoeffizienten.*

In der Praxis ist bei Rädern, die auf Achsen laufen, nicht nur der Rollwiderstand zu überwinden. In den Lagern treten Reibungskräfte bzw. Reibungsmomente auf, die hemmend auf die Bewegung wirken. Vereinfacht rechnet man auch hier mit einem Ansatz nach (9.6) und schreibt für den gesamten Fahrwiderstand F_w

$$F_w = \mu_f F_n. \tag{9.7}$$

μ_f nennt man die *Fahrwiderstandsziffer.* Sie ist wesentlich kleiner als die Reibungsziffer μ und hat z. B. ungefähr folgende Größenordnung:

$$\text{Eisenbahnrad auf der Schiene:} \quad \mu_f \approx 0,001,$$

$$\text{Kraftfahrzeug auf der Straße:} \quad \mu_f \approx 0,02.$$

Aber gerade im letzten Fall können je nach Beschaffenheit von Reifen und Straße ganz andere Werte auftreten.

9.5 Beispiele

Beispiel 9-1: Zwei Körper mit den Gewichtskräften F_{g1} und F_{g2} liegen übereinander auf einer waagerechten Ebene (Bild 9-10a)). Am oberen Körper wird mit einer Kraft F gezogen. Es soll für verschiedene F untersucht werden, was mit den Körpern geschieht.

Gegeben: $F_{g1} = 86,0$ N, $F_{g2} = 41,0$ N, $\mu_{01} = 0,28$, $\mu_1 = 0,25$, $\mu_{02} = 0,18$, $\mu_2 = 0,15$.

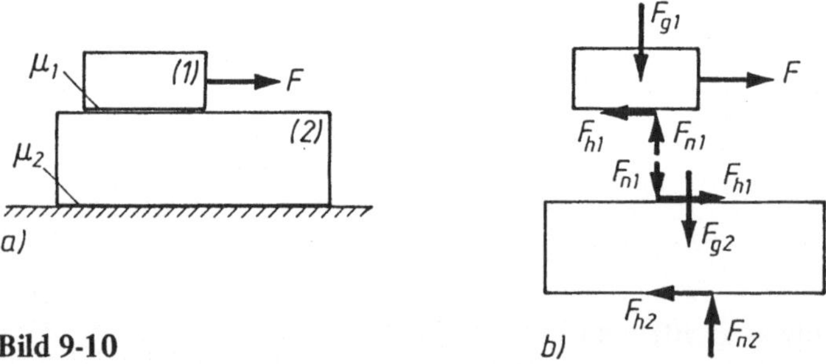

Bild 9-10

Läßt man F am oberen Körper angreifen, so sind drei Fälle möglich:

a) beide Körper bleiben in Ruhe,
b) der obere Körper bewegt sich, der untere bleibt in Ruhe,
c) beide Körper bewegen sich.

Für die auf die Körper wirkenden Kräfte erhalten wir nach Bild 9-10b) für den Ruhezustand

$$F_{h2} = F_{h1} = F, \quad F_{n1} = F_{g1}, \quad F_{n2} = F_{g1} + F_{g2}.$$

Für den Bewegungszustand sind die Haftungskräfte F_h durch die Reibungskräfte F_r zu ersetzen.

Beide Körper bleiben in Ruhe für $F_{h1} < \mu_{01} F_{n1}$ und $F_{h2} < \mu_{02} F_{n2}$, d.h. für

$$F < \mu_{01} F_{g1} = 24{,}1 \text{ N} \quad \text{und} \quad F < \mu_{02} (F_{g1} + F_{g2}) = 22{,}9 \text{ N}.$$

Lassen wir F von Null an wachsen, so werden beide Körper bis $F = 22{,}9$ N in Ruhe bleiben. Bei $F = 22{,}9$ N setzen sich beide Körper gemeinsam in Bewegung. Für die Aufrechterhaltung der gleichförmigen Bewegung beider Körper folgt aus $F_{r2} = \mu_2 F_{n2}$

$$F = F_{r2} = \mu_2 (F_{g1} + F_{g2}) = 19{,}1 \text{ N}.$$

Hätten wir den unteren Körper festgehalten, so würde sich der obere Körper auf dem unteren in Bewegung setzen bei $F = 24{,}1$ N und weiterhin sich bewegen für

$$F = \mu_1 F_{g1} = 21{,}5 \text{ N}.$$

Lassen wir jetzt den unteren Körper los, so bleibt er in Ruhe. Die Kraft $F_{r1} = 21{,}5$ N reicht nicht aus, um die Grenzhaftungskraft $F_{h02} = 22{,}9$ N zu überwinden und den unteren Körper in Bewegung zu setzen.

Befinden sich beide Körper in Ruhe und lassen wir eine Kraft $F = 20{,}0$ N angreifen, so bleiben beide Körper weiterhin in Ruhe. Stören wir aber diese Ruhe vorübergehend (z. B. durch Klopfen auf die Unterlage), so setzen sich beide Körper in Bewegung, da jetzt die kleinere Reibungskraft statt der Haftungskraft wirksam geworden ist. Diese Bewegung wird fortgesetzt, auch nachdem die vorübergehende Störung aufgehört hat. Die Körper sind daher mit Sicherheit in Ruhe für $F_r < \mu F_n$. In unserem Beispiel also für $F < 19{,}1$ N.

Beispiel 9-2: Mit einem Greifer sollen nach Bild 9-11a) Betonklötze gehoben werden. Die Haftungsziffer zwischen Beton und den Backen betrage μ_0. Welche Länge dürfen die Gelenkstangen AC und BC höchstens erhalten, damit der Klotz mit zweifacher Sicherheit gegen Rutschen gehalten wird?

Gegeben: $a = 30$ cm, $b = 60$ cm, $c = 25$ cm, $d = 40$ cm, $\mu_0 = 0{,}5$.

Nach dem Lageplan der Kräfte (Bild 9-11b)) berechnen wir mit den Gleichgewichtsbedingungen

$$F_h = \frac{1}{2} F_g, \quad F_{St} = \frac{F_g}{2 \sin \alpha},$$

$$\Sigma M^{(E)} = 0 \Rightarrow F_D c = F_{St} \cos \alpha \cdot (b + c) + F_{St} \sin \alpha \cdot (d - a),$$

$$\Sigma F_x = 0 \Rightarrow F_n = F_D - F_{St} \cos \alpha.$$

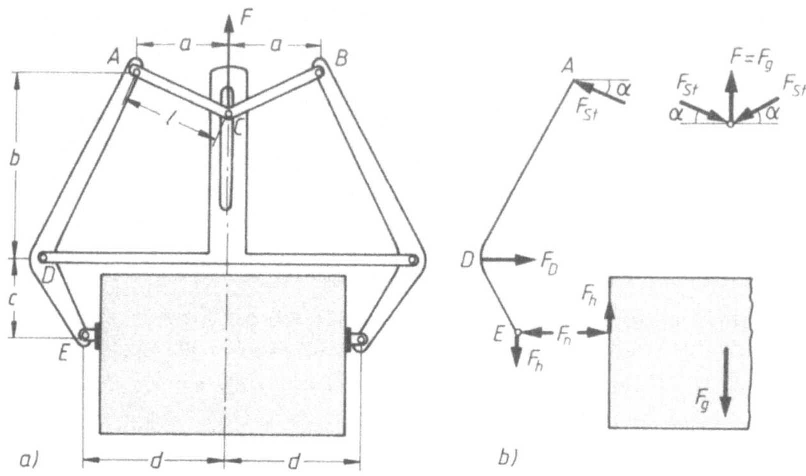

Bild 9-11

Aus der letzten Gleichung folgt mit den Termen für F_D und F_St

$$F_\mathrm{n} = \frac{1}{c}\left[\frac{F_\mathrm{g}}{2\tan\alpha}(b+c) + \frac{F_\mathrm{g}}{2}(d-a)\right] - \frac{F_\mathrm{g}}{2\tan\alpha},$$

$$F_\mathrm{n} = \frac{F_\mathrm{g}}{2c}\left(\frac{b}{\tan\alpha} + d - a\right).$$

Zweifache Sicherheit gegen Rutschen verlangt

$$F_\mathrm{h} \leqslant \frac{1}{2}F_\mathrm{h0} = \frac{1}{2}\mu_0 F_\mathrm{n}.$$

Einsetzen der obigen Terme ergibt

$$\frac{1}{2}F_\mathrm{g} \leqslant \frac{1}{2}\mu_0 \frac{F_\mathrm{g}}{2c}\left(\frac{b}{\tan\alpha} + d - a\right)$$

oder

$$2c \leqslant \mu_0 \frac{b}{\tan\alpha} + \mu_0(d-a)$$

und schließlich

$$\tan\alpha \leqslant \frac{\mu_0 b}{2c - \mu_0(d-a)}.$$

Die Zahlenrechnung ergibt

$$\tan\alpha \leqslant \frac{0{,}5\cdot 60}{50 - 0{,}5\cdot 10} = \frac{30}{45} = \frac{2}{3} \Rightarrow \alpha \leqslant 33{,}7°,$$

$$l = \frac{a}{\cos\alpha} \leqslant 36{,}0 \text{ cm.}$$

Beispiel 9-3:   Eine Leiter steht in A unter einem Neigungswinkel α auf waagerechtem Fußboden und ist in B gegen eine senkrechte Wand gelehnt (Bild 9-12a)). Wie hoch darf ein Mann (Eigengewichtskraft F_g) höchstens steigen, damit die Leiter mit Sicherheit nicht abrutscht? Der Reibungskoeffizient am Fußboden beträgt μ_a und der an der Wand μ_b. Die Leiter soll gewichtslos angenommen werden (andernfalls ist F_g die Resultierende aus den Gewichtskräften der Leiter und des Mannes).

Gegeben: F_g, $l = 6$ m, $\alpha = 65°$, a) $\mu_a = 0{,}32$, $\mu_b = 0$, b) $\mu_a = 0{,}32$, $\mu_b = 0{,}24$.

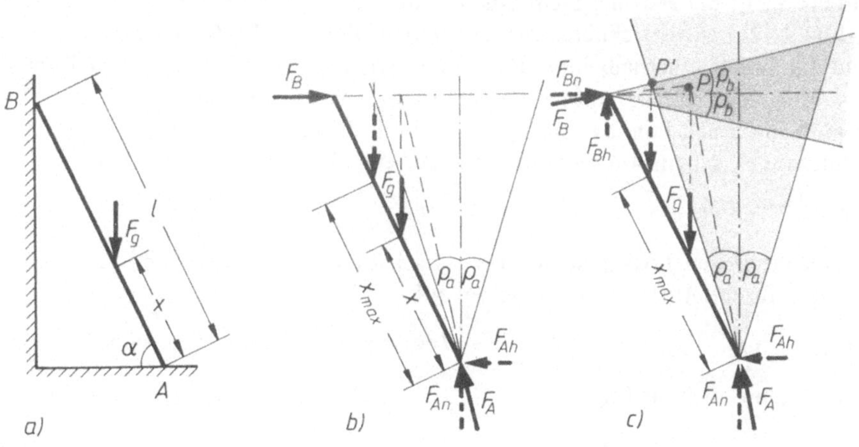

Bild 9-12

Wir betrachten zunächst den Fall a), in dem eine vollkommen glatte Wand vorausgesetzt wird. Die Kraft F_B der Wand auf die Leiter ist senkrecht zur Wand, eine Haftungskraft ist nicht vorhanden. Die drei Kräfte F_g, F_A und F_B sind im Gleichgewicht, wenn sich ihre Wirkungslinien in einem Punkt schneiden und das zugehörige Krafteck geschlossen ist (Schnittpunktsatz). Für eine vorgegebene Lage x von F_g ergibt sich daraus die Richtung der Stützkraft F_A (Bild 9-12b)). Liegt F_A innerhalb des Reibungskegels mit dem Winkel $\rho_a = \arctan\mu_a = 17{,}7°$, so kann ein Gleiten nicht auftreten, die Leiter haftet in A. Liegt F_A außerhalb des Reibungskegels, so tritt Gleiten ein. Hieraus ergibt sich sofort die höchste Lage von F_g und x_{max}. Bei maßstabsgetreuer Zeichnung lesen wir ab

$$x_{max} \cong 4{,}1 \text{ m}.$$

Aus der zeichnerischen Lösung ist auch sofort zu erkennen, daß für einen Neigungswinkel $\alpha > 90° - \rho_a$ die Leiter für alle Lagen von F_g in Ruhe bleibt. In diesem Fall kann der Mann beruhigt bis oben steigen.

Bei der rechnerischen Lösung bestimmen wir für eine angenommene Lage x von F_g die Auflagerkräfte aus den Gleichgewichtsbedingungen:

$$F_{Ah} = F_B, \quad F_{An} = F_g, \quad F_B\, l \sin\alpha = F_g\, l \cos\alpha.$$

Mit $F_{Ah} < \mu_a F_{An}$ für sicheres Haften wird

$$\frac{F_g x}{l \tan \alpha} < \mu_a F_g, \quad \text{also} \quad x < x_{max} = \mu_a \tan \alpha \cdot l = 0{,}686\, l = 4{,}12 \text{ m}.$$

Wir setzen jetzt auch Haftung an der Wand voraus und zeichnen den Lageplan der Kräfte (Bild 9-12c)). Für ein gegebenes x ist die Aufgabe statisch unbestimmt, denn für die vier Auflagerkraftkomponenten stehen nur drei Gleichgewichtsgleichungen zur Verfügung. Die Wirkungslinien der drei Kräfte F_g, F_A und F_B müssen sich aber stets in einem Punkt P schneiden. Dieser Schnittpunkt muß in beiden Reibungskegeln in A und B liegen, denn andernfalls reicht die Haftung nicht aus und die Leiter beginnt zu rutschen. Z. B. kann P die in Bild 9-12c) eingezeichnete Lage annehmen. Dann ist Kräftegleichgewicht möglich. F_A und F_B liegen innerhalb ihrer Reibungskegel, und die Leiter bleibt in Ruhe. Wo P liegt, ist aber ungewiß. Die äußerste Lage von F_g, für die ein Gleiten verhindert werden kann, wird durch den Punkt P' angegeben. Durch diesen Punkt muß die senkrechte Wirkungslinie von F_g gehen. Aus einer maßstabsgetreuen Zeichnung lesen wir ab:

$$x_{max} \cong 4{,}3 \text{ m}.$$

Bei der rechnerischen Lösung stellen wir zunächst für ein beliebiges x die Gleichgewichtsbedingungen für die Auflagerkomponenten auf.

$$F_{Ah} = F_{Bn}, \quad F_{An} + F_{Bh} = F_g, \quad F_{Bh}\, l \cos \alpha + F_{Bn}\, l \sin \alpha = F_g x \cos \alpha.$$

Aus der letzten Gleichung folgt

$$F_{Bh} + F_{Bn} \tan \alpha = F_g \frac{x}{l}.$$

Zu diesen drei Gleichgewichtsgleichungen kommen die zwei Haftungsungleichungen $F_{Ah} < \mu_a F_{An}$ und $F_{Bh} < \mu_b F_{Bn}$. In die erste Ungleichung setzen wir F_{Ah} und F_{An} aus den ersten beiden Gleichungen ein:

$$F_{Bn} < \mu_a (F_g - F_{Bh}) \Rightarrow \mu_a F_{Bh} + F_{Bn} < \mu_a F_g.$$

Mit F_{Bh} aus der dritten Gleichgewichtsgleichung folgt

$$(1) \quad \mu_a \left(F_g \frac{x}{l} - F_{Bn} \tan \alpha \right) + F_{Bn} < \mu_a F_g$$

und ebenso aus $F_{Bh} < \mu_b F_{Bn}$

$$(2) \quad F_g \frac{x}{l} - F_{Bn} \tan \alpha < \mu_b F_{Bn}.$$

Die Ungleichungen (1) und (2) lösen wir nach F_{Bn} auf und erhalten (unter der Voraussetzung $\mu_a \tan \alpha < 1$, was für die obigen Werte erfüllt ist)

$$\frac{F_g \frac{x}{l}}{\mu_b + \tan \alpha} < F_{Bn} < \frac{\mu_a F_g \left(1 - \frac{x}{l} \right)}{1 - \mu_a \tan \alpha}.$$

Betrachten wir nur die äußeren Terme dieser doppelten Ungleichung, so folgt nach Multiplikation mit den Nennern und Herauskürzen von F_g

$$\frac{x}{l}(1 - \mu_\text{a} \tan \alpha) < \mu_\text{a} \left(1 - \frac{x}{l}\right) (\mu_\text{b} + \tan \alpha)$$

oder

$$\frac{x}{l}(1 - \mu_\text{a} \tan \alpha + \mu_\text{a}(\mu_\text{b} + \tan \alpha)) < \mu_\text{a}(\mu_\text{b} + \tan \alpha)$$

und schließlich

$$x < x_\text{max} = \frac{\mu_\text{a}(\mu_\text{b} + \tan \alpha)}{1 + \mu_\text{a}\mu_\text{b}} \, l = 0{,}709 \, l = 4{,}25 \text{ m.}$$

Zur Kontrolle: Für $\mu_\text{b} = 0$ erhalten wir das Ergebnis für den Fall b). Wer übrigens nicht sehr gern mit Ungleichungen rechnen mag, der betrachtet von vornherein den Grenzfall des Gleitbeginns. Dann sind die Ungleichheitszeichen in den Haftungsgesetzen durch Gleichheitszeichen und x durch x_max zu ersetzen.

Beispiel 9-4: Ein homogener Balken der Länge l liegt auf einer waagerechten Ebene in der Position AB. In B ist ein Seil befestigt, das nach Bild 9-13a) über eine reibungsfreie Rolle geführt wird. Es ist zu untersuchen, was beim Anheben des Balkens in B durch die Seilkraft F geschieht. Die Haftungsziffer zwischen Balken und Auflagefläche in A beträgt μ_0. Welche Position nimmt der Balken ein, wenn er zur Horizontalen einen Neigungswinkel α besitzt?

Gegeben: F_g, l, $h = l$, $\mu_0 = 0{,}45$.

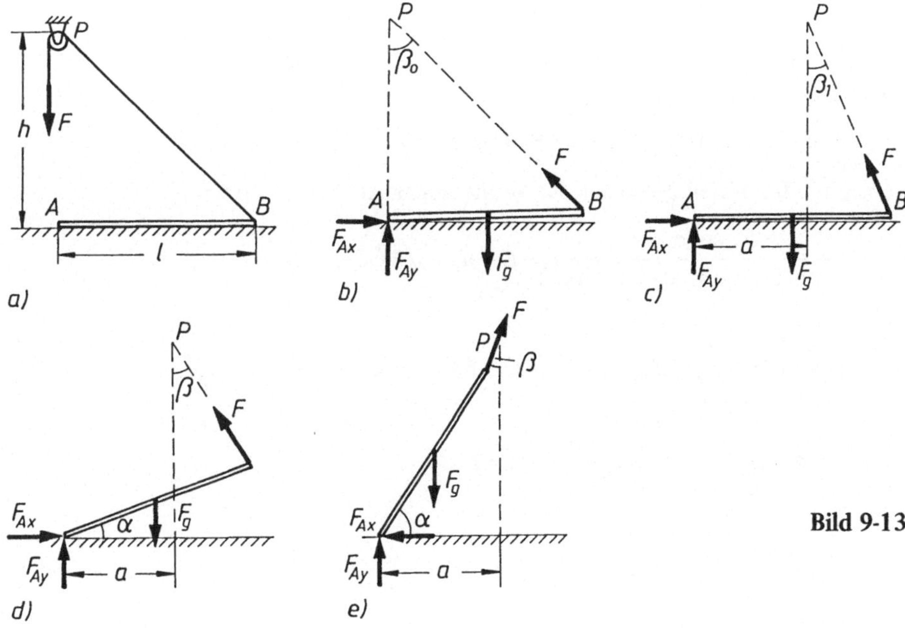

Bild 9-13

Im Augenblick des Abhebens gilt nach Bild 9-13b)

$$\Sigma F_{\mathrm{x}} = 0 \;\Rightarrow\; F_{\mathrm{Ax}} = F \sin\beta_0 \,,$$

$$\Sigma F_{\mathrm{y}} = 0 \;\Rightarrow\; F_{\mathrm{Ay}} = F_{\mathrm{g}} - F \cos\beta_0 \,,$$

$$\Sigma M^{(\mathrm{A})} = 0 \;\Rightarrow\; F\,l\cos\beta_0 = \frac{l}{2}$$

Die Haftungsbedingung $F_{\mathrm{Ax}} < \mu_0 F_{\mathrm{Ay}}$ ergibt mit $F = \dfrac{F_{\mathrm{g}}}{2\,\cos\beta_0}$

$$\frac{1}{2}\,F_{\mathrm{g}}\tan\beta_0 < \mu_0\left(F_{\mathrm{g}} - \frac{1}{2}\,F_{\mathrm{g}}\right) = \frac{1}{2}\,\mu_0 F_{\mathrm{g}}\,, \quad \mathrm{d.\,h.}\quad \tan\beta_0 < \mu_0\,.$$

Diese Bedingung muß erfüllt sein, damit der Balken beim Abheben in B im Punkt A nicht rutscht. In unserem Fall ist $\tan\beta_0 = \dfrac{l}{h} = 1 > \mu_0 = 0{,}45$, d. h. die Haftungskraft in A reicht nicht aus. Der Punkt A rutscht bei immer erneutem Anheben des Balkens in B nach links, bis $\tan\beta_1 = \mu_0$ wird. Aus Bild 9-13c) lesen wir ab

$$\tan\beta_1 = \frac{l-a}{h} = \mu_0 \,,\ \mathrm{d.\,h.}$$

(1) $a = l - \mu_0\,h = (1 - \mu_0)\,l = 0{,}55\,l.$

Was passiert jetzt, wenn der Balken in B weiter angehoben wird? Bild 9-13d) zeigt den Balken in einer beliebigen Position, die durch den Neigungswinkel α festgelegt wird. Die Gleichgewichtsbedingungen lauten:

$$F_{\mathrm{Ax}} = F\sin\beta,\quad F_{\mathrm{Ay}} = F_{\mathrm{g}} - F\cos\beta,$$

$$F\sin\beta \cdot l\sin\alpha + F\cos\beta \cdot l\cos\alpha = F_{\mathrm{g}}\,\frac{l}{2}\cos\alpha.$$

Aus der Haftungsbedingung $F_{\mathrm{Ax}} < \mu_0 F_{\mathrm{Ay}}$ erhalten wir mit den obigen Termen für F_{Ax} und F_{Ay}

$$F\sin\beta < \mu_0\,(F_{\mathrm{g}} - F\cos\beta) \;\Rightarrow\; F\,(\sin\beta + \mu_0\cos\beta) < \mu_0 F_{\mathrm{g}}.$$

Setzen wir für F den Term aus der Momentengleichung ein, so wird

$$\frac{F_{\mathrm{g}}\cos\alpha}{2\,(\sin\beta\sin\alpha + \cos\beta\cos\alpha)}\,(\sin\beta + \mu_0\cos\beta) < \mu_0 F_{\mathrm{g}}$$

oder

$$\cos\alpha\,(\sin\beta + \mu_0\cos\beta) < 2\,\mu_0\,(\sin\beta\sin\alpha + \cos\beta\cos\alpha).$$

Division durch $\cos\alpha\cos\beta$ liefert

$$\tan\beta + \mu_0 < 2\,\mu_0\,(\tan\beta\tan\alpha + 1)$$

oder

(2) $(1 - 2\,\mu_0\tan\alpha)\tan\beta < \mu_0.$

Diese Bedingung muß erfüllt sein, damit der Balken in der Position nach Bild 9-13d) nicht rutscht. Für einen gegebenen Winkel α berechnen wir aus der Geometrie nach Bild 9-13d)

$$\tan\beta = \frac{l\cos\alpha - a}{h - l\sin\alpha}$$

und für $h = l$ und $a = (1 - \mu_0)\,l$

$$(3) \quad \tan\beta = \frac{\cos\alpha - 1 + \mu_0}{1 - \sin\alpha}.$$

Für $\alpha = 30°$ z. B. wird $\tan\beta = 0{,}632$ und $\beta = 32{,}3°$. Für diese Winkel α und β ist die Haftungsbedingung (2) zu überprüfen. Es wird

$$(1 - 2\,\mu_0\tan\alpha)\,\tan\beta = 0{,}304 < \mu_0,$$

also (2) ist erfüllt. Man kann nachprüfen, daß (2) und (3) für alle Winkel $\alpha < \alpha_0 = \arccos\frac{a}{l}$ $= 56{,}6°$ erfüllt wird. Für $\alpha > \alpha_0$ nimmt der Balken die in Bild 9-13e) dargestellte Lage an. Eine Rechnung, die ähnlich wie oben verläuft, ergibt, daß der Balken nicht gleitet für

$$(4) \quad (1 + 2\,\mu_0\tan\alpha)\,\tan\beta < \mu_0.$$

$\beta > 0$ berechnet sich jetzt nach

$$(5) \quad \tan\beta = \frac{1 - \mu_0 - \cos\alpha}{1 - \sin\alpha}.$$

Durch Probieren finden wir, daß die Bedingungen (4) und (5) für $\alpha_0 < \alpha < 58{,}5°$ erfüllt werden. Ab $\alpha = 58{,}5°$ und $\beta = 10{,}6°$ beginnt der Balken zu rutschen. Der Punkt A bewegt sich jetzt nach rechts.

Beispiel 9-5: Eine homogene Halbkugel mit der Masse m steht nach Bild 9-14a) auf einem waagerechten Fußboden und lehnt an einer senkrechten Wand. Für beide Berührungsflächen gilt dieselbe Reibungsziffer μ. Im Punkt P der Halbkugel ist ein Seil befestigt, das über eine reibungsfreie Rolle geführt wird und eine Masse m_0 trägt. Wie groß muß μ mindestens sein, damit mit Sicherheit kein Drehen der Halbkugel eintritt? Wie groß darf für eine auf zwei Nachkommastellen gerundete Reibungsziffer $\mu = 2\,\mu_{\min}$ die Masse m_0 höchstens werden?

Gegeben: $r,\ m.$

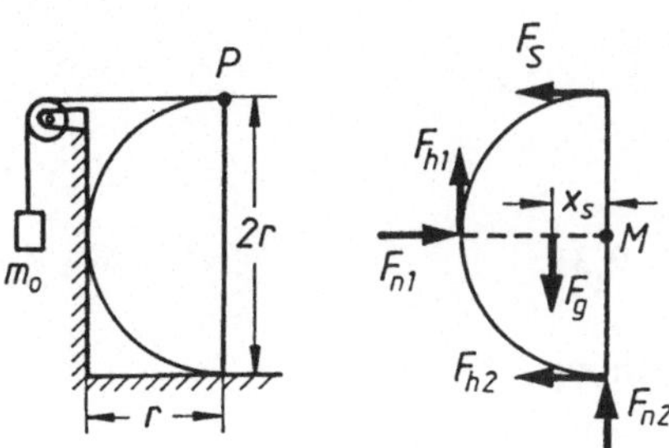

Bild 9-14

Nach dem Lageplan der Kräfte (Bild 9-14b)) liefern die Gleichgewichtsbedingungen der Statik

$$F_{n1} = F_S + F_{h2}, \quad F_{h1} + F_{n2} = F_g,$$
$$\Sigma M^{(M)} = 0 \ \Rightarrow\ F_{h1}\, r + F_{h2}\, r = F_S\, r + F_g\, x_s.$$

Die Haftungsbedingungen lauten (zur sicheren Seite mit μ statt mit μ_0 gerechnet)

$$F_{h1} < \mu\, F_{n1} \quad \text{und} \quad F_{h2} < \mu\, F_{n2}$$

oder mit den Normalkräften aus den ersten beiden Gleichungen

$$F_{h1} < \mu\,(F_S + F_{h2}) \quad \text{und} \quad F_{h2} < \mu\,(F_g - F_{h1}).$$

Aus der Momentengleichgewichtsbedingung folgt mit $x_s = \frac{3}{8}\, r$ (nach (8.14))

$$F_{h1} = F_S + \frac{3}{8}\, F_g - F_{h2}.$$

Diesen Term setzen wir in die beiden obigen Ungleichungen:

$$F_S + \frac{3}{8}\, F_g - F_{h2} < \mu\,(F_S + F_{h2}) \quad \text{und} \quad F_{h2} < \mu\left(\frac{5}{8}\, F_g - F_S + F_{h2}\right).$$

Nach F_{h2} aufgelöst erhalten wir

$$\frac{1}{1+\mu}\left[(1-\mu)\, F_S + \frac{3}{8}\, F_g\right] < F_{h2} < \frac{\mu}{1-\mu}\left(\frac{5}{8}\, F_g - F_S\right).$$

Multiplikation mit $(1+\mu)\,(1-\mu)$ liefert für die äußeren Terme

$$(1-\mu)\left[(1-\mu)\, F_S + \frac{3}{8}\, F_g\right] < \mu\,(1+\mu)\left(\frac{5}{8}\, F_g - F_S\right),$$

$$[(1-\mu)^2 + \mu\,(1+\mu)]\, F_S < \left[\frac{5}{8}\,\mu\,(1+\mu) - \frac{3}{8}\,(1-\mu)\right] F_g.$$

Mit $F_S = m_0\, g$ und $F_g = m\, g$ erhalten wir hieraus schließlich

$$m_0 < \frac{\frac{5}{8}\,\mu^2 + \mu - \frac{3}{8}}{2\,\mu^2 - \mu + 1}\, m.$$

Für $m_0 = 0$ erhalten wir die Bedingung für den minimalen Reibungskoeffizienten. Aus

$$\frac{5}{8}\,\mu^2 + \mu - \frac{3}{8} > 0 \quad \text{folgt} \quad \mu^2 + \frac{8}{5}\,\mu - \frac{3}{5} > 0$$

und hieraus

$$\mu > \mu_{min} = -\frac{4}{5} + \sqrt{\frac{16}{25} + \frac{3}{5}} = \frac{\sqrt{31} - 4}{5} = 0{,}31.$$

Für $\mu = 2\,\mu_{min} = 0{,}62$ wird nach obiger Ungleichung

$$m_0 < m_{max} = 0{,}422\, m.$$

Beispiel 9-6: Ein homogener Stab (Länge l, Gewichtskraft F_g) ist in A gelenkig befestigt und lehnt nach Bild 9-15a) in schräger Lage in B an einer senkrechten rauhen Wand. Um welche Länge h muß B mindestens höher als A liegen, damit der Stab mit Sicherheit nicht rutscht?

Gegeben: $\mu = 0{,}5$, l, $a = \frac{2}{3}\, l$, F_g.

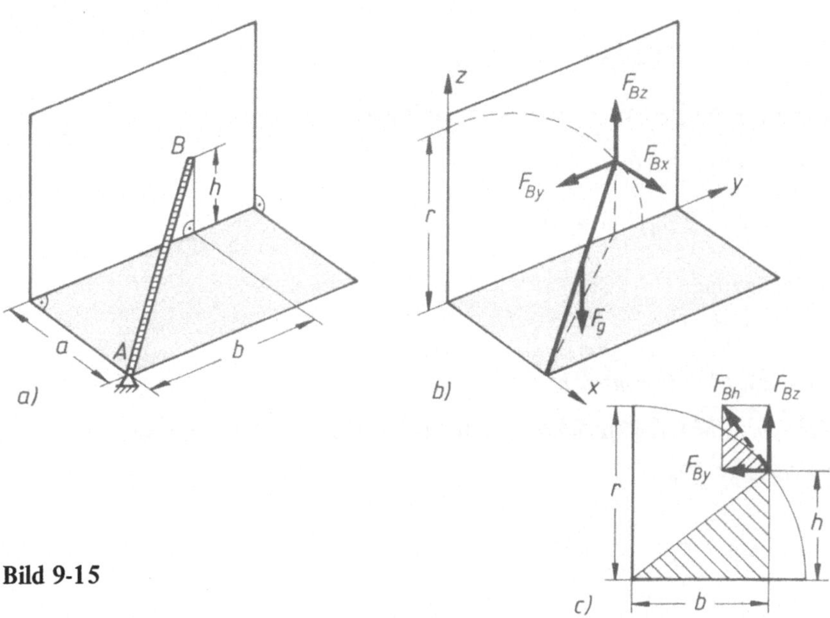

Bild 9-15

Für die Komponenten der Kraft, die die Wand in B auf den Stab ausübt, gilt nach Bild 9-15b):

$$(1) \quad \Sigma M_x^{(A)} = 0 \;\Rightarrow\; F_{By}\, h + F_{Bz}\, b = F_g\, \frac{b}{2}\,,$$

$$(2) \quad \Sigma M_y^{(A)} = 0 \;\Rightarrow\; F_{Bx}\, h + F_{Bz}\, a = F_g\, \frac{a}{2}\,,$$

$$(3) \quad \Sigma M_z^{(A)} = 0 \;\Rightarrow\; F_{Bx}\, b - F_{By}\, a = 0 \;\Rightarrow\; F_{Bx} = \frac{a}{b}\, F_{By}\,.$$

Setzen wir den Term aus der letzten Gleichung in die zweite Gleichung, so erhalten wir wieder die erste Gleichung. Wir haben also nur zwei unabhängige Gleichungen für F_{Bx}, F_{By} und F_{Bz}. Dieses war zu erwarten, denn der Stab ist statisch unbestimmt gelagert. Das Momentengleichgewicht in bezug auf die Stabachse ist stets für alle Auflagerkräfte erfüllt.

Beim Abrutschen bewegt sich der Punkt B auf einem Kreis mit dem Radius $r = \sqrt{l^2 - a^2}$. Die Reibungskraft wird dann tangential zum Kreis verlaufen. Diese Richtung nehmen wir auch für die Haftungskraft (Resultierende aus F_{By} und F_{Bz}) an. Auf jeden Fall wird sie bei Beginn der Bewegung diese Richtung besitzen. Dann folgt nach Bild 9-15c) aus der Ähnlichkeit der schraffierten Dreiecke

$$\frac{F_{By}}{F_{Bh}} = \frac{h}{r} \quad \text{und} \quad \frac{F_{Bz}}{F_{Bh}} = \frac{b}{r}.$$

Setzen wir $F_{By} = \frac{h}{r} F_{Bh}$ in die Gleichung (3), so wird

$$F_{Bx} = \frac{a}{b} F_{By} = \frac{a\,h}{b\,r} F_{Bh}.$$

Mit diesem Ergebnis erhalten wir aus der Haftungsbedingung

$$F_{Bh} < \mu F_{Bn} = \mu F_{Bx}$$

$$F_{Bh} < \mu \frac{a\,h}{b\,r} F_{Bh}, \quad \text{also} \quad b\,r < \mu\,a\,h.$$

Aus der Bedingung

$$b^2 r^2 < \mu^2 a^2 h^2$$

ergibt sich mit $b^2 = l^2 - a^2 - h^2$

$$(l^2 - a^2 - h^2)\, r^2 < \mu^2 a^2 h^2, \quad \text{d.h.} \quad (r^2 + \mu^2 a^2)\, h^2 > (l^2 - a^2)\, r^2.$$

Mit $r^2 = l^2 - a^2$ folgt

$$h > h_{\min} = \frac{l^2 - a^2}{\sqrt{l^2 - (1 - \mu^2)\,a^2}}.$$

Für $a = \frac{2}{3} l$ und $\mu = 0,5$ wird

$$h > h_{\min} = \frac{5}{3\sqrt{6}}\, l = 0,68\, l.$$

Beispiel 9-7:   Mit einem Transportband sollen nach Bild 9-16a) zylindrische Rohre (Gewichtskraft F_g) auf einer schiefen Ebene mit konstanter Geschwindigkeit aufwärts transportiert werden. Der Reibungskoeffizient zwischen Rohr und schiefer Ebene sei μ_1, der zwischen Rohr und den Transportarmen μ_2. Es ist zu untersuchen, ob die Rohre auf der schiefen Ebene rollen oder gleiten. Welche Transportkraft (Kraft in Richtung der schiefen Ebene) wird von den Armen auf die Rohre ausgeübt?
Gegeben: $r = 40$ cm, $F_g = 560$ N, $\alpha = 22°$, $\mu_1 = 0,4$, $\mu_2 = 0,3$.

Drei Bewegungsfälle sind für ein Rohr möglich:

a) Das Rohr haftet an den Armen und gleitet auf der schiefen Ebene,
b) das Rohr haftet auf der schiefen Ebene und rutscht an den Armen (in diesem Fall rollt das Rohr auf der schiefen Ebene),
c) das Rohr gleitet sowohl auf der schiefen Ebene als auch an den Armen (es führt also eine Drehbewegung aus, aber es ist kein reines Rollen auf der schiefen Ebene).

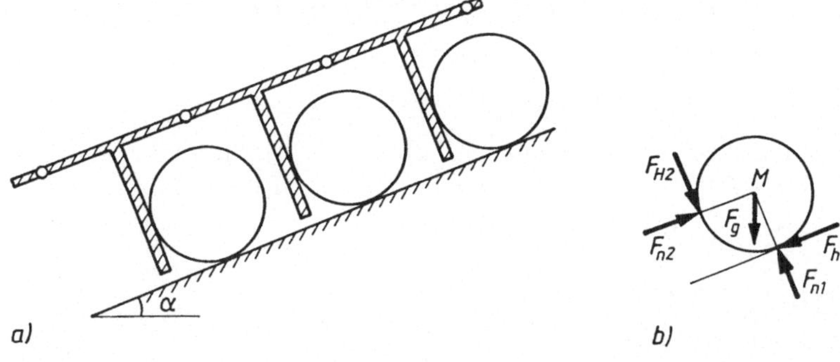

Bild 9-16

Für alle drei Fälle gilt das Kraftbild nach Bild 9-16b). Aus den Gleichgewichtsbedingungen folgt

$$(1)\ F_{n2} = F_{h1} + F_g \sin\alpha, \qquad (2)\ F_{n1} = F_{h2} + F_g \cos\alpha,$$

$$\Sigma M^{(M)} = 0 \Rightarrow F_{h1}\, r - F_{h2}\, r = 0 \Rightarrow \quad (3)\ F_{h1} = F_{h2}.$$

Wir nehmen an, der Fall a) trifft zu. Dann lauten die Haft- bzw. Reibungsgesetze

$$F_{h1} = \mu_1 F_{n1} \quad \text{und} \quad F_{h2} < \mu_2 F_{n2}.$$

Mit (2) und (3) folgt

$$F_{n1} = F_{h1} + F_g \cos\alpha$$

und somit

$$F_{h1} = \mu_1 (F_{h1} + F_g \cos\alpha) \Rightarrow F_{h1} = F_{h2} = \frac{\mu_1 \cos\alpha}{1 - \mu_1} F_g.$$

Hiermit liefert Gleichung (1)

$$F_{n2} = \left(\frac{\mu_1 \cos\alpha}{1 - \mu_1} + \sin\alpha\right) F_g$$

und die Haftbedingung $F_{h2} < \mu_2 F_{n2}$

$$\frac{\mu_1 \cos\alpha}{1 - \mu_1} F_g < \mu_2 \left(\frac{\mu_1 \cos\alpha}{1 - \mu_1} + \sin\alpha\right) F_g.$$

Nach einer kleinen Umformung erhalten wir

$$\frac{\mu_1 (1 - \mu_2)}{\mu_2 (1 - \mu_1)} < \tan\alpha.$$

Mit den obigen Reibungsziffern wird

$$\frac{0{,}4 \cdot 0{,}7}{0{,}3 \cdot 0{,}6} < \tan\alpha, \quad \text{d.h.} \quad 57{,}3° < \alpha.$$

Diese Bedingung ist für den Winkel $\alpha = 22°$ nicht erfüllt, also Fall a) kann nicht eintreten.
Für den Fall b) lauten die Haft- und Reibungsgesetze

$$F_{h1} < \mu_1 F_{n1} \quad \text{und} \quad F_{h2} = \mu_2 F_{n2}\,.$$

Nach einer Rechnung, die ähnlich wie unter Fall a) verläuft, wird jetzt

$$\tan\alpha < \frac{\mu_1(1-\mu_2)}{\mu_2(1-\mu_1)}, \quad \text{d.h.} \quad \alpha < 57,3°\,.$$

Diese Bedingung ist für $\alpha = 22°$ erfüllt.

Die Transportkraft ergibt sich aus

$$F_{n2} = F_{h1} + F_g\cos\alpha = F_{h2} + F_g\cos\alpha = \mu_2 F_{n2} + F_g\cos\alpha$$

zu

$$F_{n2} = \frac{\sin\alpha}{1-\mu_2}\, F_g = 0,535\, F_g = 300\ \text{N}.$$

Beispiel 9-8: Für die in Bild 9-17a) skizzierte Backenbremse ist die Kraft F so zu bestimmen, daß die Bremstrommel mit konstanter Drehzahl läuft. Auf die Bremstrommel wirkt ein konstantes rechtsdrehendes Moment M. Die Reibungsziffer zwischen Trommel und Bremsbacke sei μ. Wie groß sind für die so bestimmte Kraft F die Auflagerkomponenten in A?

Gegeben: $M = 60\ \text{Nm}$, $\mu = 0,35$, $a = 280\ \text{mm}$, $b = 520\ \text{mm}$, $c = 300\ \text{mm}$, $d = 120\ \text{mm}$, $r = 200\ \text{mm}$.

Zusatzfrage: Wie groß darf c höchstens werden, damit die Backenbremse nicht selbsthemmend wirkt?

In Bild 9-17b) zeichnen wir den Lageplan der Kräfte für den Bremshebel und für die Trommel. Das Momentengleichgewicht für den Mittelpunkt der Trommel ergibt

$$F_r\, r = M \;\Rightarrow\; F_r = \frac{M}{r} = \frac{60\ \text{Nm}}{200\ \text{mm}} = 300\ \text{N}.$$

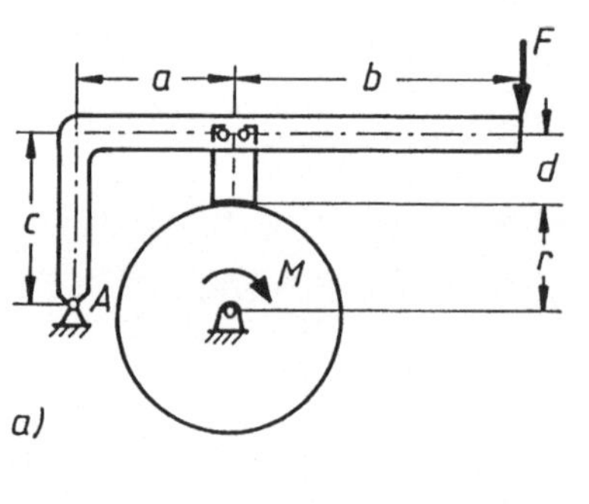

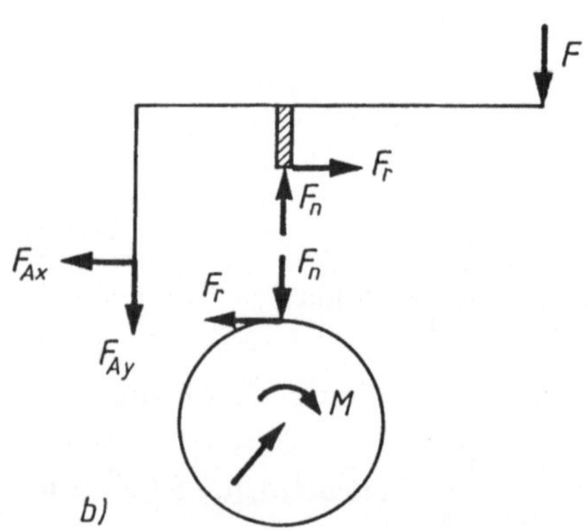

Bild 9-17

Das Reibungsgesetz $F_r = \mu F_n$ liefert

$$F_n = \frac{1}{\mu} F_r = 857 \text{ N}.$$

Mit F_r und F_n können aus dem Kräftegleichgewicht am Bremshebel F und die Auflager-komponenten in A bestimmt werden.

$$\Sigma M^{(A)} = 0 \Rightarrow F(a + b) = F_n a - F_r (c - d).$$

Einsetzen der obigen Terme ergibt

$$F = \frac{M}{r(a + b)} \left(\frac{a}{\mu} - c + d \right) = 232{,}5 \text{ N}.$$

$$\Sigma F_x = 0 \Rightarrow F_{Ax} = F_r = 300 \text{ N},$$

$$\Sigma F_y = 0 \Rightarrow F_{Ay} = F_n - F = 625 \text{ N}.$$

Wird $F = 0$, so wirkt die Hebelbremse selbsthemmend, d.h. die Trommel läuft mit konstanter Drehzahl, ohne daß eine Kraft F ausgeübt zu werden braucht. Aus der obigen Darstellung für F folgt dann

$$c = \frac{a}{\mu} + d = 920 \text{ mm}.$$

In diesem Fall geht die Wirkungslinie der Resultierenden aus F_r und F_n durch den Punkt A:

$$\frac{F_r}{F_n} = \mu = \frac{a}{c - d}.$$

Wählen wir $c > \frac{a}{\mu} + d$, so folgt für $F = 0$ aus $\Sigma M^{(A)} = 0$

$$F_n a = F_r (c - d), \quad \text{d.h.} \quad \frac{F_r}{F_n} = \frac{a}{c - d} < \mu.$$

In diesem Fall kommt die Trommel nach einer gewissen Zeit zum Stillstand. Trotzdem ist bei einem wirkenden Moment M stets $F_r = \frac{M}{r} = 300 \text{ N}$, jetzt als Haftungskraft. Für die Normalkraft gilt $F_n > \frac{1}{\mu} F_r = 857 \text{ N}$. Z. B. wird für $c = 1000 \text{ mm}$

$$F_n = \frac{c - d}{a} F_r = 943 \text{ N}.$$

Der Bremshebel zieht sich infolge der Reibungs- bzw. Haftungskraft sozusagen selbsttätig fest.

Beispiel 9-9: Auf einer waagerechten Ebene liegt eine homogene Walze mit der Masse m, um die nach Bild 9-18a) ein Seil gelegt wird, das in A befestigt ist und am anderen Ende eine Masse m_0 trägt. Die Reibungsziffer zwischen Walze/Seil sei μ_s und die zwischen Walze/Ebene μ. Unter welchen Bedingungen bleibt die Walze mit Gewißheit in Ruhe?

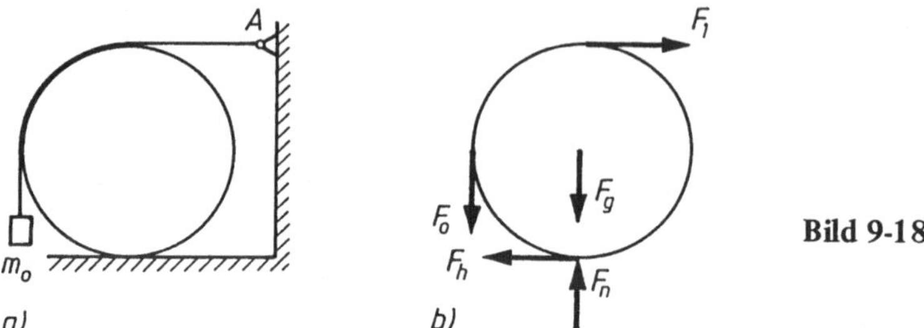

Anschaulich ist klar, daß die Walze sich nach rechts bewegt, wenn entweder $\mu = 0$ oder $\mu_s = 0$ wird. Für $\mu = 0$ gleitet die Walze am Boden und ‚rollt am Seil' linksdrehend ab. Für $\mu_s = 0$ rollt die Walze am Boden rechtsdrehend und gleitet am Seil.

Für den Fall der Ruhe erhalten wir für die Kräfte nach Bild 9-18b)

$$F_h = F_1, \quad F_n = F_0 + F_g, \quad F_0 \, r = F_1 \, r + F_h \, r.$$

Aus der ersten und letzten Gleichung folgt $F_0 = 2\, F_1 = 2\, F_h$. Die Haftbedingung am Boden $F_h < \mu F_n$ ergibt somit

$$\frac{1}{2}\, F_0 < \mu \, (F_g + F_0) \quad \text{oder} \quad (0{,}5 - \mu)\, F_0 < \mu\, F_g.$$

Für $\mu > 0{,}5$ ist die letzte Bedingung stets erfüllt. Für $\mu < 0{,}5$, z. B. $\mu = 0{,}3$, wird mit $F_0 = m_0 g$ und $F_g = mg$

$$m_0 < \frac{\mu}{0{,}5 - \mu}\, m = \frac{3}{2}\, m.$$

Damit das Seil an der Walze haftet und nicht gleitet, muß

$$F_0 < F_1 \, e^{\mu_s \frac{\pi}{2}}$$

werden. Mit $F_0 = 2\, F_1$ also

$$2 < e^{\mu_s \frac{\pi}{2}}, \quad \text{d. h.} \quad \mu_s > \frac{2}{\pi}\, ln\, 2 = 0{,}44.$$

Für $\mu_s < 0{,}44$ rutscht das Seil auf der Walze, die sich dann beschleunigt nach rechts bewegt. Dieses ist ein Problem der Kinetik und nicht mehr der Statik.

Beispiel 9-10: Für die in Bild 9-19a) dargestellte Bandbremse soll m_0 so bestimmt werden, daß die Trommel, auf die ein rechtsdrehendes Moment M wirkt, mit konstanter Drehzahl läuft. Für welche Abmessungen wirkt die Bandbremse selbsthemmend?

Gegeben: $M = 75$ Nm, $a = 50$ mm, $b = 3\, a$, $c = 3\, a$, $\mu = 0{,}25$ (Band/Trommel).

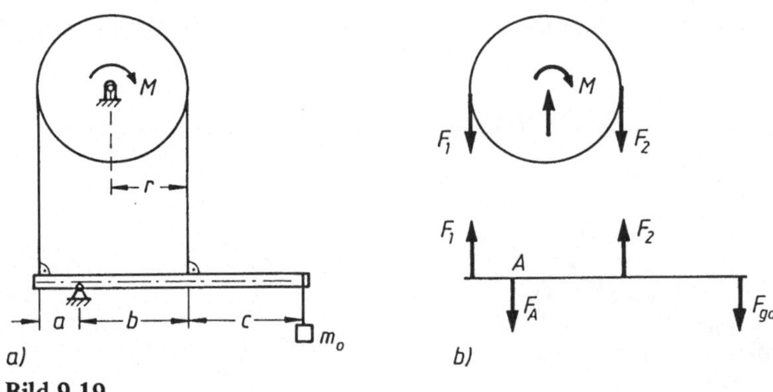

Bild 9-19

Da M rechtsdrehend auf die Trommel wirkt, ist $F_1 > F_2$. Das Band gleitet auf der Trommel, also gilt nach (9.4)

$$F_1 = F_2\, e^{\mu \pi}.$$

Mit $F_1\, r - F_2\, r = M$ erhalten wir

$$F_2 = \frac{\dfrac{M}{r}}{e^{\mu \pi} - 1} \quad \text{und} \quad F_1 = \frac{\dfrac{M}{r}\, e^{\mu \pi}}{e^{\mu \pi} - 1}.$$

Das Momentengleichgewicht in bezug auf den Punkt A liefert für die Kräfte am Bremshebel

$$F_{g0}\,(b + c) = F_2\, b - F_1\, a$$

und mit den obigen Termen für F_1 und F_2

$$F_{g0} = \frac{\dfrac{M}{r}\,(b - a\, e^{\mu \pi})}{(e^{\mu \pi} - 1)\,(b + c)}.$$

Für die gegebenen Werte wird

$$F_{g0} = \frac{\dfrac{75\ \text{Nm}}{0,1\,\text{m}}\,(3 - e^{0,25\,\pi})}{(e^{0,25\,\pi} - 1)\,6} = 84,5\ N \;\Rightarrow\; m_0 = 8,61\ \text{kg}.$$

Selbsthemmend wirkt die Bandbremse für $F_{g0} < 0$, d. h. für

$$b < a\, e^{\mu \pi} = 2,19\, a.$$

Beispiel 9-11: Ein Förderband nach Bild 9-20a) wird an der oberen Rolle durch ein Moment M angetrieben. Das obere Band trägt eine gleichmäßig verteilte Streckenlast q und läuft über (theoretisch unendlich viele) Rollen mit dem Reibungskoeffizienten μ_r. Der Reibungskoeffizient zwischen Band und Umlenkrollen sei μ. Wie groß muß M mindestens sein, damit die Last mit konstanter Geschwindigkeit nach oben transportiert wird? Welche quantitativen Aussagen lassen sich über die Bandkräfte an den Rollen und den Auflagerkräften in A und B machen? Das Bandgewicht und die Lagerreibung sollen vernachlässigt werden.

Gegeben: $l = 8$ m, $\alpha = 20°$, $q = 0{,}50$ kN/m, $\mu_r = 0{,}08$, $\mu = 0{,}20$, $r = 28$ cm.

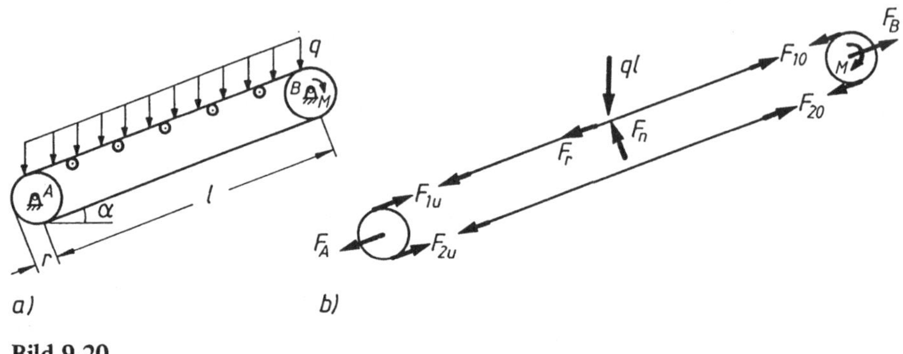

Bild 9-20

In Bild 9-20b) zeichnen wir den Lageplan der Kräfte an den Umlenkrollen und den Bändern. Das Gleichgewicht der Kräfte am oberen und unteren Band liefert für gleichförmige Bewegung

$$F_{10} = F_{1u} + F_r + q\,l \sin\alpha, \quad F_n = q\,l \cos\alpha, \quad F_{20} = F_{2u}$$

und das Momentengleichgewicht an den Rollen

$$M = (F_{10} - F_{20})\,r, \quad F_{1u} = F_{2u}.$$

Mit $F_r = \mu_r F_n$ und $F_{1u} = F_{2u} = F_{20}$ wird

$$(1) \quad F_{10} = F_{20} + q\,l \sin\alpha + \mu_r\,q\,l \cos\alpha$$

und damit

$$M = (\sin\alpha + \mu_r \cos\alpha)\,q\,l\,r = 0{,}467 \text{ kN m}.$$

Für die Bandkräfte an der oberen Rolle gilt die Haftbedingung $F_{10} < F_{20}\,e^{\mu\pi}$. Mit (1) erhalten wir damit

$$F_{20} > \frac{(\sin\alpha + \mu_r \cos\alpha)\,q\,l}{e^{\mu\pi} - 1} = 1{,}91 \text{ kN},$$

$$F_{10} > \frac{(\sin\alpha + \mu_r \cos\alpha)\,q\,l}{1 - e^{-\mu\pi}} = 3{,}58 \text{ kN}.$$

Schließlich ergeben sich für die Lagerkräfte

$$F_A = F_{1u} + F_{2u} = 2\,F_{20} > 3{,}82 \text{ kN},$$

$$F_B = F_{10} + F_{20} > (\sin\alpha + \mu_r \cos\alpha)\,q\,l\,\frac{e^{\mu\pi} + 1}{e^{\mu\pi} - 1} = 5{,}49 \text{ kN}.$$

Beispiel 9-12: Ein Wagen (Masse m, Schwerpunkt S) mit Hinterradantrieb fährt eine Straße mit der Steigung $1:25$ mit konstanter Geschwindigkeit aufwärts (Bild 9-21a)). Der Rollwiderstandskoeffizient beträgt f. Es ist das auf die Hinterachse wirkende Moment M zu bestimmen. Wie groß muß der Haftungskoeffizient zwischen Rad und Straße mindestens sein? Lagerreibung und sonstige Widerstandskräfte sollen vernachlässigt werden.

Gegeben: $f = 6$ mm, $r = 30$ cm, $a = 1{,}85$ m, $b = 2{,}10$ m, $h = 0{,}60$ m, $m = 1600$ kg.

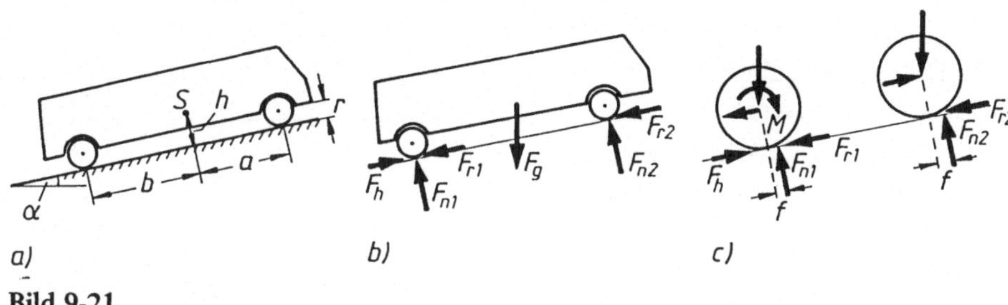

Bild 9-21

An den Treibrädern wirkt das Moment M, das zwischen Rad und Straße die Haftungskraft F_h hervorruft. Diese Kraft F_h treibt den Wagen vorwärts. Ohne Haftung (Reibung) wäre eine Bewegung nicht möglich. Außerdem wirken auf alle Räder die Rollreibungskräfte F_r. Aus Bild 9-21c) erhalten wir für das Moment

$$M = F_h\, r + F_{n1}\, f - F_{r1}\, r$$

und mit $F_{r1} = \dfrac{f}{r}\, F_{n1}$ nach (9.6)

$$M = F_h\, r.$$

F_h können wir aus dem Kräftegleichgewicht am gesamten Wagen ausrechnen (Bild 9-21b):

$$F_h = F_g \sin\alpha + F_{r1} + F_{r2}, \quad F_{n1} + F_{n2} = F_g \cos\alpha.$$

Mit dem Rollwiderstandsgesetz (9.6) folgt hieraus

$$F_h = F_g \sin\alpha + \frac{f}{r}\, F_{n1} + \frac{f}{r}\, F_{n2} = F_g \sin\alpha + \frac{f}{r}(F_{n1} + F_{n2}),$$

$$F_h = \left(\sin\alpha + \frac{f}{r} \cos\alpha \right) F_g.$$

Die Zahlenrechnung liefert

$$F_h = 0{,}060\, F_g = 941 \text{ N},$$

$$M = F_h\, r = 282 \text{ N m}.$$

Damit die Treibräder auf der Straße haften, muß $F_h < \mu_0\, F_{n1}$ erfüllt sein. Mit (Bild 9-21b)

$$F_{n1}\,(a + b) = F_g \cos\alpha \cdot a + F_g \sin\alpha \cdot h$$

erhalten wir für μ_0 die Bedingung

$$\mu_0 > \frac{F_h}{F_{n1}} = \frac{\left(\sin\alpha + \frac{f}{r}\cos\alpha\right)(a+b)}{a\cos\alpha + h\sin\alpha}$$

$$\mu_0 > \frac{\left(\tan\alpha + \frac{f}{r}\right)(a+b)}{a + h\tan\alpha} = 0{,}13.$$

9.6 Übungsaufgaben

9-1: Für den skizzierten Bewegungs-
keil ist die Kraft F für a) Eintreiben
und b) Austreiben des Keiles zu berechnen.

Gegeben: $F_0 = 2{,}40$ kN, $\alpha = 18°$,
$\mu_1 = 0{,}08$, $\mu_2 = 0{,}12$, $\mu_3 = 0{,}10$.

Hinweis: Rechnen Sie mit Reibungs-
winkeln.

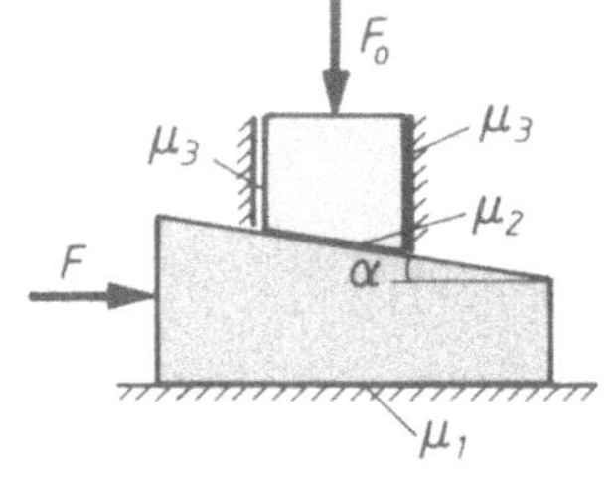

9-2: Zwei rauhe Klötze mit den Massen
m_1 und $m_2 > m_1$ liegen auf einer
schiefen Ebene. Sie sind mit einem
Seil, das über eine reibungsfreie Rolle
läuft, miteinander verbunden. Bei
welchem Neigungswinkel α_0 der schiefen Ebene beginnen die Klötze sich zu
bewegen? Was läßt sich über die Seilkraft aussagen für $\alpha = \frac{1}{2}\alpha_0$?

Gegeben: m_1, $m_2 = 3\,m_1$, $\mu_{01} = 0{,}3$,
$\mu_{02} = 0{,}4$.

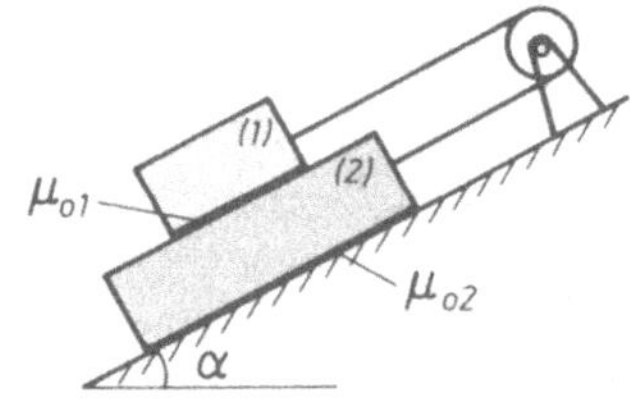

9-3: Ein homogener Quader (Gewichtskraft F_g) steht in A auf einem rauhen
waagerechten Boden und lehnt in B an
einer glatten waagerechten Stange. Wie
groß darf die horizontale Kraft F
höchstens werden, damit der Quader
nicht zu rutschen und nicht zu kippen
beginnt?

Gegeben: $F_g = 420$ N, $a = 60$ cm,
$b = 16$ cm, $c = 15$ cm, $h = 40$ cm,
$\mu_0 = 0{,}28$.

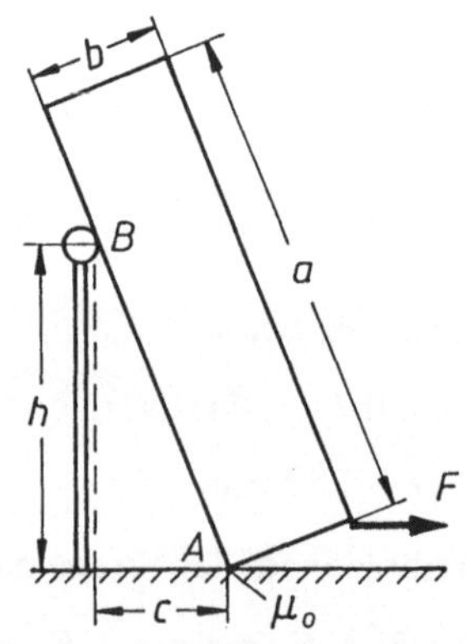

9-4: Eine homogene Stange (Masse m) liegt an einer senkrechten rauhen Wand (Reibungsziffer μ) und steht in B auf dem waagerechten glatten Fußboden. Das Abrutschen wird durch ein Seil in B verhindert, das über eine reibungsfreie Rolle geführt wird und die Masse m_0 trägt. Wie muß m_0 gewählt werden, damit die Stange mit Sicherheit in Ruhe bleibt?

Gegeben: $m = 20\,\text{kg}$, $a = 60\,\text{cm}$, $b = 50\,\text{cm}$, $\mu = 0{,}38$, $\beta = 30°$.

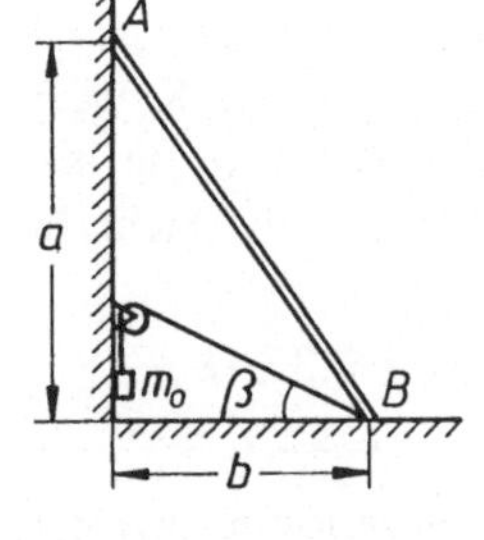

9-5: Der skizzierte Reibungsring kann auf einem Rohr in Längsrichtung verschoben werden. Im Abstand x von der Rohrachse trägt der Ring eine Kraft F parallel zur Rohrachse. Wie groß muß x mindestens sein, damit der Ring auf dem Rohr mit Sicherheit nicht gleitet?

Gegeben: F, d, h, μ.

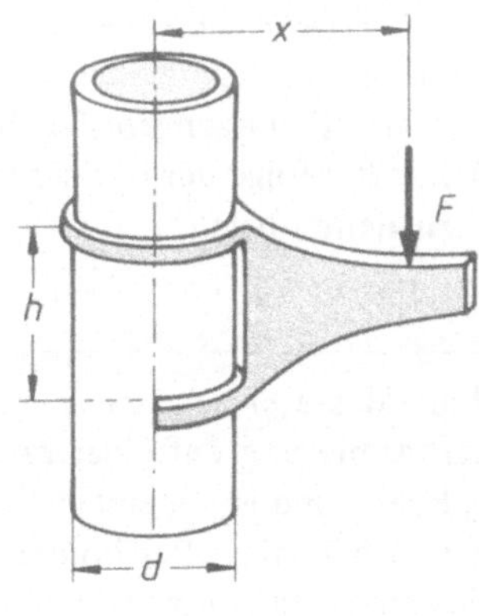

9-6: Ein homogener Zylinder (Radius r, Gewichtskraft F_g) liegt waagerecht in einem Spalt der Breite $2\,a$. Die Reibungsziffer an den Stützflächen beträgt μ. Bestimmen Sie das Moment M, so daß der Zylinder sich in der skizzierten Lage mit konstanter Drehzahl dreht. Wie groß darf μ höchstens sein, damit kein Abheben in B stattfindet?

Gegeben: $F_g = 60\,\text{N}$, $r = 12\,\text{cm}$, $a = 5\,\text{cm}$, $\mu = 0{,}26$.

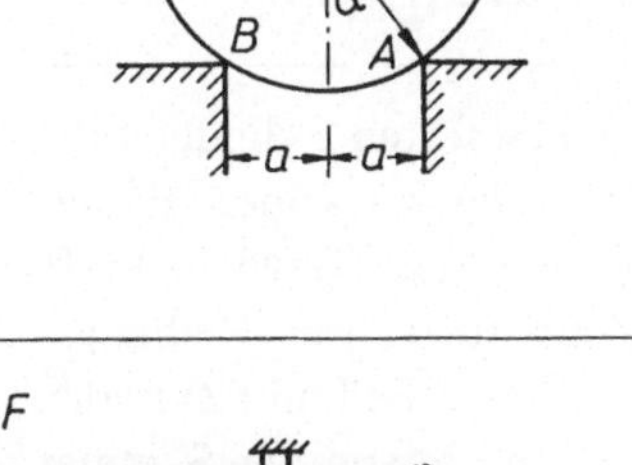

9-7: Für welche Kräfte F bleibt der Klotz (Gewichtskraft F_g) auf einer rauhen schiefen Ebene bei der skizzierten Hebelanordnung in Ruhe?

Gegeben: $a = 476\,\text{mm}$, $F_g = 1{,}20\,\text{kN}$, $\alpha = 30°$, $\beta = 50°$, $\mu_0 = 0{,}4$.

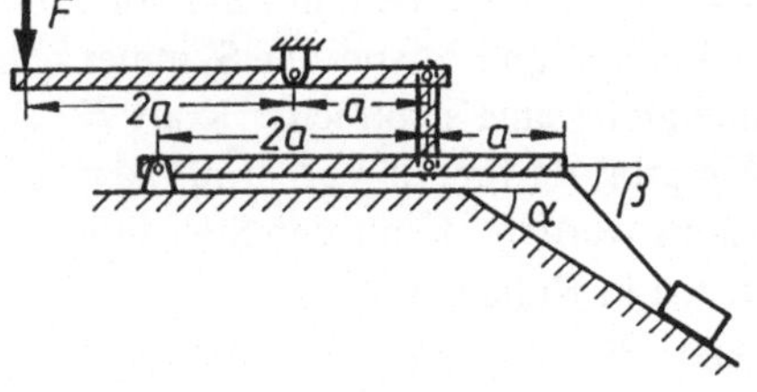

9-8: Ein gewichtsloser Stab liegt in A an einer senkrechten rauhen Wand und wird in B durch ein Seil gehalten. In C wirkt eine senkrechte Kraft F. Bestimmen Sie die Winkel α, für die der Stab an der Wand mit Sicherheit nicht rutscht.

Gegeben: $\mu = 0{,}35$, l, F.

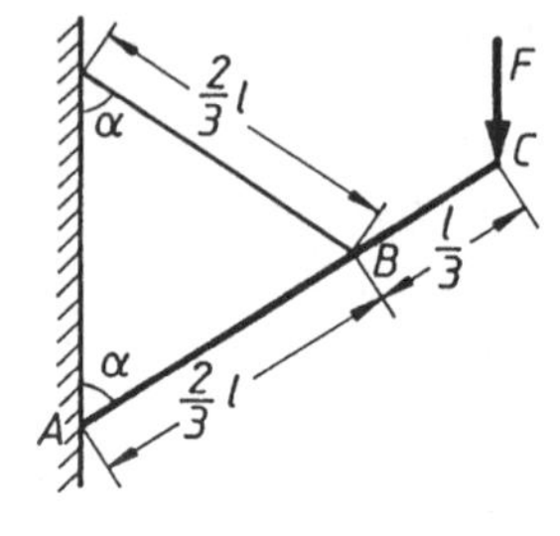

9-9: Ein homogenes Brett (Länge l, Gewichtskraft F_g) liegt senkrecht auf zwei waagerechten, parallelen Balken. An den Auflageflächen beträgt die Haftungsziffer μ_0. Untersuchen Sie, unter welchen Bedingungen das Brett in A oder in B infolge der horizontalen Kraft F zu gleiten beginnt.

Gegeben: μ_0, l, F_g.

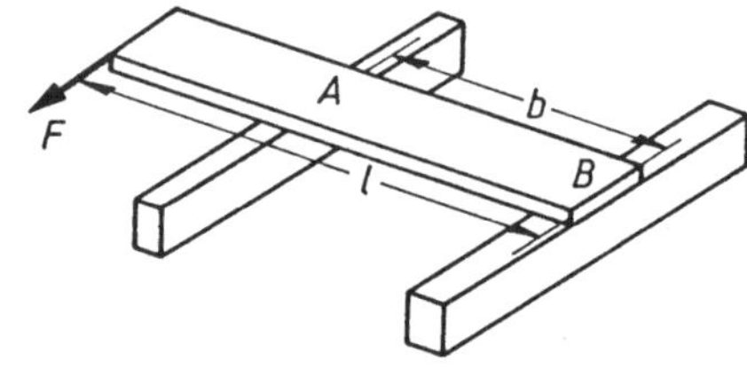

9-10: Eine Masse m liegt nach nebenstehender Abbildung auf einer rauhen schiefen Ebene und ist an einem Faden der Länge l befestigt. Bestimmen Sie den kleinsten Abstand c von der oberen Kante der schiefen Ebene, für die die Masse mit Sicherheit nicht gleitet.

Gegeben: $\mu = 0{,}4$, $b = \frac{1}{2} a$, $h = \frac{1}{2} a$, $l = a$, m.

(Sollten Sie Schwierigkeiten mit dieser Aufgabe haben, so versuchen Sie die Lösung für $h = 0$ zu finden.)

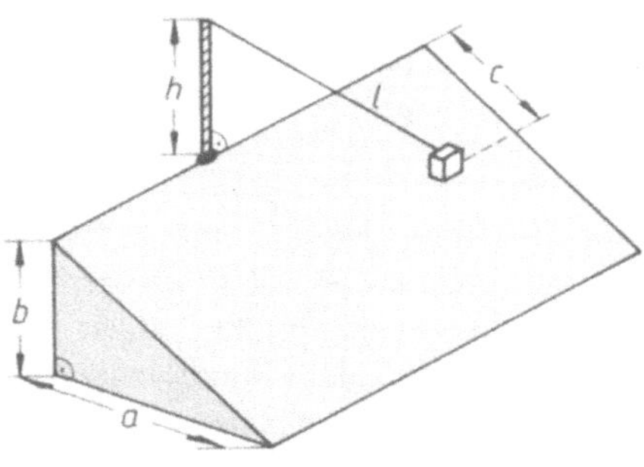

9-11: Über einen festen Zylinder wird ein Seil gelegt, das an seinen Enden einen homogenen Stab (Gewichtskraft F_g) waagerecht trägt. Der Reibungskoeffizient zwischen Seil und Zylinder sei μ. Im Abstand x von der Symmetrielinie greift eine senkrechte Kraft F an. Wie groß darf x im Verhältnis zu r höchstens werden, damit der Stab mit Sicherheit in Ruhe bleibt?

Gegeben: F_g, $F = 2 F_g$, $\mu = 0{,}25$.

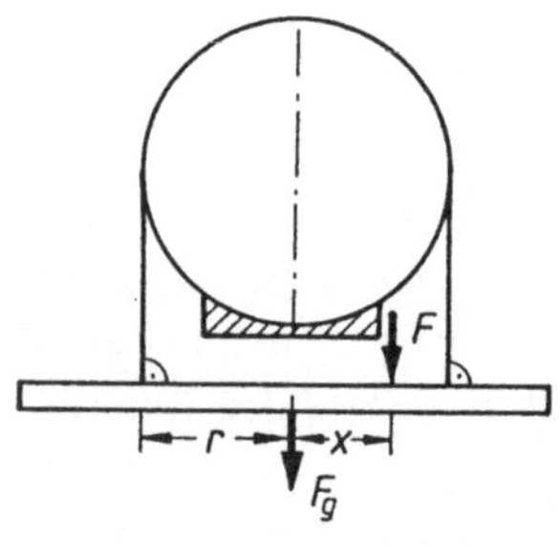

9-12: Ein Klotz (Masse m) liegt auf einer rauhen schiefen Ebene (Reibungsziffer μ). Er ist an einem Seil befestigt, das über einen festen Zylinder (Reibungsziffer μ_s) führt und am anderen Ende eine Masse m_0 trägt. Ermitteln Sie, für welche m_0 der Klotz mit Sicherheit in Ruhe bleibt.

Gegeben: $m = 50\,\text{kg}$, $\mu = 0{,}20$, $\mu_s = 0{,}15$, $\alpha = 25°$, $\beta = 10°$.

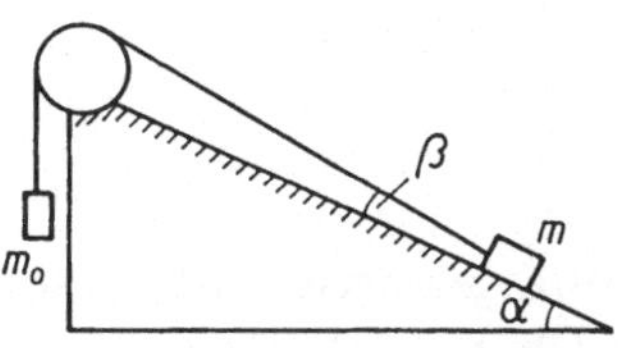

9-13: Bestimmen Sie für die skizzierte Bandbremse die Kraft F so, daß die Trommel mit konstanter Drehzahl läuft. Wie groß sind in diesem Fall die Seilkräfte?

Gegeben: $M = 250\,\text{N m}$, $a = 120\,\text{mm}$, $b = 300\,\text{mm}$, $d = 360\,\text{mm}$, $\mu = 0{,}20$ (Band/Trommel).

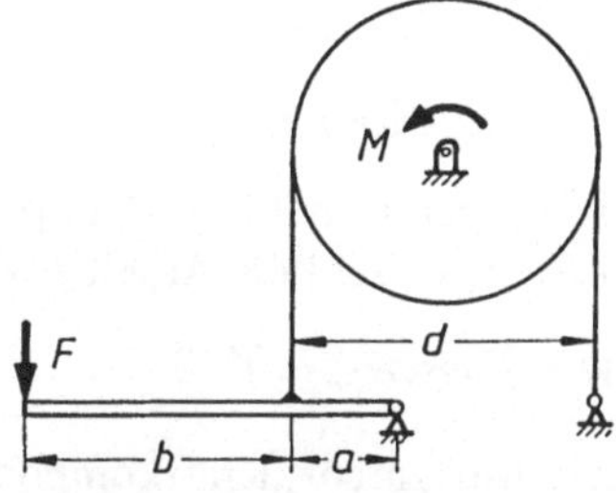

9-14: Ein LKW-Anhänger (Masse m_1) wird von einer Zugmaschine (Masse m_2) mit konstanter Geschwindigkeit eine Straße mit der Steigung $1:20 = 5\,\%$ aufwärts gezogen. Die Fahrwiderstandsziffer beträgt für beide Fahrwerke μ_f. Berechnen Sie die Zugkraft auf den Anhänger. Wie groß muß die Haftungsziffer μ_0 zwischen Treibrad und Straße mindestens sein, wenn 75 % der gesamten Normalkraft der Zugmaschine auf die Treibräder wirken?

Gegeben: $m_1 = 2800\,\text{kg}$, $m_2 = 800\,\text{kg}$, $\mu_f = 0{,}04$.

10 Arbeit

In den vorangegangenen Abschnitten sind wir bei der Lösung einer statischen Aufgabe von den Gleichgewichtsbedingungen $\Sigma \vec{F}_k = \vec{0}$ und $\Sigma \vec{M}_k^{(A)} = \vec{0}$ ausgegangen und haben hiermit z. B. Auflagerreaktionen oder Einstellgrößen ermittelt. In diesem Abschnitt wollen wir eine ganz andere Methode kennenlernen, die in manchen Fällen und besonders später in der Elastomechanik zur Lösung von Problemen herangezogen werden kann.

10.1 Arbeit einer Kraft

Wird ein Körper nach Bild 10-1 durch eine konstante Kraft auf einer Ebene um die Strecke s verschoben, so wird die Arbeit W der Kraft durch

$$W = F \cos \alpha \cdot s = \vec{F} \cdot \vec{s} \tag{10.1}$$

definiert, also durch „Kraftkomponente in Richtung der Verschiebung mal Weg". Formal können wir W durch das skalare Produkt aus Kraftvektor $\vec{F}$ und Verschiebungsvektor $\vec{s}$ darstellen. Es ist zu beachten, daß nach der Definition (10.1) W positiv gerechnet wird für $|\alpha| < \frac{\pi}{2}$ und negativ für $\frac{\pi}{2} < |\alpha| \leqq \pi$. Für $|\alpha| = \frac{\pi}{2}$, d.h. die Kraft $\vec{F}$ steht senkrecht zur Verschiebung $\vec{s}$, wird $W = 0$. Als Einheit der Kraft benutzen wir

$$1 \, \text{N m} = 1 \, \text{Newtonmeter} = 1 \, \text{Joule}[1]) = 1 \, \text{J}.$$

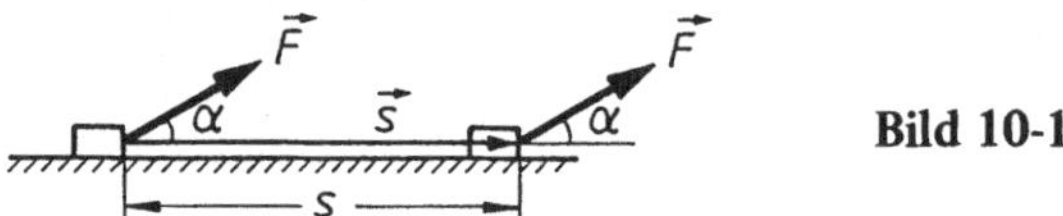

Bild 10-1

Allgemein berechnen wir die Arbeit bei der Verschiebung eines Punktes von P_1 nach P_2 längs einer beliebigen Kurve (Bild 10-2) durch eine Kraft zunächst nach (10.1) für eine sehr kleine Verschiebung $d\vec{r}$ in Richtung der Bahnkurve. Für diese Verschiebung können wir $\vec{F}$ als konstant ansehen. Durch Summation aller Arbeitsanteile erhalten wir die gesamte Arbeit:

$$dW = \vec{F} \cdot d\vec{r} \quad \text{und} \quad W = \int_{(1)}^{(2)} \vec{F} \cdot d\vec{r} \ . \tag{10.2}$$

---

[1]) James Prescott Joule (1818–1899), englischer Physiker

Bild 10-2   **Bild 10-3**

Wird z. B. im Schwerefeld der Erde eine Masse m längs einer Bahnkurve reibungsfrei von P_1 nach P_2 gebracht (Bild 10-3), so wird mit

$$\vec{F}_g = \begin{pmatrix} 0 \\ 0 \\ -mg \end{pmatrix} \quad \text{und} \quad d\vec{r} = \begin{pmatrix} dx \\ dy \\ dz \end{pmatrix}$$

$$W = \int\limits_{(1)}^{(2)} \vec{F} \cdot d\vec{r} = \int\limits_{z_1}^{z_2} -mg \cdot dz = -mgz \Big|_{z_1}^{z_2} ,$$

$$W = -mg\,(z_2 - z_1). \tag{10.3}$$

Die Arbeit ist unabhängig von der Bahnkurve (was bei anderen Kräften nicht zu sein braucht). Sie ist negativ, falls P_2 oberhalb von P_1 liegt ($z_2 > z_1$), andernfalls positiv.

Die Arbeit, die bei einer Verschiebung gegen die Gewichtskraft aufzubringen ist (also durch $F = -F_g$), wird als Potential oder potentielle Energie der Masse m bezeichnet. Sie beträgt für einen Höhenunterschied $h = z_2 - z_1$

$$U = mgh. \tag{10.3'}$$

Hierin ist h entgegen der Richtung der Erdschwere (also nach oben) von einer willkürlich festgelegten Niveauebene aus positiv zu zählen. Die potentielle Energie kann durch Herabfallen der Masse m aus der Höhe h als Arbeit gewonnen werden.

Das Potential einer Feder ist die Arbeit, die gegen die Federkräfte bei der Auslenkung aufgebracht wird. Betrachten wir eine Feder, die durch eine Kraft F aus der spannungslosen Lage um die Länge x ausgezogen wird (Bild 10-4). Zu Beginn der Auslenkung besitzt die Kraft den Wert Null und zum Schluß den Wert $F = cx$. Zur Bestimmung der

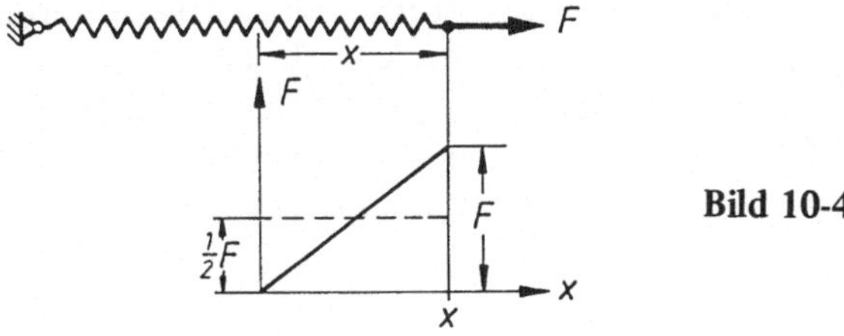

Bild 10-4

Arbeit müssen wir jetzt mit einer mittleren Kraft rechnen (oder integrieren), die wegen der linearen Abhängigkeit der Kraft vom Weg in diesem Fall $\frac{1}{2} F$ beträgt. Somit erhalten wir für das Potential der Feder

$$U = \frac{1}{2} F x = \frac{c}{2} x^2 = \frac{F^2}{2c} . \tag{10.4}$$

Bei Drehung eines starren Körpers (z. B. einer Welle nach Bild 10-5) um einen kleinen Winkel $d\varphi$ durch ein Kräftepaar mit dem Moment M erhalten wir für die aufgebrachte Arbeit

$$d W = F b_1 \, d\varphi + F b_2 \, d\varphi = F (b_1 + b_2) \, d\varphi .$$

Mit dem Moment $M = F (b_1 + b_2)$ für das Kräftepaar wird

$$d W = M d \varphi. \tag{10.5}$$

Ist das Moment konstant, so wird für eine Drehung um einen Winkel φ

$$W = M \varphi. \tag{10.5'}$$

Für $M = M(\varphi)$ wird W aus (10.5) durch Integration bestimmt.

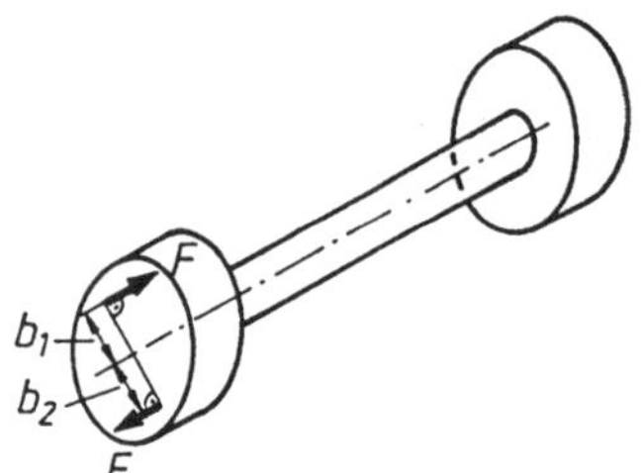

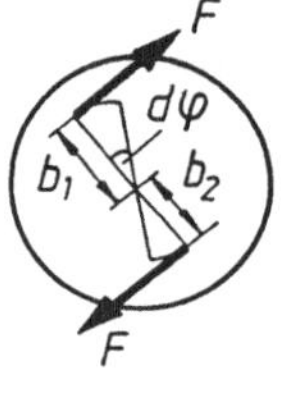

Bild 10-5

10.2 Arbeitssatz der Stereostatik

Ist ein Körper unter dem Einfluß von Kräften in Ruhe, so wird selbstverständlich von keiner Kraft eine Arbeit geleistet. Trotzdem können mit dem Arbeitsbegriff auch statische Aufgaben gelöst werden, wie wir in diesem Abschnitt zeigen wollen. Hierbei tritt der Begriff der *virtuellen Verrückung* auf. Darunter versteht man eine gedachte, sehr kleine (infinitesimal kleine) und mit den geometrischen Bedingungen verträgliche Verschiebung oder Drehung des Körpers (oder des Systems von Körpern). Eine virtuelle Verrückung wird mit dem Symbol δ bezeichnet, z. B. δx oder $\delta \varphi$. Sie soll dadurch bereits in der Schreibweise von einer tatsächlichen Verrückung dx oder $d\varphi$ unterschieden werden. Mathematisch werden δx oder $\delta \varphi$ genauso wie dx oder $d\varphi$ als Differentiale angesehen. Die bei einer virtuellen Verrückung erzeugte Arbeit wird mit δW bezeichnet und *virtuelle Arbeit* genannt.

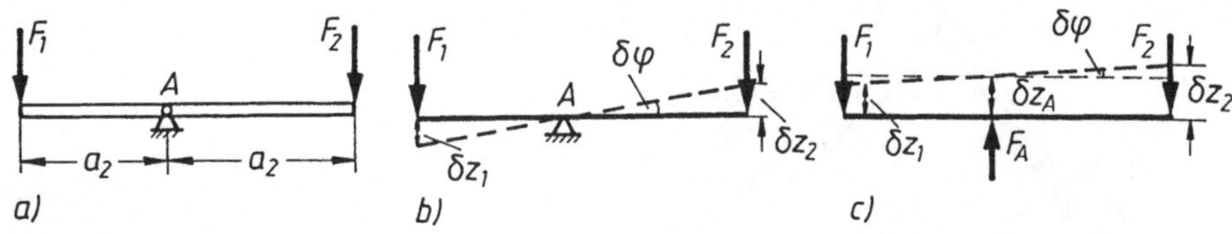

Bild 10-6

Wir zeigen zunächst an zwei einfachen Beispielen, in welcher Weise der Arbeitsbegriff in der Stereostatik angewendet werden kann. Der Hebel nach Bild 10-6a) ist im Gleichgewicht für $F_1 a_1 = F_2 a_2$. Denken wir uns den Hebel um den Punkt A um den kleinen Winkel $\delta \varphi$ gedreht, so leisten die Kräfte F_1 und F_2 bei ihren Verschiebungen δz_1 und δz_2 die Arbeit

$$\delta W = F_1 \delta z_1 - F_2 \delta z_2 ,$$

wobei der letzte Anteil negativ zu rechnen ist, da Kraft- und Verschiebungsrichtung entgegengesetzt verlaufen. Mit den geometrischen Bedingungen $\delta z_1 = a_1 \delta \varphi$ und $\delta z_2 = a_2 \delta \varphi$ für den kleinen Winkel $\delta \varphi$ wird

$$\delta W = (F_1 a_1 - F_2 a_2) \delta \varphi$$

und mit der Gleichgewichtsbedingung $\delta W = 0$. Die im Gleichgewicht befindlichen Kräfte leisten also bei einer kleinen Drehung keine Arbeit. Umgekehrt hätten wir aus der Forderung $\delta W = 0$ für eine kleine gedachte Drehung $\delta \varphi \neq 0$ die Gleichgewichtsaussage $F_1 a_1 - F_2 a_2 = 0$ erhalten.

Führen wir eine Verrückung des Hebels nach Bild 10-6c) aus, so ist die Arbeit der Reaktionskraft F_A zu berücksichtigen.

$$\delta W = F_A \delta z_A - F_1 \delta z_1 - F_2 \delta z_2 .$$

Mit $\delta z_1 = \delta z_A - a_1 \delta \varphi$ und $\delta z_2 = \delta z_A + a_2 \delta \varphi$ wird

$$W = (F_A - F_1 - F_2) \delta z_A + (F_1 a_1 - F_2 a_2) \delta \varphi .$$

Auch hier erhalten wir mit der weiteren Gleichgewichtsbedingung $F_A = F_1 + F_2$ für die virtuelle Arbeit $\delta W = 0$. Und umgekehrt: Aus der Forderung $\delta W = 0$ erhalten wir, da δz_A und $\delta \varphi$ voneinander unabhängige Verrückungen sind, die Gleichgewichtsbedingungen

$$F_A = F_1 + F_2 \quad \text{und} \quad F_1 a_1 - F_2 a_2 = 0 .$$

Im zweiten Beispiel betrachten wir eine doppelschiefe Ebene, auf der reibungsfrei die Massen m_1 und m_2 liegen. Die Massen sind nach Bild 10-7 über eine Rollenanordnung mit einem Seil verbunden. Wir denken uns die Massen um die kleinen Strecken δs_1 und δs_2 in die gestrichelte Lage verschoben. Die Arbeit der Gewichtskräfte beträgt bei dieser virtuellen Verschiebung

$$\delta W = \vec{F}_{g1} \cdot \delta \vec{s}_1 + \vec{F}_{g2} \cdot \delta \vec{s}_2 ,$$
$$\delta W = F_{g1} \sin \alpha_1 \cdot \delta s_1 - F_{g2} \sin \alpha_2 \cdot \delta s_2 .$$

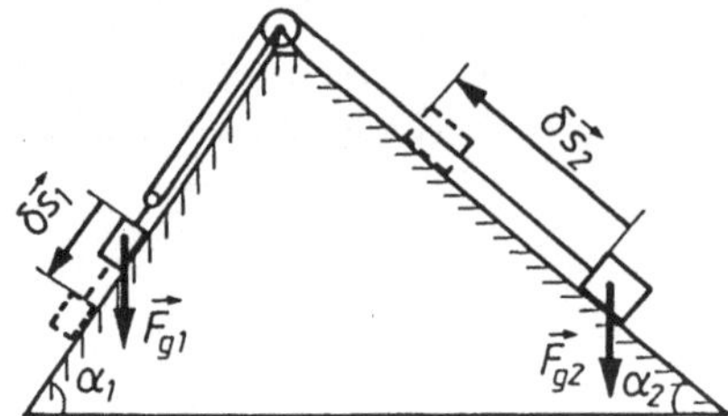

Bild 10-7

Die Verträglichkeit der Verschiebung liefert aufgrund der Rollenanordnung $\delta\,s_2 = 2\,\delta\,s_1$
und somit

$$\delta\,W = (F_{g1}\sin\alpha_1 - 2\,F_{g2}\sin\alpha_2)\,\delta\,s_1\;.$$

Die Forderung $\delta\,W = 0$ führt auf

$$F_{g1}\sin\alpha_1 = 2\,F_{g2}\sin\alpha_2\;.$$

Nach den Gleichgewichtsbedingungen der Statik hätten wir diese Bedingung durch
Freischneiden der Massen über die Seilkraft erhalten.

Aus den obigen beiden Beispielen erkennen wir, daß die Erfüllung der Gleichgewichtsbedingung für die virtuelle Arbeit $\delta\,W$ den Wert Null liefert. Und umgekehrt führt die
Forderung $\delta\,W = 0$ auf die Gleichgewichtsbedingung. Natürlich wird man bei den obigen
Beispielen kaum die Gleichgewichtsbedingungen über $\delta\,W = 0$ aufstellen, aber bei anderen
Aufgaben kann diese Vorgehensweise doch sehr zweckmäßig sein.

Wir betrachten jetzt einen starren Körper, auf den n Kräfte $\vec{F}_k$ wirken, die sich im Gleichgewicht befinden mögen. Wir wollen die Arbeit für eine virtuelle Verrückung des Körpers
bestimmen. Sind $\delta\vec{r}_k$ die Verrückungen der Angriffspunkte P_k der Kräfte $\vec{F}_k$, so wird

$$\delta\,W = \sum_{k=1}^{n} \vec{F}_k \cdot \delta\vec{r}_k\;. \tag{10.6}$$

Wir führen die weitere Betrachtung für eine Verrückung in der Ebene durch. (Im Raum
verläuft sie ganz ähnlich, erfordert aber eine Zusatzüberlegung der Kinematik.) In Bild 10-8
sei P der Angriffspunkt einer Kraft $\vec{F}$ und A ein beliebiger körperfester Punkt. Dann
können wir die Verrückung der Scheibe zusammensetzen aus einer Parallelverschiebung

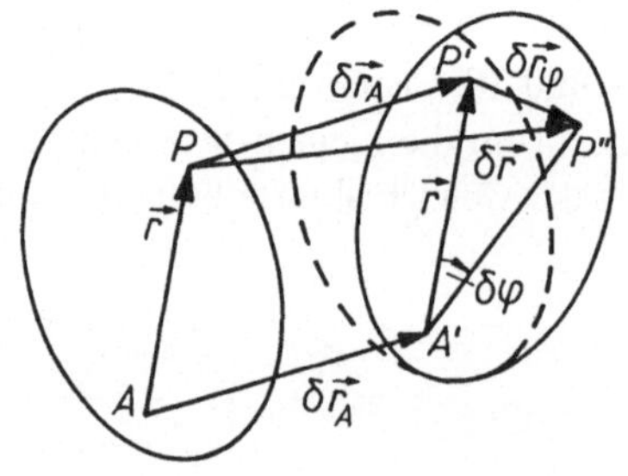

Bild 10-8

der Scheibe und einer anschließenden Drehung um den Punkt A. Bei der Parallelverschiebung erfahren alle Punkte die Verschiebung $\delta \vec{r}_A$. Der Punkt P wird in den Punkt P' verschoben. Bei der anschließenden Drehung um den kleinen Winkel $\delta \varphi$ gelangt P' nach P''. Um $\delta \vec{r}_\varphi = \overrightarrow{P'P''}$ zu bestimmen, führen wir einen Drehvektor $\delta \vec{\varphi}$ ein, der die Größe $\delta \varphi$ besitzt und in Richtung der Drehachse um A weist. Er steht also senkrecht zur Verschiebungsebene. Für eine kleine Drehung um einen kleinen Winkel $\delta \varphi$ steht $\delta \vec{r}_\varphi$ senkrecht auf $\vec{r} = \overrightarrow{A'P'} = \overrightarrow{AP}$ und besitzt die Größe $|\delta \vec{r}_\varphi| = |\vec{r}| \cdot \delta \varphi$. Daher gilt $\delta \vec{r}_\varphi = \delta \vec{\varphi} \times r$. Für die gesamte virtuelle Verrückung des Punktes P nach P'' wird somit

$$\delta \vec{r} = \delta \vec{r}_A + \delta \vec{\varphi} \times \vec{r}. \tag{10.7}$$

In dieser Darstellung sind $\delta \vec{r}_A$ und $\delta \vec{\varphi}$ unabhängig von der Lage des Punktes P. (Es läßt sich zeigen, daß (10.7) auch für eine beliebige räumliche Verrückung gilt.)

Für die gesamte virtuelle Arbeit der Kräfte $\vec{F}_k$ erhalten wir nach (10.6) mit (10.7)

$$\delta W = \Sigma \vec{F}_k \cdot (\delta \vec{r}_A + \delta \vec{\varphi} \times \vec{r}_k),$$
$$\delta W = (\Sigma \vec{F}_k) \cdot \delta \vec{r}_A + \Sigma \vec{F}_k \cdot (\delta \vec{\varphi} \times \vec{r}_k).$$

Mit $\vec{F}_k \cdot (\delta \vec{\varphi} \times \vec{r}_k) = (\delta \vec{\varphi} \times \vec{r}_k) \cdot \vec{F}_k = (\vec{r}_k \times \vec{F}_k) \cdot \delta \vec{\varphi}$ für das Spatprodukt wird

$$\delta W = (\Sigma \vec{F}_k) \cdot \delta \vec{r}_A + (\Sigma \vec{r}_k \times \vec{F}_k) \cdot \delta \vec{\varphi}. \tag{10.8}$$

Sind die n Kräfte im Gleichgewicht, so gelten die Gleichungen

$$\Sigma \vec{F}_k = \vec{0} \quad \text{und} \quad \Sigma \vec{M}_k^{(A)} = \Sigma \vec{r}_k \times \vec{F}_k = \vec{0},$$

und wir erhalten $\delta W = 0$. Und auch hier gilt wieder die Umkehrung: Ist $\delta W = 0$ für eine beliebige virtuelle Verrückung, in der also $\delta \vec{r}_A$ und $\delta \vec{\varphi}$ unabhängig voneinander sind, so erfüllen die Kräfte die Gleichgewichtsbedingungen.

Wir haben in den obigen Überlegungen einen starren Körper vorausgesetzt. Das Ergebnis gilt aber auch für ein System von starren Körpern, die z. B. durch Gelenke miteinander verbunden sind (Dreigelenkbogen, Gerberträger usw.). Dieses erkennen wir sofort, wenn wir die virtuelle Arbeit nach (10.8) für jeden einzelnen Körper hinschreiben. Wir müssen dann die Verbindungskräfte zwischen den Körpern zu den Kräften $\vec{F}_k$ hinzufügen. Bilden wir die Summe aller Arbeiten, so heben sich die Arbeitsanteile der Verbindungskräfte heraus, weil diese immer paarweise auftreten und entgegengesetzt gleich sind. Wir erhalten somit den

> **Arbeitssatz der Stereostatik:** Besitzt die Summe der Arbeiten aller äußeren Kräfte für jede virtuelle Verrückung eines starren Körpers oder eines Systems aus starren Körpern den Wert Null, so befinden sich die Kräfte im Gleichgewicht.

Diesen Satz bezeichnet man auch als das *Prinzip der virtuellen Arbeiten*.

10.3 Stabilität

Für eine Gleichgewichtslage eines mechanischen Systems gilt $\delta W = 0$. Nun wissen wir aber bereits von früher (s. Beispiele 2-12, 3-10, 8-11, 8-12, Abschnitt 8.5), daß eine solche Gleichgewichtslage stabil oder instabil (und zuweilen auch indifferent) sein kann. Hierüber sagt die Forderung für Gleichgewicht $\delta W = 0$ nichts aus. Im folgenden wollen wir Stabilitätskriterien aufstellen, mit denen entschieden werden kann, ob stabiles oder instabiles Gleichgewicht vorliegt.

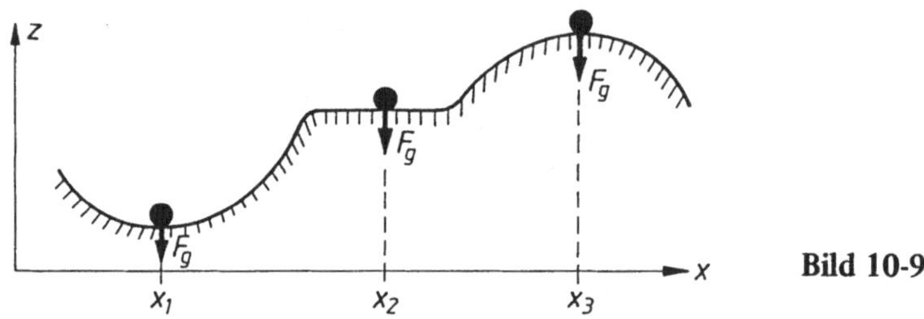

Bild 10-9

Wir betrachten die durch Bild 10-9 dargestellten Gleichgewichtslagen. Die Arbeit der Gewichtskraft für eine beliebige Lage in der Höhe $z = z(x)$ beträgt nach (10.4), gemessen von der x-Achse aus,

$$W = -mgz(x)$$

und das Potential

$$U = mgz(x).$$

$\delta W = -\delta U = 0$ liefert $\delta U = \frac{dU}{dx}\,\delta x = mgz'(x)\,\delta x = 0$, d.h. $z'(x) = 0$. Bild 10-9 zeigt Positionen, die dieser Bedingung genügen. In der Lage x_1 liegt stabiles Gleichgewicht vor, die Masse liegt im tiefsten Punkt der Bahnkurve. $z(x)$ besitzt dort ein Minimum, d.h. es wird $z''(x) > 0$. Damit nimmt auch das Potential U ein Minimum an. In der Lage x_3 liegt entsprechend ein Maximum von $z(x)$ bzw. U vor. Hier herrscht instabiles Gleichgewicht. Es gilt also

$$\boxed{\begin{aligned} U'' &> 0 \quad \text{für stabiles Gleichgewicht,} \\ U'' &< 0 \quad \text{für instabiles Gleichgewicht.} \end{aligned}} \tag{10.9}$$

Den Fall $U'' = 0$ wollen wir hier nicht weiter untersuchen. In diesem Fall liegt meistens indifferentes Gleichgewicht vor. Es ist aber auch stabiles oder instabiles Gleichgewicht möglich. Dieses kann über die höheren Ableitungen festgestellt werden.

Die Bedingungen (10.9) gelten allgemein. Für den Gleichgewichtsfall wird $\delta U = -\delta W = 0$, d.h. das Potential nimmt ein Extremum an. Bei einer stabilen Gleichgewichtslage muß bei einer Veränderung der Lage Arbeit aufgebracht werden, um die Position des Körpers zu verändern. U nimmt also dabei zu, d.h. U nimmt für eine stabile Gleichgewichtslage ein Minimum an: $U' = 0$ und $U'' > 0$. Entsprechend wird bei einer Verrückung aus einer instabilen Gleichgewichtslage Arbeit abgegeben, d.h. U nimmt ein Maximum an.

In den vorstehenden Überlegungen haben wir angenommen, daß das Potential U nur von einer Variablen (hier x) abhängt. Das System hat dann bei einer Veränderung seiner Lage einen Freiheitsgrad. U kann aber auch von mehreren Variablen abhängen. Dann sind die Kriterien (10.9) durch die Bedingungen für Extremwerte bei Funktionen mit mehreren Veränderlichen zu ersetzen.

Für einen Sonderfall erhalten wir ein besonders einleuchtendes Ergebnis der Stabilitätsbedingung. Wirken auf ein System von Körpern nur Schwerkräfte $F_{gk} = m_k g$, so wird

$$U = \Sigma\, m_k\, g z_k = m g z_s ,$$

wobei z_s die vertikale Schwerpunktkoordinate der Massenverteilung bedeutet. Für eine stabile Gleichgewichtslage nimmt U ein Minimum an, also wird auch z_s ein Minimum annehmen. Dieses ist das

> **Prinzip von Torricelli**[1]: Ein System von Körpern, das nur durch Schwerkräfte belastet wird, befindet sich im stabilen Gleichgewicht, wenn der Massenschwerpunkt seine tiefste Lage annimmt.

10.4 Beispiele

Manche der folgenden Beispiele lassen sich mit den Gleichgewichtsbedingungen in der bisherigen Form einfacher als mit dem Arbeitssatz lösen. Aus Übungszwecken haben wir aber auch solche Aufgaben hier mit aufgenommen.

Beispiel 10-1:   Für den Dreigelenkbogen (Bild 10-10a)) sind die Auflagerkräfte in B zu berechnen.

Gegeben: h, l, F_1, F_2, F_3.

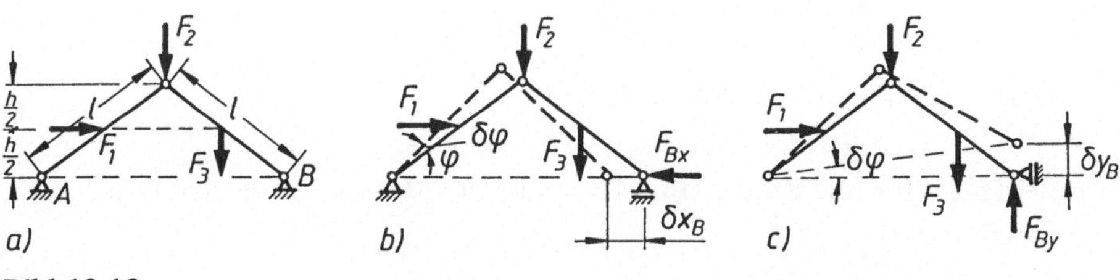

Bild 10-10

Wir denken uns das starre Gelenklager in B durch ein Rollenlager und die Kraft F_{Bx} ersetzt (Bild 10-10b)). Eine gedachte Verrückung beschreiben wir durch $\delta\varphi$. Dann folgt für die von A aus gemessenen Ortsvektoren

$$\vec{r}_1 = \frac{l}{2}\begin{pmatrix}\cos\varphi\\\sin\varphi\end{pmatrix}, \quad \vec{r}_2 = l\begin{pmatrix}\cos\varphi\\\sin\varphi\end{pmatrix}, \quad \vec{r}_3 = \frac{l}{2}\begin{pmatrix}3\cos\varphi\\\sin\varphi\end{pmatrix}, \quad \vec{r}_B = 2\,l\begin{pmatrix}\cos\varphi\\0\end{pmatrix}.$$

---

[1] Evangelista Torricelli (1608–1647), italienischer Physiker und Mathematiker

Die Verrückungen $\delta \vec{r}$ berechnen wir nach $\delta \vec{r} = \dfrac{d\vec{r}}{d\varphi} \cdot \delta\varphi$ zu

$$\delta \vec{r}_1 = \frac{l}{2}\begin{pmatrix} -\sin\varphi \\ \cos\varphi \end{pmatrix}\delta\varphi, \quad \delta \vec{r}_2 = l\begin{pmatrix} -\sin\varphi \\ \cos\varphi \end{pmatrix}\delta\varphi,$$

$$\delta \vec{r}_3 = \frac{l}{2}\begin{pmatrix} -3\sin\varphi \\ \cos\varphi \end{pmatrix}\delta\varphi, \quad \delta \vec{r}_B = 2\,l\begin{pmatrix} -\sin\varphi \\ 0 \end{pmatrix}\delta\varphi.$$

Mit

$$\vec{F}_1 = F_1\begin{pmatrix} 1 \\ 0 \end{pmatrix}, \quad \vec{F}_2 = F_2\begin{pmatrix} 0 \\ -1 \end{pmatrix}, \quad \vec{F}_3 = F_3\begin{pmatrix} 0 \\ -1 \end{pmatrix}, \quad \vec{F}_B = \begin{pmatrix} -F_{Bx} \\ F_{By} \end{pmatrix}$$

beträgt die virtuelle Arbeit aller Kräfte

$$\delta W = \vec{F}_1\cdot\delta\vec{r}_1 + \vec{F}_2\cdot\delta\vec{r}_2 + \vec{F}_3\cdot\delta\vec{r}_3 + \vec{F}_B\cdot\delta\vec{r}_B,$$

$$\delta W = -F_1\frac{l}{2}\sin\varphi\cdot\delta\varphi - F_2\,l\cos\varphi\cdot\delta\varphi - F_3\frac{l}{2}\cos\varphi\cdot\delta\varphi + F_{Bx}\,2\,l\sin\varphi\cdot\delta\varphi.$$

Aus $\delta W = 0$ berechnen wir

$$F_{Bx} = \frac{1}{4}F_1 + \frac{F_2 + \frac{1}{2}F_3}{2\tan\varphi}.$$

Ersetzen wir das Auflager B durch ein Rollenlager nach Bild 10-10c), so lesen wir aus der Zeichnung ab:

$$\delta y_B = 2\,l\cos\varphi\cdot\delta\varphi.$$

Mit

$$\vec{F}_B\cdot\delta\vec{r}_B = F_{By}\cdot\delta y_B = F_{By}\,2\,l\cos\varphi\cdot\delta\varphi$$

erhalten wir aus $\delta W = 0$ ähnlich wie oben

$$F_{By} = \frac{1}{4}F_1\tan\varphi + \frac{1}{2}\left(F_2 + \frac{1}{2}F_3\right).$$

Beispiel 10-2: Für die Schere (Bild 10-11) ist das Moment M für den Gleichgewichtsfall zu bestimmen.

Gegeben: φ, l, F.

Mit $y_c = 5\,l\sin\varphi$ erhalten wir für eine Drehung um den kleinen Winkel $\delta\varphi$ für den Punkt C die virtuelle Verschiebung $\delta y_c = 5\,l\cos\varphi\cdot\delta\varphi$ und damit für die virtuelle Arbeit

$$\delta W = -F\cdot\delta y_c + M\cdot\delta\varphi = -5\,Fl\cos\varphi\cdot\delta\varphi + M\cdot\delta\varphi.$$

Aus $\delta W = 0$ folgt

$$M = 5\,Fl\cos\varphi.$$

Die Berechnung von M aus den Gleichgewichtsbedingungen der Statik würde bei dieser Aufgabe sicherlich schwieriger werden.

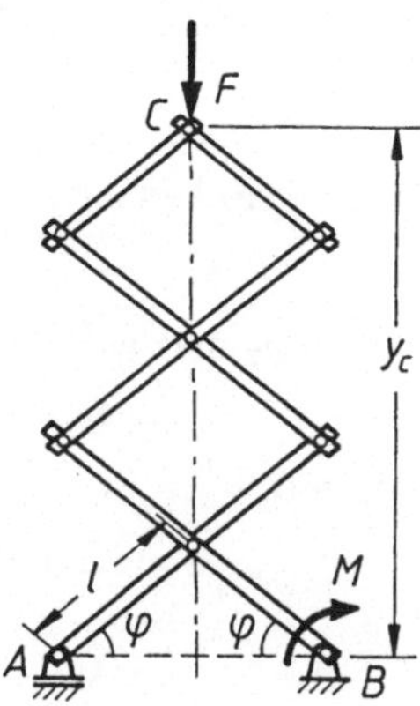

Bild 10-11

Beispiel 10-3: An zwei gewichtslosen Fäden der Länge l_1 und l_2 hängen zwei Massen m_1 und m_2. An den Massen m_1 und m_2 wirken nach Bild 10-12 die waagerechten Kräfte F_1 und F_2. Es sind die Einstellwinkel φ_1 und φ_2 für die Gleichgewichtslage zu berechnen.

Gegeben: l_1, l_2, m_1, m_2, F_1, F_2.

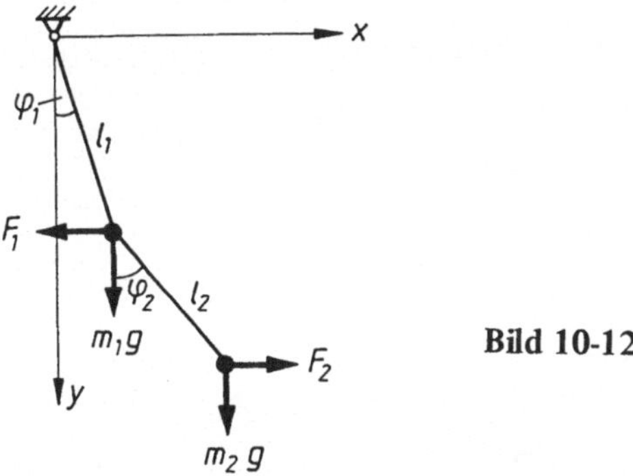

Bild 10-12

Für das eingezeichnete Koordinatensystem ergeben sich für die Massenpunkte die Koordinaten

$$x_1 = l_1 \sin\varphi_1, \quad y_1 = l \cos\varphi_1,$$

$$x_2 = x_1 + l_2 \sin\varphi_2, \quad y_2 = y_1 = y_1 + l_2 \cos\varphi_2.$$

Bei einer Drehung um $\delta\varphi_1$ und $\delta\varphi_2$ (das System hat zwei Freiheitsgrade) erhalten wir für die Verrückungen

$$\delta x_1 = l_1 \cos\varphi_1 \cdot \delta\varphi_1, \quad \delta y_1 = -l_1 \sin\varphi_1 \cdot \delta\varphi_1,$$

$$\delta x_2 = \delta x_1 + l_2 \cos\varphi_2 \cdot \delta\varphi_2, \quad \delta y_2 = \delta y_1 - l_2 \sin\varphi_2 \cdot \delta\varphi_2.$$

Damit wird die virtuelle Arbeit

$$\delta W = m_1 g \delta y_1 + m_2 g \delta y_2 - F_1 \delta x_1 + F_2 \delta x_2,$$

$$\delta W = (-m_1 g l_1 \sin \varphi_1 - m_2 g l_1 \sin \varphi_1 - F_1 l_1 \cos \varphi_1 + F_2 l_1 \cos \varphi_1) \delta \varphi_1 + (-m_2 g l_2$$
$$\sin \varphi_2 + F_2 l_2 \cos \varphi_2) \delta \varphi_2.$$

Aus $\delta W = 0$ ergeben sich wegen der Unabhängigkeit von $\delta \varphi_1$ und $\delta \varphi_2$ die zwei Gleichungen

$$-m_1 g l_1 \sin \varphi_1 - m_2 g l_1 \sin \varphi_1 - F_1 l_1 \cos \varphi_1 + F_2 l_1 \cos \varphi_1 = 0,$$

$$-m_2 g l_2 \sin \varphi_2 + F_2 l_2 \cos \varphi_2 = 0$$

mit den Lösungen

$$\tan \varphi_1 = \frac{F_2 - F_1}{(m_1 + m_2)g} \quad \text{und} \quad \tan \varphi_2 = \frac{F_2}{m_2 g}.$$

Beispiel 10-4: Zwei gewichtslose Stangen sind in C gelenkig verbunden und nach Bild 10-13 gelagert und durch drei Kräfte belastet. Die in B an einer Rolle befestigte Feder ist spannungslos, wenn die Stangen senkrecht stehen. Es sind der Einstellwinkel φ und die Federkraft F_c zu bestimmen. Die Reibung an der Rolle ist zu vernachlässigen:

Gegeben: $F_1 = F_2 = F_3 = F = 150\,\text{N}, \quad l = 20\,\text{cm}, \quad c = 8\,\text{N/cm}.$

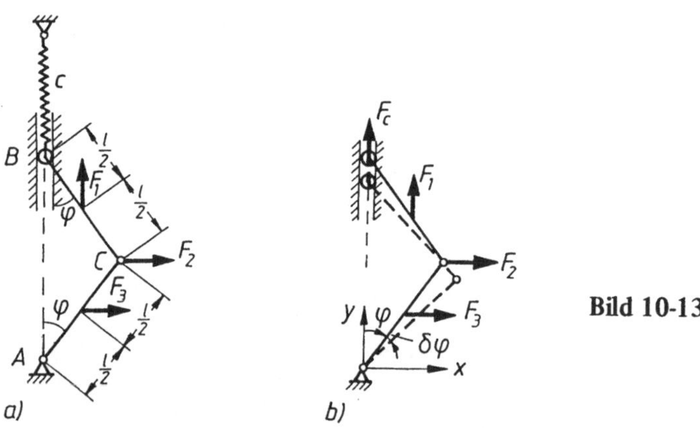

Bild 10-13

Für die Koordinaten der Angriffspunkte der Kräfte erhalten wir

$$y_1 = \frac{3}{2} l \cos \varphi, \quad x_2 = l \sin \varphi,$$

$$x_3 = \frac{1}{2} l \sin \varphi, \quad y_B = 2 l \cos \varphi$$

und hieraus für eine Drehung $\delta\varphi$ die virtuellen Verschiebungen in Richtung der Kräfte:

$$\delta y_1 = -\frac{3}{2}\,l\sin\varphi\cdot\delta\varphi, \quad \delta x_2 = l\cos\varphi\cdot\delta\varphi,$$

$$\delta x_3 = \frac{1}{2}\,l\cos\varphi\cdot\delta\varphi, \quad \delta y_B = -2\,l\sin\varphi\cdot\delta\varphi.$$

Für die virtuelle Arbeit

$$\delta W = F_1\,\delta y_1 + F_2\,\delta x_2 + F_3\,\delta x_3 + F_c\,\delta y_B$$

erhalten wir somit

$$\delta W = l\left(-F_3\,\frac{3}{2}\sin\varphi + F_2\cos\varphi + F_3\,\frac{1}{2}\cos\varphi - F_c\,2\sin\varphi\right)\delta\varphi.$$

Aus $\delta W = 0$ folgt nach Division durch $\cos\varphi$

$$F_2 + \frac{1}{2}F_3 = \left(\frac{3}{2}F_1 + 2F_c\right)\tan\varphi.$$

In dieser Gleichung sind F_c und φ unbekannt. Die zweite Gleichung erhalten wir aus dem Zusammenhang von F_c und der Verlängerung der Feder:

$$F_c = c\,(2\,l - 2\,l\cos\varphi) = 2\,c\,l\,(1 - \cos\varphi).$$

Einsetzen dieses Terms in die erste Gleichung liefert mit $F_1 = F_2 = F_3 = F$

$$\frac{3}{2}F = \left[\frac{3}{2}F + 4\,c\,l\,(1 - \cos\varphi)\right]\tan\varphi.$$

Nach Division durch $4\,c\,l$ folgt mit $\cos\varphi\cdot\tan\varphi = \sin\varphi$

$$\frac{3F}{8\,c\,l} = \left(\frac{3F}{8\,c\,l} + 1\right)\tan\varphi - \sin\varphi$$

oder

$$\tan\varphi = \frac{\dfrac{3F}{8\,c\,l} + \sin\varphi}{\dfrac{3F}{8\,c\,l} + 1}.$$

Die Gleichung lösen wir durch Probieren oder Iteration. Mit

$$\frac{3F}{8\,c\,l} = \frac{3\cdot 150\,\text{N}}{8\cdot 8\,\frac{\text{N}}{\text{cm}}\cdot 20\,\text{cm}} = \frac{45}{128} \quad \text{erhalten wir}$$

$$\varphi = 34{,}0^\circ \quad \text{und damit} \quad F_c = 2\cdot 8\cdot 20\,(1 - \cos\varphi) = 54{,}6\,\text{N}.$$

Beispiel 10-5: Für die in Bild 10-14a) dargestellte Gelenkstangenverbindung ist die Kraft F zu berechnen, die das System im Gleichgewicht hält.

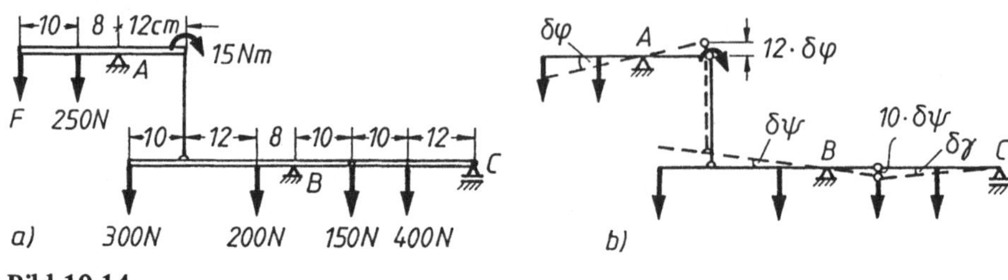

Bild 10-14

Wir drehen den oberen Hebel um einen kleinen Winkel $\delta\varphi$ (Bild 10-14b)). Aufgrund der Bindung durch die vertikale Gelenkstange betragen dann die Winkel der bei B und C gelagerten Stangen

$$\delta\psi = \frac{12\cdot\delta\varphi}{20} = \frac{3}{5}\delta\varphi \quad \text{und} \quad \delta\gamma = \frac{10\cdot\delta\psi}{22} = \frac{3}{11}\delta\varphi.$$

Die virtuellen Verschiebungen berechnen wir aus Abstand vom Drehpunkt mal Drehungswinkel. Damit wird (Kräfte in N, Längen in cm)

$$\delta W = F\cdot 18\cdot\delta\varphi + 250\cdot 8\cdot\delta\varphi - 1500\cdot\delta\varphi - 300\cdot 30\cdot\delta\psi - 200\cdot 8\cdot\delta\psi +$$
$$150\cdot 10\cdot\delta\psi + 400\cdot 12\cdot\delta\gamma$$

und mit

$$\delta\psi = \frac{3}{5}\delta\varphi \quad \text{und} \quad \delta\gamma = \frac{3}{11}\delta\varphi$$

$$\delta W = \left(F\cdot 18 + 250\cdot 8 - 1500 - 300\cdot 30\cdot\frac{3}{5} - 200\cdot 8\cdot\frac{3}{5} + 150\cdot 10\cdot\frac{3}{5} - 400\cdot 12\cdot\frac{3}{11}\right)\delta\varphi$$

Aus $\delta W = 0$ berechnen wir die Kraft F zu

$$F = 202,8 \text{ N}.$$

Beispiel 10-6: Für den in Beispiel 4-2 dargestellten Gerberträger sind die Auflagerreaktionen mit dem Arbeitssatz der Stereostatik zu berechnen.

Wir ersetzen zunächst die Einspannung bei A durch ein starres Gelenklager und fügen das Einspannmoment M_A hinzu. Für eine Drehung um den Punkt A mit dem kleinen Winkel $\delta\varphi$ erhalten wir mit den Verschiebungen nach Bild 10-15a):

$$\delta W = -M_\mathrm{A}\,\delta\varphi + 3\,q\,b\,\frac{3}{2}\,b\,\delta\varphi - 3\,\overline{q}\,b\,\frac{3}{2}\,b\,\delta\varphi - F\sin\alpha\cdot 3\,b\,\delta\varphi.$$

Hieraus folgt für $\delta W = 0$

$$M_\mathrm{A} = \frac{9}{2}\,q\,b^2 - \frac{9}{2}\,\overline{q}\,b^2 - 3\,F\,b\,\sin\alpha$$

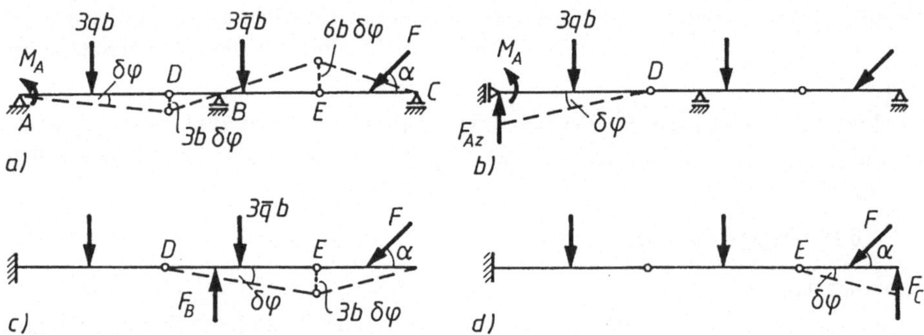

Bild 10-15

und mit $\bar{q} = \frac{2}{3}\,q$ und $F = 2\,q\,b$

$$M_A = 3\,q\,b^2 \left(\frac{1}{2} - 2 \sin \alpha \right).$$

Zur Ermittlung der Auflagerkraft F_{Az} ersetzen wir die Einspannung durch ein Rollenlager nach Bild 10-15b) und führen eine Drehung um D durch. Aus dem Arbeitssatz

$$\delta W = M_A\,\delta\varphi - F_{Az}\,3\,b\,\delta\varphi + 3\,q\,b\,\frac{3}{2}\,b\,\delta\varphi = 0$$

folgt

$$F_{Az} = \frac{M_A}{3\,b} + \frac{3}{2}\,q\,b = 2\,q\,b\,(1 - \sin\alpha).$$

Ähnlich erhalten wir F_B durch Fortnahme des Auflagers B und Anbringen der Kraft
F_B. Die Verrückung wird in Bild 10-15c) dargestellt. Hiermit wird

$$\delta W = -F_B\,b\,\delta\varphi + 3\,\bar{q}\,b\,\frac{3}{2}\,b\,\delta\varphi + F \sin\alpha \cdot \frac{3}{2}\,b\,\delta\varphi,$$

woraus sich für $\delta W = 0$ die Kraft F_B ergibt:

$$F_B = \frac{9}{2}\,\bar{q}\,b + \frac{3}{2}\,F \sin\alpha = 3\,q\,b\,(1 + \sin\alpha).$$

F_C erhalten wir schließlich nach Bild 10-15d) mit

$$\delta W = F \sin\alpha \cdot b\,\delta\varphi - F_C\,2\,b\,\delta\varphi = 0$$

zu

$$F_C = \frac{F}{2}\,\sin\alpha = q\,b\,\sin\alpha.$$

Beispiel 10-7: Wir wollen an einigen Beispielen aus den früheren Abschnitten zeigen, wie einfach gewisse statische Probleme (natürlich nicht alle) mit dem Arbeitssatz gelöst werden können.

1) Für die Dezimalwaage (Beispiel 4-5) erhalten wir nach Bild 10-16 für eine kleine Drehung $\delta\varphi > 0$ eine Senkung $a\,\delta\varphi$ der Masse m_0, während m um δy angehoben wird. Der Arbeitssatz liefert

$$\delta W = m_0\,g\,a\,\delta\varphi - m\,g\,\delta y = 0,$$

also $m_0\,a\,\delta\varphi = m\,\delta y$.

Damit das Wiegen von m unabhängig von x wird, muß δy an jeder Stelle gleich groß sein, d.h. die Auflagefläche von m muß parallel verschoben werden. Aus Bild 10-16 lesen wir $\delta y = b\,\delta\varphi$ ab und erhalten somit

$$m_0\,a = m\,b \quad \text{(natürlich wie früher).}$$

Weiterhin liefert der Strahlensatz

$$\frac{\delta y}{d} = \frac{c\,\delta\varphi}{e},$$

woraus mit $\delta y = b\,\delta\varphi$ die Beziehung $b\,e = c\,d$ folgt.

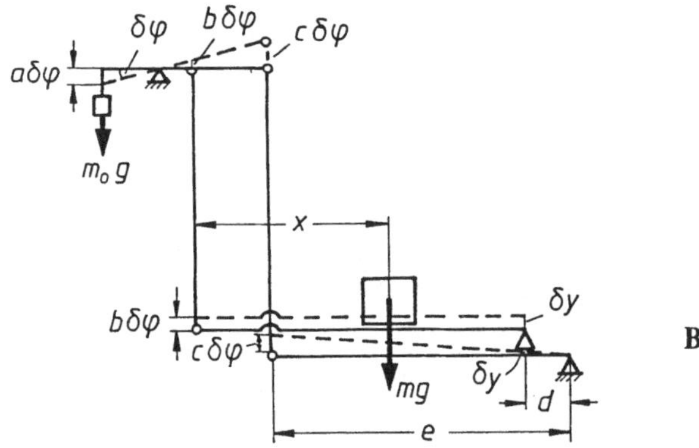

Bild 10-16

2) Für die Arbeitsbühne (Beispiel 4-8) soll die Kraft im Hydraulikzylinder berechnet werden. Bei einer virtuellen Drehung um $\delta\varphi$ wird F_g angehoben um

$$\delta y = \delta\,(2\,b\,\sin\varphi) = 2\,b\,\cos\varphi \cdot \delta\varphi.$$

Die Verrückung des Punktes C beträgt $b\,\delta\varphi$, und zwar senkrecht zum Stab AB. Die virtuellen Arbeiten der Kräfte F_g und F_CG betragen

$$\delta W = -F_\mathrm{g}\,2\,b\,\cos\varphi \cdot \delta\varphi + F_\mathrm{CG}\,\sin(\varphi + \psi) \cdot b\,\delta\varphi.$$

Aus $\delta W = 0$ folgt sofort

$$F_{CG} = \frac{2\cos\varphi}{\sin(\varphi + \psi)}\, F_g \quad (\text{unabhängig von } x\,!)$$

oder mit

$$\frac{\sin(\varphi + \psi)}{l} = \frac{\sin\psi}{l} \quad (\text{Sinussatz})$$

$$F_{CG} = \frac{2\,b\,\cos\varphi}{l\,\sin\psi}\, F_g\,.$$

Die weitere Berechnung von F_{CG} verläuft wie im Beispiel 4-8.

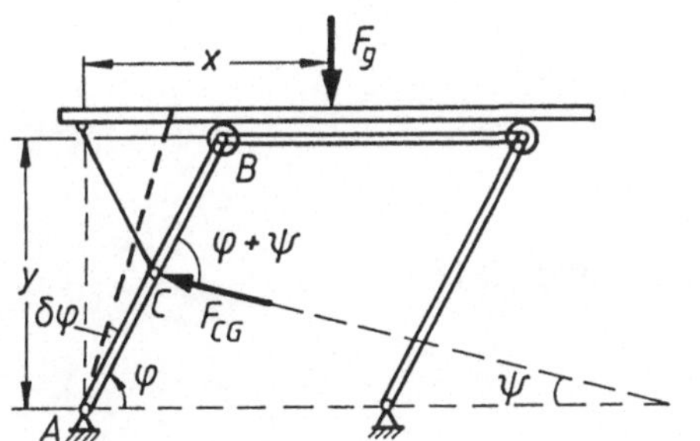

Bild 10-17

3) Für die Briefwaage (Beispiel 4-10, Bild 4-17) erhalten wir für eine virtuelle Drehung um $\delta\varphi$ für die Massen m_0 und m die Verrückungen

$$\delta(-a\cos\varphi) = a\sin\varphi \cdot \delta\varphi,$$

$$\delta[b\cos(\varphi + \beta)] = -b\sin(\varphi + \beta)\cdot\delta\varphi.$$

Damit folgt aus

$$\delta W = m_0\,g\,a\,\sin\varphi\cdot\delta\varphi - m\,g\,b\,\sin(\varphi + \beta)\cdot\delta\varphi = 0$$

$$m_0\,a\,\sin\varphi = m\,b\,\sin(\varphi + \beta) \quad (\text{unabhängig von } x).$$

Die Lösung dieser Gleichung verläuft wie im Beispiel 4-10.

Beispiel 10-8: Für den in Bild 10-18a) dargestellten Träger ist für den Punkt P das Biegemoment mit dem Arbeitssatz zu berechnen.

Wir denken uns im Punkt P den Träger geschnitten und die beiden Teilträger durch ein Gelenk verbunden. Damit weiterhin Gleichgewicht besteht, müssen wir die Biegemomente M_b an den Schnittflächen als äußere Momente an den beiden Teilträgern anbringen (Bild 10-18b)). Für eine virtuelle Verrückung des Punktes P gilt die geometrische Verträglichkeit $4\,\text{m}\cdot\delta\varphi = 3\,\text{m}\cdot\delta\psi$.

Mit $F_2 = 6$ kN/m $\cdot$ 1 m = 6 kN und $F_3 = 6$ kN/m $\cdot$ 3 m = 18 kN wird die virtuelle Arbeit (Kräfte in kN, Längen in m)

$$\delta W = 12 \cdot 1 \cdot \delta\varphi + 6 \cdot 3{,}5 \cdot \delta\varphi - M_b\,\delta\varphi - M_b\,\delta\psi + 18 \cdot 1{,}5 \cdot \delta\psi.$$

Mit $\delta\psi = \frac{4}{3}\,\delta\varphi$ folgt hieraus

$$\delta W = \left(12 + 21 - M_b - \frac{4}{3}M_b + 27 \cdot \frac{4}{3}\right)\delta\varphi.$$

Aus $\delta W = 0$ berechnen wir das Biegemoment zu

$$M_b = \frac{3}{7} \cdot 69 = 29{,}6 \text{ kN m}.$$

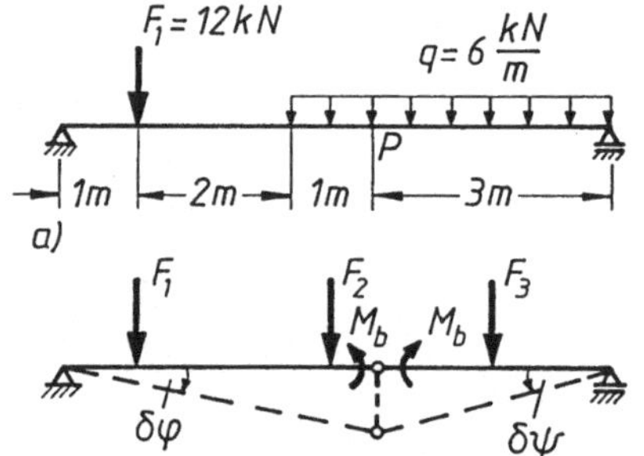

Bild 10-18

Beispiel 10-9: Für die Übungsaufgabe 1-7 ist der Einstellwinkel mit dem Arbeitssatz zu berechnen.

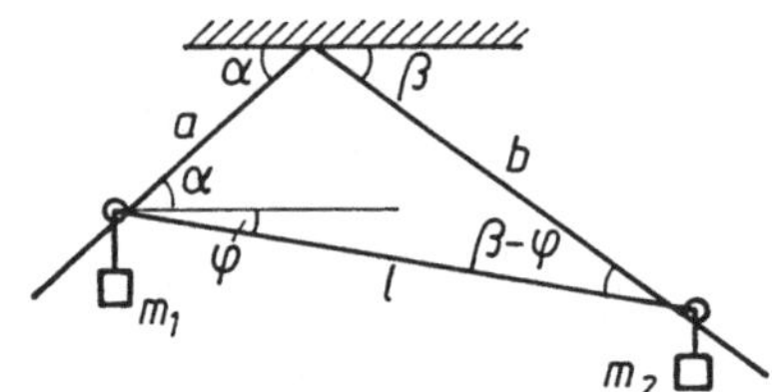

Bild 10-19

Bei einer Verrückung um den Winkel $\delta\varphi$ verschieben sich die Rollen mit den Massen m_1 und m_2 um δa und δb (Bild 10-19). Die virtuelle Arbeit wird dabei

$$\delta W = m_1 g \sin\alpha \cdot \delta a + m_2 g \sin\beta \cdot \delta b.$$

a und b stellen wir in Abhängigkeit des Winkels φ dar (Sinussatz):

$$a = \frac{l}{\sin(\alpha + \beta)} \sin(\beta - \varphi), \quad b = \frac{l}{\sin(\alpha + \beta)} \sin(\alpha + \varphi).$$

Damit werden die Verrückungen

$$\delta a = -\frac{l}{\sin(\alpha + \beta)} \cos(\beta - \varphi) \cdot \delta\varphi, \quad \delta b = \frac{l}{\sin(\alpha + \beta)} \cos(\alpha + \varphi) \cdot \delta\varphi.$$

Diese Terme setzen wir in den Ausdruck für δW ein:

$$\delta W = -m_1 g \sin\alpha \, \frac{l}{\sin(\alpha+\beta)} \cos(\beta-\varphi) \cdot \delta\varphi + m_2 g \sin\beta \, \frac{l}{\sin(\alpha+\beta)} \cos(\alpha+\varphi) \cdot \delta\varphi.$$

Aus $\delta W = 0$ folgt nach Division durch $g\,\dfrac{l}{\sin(\alpha+\beta)}$

$$-m_1 \sin\alpha \cos(\beta-\varphi) + m_2 \sin\beta \cos(\alpha+\varphi) = 0.$$

Aus dieser Gleichung ist φ zu berechnen. Mit den Additionstheoremen erhalten wir

$$-m_1 \sin\alpha\,(\cos\beta\cos\varphi + \sin\beta\sin\varphi) + m_2 \sin\beta\,(\cos\alpha\cos\varphi - \sin\alpha\sin\beta) = 0.$$

Dividieren wir die Gleichung durch $-\sin\alpha\sin\beta\cos\varphi$, so wird

$$m_1 \left(\frac{1}{\tan\beta} + \tan\varphi \right) - m_2 \left(\frac{1}{\tan\alpha} - \tan\varphi \right) = 0$$

und schließlich

$$\tan\varphi = \frac{1}{m_1 + m_2} \left(\frac{m_2}{\tan\alpha} - \frac{m_1}{\tan\beta} \right).$$

Beispiel 10-10: Ein senkrechter gewichtsloser Stab trägt nach Bild 10-20a) an seinem einen Ende eine Masse m. Der Stab ist in A gelenkig gelagert und wird am anderen Ende durch eine waagerecht geführte Feder gehalten. Bei senkrechter Lage des Stabes ist die Feder spannungslos. Es ist zu untersuchen, welche Gleichgewichtslagen der Stab einnehmen kann (s. auch Beispiel 2-12).

Gegeben: l, m, c.

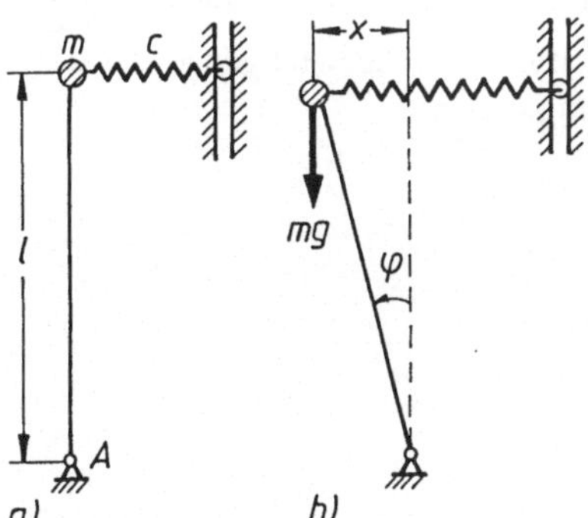

Bild 10-20

Eine ausgelenkte Lage wird durch den Winkel φ beschrieben (Bild 10-20b)). Für das Potential des mechanischen Systems erhalten wir mit $x = l \sin\varphi$

$$U = mgl\cos\varphi + \frac{c}{2} x^2 = mgl\cos\varphi + \frac{c}{2} l^2 \sin^2\varphi.$$

In einer Gleichgewichtslage muß U ein Extremum annehmen, also $U' = 0$ werden.

$$U' = -mgl \sin\varphi + cl^2 \sin\varphi \cos\varphi,$$

$$U' = cl^2 \sin\varphi \left(\cos\varphi - \frac{mg}{cl}\right).$$

$U' = 0$ liefert

$$\sin\varphi = 0, \quad \text{d.h.} \quad \varphi = 0 \quad \text{oder} \quad \varphi = \pi,$$

$$\text{oder} \quad \cos\varphi = \frac{mg}{cl}, \quad \text{d.h.} \quad \varphi = \varphi_0 = \text{arc}\cos\frac{mg}{cl} \quad \text{für} \quad \frac{mg}{cl} < 1.$$

Für $\frac{mg}{cl} > 1$ gibt es nur die Gleichgewichtslagen $\varphi = 0$ oder $\varphi = \pi$. Um zu untersuchen, ob Stabilität oder Instabilität vorliegt, bilden wir die zweite Ableitung

$$U'' = cl^2 \left(\cos^2\varphi - \sin^2\varphi - \frac{mg}{cl} \cos\varphi\right).$$

Für $\varphi = 0$ und $\varphi = \pi$ erhalten wir

$$U''(0) = cl^2 \left(1 - \frac{mg}{cl}\right) \begin{cases} > 0 & \text{für} \quad \frac{mg}{cl} < 1, \\ < 0 & \text{für} \quad \frac{mg}{cl} > 1, \end{cases}$$

$$U''(\pi) = cl^2 \left(1 + \frac{mg}{cl}\right) > 0 \text{ in allen Fällen.}$$

Die Lage $\varphi = \pi$ ist demnach stets eine stabile Gleichgewichtslage (was natürlich zu erwarten war). Die Gleichgewichtslage $\varphi = 0$ ist stabil für $\frac{mg}{cl} < 1$ und instabil für $\frac{mg}{cl} > 1$. Im ersten Fall erhalten wir mit $\varphi = \varphi_0 \neq 0$ eine weitere Gleichgewichtslage. Ist diese stabil oder instabil? Wir untersuchen die zweite Ableitung.

$$U''(\varphi_0) = cl^2 \left(2\cos^2\varphi_0 - 1 - \frac{mg}{cl} \cos\varphi_0\right),$$

$$U''(\varphi_0) = cl^2 \left(2\frac{m^2g^2}{c^2l^2} - 1 - \frac{mg}{cl} \cdot \frac{mg}{cl}\right)$$

$$U''(\varphi_0) = cl^2 \left(\frac{m^2g^2}{c^2l^2} - 1\right) < 0 \quad \text{für} \quad \frac{mg}{cl} < 1.$$

Für $\varphi = \varphi_0$ liegt also stets eine instabile Gleichgewichtslage vor. Für eine Auslenkung mit $|\varphi| < \varphi_0$ kehrt der Stab für $\frac{mg}{cl} < 1$ stets in die stabile Gleichgewichtslage $\varphi = 0$ zurück. Für $|\varphi| > \varphi_0$ sucht sich der Stab die stabile Gleichgewichtslage $\varphi = \pi$. Diese Position wird der Stab immer einnehmen, wenn $\frac{mg}{cl} > 1$ wird.

Beispiel 10-11: Auf einem gewichtslosen Stab kann nach Bild 10-21a) ein reibungsfreier Ring gleiten, an dem zwei gleiche Federn befestigt sind. Der Stab ist in A gelenkig gelagert und wird an seinem oberen Ende durch eine senkrechte Kraft F belastet. In der senkrechten Lage des Stabes sind die Federn spannungsfrei. Es ist zu untersuchen, welche Gleichgewichtslagen der Stab einnehmen kann.

Gegeben: l, F, c.

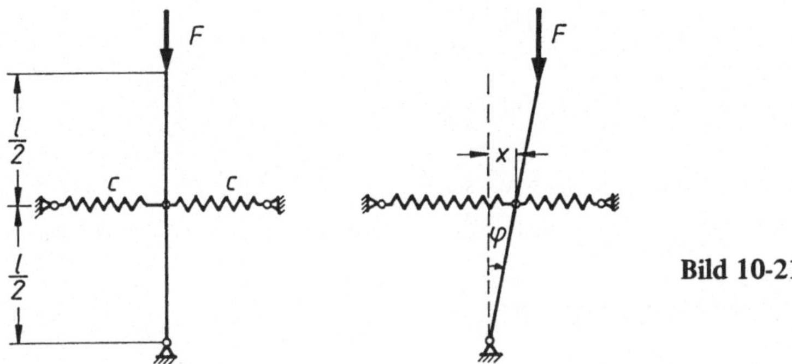

Bild 10-21

In einer ausgelenkten Lage (Bild 10-21b)) beträgt die potentielle Energie

$$U = F l \cos\varphi + 2\frac{c}{2} x^2$$

und mit $x = \frac{l}{2} \tan\varphi$

$$U = F l \cos\varphi + \frac{c}{4} l^2 \tan^2\varphi .$$

Für eine Gleichgewichtslage wird $U' = 0$.

$$U' = -F l \sin\varphi + \frac{c}{2} l^2 \tan\varphi \frac{1}{\cos^2\varphi} .$$

Mit $\tan\varphi = \frac{\sin\varphi}{\cos\varphi}$ können wir schreiben

$$U' = F l \sin\varphi \left(-1 + \frac{c l}{2 F \cos^3\varphi}\right).$$

$U' = 0$ liefert

$$\sin\varphi = 0 \Rightarrow \varphi = 0 \quad \text{oder} \quad \varphi = \pi \text{ (entfällt als Lösung des Problems)}$$

oder

$$\cos^3\varphi = \frac{c l}{2 F} \Rightarrow \varphi = \varphi_0 = \arccos \sqrt[3]{\frac{c l}{2 F}} \quad \text{für} \quad \frac{c l}{2 F} < 1 .$$

Man erhält also stets die Gleichgewichtslage $\varphi = 0$ und für $\dfrac{c\,l}{2\,F} < 1$ weiterhin $\varphi = \varphi_0$. Um die Stabilität zu untersuchen, bilden wir die zweite Ableitung.

$$U'' = F\,l\left[\cos\varphi\left(-1 + \frac{c\,l}{2\,F\cos^3\varphi}\right) + \sin\varphi\,\frac{-3\,c\,l\,(-\sin\varphi)}{2\,F\cos^4\varphi}\right].$$

Für die Gleichgewichtslagen $\varphi = 0$ erhalten wir

$$U''(0) = F\,l\left(-1 + \frac{c\,l}{2\,F}\right)\begin{cases} > 0 & \text{für } \dfrac{c\,l}{2\,F} > 1, \\[2ex] < 0 & \text{für } \dfrac{c\,l}{2\,F} < 1, \end{cases}$$

$\varphi = 0$ ist demnach eine stabile Gleichgewichtslage für $\dfrac{c\,l}{2\,F} > 1$. Für $\dfrac{c\,l}{2\,F} < 1$ wird diese Gleichgewichtslage instabil. Ist $\dfrac{c\,l}{2\,F} < 1$, so gibt es die weitere Gleichgewichtslage $\varphi = \varphi_0$. Mit

$$\cos^3\varphi_0 = \frac{c\,l}{2\,F} \quad \text{wird} \quad -1 + \frac{c\,l}{2\,F\cos^3\varphi_0} = 0 \quad \text{und damit}$$

$$U''(\varphi_0) = F\,l\,\frac{3\,c\,l\sin^2\varphi_0}{2\,F\cos^4\varphi_0} > 0.$$

Für $\dfrac{c\,l}{2\,F} < 1$ ist $\varphi = \varphi_0$ eine stabile Gleichgewichtslage.

Belasten wir den senkrecht stehenden Stab mit wachsenden Kräften F, so bleibt der Stab bis zur Kraft $F = \dfrac{c\,l}{2}$ in seiner senkrechten Gleichgewichtslage. Eine zeitweilige kleine Auslenkung (z.B. durch ein Anstoßen oder durch Erschütterungen) bringt den Stab in die Lage $\varphi = 0$ zurück. Erst wenn $F > \dfrac{c\,l}{2}$ wird, sucht sich der Stab eine andere Gleichgewichtslage $\varphi = \varphi_0 \neq 0$. Man nennt die Kraft, bei der der Stab anfängt, seine senkrechte Gleichgewichtslage zu verlassen, die kritische Kraft F_k. In Bild 10-22 haben wir den Winkel φ für eine stabile Gleichgewichtslage in Abhängigkeit von F dargestellt.

Vergleichen wir die letzten beiden Beispiele miteinander. Die kritische Masse im Beispiel 10-10 beträgt $m_k = \dfrac{c\,l}{g}$. Für $m < m_k$ ist $\varphi = 0$ eine stabile Gleichgewichtslage und für $m > m_k$ ist es $\varphi = \pi$. Die Abhängigkeit des Winkels φ von der Masse ergibt hier die in Bild 10-23 dargestellte Sprungfunktion.

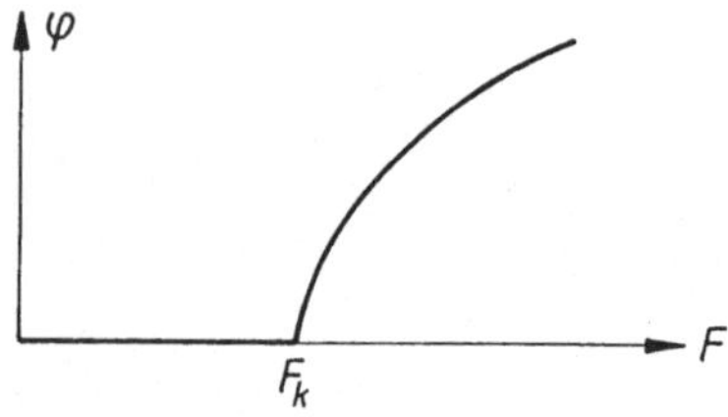

Bild 10-22

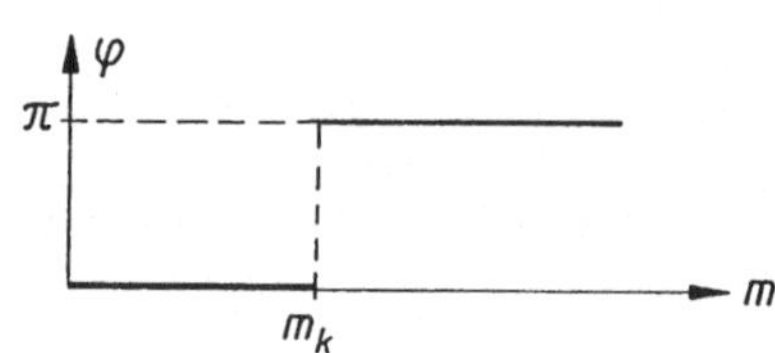

Bild 10-23

Beispiel 10-12: Ein gewichtsloser Stab trägt eine Masse m und steht nach Bild 10-24a) senkrecht auf einer glatten Kreisbahn mit dem Radius r. Das andere Ende des Stabes kann sich reibungslos in einer vertikalen Führung bewegen. Welche Bedingungen müssen erfüllt sein, damit die senkrechte Lage eine stabile Gleichgewichtslage ist?

Gegeben: m, l, a, r.

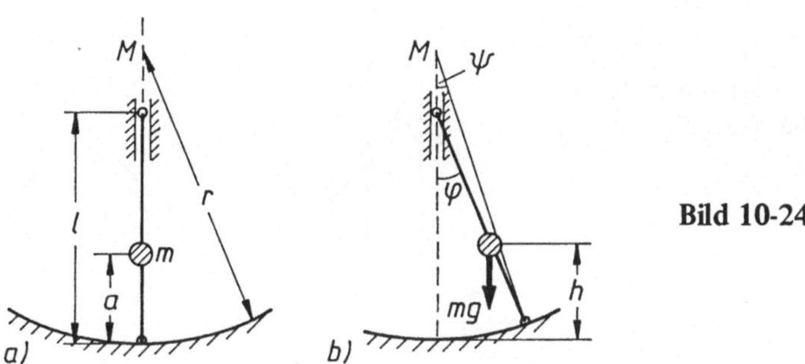

Bild 10-24

Bei einer Verschiebung aus der senkrechten Lage erhalten wir nach Bild 10-24b) für das Potential der Masse m

$$U = mgh = mg\,[a\cos\varphi + r\,(1 - \cos\psi)].$$

Die Beziehung zwischen φ und ψ ergibt sich aus dem Sinussatz

$$\frac{\sin\psi}{l} = \frac{\sin(\pi - \varphi)}{r} = \frac{\sin\varphi}{r}$$

Da wir die Gleichgewichtslage für $\varphi = 0$ untersuchen wollen, setzen wir von vornherein kleine Winkel φ und ψ voraus. Mit den Näherungsformeln

$$\sin\varphi \cong \varphi,\ \cos\varphi \cong 1 - \frac{1}{2}\,\varphi^2$$

wird

$$\psi = \frac{l}{r}\,\varphi,\quad 1 - \cos\psi = \frac{1}{2}\,\psi^2 = \frac{l^2}{2\,r^2}\,\varphi^2$$

und damit das Potential

$$U = mg\left(a - \frac{a}{2}\,\varphi^2 + \frac{l^2}{2r}\,\varphi^2\right).$$

Die Ableitungen werden

$$U' = mg\left(-a\,\varphi + \frac{l^2}{r}\,\varphi\right),\quad U'' = mg\left(-a + \frac{l^2}{r}\right).$$

Für $\varphi = 0$ wird $U' = 0$. Diese Gleichgewichtslage ist stabil für $U'' > 0$, also für

$$l^2 > a\,r.$$

Die Durchrechnung für große Winkel zeigt, daß es eine zweite Gleichgewichtslage $\varphi \neq 0$ für $l^2 > a\,r$ gibt. Diese Lage ist instabil. Für $l^2 < a\,r$ ist $\varphi = \pi$ die einzige stabile Gleichgewichtslage. Natürlich müßte in diesem Fall für eine Führung auf der Kreisbahn gesorgt werden.

10.5 Übungsaufgaben

10-1: Bestimmen Sie für die in Ruhe befindliche Schere die Kraft F_B.

Gegeben: F, l, b.

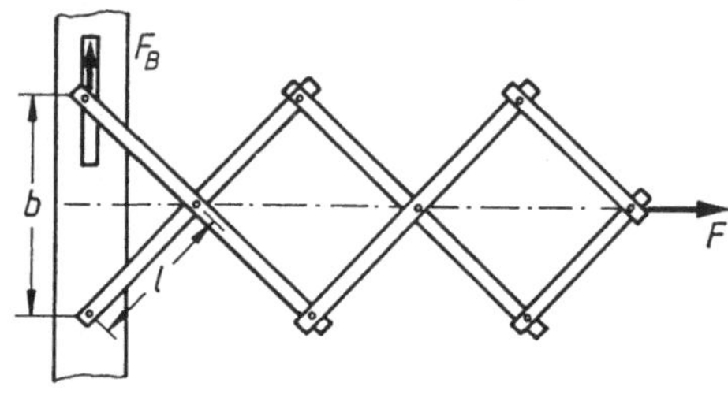

10-2: Berechnen Sie für das mechanische System das Einspannmoment bei A und die Reaktionskraft im Auflager B.

Gegeben: a, F.

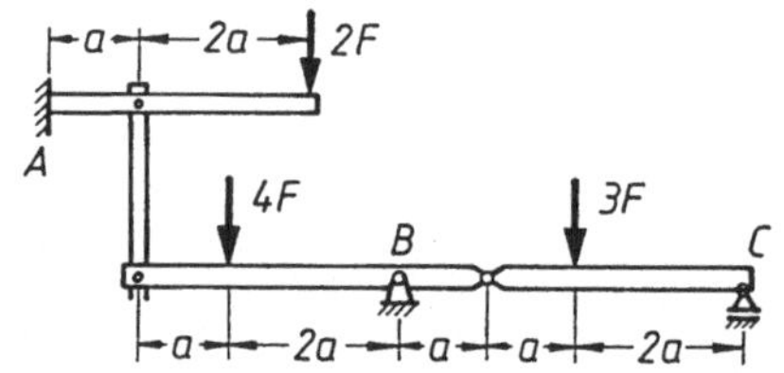

10-3: Berechnen Sie im Tragwerk der Übungsaufgabe 4-9 die Kraft F_EF.

10-4: Welche Masse m_0 hält das skizzierte Gelenksystem im Gleichgewicht? Die Schenkel der Winkelhebel stehen aufeinander senkrecht. Die Reibung in den Gelenken ist zu vernachlässigen.

Gegeben: m, a, $b = \dfrac{a}{2}$, $h = \dfrac{4}{5}\,a$, $c = 0{,}95\,a$, $d = \dfrac{2}{3}\,a$.

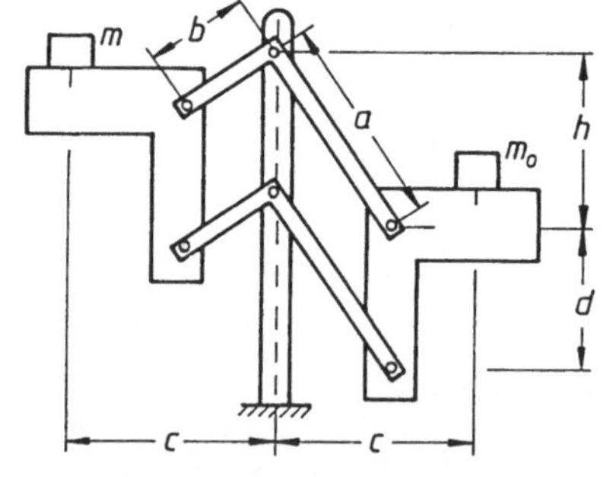

10-5: Bestimmen Sie für den skizzierten Träger alle Reaktionsgrößen in A, B und C.

Gegeben: a, F.

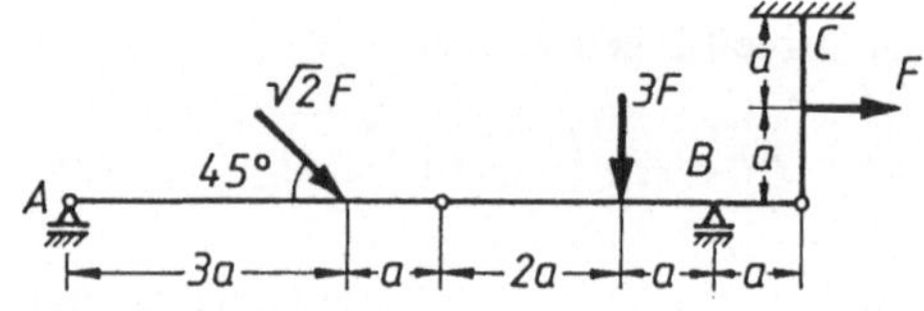

10-6: Berechnen Sie für das Gelenksystem das Moment M für den Gleichgewichtsfall. Der Zylinder C kann reibungsfrei auf einer zu AB parallelen Stange gleiten.

Gegeben: $l = 40$ cm, $a = \frac{3}{4}\,l$, $b = \frac{1}{2}\,l$, $F = 500$ N.

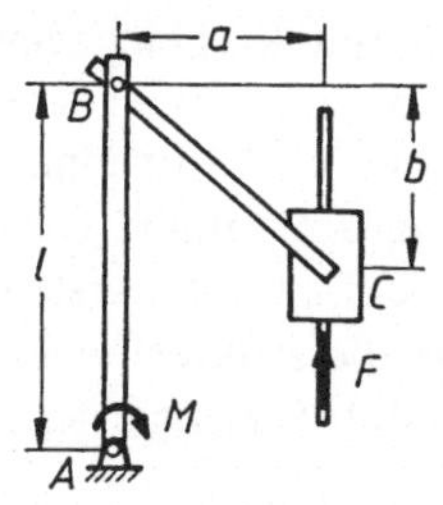

10-7: Bestimmen Sie das Biegemoment unter der Last F.

Gegeben: a, F, $q = \dfrac{F}{5a}$.

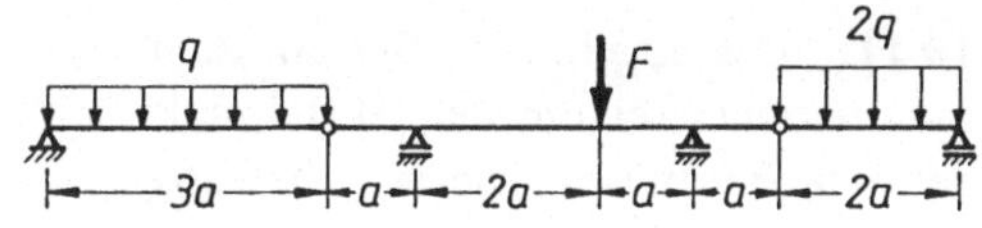

10-8: Zwei Stangen AC und BC der gleichen Länge sind nach nebenstehender Abbildung gelenkig verbunden und gelagert. Die Rolle B kann sich reibungsfrei in einer Schiene bewegen. Der Stab AB besitzt die Masse m_1 und der Stab BC m_2. Berechnen Sie den Einstellwinkel φ. Für welches Verhältnis m_2/m_1 nimmt der Stab BC eine waagerechte Lage ein?

Gegeben: l, α, m_1, m_2.

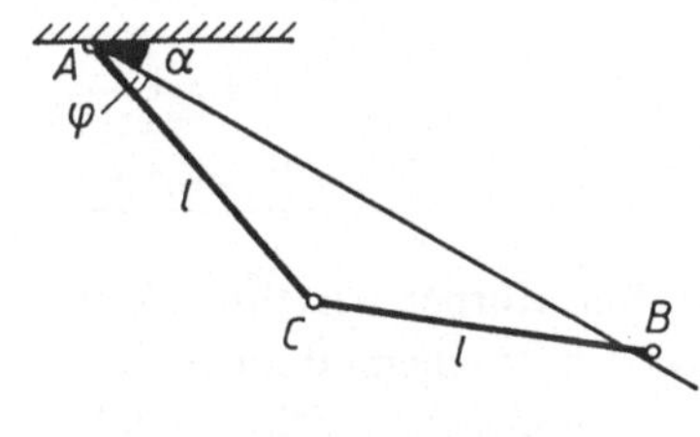

10-9: Ein rechtwinkliger Hebel ist in A gelenkig drehbar gelagert und in B an einer spannungslosen Feder befestigt. Das andere Ende der Feder kann sich reibungsfrei in einer waagerechten Führung bewegen. Untersuchen Sie für senkrechte Kräfte die Gleichgewichtslagen.

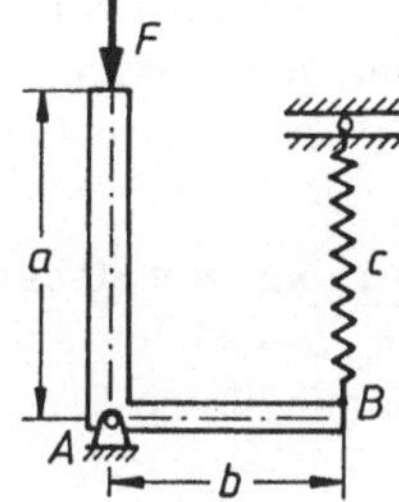

10-10: Der Endpunkt A einer gewichtslosen Stange wird auf einer Kreisbahn und der Endpunkt B auf einer Senkrechten reibungsfrei geführt. Die Stange trägt eine Masse m. Unter welchen Bedingungen ist die senkrechte Lage der Stange eine stabile Gleichgewichtslage?

Gegeben: $m,\ l,\ a,\ r$.

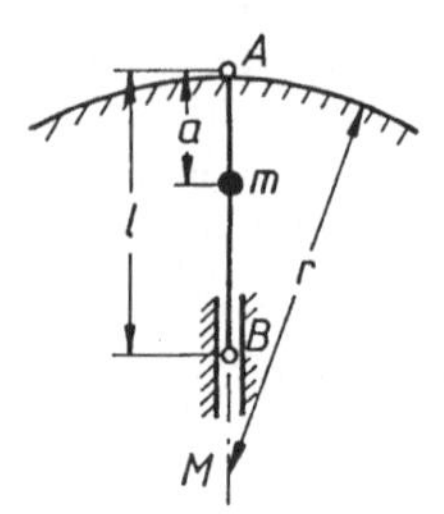

10-11: Das abgebildete System kann sich reibungsfrei um den Mittelpunkt der Scheibe drehen. Die in A befestigten gleichen Federn sind in der gezeichneten Lage spannungslos. Bestimmen Sie die kritische Kraft F_k. Untersuchen Sie die Gleichgewichtslage für $F = \frac{5}{4} F_k$.

Gegeben: $r,\ l,\ c$.

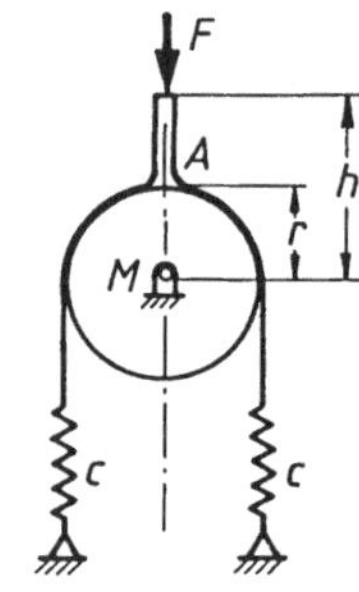

10-12: Ein Körper besteht aus einer Halbkugel mit einem draufgesetztem Kegel. Er besitzt den Schwerpunkt S und die Masse m. Die Spitze des Kegels ist an einer gespannten Feder befestigt, deren anderes Ende sich reibungsfrei in einer Schiene bewegen kann. Wie groß muß die Federkonstante mindestens sein, damit die senkrechte Lage stabil ist? Gibt es weitere Gleichgewichtslagen?

Gegeben: $m = 15$ kg, $h = 30$ cm, $a = \frac{1}{5} h$, $r = \frac{2}{5} h$, $b = 25$ cm, $l = 22$ cm (Länge der spannungslosen Feder).

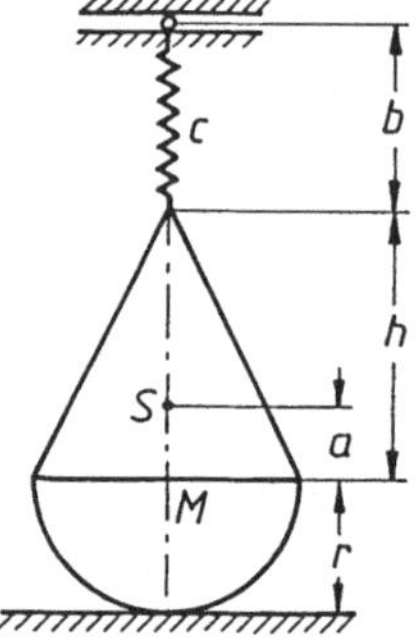

Anhang

Lösungen der Übungsaufgaben

Abschnitt 1

1-1: $F_S = 28,0$ kN; $F_D = 35,8$ kN

1-2: $F = 368$ N; $\beta = 68,6°$; $F_S = 935$ N

1-3: $F_{S1} = 1,80$ kN; $F_{S2} = 1,92$ kN; $F_{S3} = 0,47$ kN; $F = 0,47$ kN

1-4: $\alpha = 15°$; $F_{S1} = 436$ N; $F_{S2} = 339$ N; $F_S = 843$ N; $m_1 = 44,5$ kg

1-5: $F = 0,87$ kN; $F_n = 1,86$ kN

1-6: $F_{S1} = 6,0$ kN; $F_{S2} = 15,2$ kN; $F = 5,9$ kN

1-7: $F_{n1} = 99,1$ N; $F_{n2} = 64,9$ N; $F_S = 54,1$ N; $\varphi = 36,5°$

$$\text{Zusatz: } \frac{m_1}{m_2} = \frac{\tan\beta}{\tan\alpha}$$

1-8: $F_1 = 98,7$ N; $F_2 = 117,0$ N; $c_1 = 49,9$ N/cm; $c_2 = 181$ N/cm

1-9: $q = 1,78$ kN/m; $f_1 = 1,80$ m; $F_{S1} = 20,8$ kN; $F_{S2} = 18,6$ kN; $F_{S3} = 17,8$ kN

1-10: $\tan(\alpha + \varphi) = \dfrac{F_g}{c\,l_0}\,\tan\alpha + \dfrac{\sin(\alpha + \varphi)}{\cos\alpha}$

Lösung der Gleichung durch Probieren oder Iteration: $\varphi = 11,1°$; $F = 37,5$ N; $F_n = 12,5$ N; $\Delta l = 58$ mm

Abschnitt 2

2-1: $F_S = 21,8$ N; $F_{n1} = 65,0$ N; $F_{n2} = 148,4$ N; $F_{n3} = 99,5$ N;
Für $\alpha < 33,9°$ entsteht im Stab Zug, für $\alpha > 33,9°$ Druck

2-2: $F_A = 780$ N; $F_{Bx} = 557$ N; $F_{Bz} = 279$ N

2-3: $F_S = 5,26$ kN; $F_{Ax} = 20,40$ kN $\nearrow$; $F_{Az} = 2,98$ kN $\uparrow$

2-4: $F_S = 4,45$ kN; $F_{Ax} = 7,69$ kN $\rightarrow$; $F_{Az} = 1,47$ kN $\downarrow$

2-5: $F_A = F_C = 148$ N; $F_B = 740$ N;
Zusatz: $F_Q > 0,2\,F_g = 148$ N für kein Kippen.

2-6: $F_B = 571$ N; $F_{Ax} = 571$ N; $F_{Ay} = 785$ N

2-7: $F_A = 917$ N; $F_B = 906$ N; $F_C = 319$ N

2-8: $F_A = 170$ N; $F_B = 601$ N; $F_C = 420$ N; Zusatz: $\tan\alpha \mp \dfrac{h\tan\beta}{h - b\tan\beta}$

2-9: $F_A = 4,29$ kN; $F_B = 6,07$ kN; $F_C = 5,71$ kN

2-10: $\varphi = 43,8°$; $\Delta l = 96,8$ mm; $F_{Ax} = 380$ N $\nearrow$; $F_{Az} = 173$ N $\uparrow$;
$F_B = 174$ N (Federkraft) unter $83,5°$ zur Balkenachse

2-11: $m_0 = 7,98$ kg; $F_{Ax} = 50,0$ N; $F_{Az} = 15,0$ N

2-12: $\alpha = 21,8°$; $F_S = 21,5$ N; $\varphi = 43,8°$; Zusatz: $\dfrac{F}{F_g} = \dfrac{16}{15}$

Abschnitt 3

3-1: $F_A = 13,5$ kN; $F_{Bx} = 3,64$ kN $\rightarrow$; $F_{Bz} = 10,40$ kN $\uparrow$

3-2: $F_R = 565$ N; $\sphericalangle\, F_R = -50,2°$; Wirkungslinie: $y = -1,20\,x + 45,17$

3-3: $F_A = 11,4$ kN; $F_B = 16,1$ kN; $F_C = 28$ kN

3-4: $x_s = 1502$ mm; $y_s = 728$ mm; Zusatz: $h^* = 1349$ mm

3-5: $F_S = 15,7$ kN; $F_{Ax} = 10,2$ kN; $F_{Az} = 1,47$ kN

3-6: $\alpha = 8,63°$; $\beta = 28,2°$; $F_S = 248$ N

3-7: $F_{Ax} = 16,7$ kN $\leftarrow$; $F_{Az} = 45,4$ kN $\uparrow$; $M_A = 58,7$ kN m $\curvearrowright$

3-8: $F_{c1} = 2,55$ kN; $F_{c2} = 5,5$ kN; $F_{c3} = 2,45$ kN; $f_1 = 4,25$ mm; $f_2 = 4,58$ mm;
$f_3 = 4,08$ mm

3-9: $F_A = F_B = 2,72$ kN (Kräftepaar)

3-10: $\cos\varphi = \dfrac{c\,r}{3\,F_g}\,\varphi$; Lösung durch Probieren oder Iteration: $\varphi = 0,777 = 44,5°$;

Gleichgewichtslage ist stabil

3-11: $F_{S1} = 15,3$ kN; $F_{S2} = 4,48$ kN; $F_A = 0,26$ kN

3-12: $F_A \nearrow = F_B \swarrow = 298$ N (Kräftepaar)

Abschnitt 4

4-1: a) $F_A = 20,5$ kN; $F_B = 52,9$ kN; $F_{Cx} = 24,3$ kN $\leftarrow$; $F_{Cz} = 0,79$ kN $\downarrow$;
$F_{Dx} = 10,1$ kN; $F_{Dz} = 19,3$ kN
b) $F_A = 5$ kN; $F_B = 10,1$ kN; $F_{Cx} = 3$ kN; $F_{Cz} = 10,1$ kN $\uparrow$;
$M_C = 18,4$ kN m $\curvearrowright$; $F_{Dx} = 0$; $F_{Dz} = 5$ kN; $F_{Ex} = 3$ kN; $F_{Ez} = 0,1$ kN

4-2: a) $F_{Ax} = 15,1$ kN $\rightarrow$; $F_{Ay} = 27,2$ kN $\uparrow$; $F_{Bx} = 12,4$ kN $\rightarrow$; $F_{By} = 8,8$ kN $\uparrow$;
$F_{Cx} = 3,1$ kN; $F_{Cy} = 12,2$ kN
b) $F_{Ax} = 6,1$ kN $\rightarrow$; $F_{Ay} = 14,1$ kN $\uparrow$; $F_{Bx} = 2,1$ kN $\leftarrow$; $F_{By} = 9,9$ kN $\uparrow$;
$F_{Cx} = 12,1$ kN; $F_{Cy} = 6,1$ kN

4-3: $F_{St} = 3,14$ kN; $F_S = 6,45$ kN; $F_{Bx} = 3,58$ kN; $F_{By} = 1,28$ kN

4-4: $x = \dfrac{\Delta m\,a}{m_0\,b}\,c = 20$ mm

4-5: $F_P = 12\,F_0 = 3$ kN; $F_{AB} = 6\,F_0 = 1,5$ kN; $F_C = 5\,F_0 = 1,25$ kN;
$F_D = 18\,F_0 = 4,5$ kN

4-6: $F_{Ax} = 2\,F$; $F_{Ay} = \frac{1}{3}\,F \downarrow$; $F_B = \frac{4}{3}\,F$; $F_S = \frac{3}{4}\,F$; $F_{Cx} = \frac{3}{4}\,F$; $F_{Cy} = \frac{1}{3}\,F$

4-7: $F_{AC} = 31,4$ kN; $F_{DC} = 28,1$ kN (in beiden Stäben Zug); $F_{Bx} = 11,3$ kN;
$F_{Bz} = 45,2$ kN; $F_{Ex} = 22,6$ kN; $F_{Ez} = 37,0$ kN

4-8: $F_{Ax} \leftarrow = F_{Bx} \rightarrow = 32,5$ kN; $F_{Az} = 43,75$ kN $\uparrow$; $F_{Bz} = 6,25$ kN $\downarrow$; $F_{CD} = 58,6$ kN
(Zugstab); $F_{EF} = 27,5$ kN (Druckstab)

4-9: $F_{Ax} = 15$ kN; $F_{Az} = 50$ kN; $F_B = 40$ kN; $F_{Gx} = 26,25$ kN; $F_{Gz} = 5$ kN;
$F_{EF} = 41,25$ kN (Druckstab); $F_{AE} = 68,75$ kN (Druckstab); $F_{CE} = 10$ kN (Zugstab)

4-10: $F_{BE} = F_g\,\dfrac{x\,l}{b\,a}\,\tan\varphi = 9$ kN $\cdot \tan\varphi$ (abhängig von x);

$$F_{EG} = F_g\,\frac{l}{c}\,\sqrt{1 + \left(\frac{c}{a}\right)^2 - 2\,\frac{c}{a}\,\sin\varphi} = 6\ \text{kN} \cdot \sqrt{3,25 + 3\sin\varphi}$$

φ	$0°$	$30°$	$60°$
F_{BE}/kN	0	5,20	15,6
F_{EG}/kN	10,8	13,1	14,5

4-11: $F_{Ax} = F_H = \dfrac{(q\,l + 2f)\,l}{8f} = 10\,000$ N; $\quad F_{Ay} = F_V = 220$ N

4-12: $f_{Smax} = 126$ N

Abschnitt 5

5-1: $F_{Ax} = -20$ kN; $\quad F_{Ay} = 60$ kN; $\quad F_B = 20$ kN;

Stab	1	2	3	4	5	6	7	8	9
F_S/kN	-40	$+84,9$	-80	-40	$+28,3$	$+40$	-20	-20	$+28,3$

5-2: $F_A = 15$ kN; $\quad F_{Bx} = -10$ kN; $\quad F_{By} = 25$ kN;

Stab	1	2	3	4	5	6	7
F_S/kN	-30	$+20,1$	$+26,8$	-30	$+35,8$	$+15,7$	-40

5-3: $F_{Ax} = 0,280\,F$; $\quad F_{Ay} = 1,784\,F$; $\quad F_{Bx} = -1,280\,F$; $\quad F_{By} = 2,217\,F$;

Stab	1	2	3	4	5	6	7
F_S/F	$-2,059$	$+0,750$	$+2,387$	$-2,567$	$-1,232$	$+2,560$	$-4,433$

5-4: $F_{Ax} = 14$ kN; $\quad F_{Ay} = 22$ kN; $\quad F_B = 22$ kN;

Stab	1	2	3	4	5	6	7
F_S/kN	-31.1	$+8$	-6	-22	$+10$	0	-22

5-5: $F_{Ax} = 5$ kN; $\quad F_{Ay} = 26,25$ kN; $\quad F_{Bx} = -35$ kN; $\quad F_{By} = 63,75$ kN;

Stab	1	2	3	4	5	6	7	8
F_S/kN	$+28,3$	$+28,3$	$+41,2$	$+45,2$	$+41,2$	$+45,2$	$-62,9$	$-110,9$

5-6: $F_{Ax} = 14$ kN; $\quad F_{Ay} = 26,67$ kN; $\quad F_{Bx} = -14$ kN; $\quad F_{By} = 93,33$ kN;

Stab	1	2	3	4	5	6	7	8
F_S/kN	$-31,1$	$+2,00$	$-3,33$	-16	$+3,89$	$+12$	$-50,5$	-50

9	10
$+23,3$	-12

5-7: $F_{Ax} = -40$ kN; $\quad F_{Ay} = 50$ kN; $\quad F_B = 130$ kN;

Stab	1	2	3	4	5	6	7	8
F_S/kN	-15	-50	$+14,1$	$+11,2$	-50	$+14,1$	-35	$-99,0$

9	10	11	12	13	14	15
$+45$	$+100,6$	-130	-130	$-99,0$	$+25$	$+25$

5-8: $F_{Ax} = 0$; $F_{Ay} = 88{,}33$ kN; $F_B = 91{,}67$ kN;

Stab	1	2	3	4	5	6	7
F_S/kN	− 138,0	+ 106,0	+ 30	+ 106,0	+ 5,20	− 123,0	+ 36,7

8	9	10	11	12	13	14	15
+ 110,0	− 0,01	− 111,5	+ 36,7	− 111,5	+ 4,16	+ 107,5	+ 32,1

16	17	18	19	20	21
− 120,2	− 3,26	+ 110,0	+ 40	− 143,2	+ 110,0

Abschnitt 6

6-1:

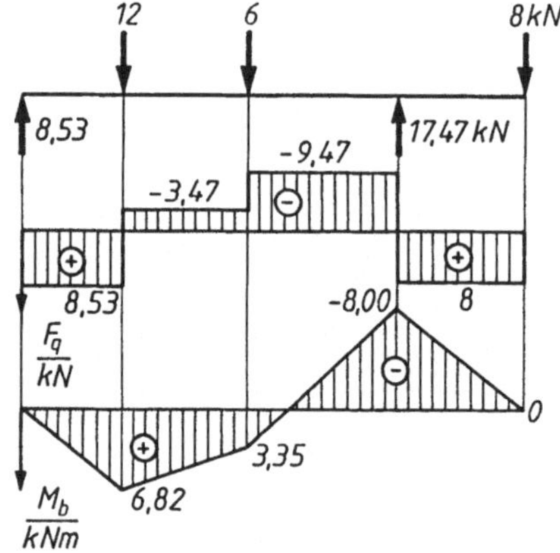

6-2:

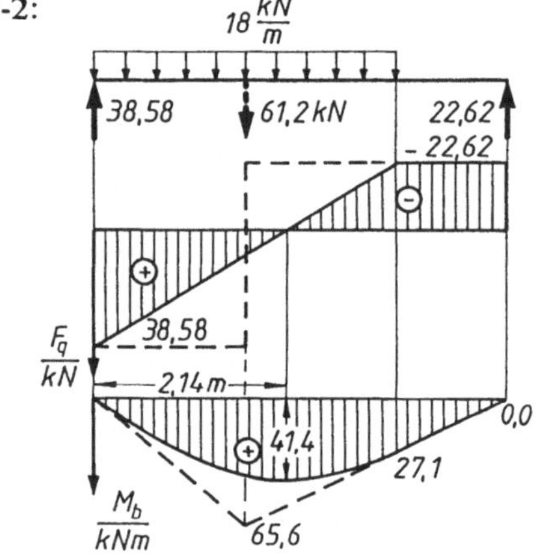

6-3:

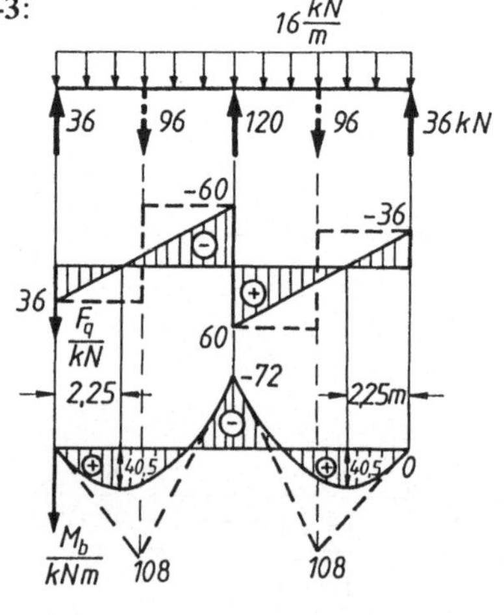

6-4:

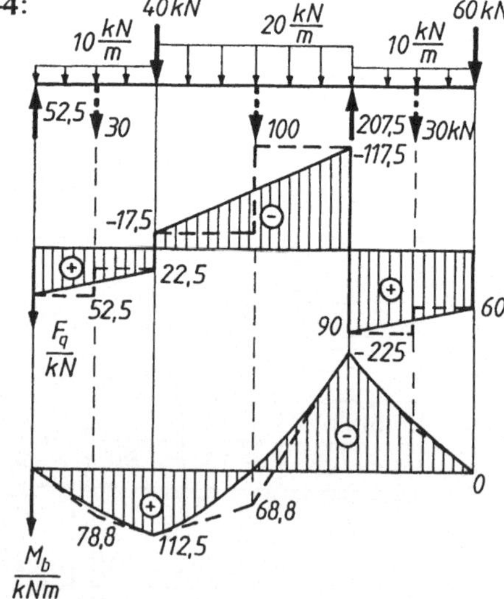

6-5:

80
100 kN
60
327,7 100
220
90
322,3 kN
-222,3
-132,3
-60
87,7
167,7
100
F_q / kN
267,7
-2,19m-
-90
-200,1
-0,1 ≅ 0
244,6
550,4
133,2
331,6
454,3
M_b / kNm
695,4

6-6:

30 kN
37,5 40
62,5
60 30 kN
-32,5
-30
-2,5
37,5
30
-60
F_q / kN
-3,75m-
70,3 70
75
37,5
75
M_b / kNm

6-7:

30 kN
20 90 40
30 82,5 30
45 22,5 kN
-30 -50
-30
-22,5
0
F_q / kN
40
22,5
52,5
-40
-2,12m-
-15
0
11,25
31,8
22,5
45
M_b / kNm

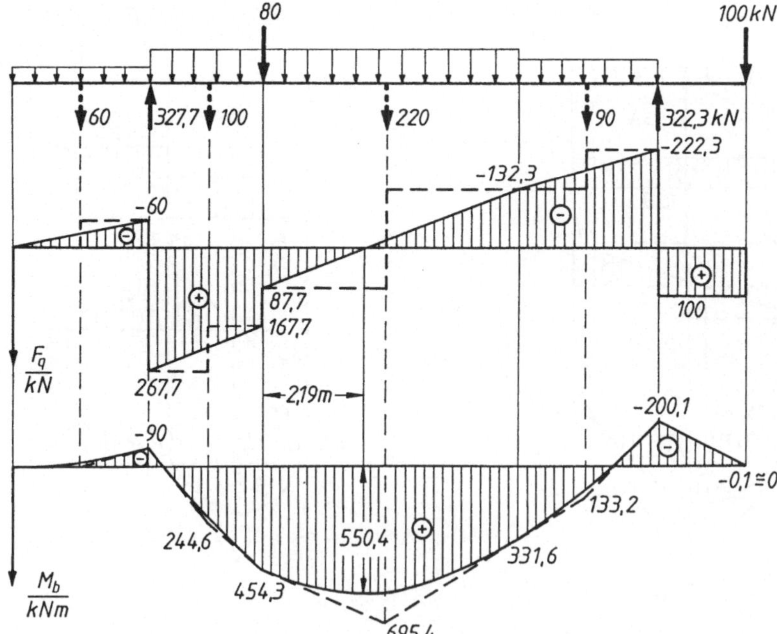

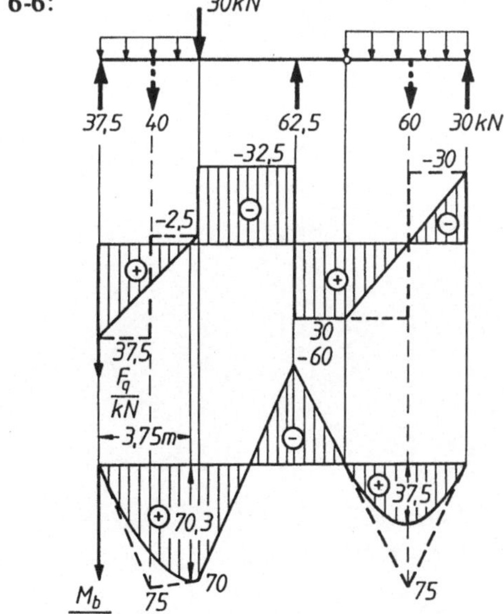

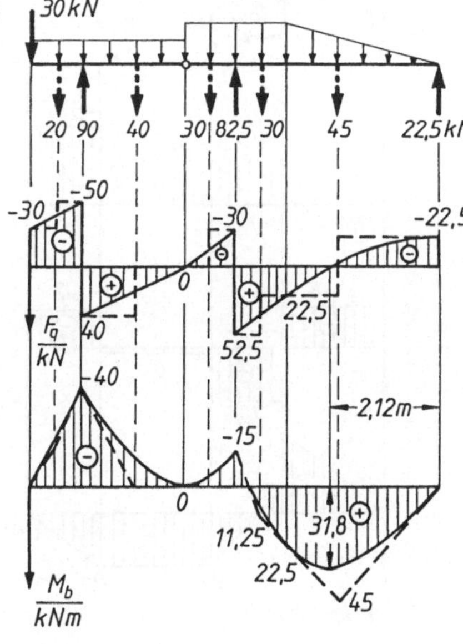

6-8:

14,1 kN
10,8
6,9
16 kN
10,8
$\frac{F_n}{kN}$
-9,1
6,9
$\frac{F_q}{kN}$
-2,16 m
-5,4
7,5
$\frac{M_b}{kNm}$
17,3

6-9:

$F_s = 13,0\,kN$
18 kN
9,1
14,7
30 kN
-15,6
-9,1
$\frac{F_n}{kN}$
-15,3
-4,0
9,0
-9,0
$\frac{F_q}{kN}$
14,7
1,47 m
-0,9
0,0
10,8
$\frac{M_b}{kNm}$
22,0

6-10:

18,3
8
18,3
10
15
31,3
7,2 kN
-31,3
-18,3
$\frac{F_n}{kN}$
-8
-7,2
$\frac{F_q}{kN}$
0,3
-16
10,3
-5,0
0,0
$\frac{M_b}{kNm}$
9,4
10,1

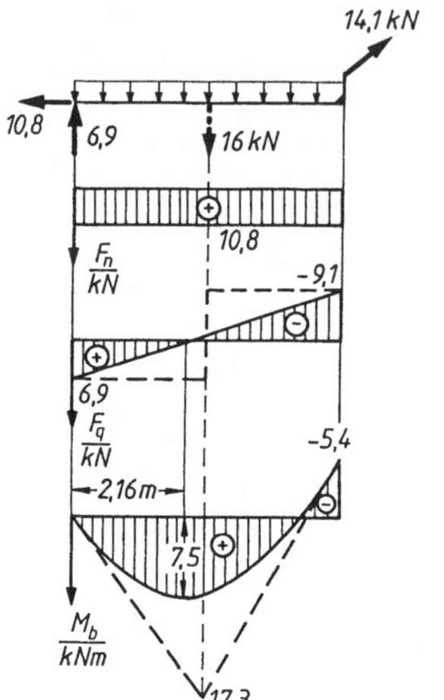

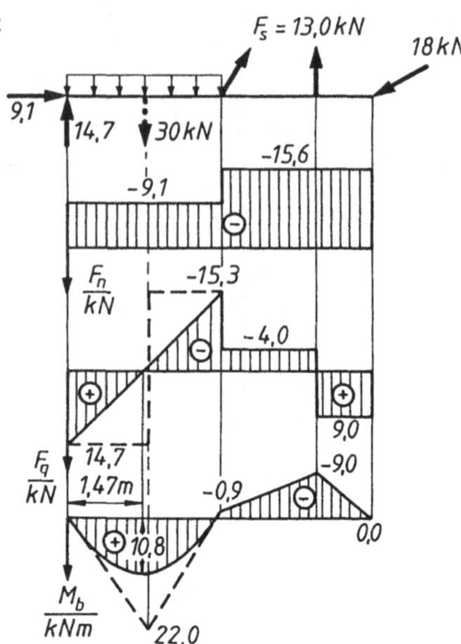

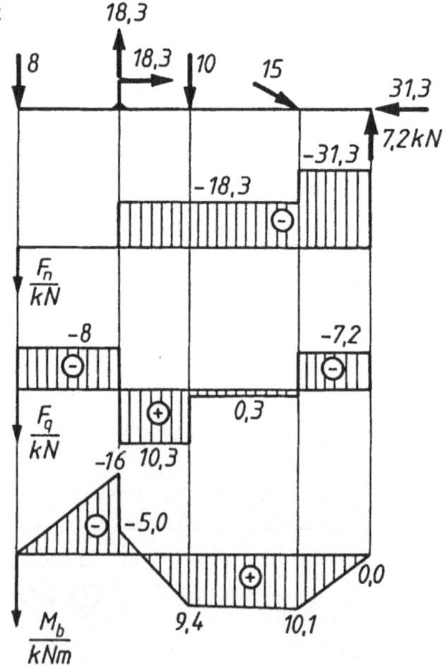

6-11: a) $a = \frac{3}{4} b,\quad M_{bmax} = \frac{3}{4} F b = \frac{1}{4} M_{bomax}$,

b) $a = \frac{18}{11} b,\ M_{bmax} = \frac{25}{11} F b = \frac{25}{88} M_{bomax}$,

c) $a = \left(1 - \frac{1}{\sqrt{2}}\right) l = 0,293\, l,\quad M_{bmax} = \frac{(\sqrt{2}-1)^2}{4}\, q\, l^2 = 2\,(\sqrt{2}-1)^2\, M_{bomax}$
$$= 0,343\, M_{bomax}$$

Abschnitt 7

7-1: $F = \frac{3}{4} F_g = 600$ N; $F_A = F_g = 800$ N; $F_B = \frac{3}{4} F_g = 600$ N

7-2: $F_A = 1,183\, F_g = 32,5$ kN (Druck); $F_B = 1,111\, F_g = 30,5$ kN (Druck);
$F_C = 1,210\, F_g = 33,2$ kN (Zug)

7-3:

Stab	1	2	3	4	5	6
$F_S/$kN	$-18,9$	$-4,9$	$-13,4$	$-22,1$	$-26,9$	$+31,7$

7-4: Ist α der Neigungswinkel der Feder zur x,y-Ebene, so ist die Gleichung $\tan\alpha = \frac{F}{3\,c l_0} + \sin\alpha$
zu lösen: $\alpha = 31,34°$ (Iteration); $z = 18,3$ cm; $F_c = 256$ N; $l = 5,13$ cm

7-5: $F_A = 167$ N; $F_B = 220$ N; $F_n = 325$ N

7-6: $F = 350$ N; $F_S = 282$ N; $F_{n1} = 229$ N; $F_{n2} = 300$ N;
$$\vec{F}_{n1} = \begin{pmatrix} 150 \\ 173 \\ 0 \end{pmatrix} \text{N}; \quad \vec{F}_{n2} = \begin{pmatrix} -150 \\ -130 \\ 225 \end{pmatrix} \text{N}$$

7-7: $F_2 = 5,70$ kN; $F_{Ay} = 1,44$ kN; $F_{Az} = 3,13$ kN; $F_{By} = 4,26$ kN; $F_{Bz} = 1,37$ kN

7-8: $F_A = 513$ N; $F_B = 185$ N; $F_C = 383$ N; Zusatz: $\alpha = 25,0°$

7-9: $F_S = \frac{F_g}{12} \sqrt{29 - 12 \sin\varphi}$

7-10: $F_{R1} = 10,9$ kN; $F_{R2} = 6,54$ kN; $M = 305$ N m; $F_{Ay} = 1,20$ kN;
$F_{Az} = 7,82$ kN; $F_{By} = 5,97$ kN; $F_{Bz} = 15,55$ kN

7-11: $F_S = \frac{F}{4} \sqrt{29} = 5,39$ kN

7-12: $F_B = 15,26$ kN; $F_C = 9,97$ kN; $F_{Ax} = 22,98$ kN; $F_{ay} = 1,15$ kN;
$F_{Az} = 17,85$ kN

7-13: $b = 0$; $F_{nA} = \frac{7}{8} F_g$; $F_{nB} = \frac{3}{16} F_g$; $F_{AC} = \frac{3}{16} \sqrt{5}\, F_g$; $F_{BD} = \frac{1}{8} \sqrt{10}\, F_g$

7-14: $F_S = \dfrac{3\sqrt{6}}{2\,(3+\sqrt{6})} F = 6,74$ kN; $F_{Ax} = \frac{2}{3} F = 6,67$ kN;

$F_{Ay} = \dfrac{2\sqrt{6}-3}{6\,(3+\sqrt{6})} F = 0,58$ kN; $F_{Az} = \dfrac{\sqrt{6}}{3+\sqrt{6}} F = 4,49$ kN;

$F_{Bx} = \frac{1}{3} F = 3,33$ kN; $F_{By} = \dfrac{2\sqrt{6}-3}{3\,(3+\sqrt{6})} F = 1,16$ kN; $F_{Bz} = \dfrac{3-\sqrt{6}}{2\,(3+\sqrt{6})} F = 0,51$ kN

Abschnitt 8

8-1: $\quad y_s = \dfrac{65}{48} r = 1,354\,r$

8-2: $\quad h = \sqrt{28}\,b = 5,292\,b$

8-3: $\quad \varphi = 41,05°; \quad m_0 = 0,691 \text{ kg}$

8-4: $\quad x_s = 6,22 \text{ m}; \quad y_s = 2,39 \text{ m}$

8-5: $\quad x_s = 122 \text{ mm}; \quad y_s = 59 \text{ mm}$

8-6: $\quad b > 2,767\,r.$

8-7: $\quad x_s = \dfrac{13\,\pi + 14}{11\,\pi + 24}\,r = 0,937\,r; \quad y_s = \dfrac{93\,\pi + 184}{6\,(11\,\pi + 24)}\,r = 1,355\,r$

8-8: $\quad b = \left(1 - \sqrt{\dfrac{37}{45}}\,\right) h = 0,093\,h;$

$\qquad$ Zusatzfrage: $\quad b = x_{s\,max} = \dfrac{16}{9}\left(1 - \dfrac{\sqrt{7}}{4}\right) h = 0,602\,h$

8-9: $\quad m_0 > \dfrac{16}{9\,\pi}\,m = 0,566\,m.$

8-10: $x_s = z_s = \dfrac{6}{\pi + 18}\,r = 0,283\,r; \quad y_s = \dfrac{20}{\pi + 18}\,r = 0,946\,r$

8-11: $h < \sqrt{\dfrac{3\,\rho_1}{\rho_2}}\,r = \dfrac{\sqrt{3}}{2}\,r = 2,121\,r$

8-12: $r < \dfrac{2\,(\rho_1 - \rho_2)}{5\,\rho_1 + 11\,\rho_2}\,R; \quad$ a) $r < \dfrac{3}{21}\,R; \quad$ b) $r < \dfrac{3}{5}\,R$

Abschnitt 9

9-1: $\quad$ a) $F = F_0\,\dfrac{\cos\rho_3\,\sin(\alpha + \rho_1 + \rho_2)}{\cos\rho_1\,\cos(\alpha + \rho_2 + \rho_3)} = 0,569\,F_0 = 1,37 \text{ kN};$

$\qquad$ b) $F = F_0\,\dfrac{\cos\rho_3\,\sin(\alpha - \rho_1 - \rho_2)}{\cos\rho_1\,\cos(\alpha - \rho_2 - \rho_3)} = 0,115\,F_0 = 0,276 \text{ kN}$

Für $\rho_1 + \rho_2 > \alpha$ ist F nach links gerichtet, der obere Keil liegt noch rechts an. Für $\rho_2 > \alpha$ liegt der obere Keil links an.

9-2: $\quad \tan\alpha_0 = \dfrac{2\,\mu_{01}\,m_1 + \mu_{02}\,(m_1 + m_2)}{m_2 - m_1} = \mu_{01} + 2\,\mu_{02} = 1,1 \;\Rightarrow\; \alpha_0 = 47,7°;$

$\qquad$ Für $\alpha < \alpha_0$ gilt

$$\tfrac{1}{2}\,(m_1 + m_2)\,g\,(\sin\alpha - \mu_{02}\cos\alpha) < F_S < m_1 g\,(\sin\alpha + \mu_{01}\cos\alpha);$$

$\qquad \alpha = \tfrac{1}{2}\,\alpha_0: \quad 0,077\,m_1 g < F_S < 0,679\,m_1 g$

9-3: $\quad$ Kein Kippen für $F < 0,542\,F_g = 227,5 \text{ N};$

$\qquad$ kein Gleiten für $F < 0,239\,F_g = 100,3 \text{ N}$

9-4: $\quad \dfrac{m}{2\,(\frac{a}{b} + \mu)\cos\beta} < m_0 < \dfrac{m}{2\,(\frac{a}{b} - \mu)\cos\beta}; \quad 7,31 \text{ kg} < m_0 < 14,08 \text{ kg}$

9-5: $x > \dfrac{h}{2\,\mu}$ für $h > \mu\,d$, $\quad x$ beliebig für $h < \mu\,d$

9-6: $M = \dfrac{\mu}{(1 + \mu^2)\,\cos\alpha}\, F_{\mathrm{g}}\, r = 1{,}93\ \mathrm{N\,m}; \quad \mu > \tan\alpha = 0{,}46$

9-7: $\dfrac{3}{4}\, F_{\mathrm{g}} \sin\beta\, \dfrac{\sin(\alpha - \rho_0)}{\cos(\beta - \alpha + \rho_0)} < F < \dfrac{3}{4}\, F_{\mathrm{g}} \sin\beta\, \dfrac{\sin(\alpha + \rho_0)}{\cos(\beta - \alpha - \rho_0)};\quad 132\ \mathrm{N} < F < 542\ \mathrm{N}$

9-8: $\tan\alpha > \dfrac{1}{3\,\mu}; \quad \alpha > 43{,}6°$

9-9: Haften in B, gleiten in A: $\quad b > \dfrac{2}{3}\, l, \quad F = \dfrac{1}{2}\, \mu_0\, F_{\mathrm{g}},$

Haften in A, gleiten in B: $\quad \dfrac{l}{2} < b < \dfrac{2}{3}\, l, \quad F = \dfrac{1}{2}\, \mu_0\, \dfrac{2\,b - l}{l - b}\, F_{\mathrm{g}} < \dfrac{1}{2}\, \mu_0\, F_{\mathrm{g}}$

9-10: $c > 0{,}458\, a\ \left(\text{für } h = 0: \ c > a\ \sqrt{1 - \left(\dfrac{a}{b}\,\mu\right)^2} = 0{,}6\, a\right)$

9-11: $\dfrac{x}{r} < \dfrac{3\,(e^{\mu\pi} - 1)}{2\,(e^{\mu\pi} + 1)} = 0{,}561$

9-12: $m\, \dfrac{\sin(\alpha - \rho)}{\cos(\beta - \rho)}\, e^{-\mu_{\mathrm{s}}\gamma} < m_0 < m\, \dfrac{\sin(\alpha + \rho)}{\cos(\beta - \rho)}\, e^{-\mu_{\mathrm{s}}\gamma}$ mit $\gamma = \dfrac{\pi}{2} + \alpha + \beta,$

$9{,}16\ \mathrm{kg} < m_0 < 41{,}1\ \mathrm{kg}$

9-13: $F_1 = \dfrac{\dfrac{M}{r}}{e^{\mu\pi} - 1} = 1{,}59\ \mathrm{kN}; \quad F_2 = \dfrac{\dfrac{M}{r}}{1 - e^{-\mu\pi}} = 2{,}98\ \mathrm{kN}; \quad F = 0{,}454\ \mathrm{kN}$

9-14: $F = (\sin\alpha + \mu_{\mathrm{f}} \cos\alpha)\, m_1\, g = 2{,}47\ \mathrm{kN},$

$\mu_0 > \dfrac{4}{3}\, (\tan\alpha + \mu_{\mathrm{f}}) \left(\dfrac{m_1}{m_2} + 1\right) = 0{,}54$

Abschnitt 10

10-1: $F_{\mathrm{B}} = \dfrac{5\, F\, b}{2\,\sqrt{4\, l^2 - b^2}}$

10-2: $M_{\mathrm{A}} = 8\, F\, a; \quad F_{\mathrm{B}} = 4\, F$

10-3: $F_{\mathrm{EF}} = -\dfrac{11}{4}\, F$

10-4: $m_0 = \dfrac{b\, h}{a\,\sqrt{a^2 - h^2}}\, m = \dfrac{2}{3}\, m$

10-5: $F_{\mathrm{A}} = \dfrac{1}{4}\, F; \quad F_{\mathrm{B}} = 9\, F; \quad F_{\mathrm{Cx}} = 2\, F \leftarrow; \quad F_{\mathrm{Cz}} = \dfrac{21}{4}\, F \downarrow; \quad M_{\mathrm{C}} = 3\, F\, a$

10-6: $M = \dfrac{a\, l}{b}\, F = 300\ \mathrm{N\,m}$

10-7: $M_{\mathrm{b}} = \dfrac{3}{10}\, F\, a$

10-8: $\tan\varphi = \dfrac{m_1 + m_2}{(m_1 + 3\,m_2)\tan\alpha}$; $\dfrac{m_2}{m_1} = \dfrac{1 - \tan^2\alpha}{3\tan^2\alpha - 1}$ mit $30° < \alpha < 45°$ für eine waagerechte Lage des Stabes BC (für andere Winkel ist eine waagerechte Lage nicht möglich)

10-9: Für $F < F_\mathrm{k} = \dfrac{c\,b^2}{a}$ sind $\varphi = 0$ und $\varphi = \pi$ stabile und $\varphi_0 = \arccos\dfrac{F}{F_\mathrm{k}}$ instabile Gleichgewichtslagen. Für $F > F_\mathrm{k}$ ist $\varphi = 0$ eine instabile und $\varphi = \pi$ keine stabile Gleichgewichtslage ($\varphi = $ Winkel des Hebels a zur Senkrechten)

10-10: $l^2 < a\,r$.

10-11: $F_\mathrm{k} = \dfrac{c\,l^2}{r}$; für $F = \dfrac{5}{4}\,F_\mathrm{k}$ ist $\varphi = 0$ eine instabile und $\varphi_0 = 1{,}13$ (aus $\sin\varphi = \dfrac{4}{5}\,\varphi$) eine stabile Gleichgewichtslage

10-12: $c > \dfrac{m\,g\,a}{h\,(b - l)} = 9{,}81\,\dfrac{\mathrm{N}}{\mathrm{cm}}$ für stabile Gleichgewichtslage $\varphi = 0$; weitere stabile Gleichgewichtslagen $\varphi = \arccos\left(1 + \dfrac{b - l}{h} + \dfrac{m\,g\,a}{c\,h^2}\right)$ existieren für

$$0{,}92\,\frac{\mathrm{N}}{\mathrm{cm}} = \frac{a}{h\,(h + b - l)}\,m\,g < c < \frac{a}{h\,(b - l)}\,m\,g = 9{,}81\,\frac{\mathrm{N}}{\mathrm{cm}}$$

Sachwortverzeichnis

Lehr- und Übungsbuch der Technischen Mechanik
Band 2: Festigkeitslehre

von Hans Heinrich Gloistehn

1992. VIII, 331 Seiten mit 366 Abbildungen, 106 Beispielen und 106 Übungsaufgaben. (Viewegs Fachbücher der Technik.) Kartoniert.
ISBN 3-528-03043-7

Mit dem Band zur Festigkeitslehre setzt der Autor sein Werk zur Technischen Mechanik fort.
Folgende Themen aus der Festigkeitslehre werden in diesem Band behandelt:

- Elastostatik der Stäbe und Seile
- Der ebene Spannungszustand
- Gerade Balkenbiegung
- Durchbiegung gerader Balken
- Schiefe Biegung
- Schubspannung in Balken durch Biegung
- Torsionsbeanspruchung
- Zusammengesetzte Beanspruchungen
- Knicken gerader Stäbe
- Energiemethoden der Elastostatik

Jeder Abschnitt beginnt mit einem Lehrtext, der die theoretischen Gundlagen kurz zusammenfaßt. Ausführliche und nachvollziehbar aufbereitete Beispiele folgen, die mit einer Auswahl von Übungsaufgaben abgeschlossen werden. Die Lösungen der Übungsaufgaben werden im Anhang angegeben. Mit 360 Abbildungen, 106 Übungsaufgaben mit Lösungen bietet der Band dem Studierenden breit gefächerte Hilfestellungen bei der Erarbeitung und Vertiefung der Grundlagen zur Festigkeitslehre.

Professor Dr. rer. nat. *Hans Heinrich Gloistehn* lehrt an der Fachhochschule Hamburg.

Vieweg Verlag · Postfach 58 29 · D-6200 Wiesbaden 1